Quantum Mechanics for
Students who Aspire to A Deeper
Understanding of Physics

物理学を志す人の
量子力学

河辺哲次 著 Tetsuji Kawabe

裳 華 房

QUANTUM MECHANICS FOR STUDENTS WHO ASPIRE TO A DEEPER UNDERSTANDING OF PHYSICS

by

Tetsuji KAWABE, DR. SC.

SHOKABO
TOKYO

序　文

　本書は，大学の理工系学部における，基礎レベルの量子力学のテキストである．量子力学は，原子や電子などが関与するミクロな世界の基礎法則であり，1900年初頭の熱放射の難問に対するプランクのエネルギー量子仮説をきっかけに，およそ30年の歳月を要して1920年代に構築された．

　その構築のプロセスは，科学史的にも大変興味深いもので，アインシュタインの光量子仮説，それに啓発されたド・ブロイの物質波仮説，さらに，それらに基づくボーアの作業仮説的な前期量子論などを指針として，主に，シュレーディンガー，ハイゼンベルク，ディラックらの若きトップランナーたちが量子力学を完成させた．

　ところが，この量子力学は古典力学ともいわれるニュートンの力学とは全く異なる特徴をもっていた．例えば，ニュートンの運動方程式を解けば，天体の運行からグラウンドで投げたボールの軌道まで，完全に一意的に決められることは，力学を学んだことがある人ならば知っているはずである．ところが，量子力学の基礎方程式（シュレーディンガー方程式）の解（これを波動関数という）からは，電子の軌道はボールの軌道のようには決まらず，それどころか，1個の電子の軌道という概念すら存在しない．このような奇妙なことを教わると，読者は困惑し，量子力学は本当に役に立つ基礎科目なのだろうか，と疑う人も出てくるだろう．

　しかし，この量子力学は，私たちの日常生活の隅々にまで行き渡っている科学技術の基礎を与えている．実際，情報化社会を支える通信技術やナノスケールでのエレクトロニクス技術の基礎として，現代社会に不可欠な存在になっている現実を前にすると，量子力学の実用性や重要性は疑う余地がない．

　量子力学の奇妙で常識外れな基礎法則と概念，そして波動関数の不可解な確率解釈などはすべて，電子などのミクロな粒子がもつ「粒子と波動の二重性」に起源をもっている．ミクロな世界の二重性を基礎にしてつくられた量子力学に，日常生活の常識は通用しない．そのため，量子力学を学んでも，力学や電磁気学を学んだときのような「わかった！」，「解けるようになった！」という

嬉しい実感がなかなかもちにくい．そこで，量子力学の学習方法や目的について，少し考えてみよう．

（1）　量子力学の学習は，難しいのだろうか？

　量子力学を学びはじめるとすぐに気づくかもしれないが，そこに登場してくる主な数学は

複素数，線形代数（ベクトルと行列），確率・統計，微分方程式

などである．しかも，これらの多くは，力学や電磁気学や統計力学などの古典物理学で出会ったものばかりである．特に，微分方程式に関しては，固定端をもった弦の振動とその波動方程式，あるいはマクスウェル方程式の境界値問題や固有値問題などを学んでいれば，シュレーディンガー方程式の解法は難しくないだろう．そのため，見方（力学や電磁気学の習熟度）によっては，量子力学の方が古典物理学よりもやさしいといえるかもしれない．

（2）　量子力学の学習は，どこからはじめるのがよいだろうか？

　よく知られているように，力学は「ガリレオの慣性の法則」を基礎にして，ニュートンが経験的な法則（ニュートンの運動方程式）として提唱したものである．この歴史に倣えば，量子力学は「アインシュタイン–ド・ブロイの関係式」を基礎にして，シュレーディンガーが経験的な法則（シュレーディンガー方程式）として提唱したものといえる．

　そして，力学を学んだ学生にとって，ニュートンの運動方程式の正しい理解に「慣性の法則」の理解が不可欠であることは自明である．そこで，シュレーディンガー方程式に対しても，「アインシュタイン–ド・ブロイの関係式」の理解が不可欠であると考えるのが合理的なので，本書では，この解説（第1章〜第3章）からはじめるようにした．

（3）　量子力学の学習は，どこまで含めるのがよいだろうか？

　シュレーディンガー方程式の解（波動関数）に対する確率解釈（第4章）は，量子力学を学ぶ上で必須項目である．そして，量子力学が準拠する前提（第5章）を学び，量子力学と古典力学との相互関係（第6章）を理解した上で，基礎レベルのシンプルな1次元の問題（反射と透過，束縛状態，トンネル効果などのポテンシャル問題（第7章），調和振動子（第8章），角運動量（第9章），摂動論（第13章））と，やや複雑な3次元の問題（水素原子（第10章））に取り組むのがよいと思われる．

　なお，これらの章の大半は，1次元のシュレーディンガー方程式（変数は

x と t だけ）に限定して話を進めている．その理由は，単に計算が簡単で論理や思考の過程がフォローしやすくなるということだけではなく，量子力学の主要な特徴や性質などが，ほとんど 1 次元の問題で理解できるからである．

（4）　量子力学の学習は，どこまで広げるのがよいだろうか？

従来の量子力学の多くのテキストで扱われてきた原子核物理学や原子物理学の分野から，現在，量子力学の応用領域は情報科学分野（電子工学，量子光学）にまで広がっている．このような領域を理解するには，波動関数一辺倒の記述だけでは不十分で，ブラ・ケット記法が必要になる．この記法は，量子力学の基礎コースで扱われることはほとんどなく，上級コースで学ぶのが一般的であるが，その重要性と汎用性に鑑み，本書ではこれを丁寧に解説（第 11 章）し，その具体的な応用例として，スピン（第 12 章）および将来の情報通信技術のベースとなる「量子もつれ」現象（第 14 章）を加えた．このように基礎コースの学習内容を量子力学の検証や応用まで広げると，将来，上級コースに進むときに大いに助けになるはずである．

（5）　量子力学の学習から，何を学ぶべきだろうか？

量子力学に固有な数学や計算テクニックなどは，(1)で述べたように，新たに学ぶべきものはあまりないように思われる．量子力学の大前提である「粒子と波動の二重性」，つまり「アインシュタイン−ド・ブロイの関係式」の背後に何があるのかは，いまのところわかっていないが，この関係式さえ認めれば，量子力学はミクロな粒子の運動を正しく記述する盤石な学問である．そのため，学ぶべきものは，量子力学的な世界像（すなわち，ミクロな世界に対する物質像や自然観）と，量子力学のリテラシー（すなわち，法則や概念を正しく理解して，量子力学的な諸問題に適用できる能力）ではないだろうか．量子力学と古典物理学との学習の間に，もし質的な違いがあるとすれば，まさにこのような点ではないかと思われる．

上記のように，「学習」に対するいくつかの観点に立って，量子力学が"わかって使える"ようになることを目標にして，本書を書き上げた．

最後に，本書の理念・構想から完成に至るまでの間，本文が読みやすく，わかりやすくなるように，いろいろと細部にわたり懇切丁寧なコメントとアドバイスを頂いた，裳華房 企画・編集部の小野達也氏に厚くお礼を申し上げます．

2020 年 10 月　　　　　　　　　　　　　　　　　　河辺哲次

目　　次

Chapter 1　量子力学のリテラシー

Chapter 2　前 期 量 子 論

Chapter 3　ミクロな世界を記述する式

Chapter 4　波 動 関 数

Chapter 5　量子力学の前提

Chapter 6　量子力学と古典力学との関係

Chapter 7　ポテンシャル問題

Chapter 8　調 和 振 動 子

Chapter 9　角運動量と固有関数

Chapter 10　水 素 原 子

Chapter 11　ディラックのブラ・ケット記法

Chapter 12　ス ピ ン

Chapter 13　摂　動　論

Chapter 14　量子力学の検証と応用

Chapter 1

量子力学のリテラシー

　　　　リテラシーとは“読み・書き・計算できる能力”のことで，特定の分
　　　　野を“理解・応用・活用できる力”と考えてよい．それに則れば，量子
　　　　力学の基礎を学びながら，具体的な問題を解き，応用力を培っていくプ
ロセスが“量子力学のリテラシー”の習得につながるだろう．

　ミクロな世界を扱う量子力学はマクロな世界の古典物理学とは異質で，非常識に
みえる現象に溢れている．しかし，この非常識こそが，2つの世界を統一する自然観
や物質観を与える常識であり，量子力学のリテラシーの根幹を成すものである．

1.1　現代の物理学

　古典物理学と量子力学の科学史的な境界は 1900 年である．では，“現代の”
物理学という観点から，これらの間に境界はあるのだろうか？

1.1.1　古典物理学と量子力学

　特殊相対性理論と一般相対性理論，そして量子力学は，現代の物理学の三本
柱であり，これらはすべて，20 世紀の最初の四半世紀頃（1900 年〜1928 年）
に登場した学問である．

　特殊相対性理論（1905 年）は，力学と電磁気学との矛盾を解消するために
提唱された理論である．この理論によって，慣性系で光速に近い速さで運動す
る物体の諸現象の謎が解明された．それから 10 年後に提唱されたのが，**一般
相対性理論**（1915 年）である．この理論は，特殊相対性理論が準拠する慣性
系という特殊な条件を取り払って，非慣性系（加速度系）まで一般化したもの
で，重力を時空の幾何学に結び付け，現代の宇宙論の基礎を与える理論である．
これら 2 つの理論は共に，アインシュタインがたった一人で構築したもので，
一般に，**相対性理論**とよばれている．

　それに対して，**量子力学**は，原子や分子サイズのミクロな世界の現象を説明するために，世界中の多くの研究者たちによって構築された理論である．この理論の完成までに，およそ 30 年（1900 年〜1928 年）の歳月が費やされた．

　相対性理論は，大きなスケール（日常的な意味での空間や宇宙空間）で生じる現象，いい換えれば，マクロな世界で起こる現象に関わる理論である．一方，量子力学は，電子などのミクロな粒子が登場するミクロな世界で起こる現象に関わる理論で，力学や電磁気学とは異質な理論である．そのため，量子力学が登場するまでの力学や電磁気学を中心とする物理学を**古典物理学**（あるいは**古典論**）とよんで，量子力学と区別するのが一般的である．

　ただ，古典物理学という呼称は，力学や電磁気学がもはや現代の物理学ではないという誤解を与える恐れがある．

　周囲を見渡せばわかるように，私たちは多くの電気製品や電子機器を使っている．例えば，テレビ，冷蔵庫，エアコンなどの家電製品，そして，携帯電話やパソコンなどの電子情報機器．あるいは，宇宙空間にはカーナビゲーションに使われる GPS（全地球測位システム）の衛星や宇宙ステーションがある．このような製品や装置，構造物などの基礎は，古典物理学（力学や電磁気学など）や相対性理論によって与えられている．もちろん，これらの基礎には高度な通信技術やナノスケールでのエレクトロニクス技術が駆使されているので，量子力学は不可欠である．

　このように，現代の科学技術の発展や進化をみれば，マクロな世界の物理現象に対する古典物理学とミクロな世界の物理現象に対する量子力学との間に境界はなく，共に**現代の物理学**であることは明らかだろう．

1.1.2　ミクロな世界とマクロな世界

　力学や電磁気学などの古典物理学は，身の回りにあるマクロな現象が対象である．そのため，直接に目でみることができるので，直観的に理解しやすい．

　力学では，例えば，図 1.1 のようにグラウンドで投げ上げたボールの動きは目で追うことができるので，ボールの運動は古典物理学である**ニュートンの運動方程式**

$$m\frac{d^2\boldsymbol{r}(t)}{dt^2} = \boldsymbol{F} \tag{1.1}$$

に従っていることが確認できる．この式を解けば，時刻 t におけるボールの位置 $\boldsymbol{r}$ が正確に求まる．そして，この運動方程式によって，人工衛星や宇宙ス

テーションの動きも理解できる.

あるいは,水波や音波などの波が障害物にぶつかったときに,波がその背後に回り込む回折現象も,みただけでわかるものが多い.例えば,水波の回折は海岸の防波堤でみることができる.また,ギターの弦のように振動状態を観察することもできる.このよ

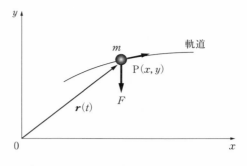

図 1.1 ボールの軌道

うな波の変位を $u(x, t)$ とすると,この $u(x, t)$ の振る舞いは,振動・波動の分野で学ぶように次の**波動方程式**で表すことができる.

$$\frac{\partial^2 u(x, t)}{\partial t^2} = v^2 \frac{\partial^2 u(x, t)}{\partial x^2} \qquad (v \text{ は波の速さ}) \tag{1.2}$$

さらに,電磁波を記述するマクスウェル方程式も (1.2) と同じ形をしているので,携帯電話の電波や GPS からの電気信号の振る舞いも (1.2) で記述できる.他にも例えば,ドアの金属製ノブを手で触れた瞬間にビリリとした刺激によって静電気現象を実感できるように,私たちの周りには体験できる電磁気現象がたくさんあるので,力学と同じように,電磁気学も親しみやすい(理解しやすい)学問である.

このように,身の回りのマクロな現象が古典物理学で理解できるという経験を通して,私たちはいくつもの「常識」を得るようになった.

それに対して,量子力学は肉眼ではみえない原子やミクロな物質が対象なので,直観的な理解が難しく,マクロな世界で培ってきた経験や常識がそのままミクロな世界でも通用するかは自明ではない.

実際,量子力学の完成と共に明らかにされたことは,ミクロな世界は私たちが慣れ親しんでいる常識からは予想もできなかった特異な性質や奇妙な特徴をもっていたことである.それらが量子力学の面白さであり,魅力でもあるのだが,日常的な経験や常識からかけ離れた仮説や原理が理論のコアになるため,量子力学の学習には何かモヤモヤした気持ちや不可解さがつきまとう(と感じる人は多いかもしれない).

このような奇妙さやモヤモヤ感は,一体どこから来るのだろうか? 端的に答えるならば,それは"粒子と波動の二重性"である.この二重性こそが量子

力学の根幹をなす概念であり，古典物理学では絶対に遭遇できない，ミクロな世界の粒子がもつ特性である．

1.2 粒子と波動の二重性

粒子と波動は全く異なる属性であるから，単純に"粒子"="波動"と等号でつなぐことはできない．等式が成り立つのは，両辺の属性が同じ場合だけである．では，どのようにして異なる属性をつなぐのだろうか？

1.2.1 二重性を表す式

多くの人々にとって，粒子と波動は全く別ものであるということは直観的にわかることで，これは常識だろう．

図 1.1 のようなボールの軌道は，ニュートンの運動方程式 (1.1) で記述できる．この式は時間に関する 2 階の微分方程式だから，初期条件（時刻 $t = 0$ での粒子の位置 r と速度）を与えると，解は一意的に決まる．そのため，ニュートンの運動方程式は位置 r に局在した粒子の運動を記述できる．

一方，波は空間の広い領域に存在し，波の変位 $u(x, t)$ は波動方程式 (1.2) で記述できる．この式は空間座標 x に関する 2 階の微分方程式だから，$u(x, t)$ を一意的に決めるには，空間のある 1 点での変位 $u(x, t)$ とその微分の値，あるいは，空間の異なる 2 点 x_1, x_2 における $u(x, t)$ の値が必要である．このように，変位 u は空間の大域的な（局在的ではない）情報に依存するので，波は非局在な量であるといえる．

このような粒子の局在性と波動の非局在性は，あえて古典物理学を学ばなくとも（(1.1) や (1.2) の意味がわからなくても），日常的な経験や常識と一致しているから，自明のことだろう．

しかし，量子力学の勉強をはじめる人の多くが常に困惑させられる，ミクロな粒子のもつ特異な性質がある．それは，電子のようなミクロな粒子が，粒子のように振る舞ったり，波のように振る舞ったりする，という二律背反に陥りそうな性質をもっていることである．この性質のことを**粒子と波動の二重性**という．

❋**ド・ブロイのひらめき**　粒子と波動の二重性のアイデアは，アインシュタインが光電効果を説明するために提唱した**光量子仮説**ではじめて導入されたものである．光量子仮説とは，電磁波である光が粒子（これを**光子**という）のようにも振る舞うという仮説である（2.2 節を参照）．アインシュタインの提唱

したこの二重性が，光子（質量ゼロ）だけでなく質量をもった粒子（これを質量ゼロの粒子と区別するために**物質粒子**という）にも存在するだろうと予言したのがド・ブロイであった．そして彼は，運動量 p をもって運動する粒子は

$$\lambda = \frac{h}{p} \tag{1.3}$$

で決まる波長 λ の波をもつという**物質波仮説**を提唱した．この (1.3) の波長を**ド・ブロイ波長**という．ここで，h は**プランク定数**とよばれる物理定数である（(2.11) を参照）．

　(1.3) は，粒子（運動量 p）と波動（波長 λ）の異なる属性をつなぐ式であるが，それを可能にしているのはプランク定数の存在である．一般に，異なる属性をつなぐには，**普遍定数**が存在しなければならないから，h は単なる物理定数ではなく，ミクロな世界を特徴づける非常に深遠な普遍定数なのである（3.1.2 項を参照）．

　「粒子と波動の二重性」を式で表現したド・ブロイの物質波仮説 (1.3) は，単に眺めるだけでも，ミクロな粒子の奇妙な振る舞いが予見できる．

　例えば，有限な大きさをもって空間に局在している粒子が，波のようにも振る舞うということは，波は空間的に有限の広がりをもった**波束**のように振る舞うことを意味する（6.1.2 項を参照）．波束の波長 λ の長さは有限であるから，(1.3) から粒子の運動量 p はゼロにはならず，ミクロな粒子は常に動いていることを意味する．そのため，ミクロな粒子は常に運動エネルギーをもっていることになる．このような運動エネルギーが，ミクロな粒子の基底状態（エネルギーが最も低い状態）における**ゼロ点エネルギー**の存在につながるのである（4.3 節を参照）．

1.2.2　電子の二重スリットの実験

　よく知られているように，光は二重スリットを通過すると，図 1.2 のようにスクリーン上に干渉縞をつくる（これを**二重スリットの実験**という）．いま，ド・ブロイの物質波仮説に基づけば，電子は波の性質をもっていることになる．そのため，電子を使って二重スリットの実験を行えば，干渉効果が観測されるはずである．

　量子力学が構築されつつあった当時，このような二重スリットの実験は**思考実験**（理論的に予測される条件のもとで，単に想像するだけの実験）でしかなかったが，ナノスケールのエレクトロニクス技術が発展した今日では，実現可

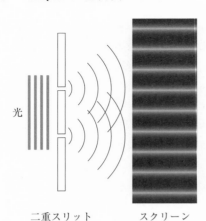

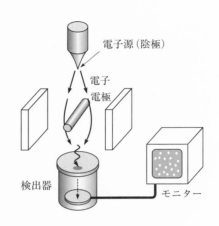

図 1.2　光を使った二重スリットの実験

図 1.3　電子線バイプリズムを使った
二重スリットの実験
（日立製作所中央研究所 提供）

能な実験になった．電子顕微鏡と電子線バイプリズムを利用した外村 彰（とのむらあきら）による有名な"二重スリット"の実験（図 1.3）の結果をみてみよう．

　図 1.3 に示すように，電子源から発射された 1 個ずつの電子が，二重スリットの役割をする電子線バイプリズムの領域を通って 2 次元検出器（4.2.1 項のスクリーンと同じ役割）のどこに到着するかをモニターで検出する．

　実験をはじめた直後は，丸い輝点がポツン，ポツンと 1 個ずつ検出される．ここで重要なことは，電子は波ではなく，粒子として 1 個ずつ検出されるということである．実験の開始後しばらくの間は，電子の到着する位置は全く不規則にみえる（図 1.4(a), (b)）．やがて，モニターに到着した電子数が増えてくると，図 1.4(c), (d) に示すような縞らしきものがみえはじめる．さらに電子数が 10 万以上にもなると，図 1.4(e) のように明瞭な干渉縞が現れる．すなわち，1 個ずつ電子を送ったにもかかわらず，干渉縞が観測されたことになる．この干渉縞は，1 個の電子が 2 つのスリットの存在を感じて干渉作用を起こしたことを教えている．

　では，1 個の電子はどのようにスリットを通るのだろうか？　この問いが，ポイントになる．

※ 1 個の電子はどちらのスリットを通ったか？　　上記の二重スリットの実験では，1 個の電子がスリットのどちら側を通ったかはわからない．そこで，電子がどちら側を通ったかがわかるように，片方のスリットを閉じて実験をくり

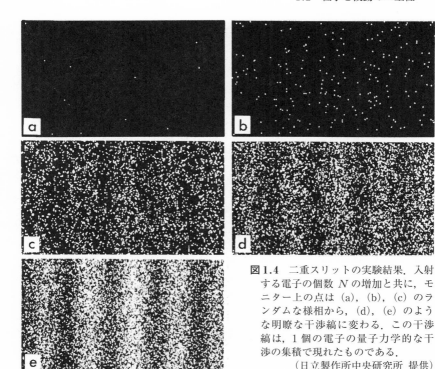

図 1.4 二重スリットの実験結果. 入射する電子の個数 N の増加と共に, モニター上の点は (a), (b), (c) のランダムな様相から, (d), (e) のような明瞭な干渉縞に変わる. この干渉縞は, 1 個の電子の量子力学的な干渉の集積で現れたものである.

（日立製作所中央研究所 提供）

返すと, 図 1.5 のように, スクリーン上にはスリットを通った電子が単に集積されるだけで, 干渉縞は現れない (4.2 節を参照).

図 1.5 片方のスリットを閉じた二重スリットの実験. 干渉縞は現れない.

※ 観測問題 図 1.4 のような実験結果（干渉縞が現れる）と, 図 1.5 の実験結果（干渉縞なし）との関係をどのように理解したらよいのだろうか？ 電子はスクリーンに衝突すると, 確かに点をつくるから粒子として振る舞う. そのため, 干渉縞が出現するか否かは, スクリーンに衝突する直前までの電子がどのような状態にあったかに関係する.

電子がどちらのスリットを通ってきたかがわかる実験（図 1.5）の場合は, スリットの場所で電子の位置（電子の軌道）を測定したことになる. 一方, 図 1.4 は電子がどちらのスリットを通過したかを測定しなかった場合である.

つまり, 電子を途中で測定するか否かによって, 結果は大きく異なる. これは,

ミクロな世界では測定という行為が系の状態を大きく変えてしまうことを意味する（6.2.2 項の不確定性原理を参照）.

この二重スリットの実験と「電子の位置測定の有無」から，電子の"粒子と波動の二重性"は次のように理解できる.

(1) 電子がスクリーンに点として現れる過程（つまり，電子を測定したときの過程）では，電子は粒子として振る舞う.

(2) 電子がスクリーン上に検出される直前までの過程（つまり，電子を測定していないときの過程）では，電子は波として振る舞う.

ちなみに，"粒子と波動の二重性"は電子だけでなく，他の物質粒子（中性子，炭素分子など）でも観測される，ミクロな粒子のもつ普遍的な性質である.

要するに，これから学んでいく量子力学は，"粒子と波動の二重性"に関わる諸現象を矛盾なく説明できる理論として構築されたのである.

＊量子力学に対する素朴な予想　しかし，二重スリットの実験結果を「矛盾なく説明できる」とはどういうことだろうか？

図 1.4(a) には，電子の個数 $N = 10$ のときの輝点が示されている．それらの輝点は 1 個 1 個の電子がスクリーンと衝突した点（座標）を表すが，それらの点はランダムにみえる．そのため，1 個 1 個の電子の運動（軌道）は，図 1.1 のボールの軌道のように，予測（予言）できるものではないように思える.

一方，図 1.4(d) の $N = 10000$ 個の電子による干渉縞パターンの形成から，明らかに 1 個 1 個の電子が波動的な振る舞いをしていることがわかる．この干渉縞パターンは規則性があるので，理論的に予測可能な量に思える.

したがって，量子力学とは「電子の個数 N が十分に大きいときに，電子はどのように分布するかということを予測する」理論なのだろうと推測される．もし，本当にそうであるならば，量子力学は"確率という概念"を含む理論になるので，力学や電磁気学のような決定論的（因果的）な理論とは異質のものであるように予想される.

＊量子力学のモヤモヤ感と古典力学のスッキリ感　実は，この予想は完全に正しくて，"確率"が量子力学に不可欠な概念であることが，古典力学との本質的な違いになる（第 4 章を参照）.

二重スリットの実験で，1 個の電子がスクリーンに衝突する位置 x の情報は，量子力学の計算で（シュレーディンガー方程式を解いて）求まる波動関数 $\Psi(x, t)$（プサイ・エックス・ティと読む）によって完全に決まる．そして，

位置 x に電子の見出される確率が $\Psi(x, t)$ を使って計算できる．しかし，この1個の電子の x の値は確率的にしか予言できないので，図 1.4(a) のようにランダムな結果になる．図 1.4(d) のように十分な回数，実験を繰り返せば，確率分布（Note 4.1 を参照）に従った x の分布が予言通りに決まることになる．

このように，量子力学の計算結果は，観測や実験というプロセスを常に考慮して解釈しなければならない（具体的な解釈の仕方は，本書のいくつかの例題や本文の中で説明する）．ここが，量子力学の計算を理解するポイントであり，図 1.1 のように 1 個のボールの軌道が完全に決まる古典力学のようなスッキリ感はないにしても，このポイントを正しく理解すれば，量子力学の計算に対するモヤモヤ感はかなり解消するだろう．

1.3　量子力学の学び方

量子力学を学ぶ上で，力学や電磁気学などの古典物理学の学習方法との相違点や類似点などを知っておくことは有益だろう．

1.3.1　常識と非常識

ミクロな世界の現象を扱う量子力学は，日常的な経験や常識と相容れない "粒子と波動の二重性" のために，古典物理学に比べて理解するのが難しい学問であると思われている．はたして，これは本当だろうか？

＊慣性の法則は常識だっただろうか？　例えば，"慣性の法則" に基づいて構築された力学は，当時の人々に理解しやすい学問だっただろうか．**慣性の法則**は，物体に力がはたらいていなければ，その物体は静止しているか等速直線運動を続けるというものである．

このことを数式を使って考えてみよう．簡単のために，x 方向だけの運動に限定すると，ニュートンの運動方程式 (1.1) は次式のようになる．

$$m \frac{d^2x}{dt^2} = F \tag{1.4}$$

いま，慣性の法則を考えるために，物体にはたらく力 F をゼロとする（$F = 0$）と，(1.4) の解は

$$x(t) = v_0 t + x_0 \tag{1.5}$$

となる．これより，はじめの速さ v_0 がゼロであるならば，物体ははじめの位置 x_0 に静止し，初速 v_0 がゼロでなければ，物体は x 方向にまっすぐに速さ v_0 で等速運動することがわかる．

　力がはたらかなければ（$F = 0$ ならば）物体は静止している，という主張は誰でも認めるはずである．しかし，$F = 0$ でも物体は等速直線運動（つまり等速度運動）を続けるという主張は，当時の経験や常識からみて，理解しがたいものだったはずである．アリストテレス以来の常識は，物体は力がはたらかなければ運動を継続しないというものであった（いい換えれば，運動が継続するのは力がはたらき続けているときだけである）．当時の人々にとって，身の回りの出来事を観察すれば，この常識は疑う余地のないものだったはずである．例えば，荷車を押し続けない限りは，荷車はいずれどこかで必ず止まる，というのが経験から得た常識であっただろう．

　その常識を打ち破ったのが，ガリレオによる，斜面を利用した物体の落下運動の**精密な実験**であった．この実験によって，当時まで（ほとんど）誰も疑わなかった常識は非常識だったことがわかり，ニュートンの力学を正しい理論であると認めさせる（新しい）**常識が誕生**したのである．

⁂ミクロな世界の常識　　科学史における常識と非常識のこのような変遷は他にも多くの例があるだろうが，このことを踏まえて，量子力学におけるミクロな粒子の非常識的な振る舞いについて考えてみると，いくつもの実験事実（例えば，電子の回折現象や干渉効果，水素原子の線スペクトル，水素原子の安定性）によって，ミクロな粒子の奇妙な振る舞いは十分に実証されている．そのため，"粒子と波動の二重性"も常識であると考えた方が，現在の私たちからみて理に適っているはずで，この（すぐには馴染めないかもしれない）常識さえ受け入れれば，量子力学と古典物理学との学びに大きな違いはないといえるだろう．

1.3.2　古典物理学との比較

⁂力学の学び方　　力学は，ガリレオの落体の法則を基礎にして，ニュートンによってつくられた．そして，ニュートンの3つの運動法則を出発点にして，力学の理論は展開されていく．その意味で，力学は一定の前提から論理規則に基づいて必然的に結論を導き出すという**演繹的な学問**である．そのため，力学を学ぶときは，多くの場合，ニュートンの3つの運動法則を出発点にして，個別の物理現象を解明したり，具体的な諸問題を解く訓練をする．そして，そのような学びのプロセスを通して，身の回りのいろいろな現象に対する物理学的なものの見方と，それらを数学的に取り扱う力を養うことが期待されている．

　ただし，忘れてはいけないことは，ニュートンの3つの運動法則は経験則で

あり，何か根本的な理論や原理から（数学的に）導かれたものではないということである．ニュートンの力学の正しさは，当時知られていた，太陽系の惑星の運動に関するケプラーの法則を完璧に説明できたことによって実証されたのである．

＊電磁気学の学び方　　電磁気学は，クーロンからマクスウェルに至る長い年月の間に，いろいろな電磁気現象からいくつもの法則がみつけ出され，その集大成として，4つのマクスウェル方程式にまとめられた．その意味で，電磁気学は，個々の具体的な事実から一般的な法則を導き出すという**帰納的な学問**である．

　電磁気学は，複雑多岐にわたる道筋を通って成立した学問なので，これを理解するのは力学よりも難しい．マクスウェル方程式を出発点として，電磁気学を力学のように演繹的に説明することは可能であるが，マクスウェル方程式の基礎となった具体的な電磁気現象を理解していなければ，電磁気学の全体像を正しく学ぶことは難しい．そのため，静電気に対するクーロンの法則からマクスウェル方程式の誕生までの歴史にほぼ沿いつつ，電磁気学の4つの法則を具体的な問題を解きながら段階的に学び，全体像を習得するのが一般的な方法である．

＊量子力学の学び方　　量子力学では，"シュレーディンガー方程式"が，力学の"ニュートンの運動方程式"や電磁気学の"マクスウェル方程式"と同格の基礎方程式として登場する（3.3節を参照）．そして，シュレーディンガー方程式もニュートンの運動方程式やマクスウェル方程式と同じく，経験則に属する方程式である．ただし，マクスウェル方程式は現代物理学（特に，素粒子物理学）の視点で見直せば，より基本的なゲージ場理論から自然に導出されるので，経験則とよぶのはもはや適切ではないだろう．

　そこで，経験則である力学の学び方を参考に，

　　「ガリレオの慣性の法則を基礎に構築されたニュートンの運動方程式」
という観点をとれば，

　　「ド・ブロイの物質波仮説を基礎に構築されたシュレーディンガー方程式」
という力学的な**アナロジー**が成り立つ．

　しかし，古典物理学では説明不可能なミクロな世界の謎を解くために，いくつもの法則や仮説が提唱された，いわゆる，前期量子論の時代を経た後に量子力学は完成したという事実（科学史）を踏まえると，このようなアナロジーだ

けでは不十分である.

　この科学史的な流れは，ある意味において電磁気学の形成過程と通じるところがあり，量子力学も電磁気学と同じ帰納的な学問であるともいえるだろう．そのため，前期量子論やそれに至るまでの，個別の法則や現象に対する理解や知識も不可欠である.

　したがって，ド・ブロイの物質波仮説に至るまでの過程で最も決定的な役割を果たした実験，法則，仮説（プランク，アインシュタイン，ラザフォード，ボーア，ハイゼンベルクたちの貢献）を今日的な視点で学ぶことが，量子力学を学ぶ上で必要となるだろう.

Chapter 2

前 期 量 子 論

19 世紀末まで，力学と電磁気学はマクロな世界の諸現象を説明できる
盤石な学問体系であった．しかし，20 世紀初頭から約 30 年間の探求の末
に量子力学が構築され，古典物理学では説明不可能なミクロな世界を記
述する新しい理論が誕生した．そして，その完成に至るまでの過渡期に，主にボーア
が中心になって打ち立てた理論が前期量子論であった．

量子力学の構築に最も本質的で，かつ決定的な役割を果たした 2 つの仮説が，"エネ
ルギー量子仮説" と "光量子仮説" である．まず，これらの解説からはじめよう．

2.1 プランクのエネルギー量子仮説

プランクは，エネルギーに最小の単位があるという**エネルギー量子**のアイデ
アを 1900 年に提唱した．つまり，エネルギー量子を ε_0 とすると，振動数 ν の電
磁波のエネルギー E は，次式のように ε_0 の整数倍の E_n であることを示した．

$$E_n = n\varepsilon_0 \qquad (n = 0, 1, 2, \cdots) \tag{2.1}$$

2.1.1 19 世紀末の難問

17 世紀頃に，ガリレイやニュートンを中心にして築かれた力学は，それ以
降の様々な物理現象を探るときに指針となる盤石な理論であった．また，
18 世紀にラグランジュやハミルトンによって構築された解析力学によって，
力学の適用範囲は飛躍的に拡大した．さらに，蒸気機関の発明やその改良など
により，18 世紀後半から 19 世紀にかけて，熱力学や統計力学の本格的な研究
がはじまった．そして，19 世紀後半，これらの学問は熱放射に関する実験的
研究と理論的研究によって大きな発展を遂げた．

当時，物理学界で大きな謎の一つとなっていたのは次のようなことだった．

「物質を高温になるまで熱していくと，どのような光を発するか？」

　これは，電磁波（以下では**放射線**とよぶことにする）の**スペクトル**（振動数
または波長ごとの放射強度分布）を理論的に導出するというアカデミックな問
題ではあったが，実用的な重要性ももっていた．なぜなら，イギリスではじま
った産業革命において，鉄を生産する製鉄所の溶鉱炉の温度をコントロールす
るのに必要な情報だったからである．

　溶鉱炉の発する光の色から，鉄の温度がわかる．実際，赤色（赤熱）であれ
ば低い温度であり，温度が高くなるにつれて，光の色が黄色から白色（白熱）
に変わることは経験的に知られていた．しかし，光の色と温度との間に成り立
つ正確な関係は不明で，この関係を調べるには，溶鉱炉の内部に，どのような
振動数の光がどのような強さで存在するかを測定する必要があった．

＊**いくつかの法則**　　　キルヒホッフは，熱平衡にある物体が放射線に対しても
つ放射と吸収の能力との比は物質によらず，放射線の振動数（または波長）と
温度だけに依存するという法則を発見した（1859 年）．これを**キルヒホッフの
法則**という．そして，この法則を証明するために，キルヒホッフは**黒体**という
概念を導入した．黒体とは，照射されたすべての放射線を吸収する理想的な物
体のことで，現実には存在しないが，熱平衡状態にある閉じた**空洞**が近似的に
黒体となることをウィーンらが発見した（1895 年）．したがって，図 2.1 のよ
うに小さな穴をもった空洞をつくり，そこからみえる放射線を調べればよいこ
とになる．実際，この**空洞放射**（**黒体放射**ともいう）を調べることによって，
放射線のスペクトルに関する実験的研究が飛躍的に進んだのである．

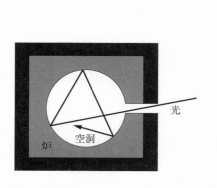

図 2.1　黒体とみなせる容器内の空洞放射

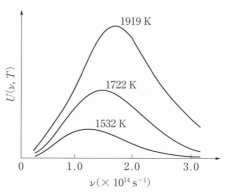

図 2.2　絶対温度 T での空洞放射による
　　　スペクトル $U(\nu, T)$ の測定値

　図 2.2 は，絶対温度 T での空洞放射によるスペクトル $U(\nu, T)$ の測定値である．曲線のピーク値に対応する横軸の値が，最も明るい光の振動数 ν になる．この振動数が温度と共に大きくなるという測定結果は，空洞内の光の色が温度の上昇と共に赤からだんだん白に変化することに相当するので，溶鉱炉での経験則とも一致する結果であった．

※難問は黒体放射の放射公式の導出　　やや定性的に上で述べた謎をもっと定量的に物理学の問題として表現すれば，次のようになる．

　　「絶対温度 T の熱平衡状態にある空洞内で，振動数（または波長）が
　　ν と $\nu + d\nu$（または λ と $\lambda + d\lambda$）の間にある放射線の単位体積当たり
　　のエネルギー $U(\nu, T)\, d\nu$（または $U(\lambda, T)\, d\lambda$）を求めよ．」

このエネルギー密度の式 $U(\nu, T)$（または $U(\lambda, T)$）のことを**黒体放射の放射公式**とよぶので，この問題は次のように端的に表現できる．

　　　　「黒体放射の放射公式 $U(\nu, T)$（または $U(\lambda, T)$）を求めよ．」

　この難問が解かれたとき，当時の物理学者たちは古典物理学からの決別を余儀なくされた．それに至る科学史を踏まえながら，正解に至るまでの道筋を辿ってみよう（以下では $U(\nu, T)$ に対する計算を行う）．

　空洞内では，壁が絶えず電磁波（光）を放射・吸収して熱平衡状態になっている．このときの電磁波のエネルギー $U(\nu, T)\, d\nu$ は，調和振動子（バネの単振動）を使って計算できる．実は，空洞内に閉じ込められた電磁波は定在波として存在する．そのため，電磁波は，両端が固定された弦の振動と同じ振る舞いをするので，調和振動子の式が使えることになる．

　そこで，温度 T の空洞放射における振動数 ν の電磁波の源は，空洞内で同じ振動数 ν をもった調和振動子の集まりであると仮定して，振動数が ν と $\nu + d\nu$ の範囲にある単位体積当たりの固有振動の個数を計算すると，"個数" $n(\nu)\, d\nu$ は次式のようになる（例題 2.1 を参照）．

$$n(\nu)\, d\nu = \frac{4\pi\nu^2}{c^3}\, d\nu \tag{2.2}$$

　電磁波（光）は**横波**なので，電場と磁場は進行方向に対して垂直に振動する．進行方向を z 軸にとると，電磁波の振動方向（これを**偏り**あるいは**偏光**という）は x 軸と y 軸の 2 通りを選ぶことができる．可能な振動方向の数を**偏りの自由度**とよぶので，電磁波は自由度 2 をもつ場である．そのため，空洞内の電磁波は自由度 2 の調和振動子の集まりであると考えて，個数 $n(\nu)\, d\nu$ を 2 倍

にしなければならない.

　したがって，調和振動子の個数 $2n(\nu)\,d\nu$ に 1 個当たりの調和振動子の**平均エネルギー** ε を掛ければ，単位体積当たり，$d\nu$ の微小区間内にある振動数 ν をもつ光のエネルギー $U(\nu, T)\,d\nu$ が次式のように求まる.

$$U(\nu, T)\,d\nu = 2n(\nu)\,d\nu \times \varepsilon = \left(\frac{8\pi\nu^2}{c^3}\,d\nu\right)\varepsilon \tag{2.3}$$

この式の $U(\nu, T)$ が図 2.2 の表している量で，U は光（放射線）のエネルギー密度，（つまり，スペクトル）だから，平均エネルギー ε の具体的な形を理論的に決めることが，当時の研究者たちのチャレンジングな問題であった．そして，この問題の正解を発見したのがプランクだった.

［例題 2.1］　振動子の個数

振動数が $\nu \sim \nu + d\nu$ の区間にある振動子の個数は (2.2) で与えられることを示せ.

　［解］　空洞を立方体（一辺の長さ L）の箱とすると，この中に図 2.3 のような定在波ができる.

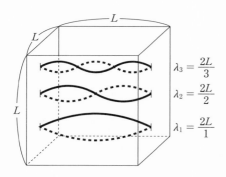

$$\lambda_3 = \frac{2L}{3}$$

$$\lambda_2 = \frac{2L}{2}$$

$$\lambda_1 = \frac{2L}{1}$$

図 2.3　立方体の箱（一辺の長さ L）の中に生じる定在波と波長 λ の例．ただし，$\lambda_1, \lambda_2, \lambda_3$ はそれぞれ $n_1 = 1, 2, 3$ での λ_x である.

　例えば，x 方向の定在波の波長 λ_x と振動数 ν_x は次式のようになる.

$$\lambda_x = \frac{2L}{n_1}, \qquad \nu_x = \frac{c}{\lambda_x} = \frac{cn_1}{2L} \qquad (n_1 = 1, 2, 3, \cdots) \tag{2.4}$$

ただし，c は光速度，n_1 は**モード**（1 個の振動子の固有振動）の数を表す自然数 $(1, 2, 3, \cdots)$ である.

　1 個のモードが振動子 1 個に対応する．y 方向と z 方向の定在波に対しても (2.4) と同様な関係が成り立つので，3 方向の定在波を合わせると，立方体内での振動数 ν は

$$\nu = \sqrt{\nu_x^2 + \nu_y^2 + \nu_z^2} = \frac{c}{2L}\sqrt{n_1^2 + n_2^2 + n_3^2} \tag{2.5}$$

となる．この (2.5) を

$$\sqrt{n_1^2 + n_2^2 + n_3^2} = \frac{2L\nu}{c} \equiv R \tag{2.6}$$

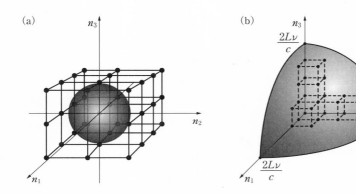

図 2.4 調和振動子のモードの計算法
(a) 自然数 n_1, n_2, n_3 を座標軸とする 3 次元空間内の球
(b) 1/8 の球面内に生じるモードの数え方

のように表すと，(2.6)は図 2.4(a)のような自然数 n_1, n_2, n_3 を座標とする 3 次元空間内での半径 R の球面を表す式になる．1 個の座標点（n_1, n_2, n_3）（これを**格子点**とよぶ）は 1 個のモードに対応するから，振動数 $\nu \sim \nu + d\nu$ の範囲内のモードの数を数えれば，この範囲内にある振動子の個数がわかることになる．

　いま，格子間隔のスケールが非常に小さいことを考慮すると，格子点は立方体内に稠密に存在するので，$n_1 n_2 n_3$ 空間内の体積が格子点の個数に相当すると仮定してよい．そのため，半径 R と $R + dR$ に挟まれた球殻内部にある格子点の数は，球殻の体積 $dV = 4\pi R^2\, dR$ で与えられる．しかし，n_1, n_2, n_3 は自然数（いずれも正）なので，図 2.4(b)のように 1/8 の球殻部分の体積を考えるだけでよい．

　したがって，格子点の数 dN は $dN = dV/8$ より（$dR = 2L\, d\nu/c$）

$$dN = 4\pi \left(\frac{2L\nu}{c}\right)^2 \frac{2L\, d\nu}{c} \times \frac{1}{8} = \frac{4\pi L^3 \nu^2}{c^3}\, d\nu \tag{2.7}$$

となるので，単位体積当たりの格子点の数（＝振動子の個数）$n\, d\nu$ は $n\, d\nu = dN/L^3$ で与えられる． ¶

2.1.2　プランクの放射公式

　平均エネルギー ε に対する放射公式はプランクによって発見されたが，その発見に至る思考プロセスにおいては，2 つの放射公式（ウィーンの放射公式とレイリー–ジーンズの放射公式）の存在が大きかった．

※ **プランクの放射公式**　　調和振動子の平均エネルギー ε は

$$\varepsilon = \frac{h\nu}{e^{h\nu/kT} - 1} \tag{2.8}$$

のように表されることを，プランクが発見した（(2.24)を参照）．これを(2.3)

に代入した式

$$U(\nu, T)\, d\nu = \left(\frac{8\pi\nu^2}{c^3}\, d\nu\right)\frac{h\nu}{e^{h\nu/kT} - 1} \tag{2.9}$$

をプロットしたものが図2.5で，実験値を見事に再現している．

　この(2.9)が，**プランクの放射公式**である．ここで，kは**ボルツマン定数**とよばれ，

$$k = k_{\mathrm{B}} = 1.380649 \times 10^{-23}\,\mathrm{J/K} \tag{2.10}$$

という値をもち，統計力学の要になる量である．一方，hはプランクが(2.8)の平均エネルギーεを導くときに導入した量で，次の値をもつ．

$$h = 6.62607 \times 10^{-34}\,\mathrm{J\,s} \tag{2.11}$$

これは**プランク定数**とよばれ，量子力学において要になる最も重要な量である（単位の"ジュール (J)・秒 (s)"は(2.8)からすぐ読みとれるが，詳細は(2.24)の説明を参照）．なお，プランク定数は日常生活でのスケール（例えば，$1\,\mathrm{J} \times 1\,\mathrm{s} = 1\,\mathrm{J\,s}$）に比べて，極めて小さい値であることに留意してほしい．

　プランク定数の革命的な意義や量子力学での役割について説明する前に，図2.5の説明に挑んだ当時の物理学者たちの取り組み（苦悩）をみておこう．

＊ **ウィーンの放射公式**　熱力学に基づく考察から，ウィーンは放射を分子運動になぞらえて，黒体放射の平均エネルギーεが次式で与えられることを示した．

$$\varepsilon = \nu F\left(\frac{\nu}{T}\right) \tag{2.12}$$

ここで，$F(z)$の関数形は熱力学だけでは決めることができないが，1変数$z = \nu/T$だけに依存するという普遍性をもっていることが重要である．

　ウィーンは，関数$F(z)$の具体的

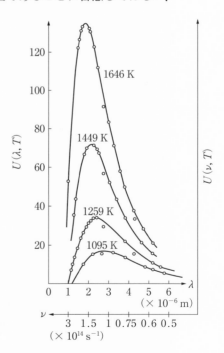

図2.5　プランクの放射公式（実線）と実測値（点）との比較（$\nu = c/\lambda = 3 \times 10^8\,\mathrm{m}/\lambda$）

な形を実験データの傾向に合うように

$$F(z) = \gamma e^{-\gamma z/k_{\mathrm{B}}} = \gamma e^{-\gamma \nu/k_{\mathrm{B}}T} \tag{2.13}$$

のような指数関数の形にして，次のエネルギー $U(\nu, T)\,d\nu$ を提案した．

$$U(\nu, T)\,d\nu = \left(\frac{8\pi\nu^2}{c^3}\,d\nu\right)\varepsilon = \left(\frac{8\pi\nu^2}{c^3}\,d\nu\right)\nu\gamma e^{-\gamma\nu/k_{\mathrm{B}}T} \tag{2.14}$$

この (2.14) は**ウィーンの放射公式**とよばれ，定数 γ は，高い振動数領域で実験値を再現できるように決められた．そのため，ウィーンの放射公式 (2.14) は理論式ではなく，経験式（実験式）である．なお，このウィーンの放射公式は低温・高振動数（短波長）の領域の実験結果と一致したが，低振動数（長波長）の領域では全く合わなかった．

※ **レイリー - ジーンズの放射公式**　　古典力学と統計力学に基づいて，レイリーとジーンズは放射のスペクトルを説明する理論式を導いた．統計力学によれば，絶対温度 T で熱平衡状態にある系の平均エネルギー $\langle E \rangle$ は次式で与えられる．

$$\langle E \rangle = \frac{\displaystyle\int_0^\infty E e^{-E/k_{\mathrm{B}}T}\,dE}{\displaystyle\int_0^\infty e^{-E/k_{\mathrm{B}}T}\,dE} \tag{2.15}$$

ここで，$e^{-E/k_{\mathrm{B}}T}$ はエネルギー E（運動エネルギー ＋ ポテンシャルエネルギー）をもった振動子が**ボルツマン分布**をしていることを表す．そして，(2.15) の積分を実行すると，運動エネルギーとポテンシャルエネルギーにそれぞれ $k_{\mathrm{B}}T/2$ のエネルギーが等分配されるので，調和振動子の平均エネルギー ε は

$$\varepsilon = \langle E \rangle = k_{\mathrm{B}}T \tag{2.16}$$

で与えられる．

したがって，これを (2.3) に代入すると，次式のようになる（章末問題 [2.1]）．

$$U(\nu, T)\,d\nu = \left(\frac{8\pi\nu^2}{c^3}\,d\nu\right)k_{\mathrm{B}}T \tag{2.17}$$

これが**レイリー - ジーンズの放射公式**とよばれるもので，高温・低振動数（長波長）の領域での実験結果は良く再現できた．しかし，低温・高振動数（短波長）の領域では大きくずれ，しかも，エネルギーが発散するという致命的な欠陥をもっていた．

なお，$x = h\nu/k_{\mathrm{B}}T$ とおいて，(2.9) の U を U_{P}，(2.14) の U を U_{W}，(2.17) の U を $U_{\mathrm{R-J}}$ と表し，それぞれを

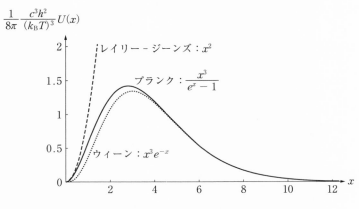

図 2.6 3つの放射公式の比較

$$\begin{cases} \dfrac{1}{8\pi}\dfrac{c^3h^2}{(k_{\mathrm B}T)^3}\,U_{\mathrm P}=\dfrac{x^3}{e^x-1}, \qquad \dfrac{1}{8\pi}\dfrac{c^3h^2}{(k_{\mathrm B}T)^3}\,U_{\mathrm W}=x^3\,e^{-x} \\[3mm] \dfrac{1}{8\pi}\dfrac{c^3h^2}{(k_{\mathrm B}T)^3}\,U_{\mathrm{R\text{-}J}}=x^2 \end{cases} \tag{2.18}$$

のように書き換えると，これら3つの分布の特徴が良くわかる（図2.6）．

ここで解説した2つの放射公式（ウィーン，レイリー‐ジーンズ）は，空洞放射のスペクトル（図2.2）を部分的にしか説明できなかったので，空洞放射の問題が古典物理学の範囲では全く説明できないことは明白になった．

❋ **プランクの放射公式 (2.9) の導出**　　プランクは放射スペクトルの実験結果と完全に一致する分布則を，次のような素朴なアプローチで発見した．

まず，2つの公式に使われる平均エネルギー ε の $\beta=1/k_{\mathrm B}T$ に対する依存性をみるために，$d\varepsilon/d\beta$ を調べた．レイリー‐ジーンズの場合，ε は(2.16)より

$$\varepsilon(\beta)=\frac{1}{\beta} \tag{2.19}$$

と表せるので，(2.19)を β で微分すると次式のようになる．

$$\frac{d\varepsilon}{d\beta}=-\frac{1}{\beta^2}=-\varepsilon^2 \tag{2.20}$$

一方，ウィーンの放射公式の平均エネルギー ε は(2.12)と(2.13)から

$$\varepsilon(\beta)=\nu\gamma e^{-\tau\nu\beta} \tag{2.21}$$

と表せるので，(2.21)を β で微分すると次式のようになる．

$$\frac{d\varepsilon}{d\beta} = -\gamma\nu(\nu\gamma e^{-\gamma\nu\beta}) = -\gamma\nu\varepsilon \tag{2.22}$$

次にプランクは，2つの極限（長波長領域と短波長領域）で(2.19)と(2.21)を再現するような $\varepsilon(\beta)$ をみつけるために，2つの式（(2.20)と(2.22)）を加えた次の微分方程式を考えた．

$$\frac{d\varepsilon}{d\beta} = -\varepsilon^2 - \gamma\nu\varepsilon \tag{2.23}$$

そして，この方程式(2.23)を解くと，解は

$$\varepsilon(\beta) = \frac{\gamma\nu}{e^{\gamma\nu\beta} - 1} = \frac{\gamma\nu}{e^{\gamma\nu/k_{\mathrm{B}}T} - 1} \tag{2.24}$$

となる（章末問題 [2.2]）．ただし，$\beta \to 0$ でレイリー‐ジーンズの放射公式に一致するように，$\varepsilon(0) = 1/\beta$ を初期条件としている．

ここで，(2.24)の右辺の分母 $(e^{\gamma\nu/k_{\mathrm{B}}T} - 1)$ は無次元量であることに注意すれば，γ の単位は ε/ν（エネルギー(J)/振動数(s^{-1})）と同じになるから Js である．そして，この定数 γ を h と書いて，(2.24)の $\varepsilon(\beta)$ を(2.3)に代入すれば，プランクの放射公式(2.9)が導かれる．

［例題2.2］　プランクの放射公式
　平均エネルギー $\varepsilon(\beta)$ の関数(2.24)から，レイリー‐ジーンズの(2.19)の $\varepsilon(\beta)$ とウィーンの(2.21)の $\varepsilon(\beta)$ が再現できることを示せ．

　［解］　$\beta \to 0$ のとき $e^{\gamma\nu\beta} \approx 1 + \gamma\nu\beta$ より，(2.24)は

$$\varepsilon(\beta) = \frac{\gamma\nu}{e^{\gamma\nu\beta} - 1} \approx \frac{\gamma\nu}{\gamma\nu\beta} = \frac{1}{\beta} \tag{2.25}$$

のように，(2.19)に一致する．

　一方，$\beta \to \infty$ のとき(2.24)は分母の 1 を無視できるので，次式のように，(2.21)と一致する．

$$\varepsilon(\beta) = \frac{\gamma\nu}{e^{\gamma\nu\beta} - 1} \approx \frac{\gamma\nu}{e^{\gamma\nu\beta}} = \gamma\nu e^{-\gamma\nu\beta} \tag{2.26}$$

¶

2.1.3　エネルギー量子

＊エネルギー量子とプランクの放射公式　　実験結果と良く合うプランクの放射公式(2.9)は，製鉄所の溶鉱炉をデザインするような実用的側面からいえば，一種の経験則（内挿公式）として十分な価値はあっただろう．しかし，この公式を成り立たせる背後にあるものを明らかにすることの方が，物理学としては

はるかに重要である.

　プランクの偉大さは，プランクの放射公式を理論的に導くためには**エネルギー量子**という概念が必要であることを見抜いたところにある．エネルギー量子とは，エネルギーに最小の単位があるという考え方である．

　プランクは，エネルギー量子を ε_0 とすると，振動数 ν の電磁波のエネルギー E は連続的な値をもつことはできず，(2.1) のような不連続的（離散的）な値 $E_n = n\varepsilon_0$ で与えられると仮定した．この仮定のもとでは，エネルギー E を連続量と考えた (2.15) の積分を，不連続量（離散量）E_n に対する和の形にしなければならないので，積分は次のように n についての無限級数の和に変わる.

$$\langle E \rangle = \frac{\sum\limits_{n=0}^{\infty} E_n e^{-\beta E_n}}{\sum\limits_{n=0}^{\infty} e^{-\beta E_n}} = \frac{\sum\limits_{n=0}^{\infty} n\varepsilon_0 e^{-\beta n\varepsilon_0}}{\sum\limits_{n=0}^{\infty} e^{-\beta n\varepsilon_0}} \tag{2.27}$$

　ここで，無限等比級数の公式（初項 a，公比 r）

$$\sum_{n=0}^{\infty} ar^n = a + ar + ar^2 + \cdots = \frac{a}{1-r} \qquad (|r| < 1) \tag{2.28}$$

を使えば，(2.27) の分母は次式のようになる（$a = 1$ と $r = e^{-\beta\varepsilon_0}$）.

$$\sum_{n=0}^{\infty} e^{-\beta n\varepsilon_0} = 1 + e^{-\beta\varepsilon_0} + e^{-2\beta\varepsilon_0} + \cdots = \frac{1}{1 - e^{-\beta\varepsilon_0}} \tag{2.29}$$

一方，(2.27) の分子は (2.29) をパラメータ β の関数とみなして，(2.29) の両辺を β で微分すれば，

$$\sum_{n=0}^{\infty} n\varepsilon_0 e^{-\beta n\varepsilon_0} = \frac{\varepsilon_0 e^{-\beta\varepsilon_0}}{(1 - e^{-\beta\varepsilon_0})^2} \tag{2.30}$$

のように求まるので，最終的に (2.27) は次式のようになる.

$$\langle E \rangle = \frac{\varepsilon_0 e^{-\beta\varepsilon_0}}{1 - e^{-\beta\varepsilon_0}} = \frac{\varepsilon_0}{e^{\beta\varepsilon_0} - 1} \tag{2.31}$$

したがって，エネルギー量子 ε_0 の値を

$$\varepsilon_0 = h\nu \tag{2.32}$$

とすると，(2.31) は (2.8) の平均エネルギー ε と一致することがわかる.

❋ **プランク定数の次元と役割**　　プランク定数 h の単位は Js だから，h の次元は

$$[h] = [\text{エネルギー} \times \text{時間}] \tag{2.33}$$

である．ここで，$[h]$ のように h を挟む両括弧 [　] は "h の次元" という意味を表す記号である.

質量（mass）の次元を M，長さ（length）の次元を L，時間（time）の次元を T で表すと，エネルギーの次元は

$$[\text{エネルギー}] = [\mathrm{ML^2T^{-2}}] \tag{2.34}$$

となる（エネルギーの次元が(2.34)であることは，例えば，粒子の運動エネルギー $(1/2)mv^2$ を $[m] = \mathrm{M}$ と $[v^2] = (\mathrm{L/T})^2 = \mathrm{L^2T^{-2}}$ で表せば，納得できるだろう）．

したがって，h の次元(2.33)は，(2.34)に時間 T を掛けた

$$[h] = [(\mathrm{ML^2T^{-2}})\mathrm{T}] = [\mathrm{ML^2T^{-1}}] \tag{2.35}$$

である．また，運動量 mv の次元 $[mv]$ は $[\mathrm{MLT^{-1}}]$ であるから，(2.35)を $[(\mathrm{MLT^{-1}})\mathrm{L}]$ のように考えると，h の次元は

$$[h] = [\text{運動量} \times \text{長さ}] \tag{2.36}$$

とも表せる．この"運動量 × 長さ"は"運動量のモーメント"に相当するので，**角運動量**である．このため，プランク定数の次元は角運動量の次元と同じになり，角運動量は物理的には"回転の運動量"を表すから，h の次元は

$$[h] = [\text{角運動量}] = [\text{回転の運動量}] \tag{2.37}$$

となる．(2.37)で表した h の次元が具体的に実感できるのは，電子の回転運動や電子のスピンを扱うときである（第 12 章を参照）．

一般に，"エネルギー × 時間"あるいは"運動量 × 長さ"という次元をもつ量のことを**作用量**（あるいは**作用変数**）というので，プランク定数のことを**作用量子**ということもある．

19 世紀末の難問であった"空洞放射のエネルギー"は，プランクの放射公式によって矛盾なく説明された．空洞放射の測定は，黒体からの放射を調べるために，実験室レベルの小さな空洞を利用して行われたものである．

＊3 K の宇宙背景放射　　いま，宇宙規模の空洞を想像すれば，それはビッグバンから生まれた宇宙そのものに相当するだろう．そうであれば，ビッグバンによってつくられた強い放射が，空洞放射として現在も宇宙全体に広がっているはずである．

これが有名な **3 K の宇宙背景放射**で，ペンジアスとウィルソンが宇宙に遍在する**雑音電波**（つまり，放射エネルギー）を測定したとき，偶然に宇宙背景放射の温度が約 $T = 2.7\,\mathrm{K}$ であることを発見した（1965 年）．

プランクの放射公式(2.9)に $T = 2.7\,\mathrm{K}$ を代入して $U(\nu, T = 2.7\,\mathrm{K})$ をプロットすると，$\nu = \nu_\mathrm{M} = 16 \times 10^{10}\,\mathrm{Hz}$（または波長 $\lambda = \lambda_\mathrm{M} = 1.9\,\mathrm{mm}$）の値

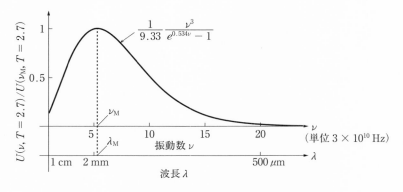

図 2.7 3 K 宇宙背景放射とプランクの放射公式

で最大になる（図 2.7 を参照）．図 2.7 の正しさは COBE（宇宙背景放射観測衛星）で実証された（1989 年）．実験室レベルの空洞放射でみつかったプランクの公式が，宇宙全体の空洞放射まで完全に説明できる事実は，私たちにプランクの放射公式の普遍性を強く印象づける．

　エネルギー量子という革命的な概念が，20 世紀の幕開けと共にプランクによってもたらされたが，この概念の実体的な意味やプランク定数の物理的な役割を深く追求したのが，次に登場するアインシュタインであった．

2.2　アインシュタインの光量子仮説

　アインシュタインは，

　　「振動数 ν（または波長 λ）の光はエネルギー $h\nu$（またはエネルギー ch/λ）をもった粒子のように振る舞う」

という**光量子仮説**を 1905 年に提唱した．この粒子を**光量子**または**光子**とよび，振動数 ν（または波長 λ）をもった光量子のエネルギー E は次式で与えられる．

$$E = h\nu \quad \text{または} \quad E = \frac{ch}{\lambda} \tag{2.38}$$

2.2.1　光電効果

　紫外線のような波長の短い光を金属の表面に照射すると，光が弱くても電子が飛び出す．一方，照射する光の波長が赤外線のように長いと，光が強くても電子は飛び出さない．このような現象を**光電効果**とよび，光がエネルギー量子であることを示す物理現象である（図 2.8(a)）．この光電効果の現象は，光電

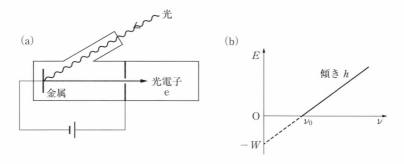

図 2.8 光電効果の説明
（a） 装置の概念図
（b） 光電子のエネルギー E と照射光の振動数 ν との関係

管や撮像管などの光センサーなどで広く利用されている.

　光電効果の実験結果は，次のようなものである.

1. 照射光の振動数 ν（または波長 λ）が，ある限界の値 ν_0（**限界振動数**）よりも大きく（または λ_0（**限界波長**）よりも小さく）なると，電子は跳び出す.

2. 跳び出す電子の運動エネルギーは，照射光の強さに無関係で，振動数だけに依存する.

3. 跳び出す電子の数は，照射光の強さに比例する.

4. 光が弱くても，光を照射した瞬間に電子は跳び出す.

　以上の実験事実は，電磁波のエネルギーが空間に連続的に分布すると考える古典物理学（電磁気学）では説明できない. なぜなら，電磁気学によれば，光のエネルギーは振幅の 2 乗に比例するだけで，振動数や波長には依存しないからである. このため，振動数や波長の違い（光の色の違い）によって，電子が跳び出したり，跳び出さなかったりする事実は説明できない.

　一方，光量子仮説によれば，電子は光子との衝突によってエネルギー $h\nu$ を得るので，この $h\nu$ が金属内の自由電子が金属表面を跳び出すときに費やす仕事（**仕事関数**）W よりも大きければ，電子は跳び出すことになる. つまり，光量子仮説から次式が導ける（図 2.8(b)）.

$$E = h\nu - W \quad (W = h\nu_0) \quad \text{または} \quad E = \frac{ch}{\lambda} - W \quad \left(W = \frac{ch}{\lambda_0}\right) \quad (2.39)$$

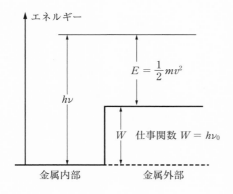

図 2.9　仕事関数 W はポテンシャルの
"井戸の深さ"に相当する.

　図 2.9 のように，この仕事関数 W は電子が跳び出すために必要な最低エネルギー（エネルギー限界値）である（W はポテンシャルの"井戸の深さ"を決める量で，7.2 節を参照）．したがって，$E \geq 0$ より $W = h\nu_0$ で決まる限界振動数 ν_0（または $W = ch/\lambda_0$ で決まる限界波長 λ_0）が存在するので，実験結果 1～4 はすべて説明できることになる．当然，W の値は物質の種類によって異なるから，限界振動数 ν_0 や λ_0 も異なる（つまり，光の色が変わる）はずである．

　なお，(2.39)の関係式は，ミリカンの実験によって定量的に検証されている．

─［例題 2.3］　**仕事関数**━━━━━━━━━━━━━━━━━

　金属 A に 4000 Å の光を当てたら，跳び出す電子の最大エネルギーは $1.50\,\mathrm{eV}$ であった．金属 A の仕事関数 W を求めよ．ただし，$1\,\mathrm{eV} = 1.6 \times 10^{-19}\,\mathrm{J}$ である（例題 3.3 を参照）．

　［**解**］　入射光子のエネルギー $h\nu$ は

$$h\nu = \frac{hc}{\lambda}\,[\mathrm{J}] = \frac{6.6 \times 10^{-34} \times 4.0 \times 10^8}{4000 \times 10^{-10} \times 1.6 \times 10^{-34}}\,[\mathrm{eV}] = 4.125 \approx 4.13\,\mathrm{eV}$$

(2.40)

となるので，仕事関数 W は(2.39)から次のようになる．

$$W = h\nu - E = 4.13 - 1.50 = 2.63\,\mathrm{eV}$$

(2.41)

¶

　ちなみに，光を光子と考えないと説明できない現象は日常生活の中にたくさんある．例えば，強い日差しで日焼けするのは，波長の短い紫外線の光子が皮膚に化学的な変化を起こすためである．一方，電気ストーブに長時間当たって

も日焼けしないのは，波長の長い赤外線の光子のためである．また，夜空の遠い星がすぐに裸眼でみえるのも，光子が網膜を瞬時に刺激するためであり，光を波動と考えると説明できない現象である（章末問題 [2.3]）．

❉**光子の運動量**　　光子は質量ゼロの粒子であるが，特殊相対性理論によれば，エネルギー E をもった光子の運動量（の大きさ）p は

$$p = \frac{E}{c} \tag{2.42}$$

で与えられる．ここで，c は光速度（光の速さ）である．アインシュタインは，これに光子のエネルギー $E = h\nu$ を用いて，次の関係式を導いた（1916 年）．

$$p = \frac{E}{c} = \frac{h\nu}{c} \tag{2.43}$$

一方，光速度 c と，光の振動数 ν，波長 λ との間には

$$c = \lambda\nu \tag{2.44}$$

の関係が成り立つので，(2.43)は次式のようになる．

$$p = \frac{h}{\lambda} \tag{2.45}$$

(2.45)の正しさは，コンプトン効果という現象によって証明された（1922 年）．

2.2.2　コンプトン効果

X 線を物体に照射した場合，この入射 X 線と物体内の電子との非弾性散乱によって，X 線は散乱される．そのとき，散乱 X 線の波長が入射 X 線の波長よりも長くなる現象を**コンプトン効果**といい，コンプトン効果を生じる散乱を**コンプトン散乱**という．

これから説明するように，コンプトン散乱は X 線（電磁波）が粒子性をもつこと，つまり光子として振る舞うことを決定づけた重要な現象である．

❉**コンプトン散乱**　　X 線は波長の短い電磁波である．これを電磁気学で学ぶ波と同じものだと素朴に考えると，コンプトン効果の説明は次のようになる．

1. 照射された X 線の振動数で，物体内の電子は強制振動する．
2. 強制振動する電子から電磁波が放射される．
3. 放射された光が散乱光として観測される．

しかし，この説明では，散乱 X 線と入射 X 線の振動数（または，波長）は同じになるから，散乱 X 線の波長が長くなるという実験結果と矛盾する．

[例題 2.4] コンプトン散乱

X 線と電子の衝突を，X 線を光子と仮定して図 2.10 のように考える．

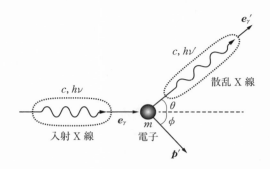

図 2.10 コンプトン散乱

入射 X 線をエネルギー $E = h\nu$，運動量 $p = h\nu/c$ をもった光子として，静止している電子（質量 m）に非弾性衝突させる．衝突後の光子がエネルギー $E' = h\nu'$，運動量 $p' = h\nu'/c$ をもって散乱角 θ の方向に散乱されたとき，入射 X 線の波長 λ と散乱 X 線の波長 λ' との差（ずれ）$\Delta\lambda$ は

$$\Delta\lambda = \lambda' - \lambda = \frac{h}{mc}(1 - \cos\theta) \tag{2.46}$$

で与えられることを示せ．なお，(2.46)の右辺の係数（波長に相当）

$$\lambda_{\mathrm{C}} = \frac{h}{mc} \tag{2.47}$$

を**コンプトン波長**という（Note 2.1 を参照）.

[**解**]　図 2.10 のように，入射 X 線が静止している電子と衝突する場合，運動量の保存則は

$$\frac{h\nu}{c}\boldsymbol{e}_\gamma = \frac{h\nu'}{c}\boldsymbol{e}_\gamma{'} + \boldsymbol{p}' \tag{2.48}$$

で，エネルギー保存則は

$$h\nu + mc^2 = h\nu' + \sqrt{m^2c^4 + c^2p'^2} \tag{2.49}$$

で与えられる．ここで，$\boldsymbol{e}_\gamma$ は入射 X 線の進行方向の単位ベクトル，$\boldsymbol{e}_\gamma{'}$ は散乱 X 線の進行方向の単位ベクトル，$\boldsymbol{p}'$ は衝突後の電子（反跳電子）の運動量ベクトルである．題意は，2 つの式から $\boldsymbol{p}'$ を消去した結果が(2.46)となることを示すことである．

(2.48)の両辺に c を掛けてから，$c\boldsymbol{p}'$ の 2 乗を求める．$(c\boldsymbol{p}')^2 = c^2\boldsymbol{p}'\cdot\boldsymbol{p}' = c^2p'^2$ より

$$c^2p'^2 = c^2\left(\frac{h\nu}{c}\boldsymbol{e}_\gamma - \frac{h\nu'}{c}\boldsymbol{e}_\gamma{'}\right)^2 = h^2(\nu^2 + \nu'^2 - 2\nu\nu'\cos\theta) \tag{2.50}$$

となる．ただし，$\boldsymbol{e}_\gamma\cdot\boldsymbol{e}_\gamma = 1$，$\boldsymbol{e}_\gamma{'}\cdot\boldsymbol{e}_\gamma{'} = 1$，$\boldsymbol{e}_\gamma\cdot\boldsymbol{e}_\gamma{'} = \cos\theta$ を使った．一方，(2.49)を

$$(h\nu - h\nu' + mc^2)^2 = (\sqrt{m^2c^4 + c^2p'^2})^2 = m^2c^4 + c^2p'^2 \tag{2.51}$$

のように 2 乗すると，右辺に $c^2p'^2$ が現れる．そこで，この $c^2p'^2$ に(2.50)を代入して式を整理すれば，(2.46)を得る． ¶

(2.46)より, ずれ $\Delta\lambda$ は散乱角 θ が大きくなるほど大きくなる. このため, 散乱 X 線の波長 λ' は長くなる ($\lambda' = \lambda + \Delta\lambda$). これは実験結果と一致するので, X 線の粒子性が完全に実証されたことになる.

> **Note 2.1 コンプトン波長** (2.47)のコンプトン波長 λ_C は, コンプトン散乱の式 (2.46)で $\theta = 90°$ とおいたものに等しいから, λ_C は入射 X 線が直角方向に散乱されるときの波長のずれの大きさ $\Delta\lambda$ を表している (章末問題 [2.4]). なお, ド・ブロイ波長 ((1.3), 3.1.1 項を参照) とは異なる量であることに注意してほしい.

2.3 水素原子の2つの謎

物質を細かく分割していくと, 分子・原子・原子核・**核子** (陽子と中性子の総称)・素粒子・クォークといった普遍的な階層が存在することを私たちは知っている. このような階層の認識に至ったきっかけは, ラザフォードによる原子核の発見であった (1911 年).

2.3.1 電子の軌道の安定性

ラザフォードは, α 線 (ヘリウムの原子核) を金属の薄膜 (例えば金箔) に当てて, α 線と原子との散乱実験を行ったところ, 大部分の α 粒子は膜を通り抜けたが, 少数の α 粒子は進路を大きく曲げられて跳ね返されるという実験結果を得た. 金属を構成する原子内の電子は軽い粒子なので, α 粒子の運動を変えることはできない. そのため, この実験事実は, 電子とは異なり, 非常に重くて, 原子の核になる粒子が原子の内部に存在することを示唆した. この粒子を**原子核**という.

そこで, ラザフォードは長岡半太郎の土星型原子模型 (1904 年) にならって, 図 2.11 のような原子の太陽系モデル (**有核原子モデル**) を提案した. つまり, $+Ze$ (Z は原子番号) の電荷をもった重い原子核が原子の中心にあり, その周りを軽い電子が軌道を描いて運動しているというモデルである.

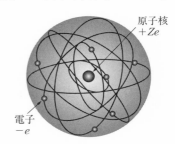

図 2.11 ラザフォードの有核原子モデル

原子内部で電子が動かず静止したままであれば, 負電荷の電子と正電荷の原子核は (クーロン引力のため) つり合い状態を保てないから, 電子は運動していなければならない. したがって, ラザフォードのモデルで水素原子を考えれば, 水素原子は1個の陽子が原子核で, その周りを1個の電子が回っているこ

とになる.

✳ラザフォードの原子モデルの欠陥

電磁気学によると,荷電粒子が加速度をもって運動をしていると,必ず電磁波(つまり,光)を出すので,荷電粒子はエネルギーを失う.このため,水素原子内の電子が円運動(つまり加速度運動)すれば,電磁波を放射してエネルギーが減少し,軌道の回転半径がらせん状に小さくなっていくので,水素原子はつぶれてしまうことになる.

［例題 2.5］ 電子の不安定性

電子(質量 m,電荷 $-e$)が重い原子核(電荷 $+Ze$)の周りを,速さ v で半径 r の等速円運動をしているとして,次の各問いに答えよ.

(1) 古典力学を用いて,次式を導け.

$$r = \frac{Ze^2}{4\pi\varepsilon_0 mv^2} \tag{2.52}$$

(2) 電子の全エネルギー E は次式で与えられることを示せ.

$$E = -\frac{Ze^2}{8\pi\varepsilon_0 r} \tag{2.53}$$

(3) 電子が電磁波を放出すると半径 r が減少することを(2.53)から説明せよ.

［**解**］ (1) 陽子が電子に及ぼすクーロン引力($Ze^2/4\pi\varepsilon_0 r^2$)と遠心力($mv^2/r$)がつり合うから,

$$\frac{Ze^2}{4\pi\varepsilon_0 r^2} = \frac{mv^2}{r} \qquad (\varepsilon_0 \text{ は真空の誘電率}) \tag{2.54}$$

より(2.52)を得る.

(2) 電子の全エネルギー E は運動エネルギー T と位置エネルギー V の和であるから

$$E = T + V = \frac{1}{2}mv^2 - \frac{Ze^2}{4\pi\varepsilon_0 r} = \frac{Ze^2}{8\pi\varepsilon_0 r} - \frac{Ze^2}{4\pi\varepsilon_0 r} \tag{2.55}$$

より(2.53)を得る.ただし,(2.55)の v^2 は(2.52)を用いて r に書き換えた.

(3) (2.53)から,全エネルギー E と半径 r の関係は次式で与えられる.

$$r = \frac{Ze^2}{8\pi\varepsilon_0(-E)} \tag{2.56}$$

電子が電磁波を放出すると $|E| = -E$ は増大するから,r は減少することになる. ¶

電磁気学に従う限り,加速度運動をする電子は電磁波を出してエネルギーを失っていくので,最終的には原子核に衝突する.この衝突に要する時間 τ は

$$\tau = \frac{1}{4}\frac{4\pi}{\mu_0}(4\pi\varepsilon_0)\frac{cm^2}{e^4}a^3 \tag{2.57}$$

で決まる(章末問題 [2.5]).例えば,軌道半径を $a = 0.5 \times 10^{-10}$ m とすると

$\tau = 1.3 \times 10^{-11}$ s である．これは一瞬で電子が原子核に衝突することを意味するので，水素原子は安定に存在できないことになる．もちろん，自然界に存在する水素原子は安定であるから，古典物理学に基づくこの結論は間違っていることになる．

このように，古典物理学（力学と電磁気学）の考え方では加速度運動する電子からは電磁波が出て，エネルギーの消失を避けることはできないので，ラザフォードの原子モデルには大きな欠陥があった．ちなみに，長岡半太郎の土星型原子模型は空想の産物で，原子核の周りに数千個の電子が（あたかも土星の環のように）回っているとした．そのため，電子全体の流れは直流電流とみなせるので，電子からの電磁波については考える必要がなく，原子の安定性に関する困難はなかった．

なお，ラザフォードの原子モデルでは軌道半径が小さくなっていくので，放出される光の波長も連続的に変化する（例題2.5の(3)を参照）．そのため，水素原子からは連続スペクトルが観測されるはずである．しかし，これも次節で説明する実験事実と完全に矛盾するのである．

2.3.2 線スペクトルの規則性

水素ガスを熱すると，固有な線スペクトルをもつ光を発生する．測定される線スペクトルの波長 λ または振動数 $\nu (= c/\lambda)$ には

$$\frac{1}{\lambda} = R\left(\frac{1}{n^2} - \frac{1}{n'^2}\right) \quad \text{または} \quad \nu = cR\left(\frac{1}{n^2} - \frac{1}{n'^2}\right) \tag{2.58}$$

のような規則性があり，いくつかの系列（シリーズ）に分類できる（図2.12）．ここで，n と n' は自然数で，$n = 1, 2, 3, 4, \cdots$ に対して $n' = n + 1, n + 2, n + 3, n + 4, \cdots$ である．係数 R は**リュードベリ定数**とよばれる物理定数で，大きさは $R = 1.10 \times 10^7 \, \mathrm{m}^{-1}$ である．

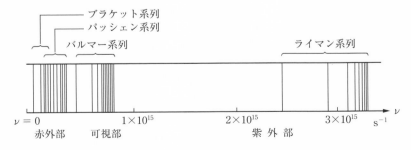

図 2.12 線スペクトルの4系列（小出昭一郎 著：「物理学（三訂版）」（裳華房）による）

線スペクトルの系列は，次のように発見者の名前を冠してよばれる．

$n = 1$：ライマン系列（紫外線領域）

$n = 2$：バルマー系列（可視光領域）

$n = 3$：パッシェン系列（赤外線領域）

$n = 4$：ブラケット系列（遠赤外線領域）

すでに述べたように，ラザフォードの原子モデルで放出される光は連続スペクトルであるから，観測された線スペクトルの波長が(2.58)の規則性をもっていることは，説明できない大きな謎だった．

2.4 ボーアの量子論

水素原子の2つの謎を解決するために，ボーアは古典物理学では説明不可能な仮説を提唱した．それが，ボーアの量子論とよばれるもので，量子力学への扉を開く決定的な役割を果たした．

2.4.1 3つの仮説

ボーアは，古典物理学と矛盾する水素原子の2つの謎（"水素原子の安定性"と"線スペクトル"）を説明するために，次の3つの仮説を提唱した（1913年）．

1. **定常状態**：原子が安定に存在できるのは，エネルギーがとびとびの値（これを**離散的な値**という）をもつ状態のときだけである．この離散的なエネルギーの値を**エネルギー準位**という．また，原子がエネルギー準位にいる状態を**定常状態**という．そのうち，最低のエネルギー準位の状態を**基底状態**，それよりも高いエネルギー準位の状態を**励起状態**という．

2. **振動数条件**：原子が光を吸収すると，図 2.13(a)のように，低いエネルギー準位 E の状態から高いエネルギー準位 $E'(> E)$ の励起状態に遷移する．このとき，低いエネルギー準位 E に吸収される光の振動数 ν は，エネルギー保存則より

$$E + h\nu = E' \qquad (E' > E) \qquad (2.59)$$

で決まる．なお，低いエネルギー準位から高いエネルギー準位への遷移を**励起**という．

同様に，原子が高いエネルギー準位 E' の状態から低いエネルギー $E(< E')$ の状態に遷移するとき，E' の定常状態から放出される光の振動数 ν は，エネルギー保存則より

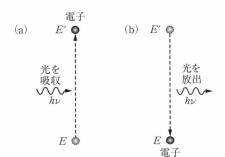

図 2.13 ボーアの振動数条件
(a) 光を吸収した原子は励起状態になる.
(b) 光を放出した原子は低いエネルギー
準位に遷移する.

$$E' - h\nu = E \quad (E' > E) \quad (2.60)$$

で決まる（図 2.13(b)）.

　　したがって，吸収・放出される光の振動数 ν を決める式は (2.59)と(2.60)から

$$E' - E = h\nu \quad (E' > E) \quad (2.61)$$

となる. この(2.61)を**ボーアの振動数条件**という.

3. **量子条件**：古典物理学では可能な運動は無数にあるが，原子の定常状態として許されるのは，次の条件（これを**量子条件**という）

$$\oint p\,dq = nh \quad (n = 1, 2, 3, \cdots) \quad (2.62)$$

を満たす状態だけである. この定常状態にある電子が，古典物理学の法則に従う. ここで，p は電子の運動量，q は座標変数であり，積分は電子の軌道に沿って1周にわたるものとする（$\oint$ は1周積分を意味する積分記号）.

　これら3つの仮説を基礎にした理論を**ボーアの量子論**，あるいは**前期量子論**という.

2.4.2 水素原子の謎を解く

❋**電子の軌道の謎を解決**　ボーアの仮説に基づけば，原子は定常状態の存在により，一定の大きさをもち得るので，ラザフォードの原子モデルの不安定性は解決する.

┌─[**例題 2.6**]　**エネルギー準位**━━━━━━━━━━━━━━━
　図 2.14 のように，重い原子核（電荷 $+Ze$）の周りに電子（電荷 $-e$）が等速円運動しているとすると，この電子はボーアの量子条件(2.62)を満たして安定に運動している. この場合，電子のとり得るエネルギーの値は

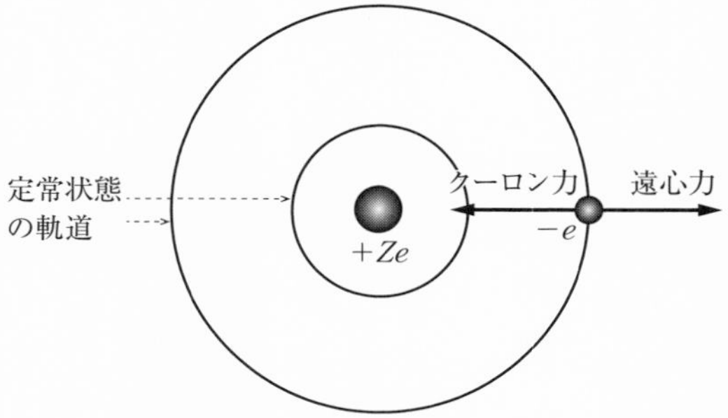

定常状態
の軌道

クーロン力　遠心力

+Ze

-e

図2.14 定常状態での水素
型原子内の電子の運動

$$E_n = -\frac{mZ^2e^4}{8\varepsilon_0^2h^2}\frac{1}{n^2} \qquad (n = 1, 2, 3, \cdots) \tag{2.63}$$

であることを示せ.

[**解**] 等速円運動だから, 運動量の大きさ $p = mv$ が一定であることに注意すれば, (2.62)の量子条件は

$$\oint p\,dq = p\oint dq = p \times 2\pi r = nh \tag{2.64}$$

となるから, 次の関係式を得る.

$$r^2 = \left(\frac{nh}{2\pi}\right)^2\frac{1}{p^2} \qquad (n = 1, 2, 3, \cdots) \tag{2.65}$$

一方, 右辺の p^2 はクーロン力と遠心力のつり合いの式(2.54)から次式のように与えられる.

$$p^2 = \frac{mZe^2}{4\pi\varepsilon_0}\frac{1}{r} \tag{2.66}$$

したがって, (2.66)を(2.65)に代入すれば, 軌道半径は

$$r_n = \frac{\varepsilon_0 h^2 n^2}{\pi m Z e^2} \qquad (n = 1, 2, 3, \cdots) \tag{2.67}$$

となるので, 系のエネルギー(2.53)は(2.67)から(2.63)となることがわかる. ただし, 半径 r とエネルギー E は共に整数 n に依存するので r_n, E_n と表した. この整数 n を**主量子数**という.　　　　　　　　　　　　　　　　　　　　　　　　　　¶

水素原子の場合, 系のエネルギー E_n と半径 r_n は, $Z = 1$ とおいた(2.63)と(2.67)で与えられる. $n = 1$ の場合のエネルギー E_1 が最低のエネルギー準位の状態（基底状態）になるので, r_1 が基底状態における軌道半径になる. この半径を**ボーア半径** a_B とよび, (2.67)より次式で定義される.

$$a_{\mathrm{B}} = r_1 = \frac{\varepsilon_0 h^2}{\pi m e^2} = \frac{4\pi\varepsilon_0 \hbar^2}{me^2} = 5.29177 \times 10^{-11}\,\mathrm{m} \tag{2.68}$$

当然，（a_{B} の定義から）このボーア半径より小さい水素原子は存在し得ないことになる．

❋原子の大きさはどこから　　ラザフォードの原子モデルで，なぜ安定した原子の大きさが存在し得なかったのだろうか？　この答えは，ラザフォードの原子モデルに含まれる物理量が電荷 e と質量 m と真空の誘電率 ε_0 だけであったことによる．なぜなら，e と m と ε_0 をどのように組み合わせても "長さの次元" がつくれないからである（章末問題 [2.6]）．

実際，(2.68) からわかるように，プランク定数 h が "長さの次元" を生み出す源である．この普遍定数がミクロな世界に導入されたことで，原子に固有の大きさが保証されたのである（Talking 2.1 を参照）．

しかし，なぜ水素原子が a_{B} の大きさで安定して存在できるのか，という基本的な疑問に，前期量子論は答えることができなかった（6.2.2 項と例題 6.5 を参照）．

Talking 2.1　**プランク長 l_{P} とプランク時間 t_{P}**　　エネルギーはマクロな世界で連続的な量であると思われていたが，ミクロな世界では離散的な量であることがわかった．では，ミクロな時空間に，長さの最小単位（プランク長とよび，ここでは l_{P} とする）と時間の最小単位（プランク時間とよび，ここでは t_{P} とする）があるだろうか？　もし，あるとすれば，それらはどのくらいの大きさだろうか？　時空の構造だから，相対性理論における2つの定数（光速度 c と万有引力定数 G）とプランク定数 h を組み合わせれば，l_{P} と t_{P} は決まるはずである（ただし，$c = 3.0 \times 10^8\,\mathrm{m/s}$，$G = 6.7 \times 10^{-11}\,\mathrm{Nm^2/kg^2}$）．

そこで，$l_{\mathrm{P}} = h^\alpha c^\beta G^\gamma$ とおいて次元解析をすると，次の結果を得る．

$$l_{\mathrm{P}} = h^{1/2} c^{-1/2} G^{1/2} \simeq 1.6 \times 10^{-35}\,\mathrm{m} \tag{2.69}$$

$$t_{\mathrm{P}} = \frac{l_{\mathrm{P}}}{c} \simeq 5.4 \times 10^{-44}\,\mathrm{s} \tag{2.70}$$

共に極めて小さな値であり，これらの実証は未だなされていない．

❋線スペクトルの謎を解決　　エネルギー準位 E_k の状態から，それよりも低いエネルギー準位 $E_n(< E_k)$ の状態へ遷移するときに放出される光の振動数 ν は，振動数条件 (2.60) から $\nu = (E_k - E_n)/h$ で決まる．

これに (2.63) を組み合わせると，放出される光の波長 λ は

$$\frac{1}{\lambda} = \frac{\nu}{c} = \frac{E_k - E_n}{ch} = \frac{me^4}{8\varepsilon_0^2 h^3 c}\left(\frac{1}{n^2} - \frac{1}{k^2}\right) \tag{2.71}$$

で与えられる．これは，まさに実験で得た線スペクトル系列の規則性(2.58)と同じ形である（図2.12を参照）．さらに，(2.71)の係数部分をリュードベリ定数 R であると仮定すると

$$R = \frac{me^4}{8\varepsilon_0^2 h^3 c} = \frac{2\pi^2 k_0^2 me^4}{ch^3} = 1.10 \times 10^7 \text{ m}^{-1} \qquad (2.72)$$

となり，実験値と定量的にも一致することがわかる（$k_0 = 1/4\pi\varepsilon_0$）．

　このように，ボーアの量子論によって水素原子の謎は見事に解けた．そして，水素の固有スペクトルの規則性が原子の内部構造を直接的に反映していること，図2.14のような電子軌道の直観的なイメージが意味をもつことなどが明らかになった．しかし，ボーアの量子論（前期量子論）は水素原子以外の原子に適用するのは困難であり，また基底状態の安定性なども説明できなかった．これらの問題は，ボーアの量子論から10年ほど後に完成した量子力学によってはじめて満足な解決が得られることになる．

　これからの章で徐々に明らかになるように，ボーアの量子論は量子力学によって様々な修正を受けることになる．それにもかかわらず，定性的のみならず定量的な多くの説明や解釈が生き残ったのは，ボーアの偉大さであり，水素原子からの線スペクトルの情報が，結果的に，最もシンプルで，かつ本質的なものだったおかげである．

　かつて，雪の結晶の発現機構を研究した中谷宇吉郎が，雪の結晶を詳しく調べれば，発現の気象条件に関する情報が得られるということを「雪の結晶は，天から送られた手紙」であり，「その文句は結晶の形および模様という暗号で書かれている」と表現した．それをまねれば，「水素原子のスペクトルは，ミクロな世界からの手紙」であり，線スペクトル系列が暗号であったといえるだろう．

章 末 問 題

　[**2.1**] （1）絶対温度 T で熱平衡状態にある系の平均エネルギー $\langle E \rangle$ が(2.15)のように表せることを説明せよ．

　（2）バネ定数 α の振動子の全エネルギーを $E = (1/2m)p^2 + (1/2)\alpha q^2$ として，(2.15)から(2.16)を導け．ただし，p, q, m はそれぞれ，振動子の運動量と位置座標と質量である．

　[**2.2**] 平均エネルギー $\varepsilon(\beta)$ の式(2.24)を導け．ただし，初期条件は $\beta \to 0$ で

$\varepsilon(0) = 1/\beta$ とする. この初期条件は, 高温領域で $\varepsilon(\beta)$ がレイリー – ジーンズの公式に一致することを要請したものである.

[**2.3**]　波長 $\lambda = 1\,\mathrm{mm}$ の電波を出力 $P = 500\,\mathrm{kW}$ で放射するアンテナがある. 次の各問いに答えよ. ただし, $h = 6.6 \times 10^{-34}\,\mathrm{Js}$ とする.

(1)　放射される光子のエネルギー $E\,[\mathrm{eV}]$ を求めよ ($1\,\mathrm{eV} = 1.6 \times 10^{-19}\,\mathrm{J}$).

(2)　振動の 1 周期の間に放射される光子の数 N を求めよ.

[**2.4**]　電子 (質量 m_e) のコンプトン波長が $\lambda_\mathrm{eC} = h/m_\mathrm{e}c = 2.4 \times 10^{-12}\,\mathrm{m}$ であることを利用して, 陽子 (質量 $m_\mathrm{p} = 1836 m_\mathrm{e}$) のコンプトン波長 λ_pC と中間子 (質量 $m_\pi = 273 m_\mathrm{e}$) のコンプトン波長 $\lambda_\mathrm{\pi C}$ をそれぞれ求めよ.

[**2.5**]　加速度 α で運動する荷電粒子は, 電磁波を放射して, 単位時間ごとに

$$\frac{dE(t)}{dt} = -K_1 \alpha^2 \qquad \left(K_1 = \frac{2}{3}\frac{\mu_0}{4\pi}\frac{e^2}{c} \right) \tag{2.73}$$

のエネルギーを失う (この式の導出は省略). 係数 K_1 に含まれている μ_0 は真空の透磁率である. 右辺のマイナス符号はエネルギーを失うことを意味する. 電子が電磁波を放出しながら, 原子核に電子が衝突するまでの時間 τ の式(2.57)を導け.

[**2.6**]　電子の素電荷 $e\,[\mathrm{C}]$ の次元は Q, 質量 $m\,[\mathrm{kg}]$ の次元は M, 真空の誘電率 $\varepsilon_0\,[\mathrm{C^2/Nm^2}]$ の次元は $\mathrm{M^{-1}L^{-3}T^2Q^2}$ である. なお, 物理定数の値は $e = 1.6 \times 10^{-19}\,\mathrm{C}$, $m = 9.1 \times 10^{-31}\,\mathrm{kg}$, $\varepsilon_0 = 8.9 \times 10^{-12}\,\mathrm{C^2/Nm^2}$, $c = 3.0 \times 10^8\,\mathrm{m/s}$, $h = 6.6 \times 10^{-34}\,\mathrm{Js}$ とする.

(1)　素電荷 e と質量 m と真空の誘電率 ε_0 の 3 つの量だけでは, "長さの次元 L" をつくれないことを示せ.

(2)　3 つの量 (e, m, ε_0) に光速度 c を加えると, "長さの次元" をもった物理量がつくれることを示せ. しかし, その物理量の大きさは "原子の大きさ" ($10^{-9}\,\mathrm{m}$ のオーダー) に比べて, 小さすぎることを示せ.

(3)　3 つの量 (e, m, ε_0) にプランク定数 h を加えると, "長さの次元" をもった物理量がつくれることを示せ. そして, その物理量の大きさは "原子の大きさ" 程度であることを示せ. なお, プランク定数 h の次元は $[\mathrm{ML^2T^{-1}}]$ である.

Chapter 3

ミクロな世界を記述する式

アインシュタインの光量子仮説（1905 年）と光子の運動量に関する仮説（1916 年）に基づいた実証実験により，光（つまり電磁波）のような波がもつ粒子的な性質が明らかになった．その後，これとは真逆の関係 ― 粒子がもつ波動的な性質 ― をド・ブロイが予想し，**物質波仮説**を提唱した（1923 年）．そして，日常的な経験からは理解しがたい**粒子と波動の二重性**という奇妙な性質を巧みにとり入れて，シュレーディンガーが量子力学の基礎方程式（**シュレーディンガー方程式**）を導き，**波動力学**を構築した（1926 年）．

3.1 ド・ブロイの物質波仮説

ド・ブロイの提唱した物質波仮説(1.3)が，量子力学のコアになる最も重要なもので，量子力学におけるミクロな粒子の奇妙な振る舞いの起源は，すべてこの式にある．

3.1.1 アインシュタイン－ド・ブロイの関係式

速さ v で運動する質量 m の粒子は，運動量（の大きさ）$p = mv$ をもつ．このとき，この粒子には

$$\lambda = \frac{h}{p} = \frac{h}{mv} \tag{1.3}$$

で決まる波長 λ の波が付随することを，ド・ブロイは提唱した（1923 年）．この波を**ド・ブロイ波**，または**物質波**とよび，波長を**ド・ブロイ波長**という．そして，この波の定在波によってボーアの量子条件の物理的な意味が解釈できることを，ド・ブロイは示した（例題 3.1 を参照）．

[例題 3.1] 定在波とボーアの量子条件

　水素原子内の原子核の周りを回る電子は，原子核の周りを回って伝播する1つの波に対応する．原子核を一回りした波が元の波に一致するならば，これは定在波になる．これを電子の定常状態とみなせば，ボーアの量子条件(2.62)は直観的に理解できることを示せ．

[解]　図3.1のように，円形に進行する波が定在波をつくるためには，半径 r の円軌道に沿って，ちょうど n 個の波が立てばよい．図3.1は $n = 4$ と $n = 6$ の物質波で，振幅を円からのズレで表している（円の内側が負の振幅，円の外側が正の振幅に対応）．

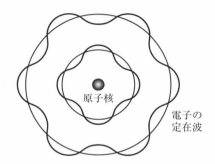

原子核

電子の定在波

図 3.1　ド・ブロイの物質波の例（$n = 4, 6$）．物質波の定常波が"ボーアの量子条件"の直観的な解釈を与える．

このように，軌道の円周が波長の整数倍であれば定在波になるから

$$\frac{2\pi r}{\lambda} = n \qquad (n = 1, 2, 3, \cdots) \tag{3.1}$$

が成り立てばよい．これにド・ブロイの物質波仮説(1.3)の $\lambda = h/p$ を使うと

$$2\pi r p = nh \tag{3.2}$$

になる．これは，まさに量子条件(2.62)を具体的に表した(2.64)と同じものである．なお，rp は角運動量であることを注意しておきたい．　　　　　　　　　　¶

　ド・ブロイの式(1.3)は，一見すると，アインシュタインが提唱した光子の運動量の式(2.45)の両辺を入れ替えただけのものであるが，その背後にあるアイデアは深淵である．

　いうまでもなく，光子は質量ゼロの粒子だから，(2.45)の運動量 $p = E/c$ は質量 m を含まない．ド・ブロイは，この運動量 p が質量ゼロの光子だけでなく，質量 m をもつ粒子（物質粒子）にも拡張できると予想した．そして，エネルギー $E = \sqrt{m^2 c^4 + c^2 p^2}$ をもつ粒子には，$E = h\nu$ の光量子仮説の式（(2.38)）から

$$\nu = \frac{E}{h} \qquad (3.3)$$

で定義される振動数 ν の波が付随するとド・ブロイは考え，アインシュタインの光量子仮説を一般化した．

ド・ブロイ波（物質波）は，(1.3) の波長 λ と (3.3) の振動数 ν をもった波で，電磁波のように真空中を伝わる波であるが，電磁波とは全く異なる新しい種類の波である（その正体は第 4 章で説明する）．ド・ブロイの物質波仮説 (1.3) と，一般化されたアインシュタインの光量子仮説 (3.3) の 2 つを組にした

$$\lambda = \frac{h}{p}, \qquad \nu = \frac{E}{h} \qquad (3.4)$$

が，量子力学のコアになる最も重要な仮説で，これを**アインシュタイン‐ド・ブロイの関係式**という．これらの式により，左辺の波の属性 (λ, ν) と右辺の粒子の属性 (p, E) が h を介して結び付けられたのである．

3.1.2 ド・ブロイ波の実証

❋**ド・ブロイ波の波長**　　ド・ブロイの物質波仮説 (1.3) に従えば，物質波の波長 λ は粒子の運動量 p に反比例し，p が減少すると λ は増加する．このため，粒子の速さがゼロになると波長は無限大になって物質波を考えることは無意味になるので，波動性は粒子が動いているときだけに現れる現象である．

また，観測装置などを使って実測できる波長 λ の大きさは $O(10^{-10})\,$m 程度なので，プランク定数 h の大きさ（$O(10^{-34})$）を考慮すると，運動量の大きさ $p = mv = h/\lambda \approx O(10^{-34}/10^{-10}) = O(10^{-24})$ 程度の小さな値になる．ただし，記号 O は「大きさ (order)」を表すもので，オーダーと読む．したがって，日常生活での質量スケール（例えば，1 kg）の物体が普通に運動する場合，ド・ブロイ波長が非常に小さくなるので，物体の波動性を確認することは不可能である（例題 3.2 と例題 3.3 を参照）．

┌─［例題 3.2］　**ド・ブロイ波の波長**─────────────────
速さ $v = 1.4\,$m/s で歩く人（質量 $m = 65\,$kg）のド・ブロイ波長 λ を求めよ．
└──────────────────────────────────────

［**解**］　運動量 $p = mv = 65\,$kg $\times 1.4\,$m/s $= 91\,$kg m/s を (1.3) に代入すると，次のようになる．

$$\lambda = \frac{h}{p} = \frac{6.626 \times 10^{-34}\,\text{J s}}{91\,\text{kg m/s}} = 0.0728 \times 10^{-34} = 7.3 \times 10^{-36}\,\text{m} \qquad (3.5)$$

この値は非常に小さいから，粒子の波動性は検出できない．　　　　　　　　¶

　しかし，物体の質量 m と速さ v が共に非常に小さい場合，次の例題3.3で示すように，ド・ブロイ波長は観測できる程度の大きさになる（章末問題 [3.1]）．

> ［例題 3.3］　**電子波の波長**
>
> 　次の各問いに答えよ．
> 　(1)　1.5 V の乾電池 40 本 (60 V) で加速した電子（質量 $m = 9.1 \times 10^{-31}$ kg）の振動数 ν とド・ブロイ波長 λ を求めよ．ただし，電子の速さ v は光速度 c に比べて非常に小さいとして，電子の運動エネルギーは $E = (1/2)mv^2$ とする．
> 　(2)　例題 3.1 の結論に基づけば，何個の定在波ができていることになるか．ただし，電子の軌道の半径は (2.68) のボーア半径 $a_B = 5.3 \times 10^{-11}$ m とする．

　［**解**］　(1)　電位差 60 V で加速した電子がもつエネルギーは $E = 60$ eV である．ここで，単位 eV は電子ボルトと読む．1 電子ボルトは 1 eV $= 1.6 \times 10^{-19}$ J（つまり，電荷 1.60×10^{-19} C の電子が 1 V の電位差で得るエネルギー）だから，$E = 60$ eV は SI 単位の J に換算すると

$$E = (60 \text{ eV}) \left(\frac{1.6 \times 10^{-19} \text{ J}}{1 \text{ eV}} \right) = 9.6 \times 10^{-18} \text{ J} \tag{3.6}$$

となる．振動数 ν は (3.3) より次のようになる．

$$\nu = \frac{E}{h} = \frac{9.6 \times 10^{-18} \text{ J}}{6.626 \times 10^{-34} \text{ J s}} = 1.45 \times 10^{16} \text{ s}^{-1} \tag{3.7}$$

　電子の運動エネルギー E は

$$E = \frac{1}{2} mv^2 = \frac{p^2}{2m} \tag{3.8}$$

で与えられるから，運動量 p は

$$p = \sqrt{2mE} = \sqrt{2 \times 9.1 \times 10^{-31} \times 9.6 \times 10^{-18}} = 4.2 \times 10^{-24} \text{ kg m/s} \tag{3.9}$$

となる．したがって，(1.3) から電子のド・ブロイ波長 λ は次のようになる．

$$\lambda = \frac{h}{\sqrt{2mE}} = \frac{6.626 \times 10^{-34} \text{ J s}}{4.2 \times 10^{-24} \text{ kg m/s}} = 1.6 \times 10^{-10} \text{ m} = 0.16 \times 10^{-9} \text{ m} \tag{3.10}$$

　この波長は 0.16 nm（ナノメートル）だから，原子の大きさと同程度である．
　(2)　ボーア半径 $a_B = 5.3 \times 10^{-11}$ m $= 0.053$ nm より，円軌道の長さは $2\pi a_B = 0.33$ nm である．定在波の個数 n は (3.1) から

$$n = \frac{2\pi a_B}{\lambda} = \frac{0.33 \text{ nm}}{0.16 \text{ nm}} = 2.06 \tag{3.11}$$

となるので，ほぼ 2 個の定在波が存在していることになる．これは量子条件を厳密には満たさないので，この計算値では安定な電子軌道を得られないが，物質波のイメージを実感する上では教育的な計算といえるだろう．　¶

Note 3.1 **$h \to 0$ の場合** プランク定数 h は非常に小さい値であるが，もしゼロにしたら，どのようなことが起こるだろうか？ アインシュタインの光量子仮説(3.3)は ν が有限なので $E \to 0$ となり，とり得るエネルギーは連続になる．ド・ブロイの物質波仮説(1.3)は p が有限なので $\lambda \to 0$ となり，波長は存在しない．そのため，物質波を考えることは無意味になる．このように，$h \to 0$ の極限で，量子力学は古典物理学に移行すると考えてよい．

* **デヴィッソンとガーマーの実験** 例題 3.3 の波長 0.16 nm は，結晶層の原子間の間隔とほぼ同じなので，結晶層を使って電子の波長を実験的に決定できることが予想される．この予想を検証するために，デヴィッソンとガーマーはニッケル結晶に電子を衝突させて，結晶で散乱された波のつくる回折パターンを観測した．そして，電子の散乱角と結晶内の原子間隔を使って計算した電子の波長の値が，ド・ブロイ波と一致することを示した（1927 年）．この実験により，電子の波動性が実証された（章末問題 [3.2]）．

* **プランク定数と普遍定数** 力学で学ぶように，自由粒子の運動はエネルギー E と運動量 p で記述される（図 3.2(a)）．一方，空間を自由に伝わる波である平面波は，角振動数 $\omega = 2\pi\nu$ と波数 $k = 2\pi/\lambda$（あるいは，振動数 ν と波長 λ）で記述される（図 3.2(b)）．

(a) 自由粒子 p, E (b) 平面波 k, ω

図 3.2 粒子と波動の二重性
 (a) 自由粒子の運動は，エネルギー E と運動量 p で記述できる．
 (b) 空間を自由に伝わる平面波は，角振動数 ω と波数 k で記述できる．

アインシュタイン–ド・ブロイの関係式(3.4)は，粒子を記述する物理量 (E, p) と波を記述する物理量 (ω, k) あるいは (ν, λ) が同じ情報を表していることを教えている．そのことを念頭に置いて，もう一度，2 つの式を眺めると，

$$（粒子性）=（プランク定数）\times（波動性） \tag{3.12}$$

のように，異なる属性（粒子と波）がプランク定数を介して結ばれている構造になっていることがわかる．

一般に，異なる属性や異なる物理量を関係づける定数のことを**普遍定数**という．マクロな世界を記述する古典物理学において，例えば，光速度 c はよく知られた普遍定数である（例 3.1）．

例 3.1　光速度と特殊相対性理論　　次の 2 つのことがアインシュタインによって示された.

（1）　ニュートンの力学では，時間と空間は全く独立した概念であった. しかし，アインシュタインは特殊相対性理論で，時間と空間は相互に影響することを明らかにした. そして，**時間と空間という異なる概念を統一**するために，光速度 c が慣性座標系によらない普遍定数として，空間 x と時間 t を

$$\frac{x}{t} = c \tag{3.13}$$

で関係づけた.

（2）　質量 m とエネルギー E は異なる属性をもった物理量であるが，アインシュタインは光速度 c によって両者を

$$\frac{E}{m} = c^2 \tag{3.14}$$

で結び付けた.

この例 3.1 に倣えば，プランク定数 h は，ミクロな世界での粒子と波という異なる概念を統一するために発見された普遍定数であるといえるだろう.

Talking 3.1　**ド・ブロイのアイデア**　　ド・ブロイが物質波仮説（1923 年）を提唱するまで，かなりの年数が経っていた. アインシュタインは"波動 → 粒子（光は光量子である）"を示したが，"粒子 → 波動"という真逆の発想は，"粒子と波動の二重性"だけでなく，物理法則の対称性という観点からも，すぐに浮かんでもよさそうに思える. しかし，ド・ブロイの提唱はアインシュタインの光量子仮説（1905 年）から 18 年後，あるいは光子の運動量の式（1916 年）から 7 年後であった.

電磁気学でよく知られているように，電流の磁気作用をエルステッドが発見した直後（1 週間くらい）に，逆のプロセスである"磁気による電流の発生"を多くの科学者たちが追求しはじめた歴史を思い浮かべると，両者の違いは歴然としている.

この違いはどこにあるのだろうか？　おそらく，20 世紀初頭に現れた量子論に対する当時の科学者たちの関心度を反映しているのだろう. つまり，まだ古典物理学が揺るぎないものと信奉されていた時代に，それを否定するような量子論の研究はマイナーなものだったのかもしれない.

3.2　波動方程式

デヴィッソンとガーマーの実験から，電子の運動に付随する波が存在することが実証された. この波がどのような素性のものであるかという疑問は，当面，不問にしておこう. いずれにせよ，電子の状態を記述するためには，位置 r と時間 t に依存した関数が必要で，この関数を $\Psi(r, t)$ と書くことにする. この Ψ は波動の性質をもつ関数なので，一般に**波動関数**とよばれる.

これからチャレンジすべき課題は，波動関数 Ψ が満たす波動方程式を求めることである．なお，以降の話や表記などを簡単にするため，1 次元 (x 座標) 空間の場合を主に考えよう．

3.2.1 普 通 の 波

弦を伝わる波や音波や電波など，身の回りで普通に（日常的に）みかける波の伝播は，平面波で表すことができる．例えば，x の正方向に波数 k，角振動数 ω で伝播する平面波は

$$u(x, t) = A \sin(kx - \omega t) = A \sin k\left(x - \frac{\omega}{k} t\right) \tag{3.15}$$

で与えられる．ここで，平面波の速さを v とすると，時刻 t での波面の座標 x は $x = vt$ で与えられるから，(3.15)の位相 $k(x - \omega t/k)$ は $k(x - vt)$ と書いても同じはずである．したがって，$\omega/k = v$ となるから，次の関係式が成り立つ．

$$\omega(k) = vk \tag{3.16}$$

この(3.16)は角振動数 ω が波数 k にどのように依存するかを表す式で，波の素性（何の波であるか）を規定する重要な関係式である．一般に，ω の k 依存性を表す式のことを**分散式**（あるいは**分散関係**）という．

ところで，(3.15)の平面波が従う波動方程式はどのようなものだろうか？ 平面波(3.15)は，様々な値の波数 k と角振動数 ω に対して成り立つが，常に(3.16)の分散関係を満たす必要がある．そのためには，平面波の従う基礎方程式（波動方程式）は v だけに依存した式でなければならない．

では，(3.15)から k と ω を含まない v だけの式をつくるにはどうしたらよいだろうか？ その方法は，(3.15)の $u(x, t)$ を x と t で微分することである．その結果，

$$\frac{\partial u}{\partial t} = -v \frac{\partial u}{\partial x} \tag{3.17}$$

となる（例題 3.4 を参照）．(3.17)は k と ω の値がどのようなものであっても，常に速さ v で伝播する波を表す波動方程式である．特に，x の正方向に伝播する波を**進行波**というので，(3.17)は進行波の波動方程式になる．

［例題 3.4］ 進行波の波動方程式

平面波(3.15)を次式のように複素数の指数関数で書き換える．

$$u(x, t) = Ce^{i(kx - \omega t)} \tag{3.18}$$

ここで，C は複素振幅である．(3.18)を x と t で微分することにより，k, ω を含まない v だけの微分方程式(3.17)を導け．

なお，現実に観測される(3.15)の $u(x, t)$ は実数の関数だから，(3.18)の実部
($\mathrm{Re}[Ce^{i(kx-\omega t)}]$) が平面波(3.15)の $u(x, t)$ である.

[**解**] (3.18)を x と t で微分すると

$$\frac{\partial u}{\partial t} = -i\omega Ce^{i(kx-\omega t)} = -i\omega u \tag{3.19}$$

$$\frac{\partial u}{\partial x} = ikCe^{i(kx-\omega t)} = iku \tag{3.20}$$

となるので，これらの式から u をそれぞれ求めて等しいとおけば，次式を得る.

$$\frac{1}{-i\omega}\frac{\partial u}{\partial t} = \frac{1}{ik}\frac{\partial u}{\partial x} \tag{3.21}$$

この式に(3.16)の分散式を使えば，(3.17)が求まる. ¶

一方，**後退波** (x の負方向に伝播する波)

$$u(x, t) = Ae^{i(kx+\omega t)} \qquad (A \text{ は複素振幅}) \tag{3.22}$$

に対する波動方程式は，例題3.4と同様な計算をすれば

$$\frac{\partial u}{\partial t} = +v\frac{\partial u}{\partial x} \tag{3.23}$$

のように(3.17)の右辺の符号をプラスに変えた式で記述できる. なお，進行波
と後退波の両方を含む波動方程式は

$$\frac{\partial^2 u}{\partial t^2} = v^2\frac{\partial^2 u}{\partial x^2} \tag{3.24}$$

のような，x と t の2階微分の微分方程式になる. (3.24)から $\omega^2 = v^2k^2$ を得
るので，分散式は次式のようになる (章末問題 [3.3]).

$$\omega = \pm vk \tag{3.25}$$

3.2.2 分散式から波の式をつくる

いま，微分の計算の結果(3.19)と(3.20)を

$$\left(\frac{\partial}{\partial t} + i\omega\right)u = 0, \qquad \left(\frac{\partial}{\partial x} - ik\right)u = 0 \tag{3.26}$$

のように，形式的に u でまとめた形に書いてみよう (因数分解に似た操作).
当然，$u \neq 0$ であるから ($u = 0$ は物理的に意味のない解)，(3.26)は u に掛
かる項がゼロになることを意味する. したがって，次のような関係式を得る.

$$\omega = i\frac{\partial}{\partial t}, \qquad k = -i\frac{\partial}{\partial x} \tag{3.27}$$

これらの式は，物理量である角振動数 ω と波数 k がそれぞれ右辺の**微分演**

算子に置き換えられることを示している. **演算子**とは「演算するもの」という数学用語で, 演算子記号の右側に置かれたものが何であれ, それに対して, 「何か演算せよ」ということを表す記号である.

例えば, du/dx は「関数 $u(x)$ に演算子 d/dx を作用させて x で微分せよ」と命じていることになる. 同様に, $\partial/\partial x$ は「x で偏微分せよ」, $\int_0^1$ は「被積分関数を 0 から 1 まで積分せよ」, 5 ならば「数値 5 を隣のものに掛けよ」と命じていることになる.

そこで, 分散式 (3.16) を (3.27) の微分演算子で書き換えると

$$i\frac{\partial}{\partial t} = v\left(-i\frac{\partial}{\partial x}\right) \tag{3.28}$$

となるが, 微分記号の右側に関数がなければ意味をなさない. したがって, この両辺に右側から関数 $u(x,t)$ を作用させてみると

$$\frac{\partial u}{\partial t} = -v\frac{\partial u}{\partial x} \tag{3.29}$$

のように, (3.17)と同じ波動方程式になる.

このように, 分散式を演算子に置き換えると, その分散式に対応した波動方程式が決まるのである (章末問題 [3.4]).

3.3 シュレーディンガー方程式

アインシュタイン−ド・ブロイの関係式から導かれるシュレーディンガー方程式は, ミクロな粒子の運動を記述する量子力学の基礎方程式であり, 古典力学におけるニュートンの運動方程式に匹敵するものである.

3.3.1 シュレーディンガー方程式の導出

❋**素朴な導出** 物質波を記述する波動方程式をつくるには, 粒子の物理量 (エネルギー E と運動量 p) を波の物理量 (角振動数 ω と波数 k) に変換する必要がある. そのためには, アインシュタイン−ド・ブロイの関係式(3.4)を使って

$$E = h\nu = \left(\frac{h}{2\pi}\right)(2\pi\nu) = \hbar\omega \tag{3.30}$$

$$p = \frac{h}{\lambda} = \frac{h}{\dfrac{2\pi}{k}} = \left(\frac{h}{2\pi}\right)k = \hbar k \tag{3.31}$$

のように書き換えればよい. ここで, $\hbar$ (エイチバーと読む量) は

$$\hbar = \frac{h}{2\pi} = 1.05457 \times 10^{-34}\,\mathrm{J\,s} \tag{3.32}$$

という値をもつ**ディラック定数**とよばれる物理定数で，様々な関係式や方程式などの表現がコンパクトになるため，プランク定数 h よりも多用される定数である（ただし，この $\hbar$ もプランク定数とよぶことが多い）．

※**自由粒子のシュレーディンガー方程式**　外力を受けずに運動する**自由粒子**（何の束縛も受けずに自由に運動する粒子のこと）の全エネルギー E は，非相対論的な運動の場合，次の運動エネルギーで与えられる（自由粒子だから，ポテンシャルエネルギーはゼロ）．

$$E = \frac{p^2}{2m} \tag{3.8}$$

この(3.8)をアインシュタイン – ド・ブロイの関係式(3.4)を使って波の物理量（ω と k）で書き換えると，次のような分散式になる（(3.16)を参照）．

$$\hbar\omega = \frac{\hbar^2 k^2}{2m} \tag{3.33}$$

この分散式から波動方程式を導くには，3.2.2項で示したように，まず ω と k を微分演算子（(3.27)）に置き換えた式

$$i\hbar\frac{\partial}{\partial t} = \frac{\hbar^2}{2m}\left(-i\frac{\partial}{\partial x}\right)^2 = -\frac{\hbar^2}{2m}\frac{\partial^2}{\partial x^2} \tag{3.34}$$

をつくる．そして，この式の両辺に，右側から波動関数 $\Psi(x,t)$ を

$$i\hbar\frac{\partial \Psi(x,t)}{\partial t} = -\frac{\hbar^2}{2m}\frac{\partial^2 \Psi(x,t)}{\partial x^2} \tag{3.35}$$

のように作用させればよい．これが，自由粒子の物質波を記述する波動方程式で，**自由粒子に対するシュレーディンガー方程式**とよばれるものである．

ここで注目してほしいのは，(3.35)は時間に関しては 1 階微分の式であるが，空間座標に関しては波動方程式(1.2)と同じ 2 階微分の式なので，シュレーディンガー方程式は本質的に非局在的な性質をもつということである．

ここで示した導き方は，古典物理学では理解できないアインシュタイン – ド・ブロイの関係式さえ認めれば，後は普通の波動方程式の導き方と同じである．もう一度，この導き方を量子力学的な視点から見直してみよう．

※**量子力学的な導出**　アインシュタイン – ド・ブロイの関係式(3.4)を書き換えた(3.30)と(3.31)の右辺を，(3.27)の ω と k の演算子で書き換えると

$$E = i\hbar \frac{\partial}{\partial t}, \qquad p = -i\hbar \frac{\partial}{\partial x} \tag{3.36}$$

となる．このような置き換えをすれば，E や p をもつ古典的な粒子を ω や k をもつ波の描像に変えることができる．そこで量子力学では，物理量（E や p）にハット記号（ˆ）を付けた

$$\widehat{E} = i\hbar \frac{\partial}{\partial t}, \qquad \widehat{p} = -i\hbar \frac{\partial}{\partial x} \tag{3.37}$$

のような**エネルギー演算子**（$\widehat{E}$）や**運動量演算子**（$\widehat{p}$）というものを導入する．このような演算子を**物理量演算子**という．

一般に，観測可能な物理量のことを**オブザーバブル**とよぶ．(3.37)のように，古典物理学でのオブザーバブル（E や p など）を物理量演算子（$\widehat{E}$ や $\widehat{p}$ など）に置き換えることによって，古典物理学から量子力学に移行できる．このような量子力学への移行方法を**量子化の手続き**という（5.2.2 項を参照）．

［例題 3.5］ 量子化の手続き

　自由粒子の運動エネルギー $E = p^2/2m$（(3.8)）を量子化してシュレーディンガー方程式(3.35)を導け．

［解］ 量子化の手続きに従って，(3.8)に含まれるオブザーバブル E と p を，演算子 $\widehat{E}$ と $\widehat{p}$ に置き換えると次式になる．

$$\widehat{E} = \frac{\widehat{p}^2}{2m} \tag{3.38}$$

これに(3.37)の演算子を代入すると(3.34)になるので，後は同じ計算によって(3.35)になることがわかる． ¶

※ 一般的なシュレーディンガー方程式 　系のエネルギー E を座標 x と運動量 p で書き表した式を**ハミルトニアン**とよび，記号 H で

$$H = \frac{p^2}{2m} + V(x) \tag{3.39}$$

のように表す．このハミルトニアン H を演算子に置き換えると

$$\widehat{H} = \frac{\widehat{p}^2}{2m} + V(\widehat{x}) = -\frac{\hbar^2}{2m} \frac{\partial^2}{\partial x^2} + V(x) \tag{3.40}$$

となる（$\widehat{x} = x, \widehat{p} = -i\hbar(\partial/\partial x)$）．ハミルトニアン H は系の全エネルギー E を表すから，実は(3.40)の $\widehat{H}$ と(3.37)の $\widehat{E}$ は同じもので，次式が成り立つ．

$$i\hbar \frac{\partial}{\partial t} = \widehat{H} \tag{3.41}$$

そこで，(3.41)の両辺に右側から波動関数 $\Psi(x,t)$ を作用させると

$$i\hbar \frac{\partial \Psi(x,t)}{\partial t} = \hat{H}\,\Psi(x,t) \tag{3.42}$$

を得る．あるいは，この右辺を(3.40)のハミルトニアンで書くと

$$i\hbar \frac{\partial \Psi(x,t)}{\partial t} = -\frac{\hbar^2}{2m}\frac{\partial^2 \Psi(x,t)}{\partial x^2} + V(x)\,\Psi(x,t) \tag{3.43}$$

となり，この(3.42)あるいは(3.43)を**一般的なシュレーディンガー方程式**とよ
ぶ．"一般的な"を付ける理由は，$V(x)=0$ の「自由粒子に対するシュレー
ディンガー方程式(3.35)」と区別するためである．この(3.42)と(3.43)は，量
子力学の基礎になる重要な方程式である（5.1.2 項を参照）．

＊3次元のシュレーディンガー方程式　(3.43)に，y方向とz方向の運動を
加えると，3次元のシュレーディンガー方程式は

$$i\hbar \frac{\partial \Psi(\boldsymbol{r},t)}{\partial t} = -\frac{\hbar^2}{2m}\Delta\,\Psi(\boldsymbol{r},t) + V(\boldsymbol{r})\,\Psi(\boldsymbol{r},t) \tag{3.44}$$

になる．ここで，$\Psi(\boldsymbol{r},t) = \Psi(x,y,z,t)$，$V(\boldsymbol{r}) = V(x,y,z)$，そして，記号
Δ は**ラプラシアン**という微分演算子で，

$$\Delta = \frac{\partial^2}{\partial x^2} + \frac{\partial^2}{\partial y^2} + \frac{\partial^2}{\partial z^2} \tag{3.45}$$

のようにデカルト座標 x, y, z を使って定義されている．

3次元のハミルトニアン $\hat{H}$ は

$$\hat{H} = -\frac{\hbar^2}{2m}\Delta + V(\boldsymbol{r}) \tag{3.46}$$

となるから，シュレーディンガー方程式(3.44)を

$$i\hbar \frac{\partial \Psi(\boldsymbol{r},t)}{\partial t} = \hat{H}\,\Psi(\boldsymbol{r},t) \tag{3.47}$$

と表すこともできる．

3.3.2　定常状態のシュレーディンガー方程式

ほとんどの量子系において，ハミルトニアン $\hat{H}$ は時間 t を $\overset{あらわ}{陽}$ に含まないの
で，$\hat{H}$ は x だけの関数になる．このようなハミルトニアンの場合，シュレー
ディンガー方程式(3.42)は，これから示すように変数分離法によって解くこと
ができる（章末問題 [3.5]）．

まず，波動関数 $\Psi(x,t)$ を

$$\Psi(x,t) = \phi(x)\,f(t) \tag{3.48}$$

のように，x と t の関数に分けた形に書く．次に，これをシュレーディンガー方程式 (3.42) に代入し，その方程式の両辺を $\phi(x)f(t)$ で割ると

$$\frac{i\hbar}{f(t)}\frac{df(t)}{dt} = \frac{1}{\phi(x)}\widehat{H}\phi(x) \tag{3.49}$$

を得る．ここで，ハミルトニアン $\widehat{H}$ は x の関数なので，右辺は x だけの関数である．一方，左辺は t だけの関数だから，(3.49) が成り立つのは両辺が定数の場合だけである．

この定数（これを分離定数という）を E と記すと，(3.49) の右辺からは

$$\widehat{H}\phi(x) = E\phi(x) \tag{3.50}$$

そして，(3.49) の左辺からは

$$i\hbar\frac{df(t)}{dt} = Ef(t) \tag{3.51}$$

という式を得る．この (3.51) を解くと，一般解は

$$f(t) = f(0)e^{-iEt/\hbar} \tag{3.52}$$

となるので，(3.48) の波動関数 $\Psi(x, t)$ は次のように表せる．

$$\Psi(x, t) = \phi(x)e^{-iEt/\hbar} \tag{3.53}$$

ただし，$f(0)$ は単なる定数なので $\phi(x)$ の中に含ませている．

⁂ 時間に依存しないシュレーディンガー方程式　　ハミルトニアン $\widehat{H}$ が時間 t を陽に含まない場合，シュレーディンガー方程式 (3.42) の波動関数 $\Psi(x, t)$ は，(3.53) のように，x の関数 $\phi(x)$ と t の関数 $e^{-iEt/\hbar}$ の積で与えられる．この場合，(3.50) の $\widehat{H}\phi(x) = E\phi(x)$ は，(3.40) の $\widehat{H}$ を使って

$$-\frac{\hbar^2}{2m}\frac{d^2\phi(x)}{dx^2} + V(x)\phi(x) = E\phi(x) \tag{3.54}$$

となる（$\phi(x)$ は 1 変数関数なので，偏微分でなく常微分 $d^2\phi(x)/dx^2$ でよい）．このような定常状態を記述する方程式を**時間に依存しないシュレーディンガー方程式**とよび，関数 $\phi(x)$ を**定常状態の波動関数**とよぶ．

なお，3 次元の場合は，波動関数 $\Psi(\boldsymbol{r}, t)$ は（(3.48) を参照）

$$\Psi(\boldsymbol{r}, t) = \phi(\boldsymbol{r})f(t) \tag{3.55}$$

で与えられるから，定常状態のシュレーディンガー方程式は次式のようになる．

$$-\frac{\hbar^2}{2m}\Delta\phi(\boldsymbol{r}) + V(\boldsymbol{r})\phi(\boldsymbol{r}) = E\phi(\boldsymbol{r}) \tag{3.56}$$

ここで示した導出方法からもわかるように，シュレーディンガー方程式（(3.35) と (3.43)）は基本的な原理から理論的に導かれたものではなく，単に

直観的あるいは経験的に導かれた式である．そのため，これらの式を基礎にして構築された量子力学の妥当性や信憑性は，これらの式が広範な実験事実を説明できるか否かにかかわっている．そして実際，水素原子の安定性や水素原子の線スペクトルの規則性等を矛盾なく説明できたことによって，量子力学は確立していくことになる．

　先に進む前に，ここで導いたシュレーディンガー方程式の特徴を知っておく方が量子力学の理解に役立つだろう．そこで，シュレーディンガー方程式と古典物理学での運動方程式・波動方程式とを比較し，それらの相違点や類似点などをみてみよう．

3.3.3　シュレーディンガー方程式の特徴

　自由粒子に対するシュレーディンガー方程式

$$i\hbar \frac{\partial \Psi(x,t)}{\partial t} = -\frac{\hbar^2}{2m} \frac{\partial^2 \Psi(x,t)}{\partial x^2} \tag{3.35}$$

を眺めると，(3.35)は次のような特徴をもっていることがわかる．

　（特徴1）　質量mを含む　　まず気づくことは，ミクロな粒子の質量mが含まれていることである．これは，質量mのマクロな粒子の運動を記述するニュートンの運動方程式

$$m \frac{d^2 x(t)}{dt^2} = F \tag{3.57}$$

と比較すれば，**粒子の痕跡がある**という意味で，(3.35)にmが現れることに違和感はないだろう．

　一方，普通の波動を記述する波動方程式(3.17)の観点からみると，質量が含まれるのは奇妙なことである．しかし，これはド・ブロイ波の粒子的な側面がここに現れていると考えれば，理に適った形なのかもしれない．

　（特徴2）　拡散方程式に類似　　シュレーディンガー方程式(3.35)の時間微分は1階で，空間微分は2階であるから，普通の波動方程式(1.2)よりも**拡散方程式**（または熱伝導方程式）

$$\frac{\partial u(x,t)}{\partial t} = \kappa \frac{\partial^2 u(x,t)}{\partial x^2} \qquad （\kappa は拡散率または熱伝導率） \tag{3.58}$$

に似ている．このため，物質波は時間と共に波形が広がっていく拡散性をもった波であることが予想される．

　（特徴3）　虚数単位iが現れる　　虚数単位$i\,(=\sqrt{-1}\,)$が現れる物理的な

（本質的な）理由は "粒子と波動の二重性" のためであるが，数学的な理由は，分散式(3.33)からわかるように，角振動数 ω のベキ（1 次）と波数 k のベキ（2 次）の次数が異なるためである．両辺のベキの次数が合っていれば，虚数単位 i は消せるので，方程式に i は現れない．例えば，(3.16)の分散式は，両辺が共に 1 次であるから，両辺の虚数は消える．シュレーディンガー方程式に虚数単位 i が含まれていることは，普通の波動方程式と本質的に異なる重要な特徴である．

（特徴 4）　波動関数は複素数である　シュレーディンガー方程式(3.35)の右辺の $(\hbar^2/2m)(\partial^2/\partial x^2)$ は実数で，左辺の $i\hbar(\partial/\partial t)$ は虚数であるから，もし波動関数 $\varPsi$ が実数であれば，$(\hbar^2/2m)(\partial^2\varPsi/\partial x^2)$ は実数で，$i\hbar(\partial\varPsi/\partial t)$ は虚数になる．そのため，$\varPsi$ が実数であれば，両辺の属性（虚数と実数）が異なるから，(3.35)は物理的に意味のない式になる．したがって，両辺の属性を一致させるには，波動関数 $\varPsi$ は複素数でなければならないことがわかる（章末問題 [3.6]）．

（特徴 5）　波動関数は実在し得ない波　普通の波動方程式は波の変位や振幅（これらを u とする）を表す微分方程式である．この u は実際に観測される量だから，当然，実数の値をもつ関数（実数関数）である．したがって，複素数の波動関数 $\varPsi$ は実在の波を表すものではない．

Note 3.2　**量子力学と古典力学の違い**　普通の波の場合，波動方程式を解いて得られる波動関数（振幅）$u(x,t)$ は実数である．そのため，u は常に観測される量である．それに対して，量子力学ではシュレーディンガー方程式を解いて $\varPsi(x,t)$ を求めても，$\varPsi$ は複素振幅なので，観測というプロセスを考えなければ意味がない．そのために，第 4 章で説明するような $\varPsi$ の確率解釈が必要になる（Note 4.1 を参照）．計算結果と測定値の関係を与える確率解釈を理解してモヤモヤ感をなくせば，量子力学の問題は基本的に，古典力学の波動方程式を解く問題と変わらない．

　以上，シュレーディンガー方程式の特徴をいくつかみてきたが，シュレーディンガー方程式を具体的な問題に適用するには，「波動関数 $\varPsi$ は一体何を表しているのか」に答えなければならない．そこで，次の章では，この波動関数 $\varPsi$ について解説しよう．

　なお，上記のような特徴をもつシュレーディンガー方程式に基づいて構築された量子力学を**波動力学**とよぶが，それはハイゼンベルクの**行列力学**と区別するためである（11.6 節を参照）．しかし，2 つの力学が等価なものであることは，後にシュレーディンガー自身によって証明されている．

章 末 問 題

[**3.1**]　1 K の低温に冷やされたヘリウム原子 ^4He（質量 $m = 4 \times 1.66 \times 10^{-27}$ kg）のド・ブロイ波長 λ を求めよ．ただし，温度 T における運動エネルギー（K とする）は $K = (3/2)k_\text{B}T$ である．なお，$k_\text{B} = 1.38 \times 10^{-23}$ J/K，$h = 6.6 \times 10^{-34}$ Js とせよ．

[**3.2**]　$E = 54$ V で加速した電子線の電子をニッケル結晶（格子間隔 $d_1 = 2.15 \times 10^{-8}$ cm）に衝突させると，$\theta = 50°$ の方向で強い反射が得られた．ブラッグの反射の式

$$d_1 \sin \theta = n\lambda_i \qquad (\lambda_i \text{は入射光の波長}) \qquad (3.59)$$

を使って，$n = 1$ の場合の入射光の波長 λ_i の値を求め，この値が電子のド・ブロイ波長 λ にほぼ一致することを示せ．なお，$h = 6.6 \times 10^{-34}$ Js とせよ．

[**3.3**]　角振動数 ω の波数 k に対する依存性を表す分散式(3.25)を導け．

[**3.4**]　弱い剛性（スティッフネス）をもったスチール弦を伝播する長波長の波は分散することが知られている．このとき，波動の分散式は $\omega = ak - bk^3$ で表せる（$a > 0, b > 0$ で，係数 b が分散性を与える）．この分散式から波動方程式

$$\frac{\partial u}{\partial t} + a\frac{\partial u}{\partial x} + b\frac{\partial^3 u}{\partial x^3} = 0 \qquad (3.60)$$

を導け．(3.60)は弱分散性の媒質内を伝わる波を記述する一般的な方程式である．

[**3.5**]　ハミルトニアン $\hat{H}$ が時間 t を陽に含む場合，波動関数 $\Psi(x, t)$ を(3.48)の変数分離型 $\Psi(x, t) = \phi(x)f(t)$ に仮定してもシュレーディンガー方程式(3.42)は解けないことを示せ．

[**3.6**]　波動関数 $\Psi(x, t)$ の実部を $u(x, t)$，虚部を $v(x, t)$ とすると，Ψ は

$$\Psi(x, t) = u(x, t) + iv(x, t) \qquad (3.61)$$

で表せる．シュレーディンガー方程式(3.43)を使って，Ψ が実数であれば $\Psi = 0$ になることを示せ．この結果から，波動関数 Ψ は複素数でなければならないことがわかる．

Chapter 4

波 動 関 数

シュレーディンガー方程式の解である波動関数 $\Psi(x, t)$ によって，ミク
ロな粒子の運動や量子系の状態に関する全情報を完全に知ることができ
る．しかし，3.3.3 項で述べたように，波動関数は複素数なので，古典的
な波動関数では遭遇しなかった独特の確率的解釈が必要になる．

4.1 確 率 振 幅

波動関数は何を意味するのか？ 波動関数 Ψ は複素数なので，$\underline{\Psi\text{ 自体が観}}$
$\underline{\text{測量でないことは確かである}}$．そのため，$\Psi$ の複素共役 Ψ^* を掛けた実数量
$\Psi^*\Psi\ (=|\Psi|^2)$ が物理的な意味をもつと考えるのは自然であるが，これが確率
に関係することは，それほど自然には思えないかもしれない．しかし，この確
率こそが，量子力学の本質なのである．

4.1.1 ボルンの確率解釈

波動関数は確率に関係した波であるというボルンのアイデアは，シュレーデ
ィンガーによる「波動関数は実在波である」という解釈のもつ難点を解決する
ために生まれた．

❋**実在波の問題点** 電子の基礎方程式(3.43)を提唱したシュレーディンガー
は，電子は原子内で雲（電子雲）のように広がっており，電子雲の密度が
$|\Psi|^2$ で与えられると考えた．そして，波動関数 Ψ は**実在の波**（実在波）であ
るというアイデアを主張した．

（**問題点 1**） 実在の波であれば，適当な方法で波を分割することができる
から，電子雲の密度の濃淡によって"波のかけら"に対応した"電子のかけら"
が存在することになる．しかし，電子が常に1個の粒子として観測されるとい

う実験事実，つまり，これ以上分割できない素粒子であるという実験事実は，シュレーディンガーのアイデアと矛盾する（7.3.1 項の「反射波・透過波の測定と確率解釈」を参照）.

あるいは，次のような例を考えてみても矛盾を生じる.

（**問題点 2**）　　いま，空間的に広がっている波動関数によって記述できる粒子があるとしよう．この場合，粒子の位置を測定して，粒子が点 x にあることが決定したとすると，その瞬間に，波動関数は（他のところに広がっていてはいけないので）点 x に収縮（これを**波束の収縮**という）したことになる．もし波動関数が実在波であれば，測定前に広がっていた物質が，測定されたことによって，一瞬で 1 点に収縮したことになる．しかし，相対性理論によれば，粒子の速さは光速度 c を超えることができないので，離れた場所にある物質が 1 点に集まるためには有限の時間が掛かる．そのため，一瞬で 1 点に収縮するには，物質は光速度以上の速さで動かなければならない．明らかに，これは特殊相対性理論と矛盾する.

さらに，3.3.3 項で述べたように，波動関数は実数ではあり得ないことも，実在波の解釈を困難にする.

※ **確率を表す波**　　このような実在波というアイデアの矛盾点を解消するために，ボルンは「波動関数 Ψ は粒子の存在確率を伝播する波（**確率波**）を表す関数」だと考え，**波動関数 Ψ は確率振幅である**というアイデアを提唱した.

ボルンのアイデアに従えば，波動関数 $\Psi(x, t)$ の絶対値の 2 乗を $\rho(x, t)$ とすると

$$\rho(x, t) = \Psi^*(x, t)\, \Psi(x, t) = |\Psi(x, t)|^2 \tag{4.1}$$

が時刻 t に点 x で電子を見出す**確率密度**（あるいは**確率密度関数**）になる．そのため，波動関数 $\Psi(x, t)$ で表される状態において，時刻 t に電子の位置の測

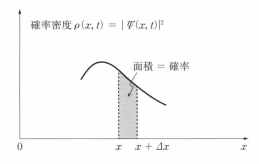

図 4.1　"面積" が時刻 t で点 x と点 $x + \Delta x$ の間の領域内に電子を見出す確率を表す.

定をすると，点 x と点 $x + \varDelta x$ の間の領域内に電子を見出す確率 P_r は確率密度 ρ に比例する．したがって，その比例定数を C とすると，確率 P_r は

$$P_\mathrm{r}(x, x + \varDelta x, t) = C \int_x^{x+\varDelta x} \rho(x', t)\, dx' = C \int_x^{x+\varDelta x} |\varPsi(x', t)|^2 dx' \quad (4.2)$$

の定積分の値（面積）で決まる（図 4.1 を参照）．

Note 4.1　**確率 P_r と測定値**　量子力学で確率の話を持ち出すとき，その話の大前提は，「実際に測定を行う」ということである．例えば，位置 x を測定する実験を行っているとしよう．量子力学では確率しか計算できないから，1 回だけの実験では粒子がどこに検出されるか全く予測できない．しかし，極めて多数回の実験を行えば，測定値の分布はある決まった分布（これを確率分布という）に近づいていき，その確率分布は確率密度 ρ で正確に予言できる．

このような考え方がボルンの確率解釈である．そこで，「点 x と点 $x + \varDelta x$ の間の領域内に電子を見出す確率」という，いささか数学的（統計学的）な表現を，より物理的に表せば，「粒子を検出する実験を多数回行ったときに，点 x と点 $x + \varDelta x$ の間に粒子が検出される回数」となる．

要するに，量子力学の確率が測定行為と密接に関係していることを忘れないでほしい．

※比例定数 C の決め方　時刻 t に $x_1 < x < x_2$ の範囲で電子を見出す確率は，(4.2)から

$$P_\mathrm{r}(x_1, x_2, t) = C \int_{x_1}^{x_2} |\varPsi(x', t)|^2 dx' \quad (4.3)$$

である．この比例定数 C は，"全確率 = 1" という条件から決まる．つまり，粒子は空間の**どこかに必ずみつかる**はずだから，(4.3)を全領域にわたって積分すれば，電子を見出す確率 P_r は必ず 1 になる．

そのため，

$$C \int_{\text{全領域}} |\varPsi(x', t)|^2 dx' = 1 \quad (4.4)$$

より

$$C = \frac{1}{\displaystyle\int_{\text{全領域}} |\varPsi(x', t)|^2 dx'} \quad (4.5)$$

と表せるので，(4.3)は

$$P_\mathrm{r}(x_1, x_2, t) = \frac{\displaystyle\int_{x_1}^{x_2} |\varPsi(x', t)|^2 dx'}{\displaystyle\int_{\text{全領域}} |\varPsi(x', t)|^2 dx'} \quad (4.6)$$

となる.

ここで注意してほしいことは,(4.5)が成り立つためには,積分

$$\int_{全領域} |\Psi(x', t)|^2\, dx' \tag{4.7}$$

が有限な値をもたなければならないということである.例えば,x の全領域が区間 $[-\infty, +\infty]$ である場合,$\Psi(x, t)$ は $x \to \pm\infty$ で十分速やかにゼロに近づき,原点 $x = 0$ で発散しない有界な関数でなければならない.

(4.7)の積分が発散せずに収束する(有限値をもつ)場合,波動関数 Ψ は **2乗積分可能な関数である**,あるいは,**2乗可積分性をもつ**という.波動関数の2乗可積分性が,波動関数 Ψ と粒子の存在確率 P_{r} の解釈を結び付ける要である.この2乗可積分性によって,シュレーディンガー方程式は物理的な解(ボルンの確率解釈ができる解)をもち得ることが保証されるのである.

4.1.2 波動関数の規格化

シュレーディンガー方程式は同次線形微分方程式なので,解には定数(c)倍の任意性がある.そのため,波動関数 Ψ が解ならば,$c\Psi$ も解である.

❋ **確率波なので Ψ と $c\Psi$ は同じ状態** Ψ は確率振幅(確率波)なので,$c\Psi(= \Psi')$ も Ψ と同じ状態を表す.なぜなら,Ψ' を(4.6)に代入して Ψ' での確率 P_{r}' を計算すると

$$P_{\mathrm{r}}' = \frac{\int_{x_1}^{x_2} |\Psi'|^2\, dx}{\int_{全領域} |\Psi'|^2\, dx} = \frac{\int_{x_1}^{x_2} |c\Psi|^2\, dx}{\int_{全領域} |c\Psi|^2\, dx} = \frac{\int_{x_1}^{x_2} |\Psi|^2\, dx}{\int_{全領域} |\Psi|^2\, dx} = P_{\mathrm{r}} \tag{4.8}$$

のように,分母と分子の c が互いに打ち消し合って,Ψ での確率 P_{r} と同じになるからである.

このように,2つの波動関数(Ψ と $c\Psi$)が同じ状態を表すという性質は,量子力学に固有なものである(Note 4.2 を参照).

| **Note 4.2** 普通の波ならば Ψ と $c\Psi$ は異なる状態   2つの波動関数(Ψ と $c\Psi$)が同じ状態を表すという性質は,音波などの普通の波ではあり得ない顕著な特徴である.普通の波の場合,波のエネルギーは振幅の2乗に比例する.例えば,ギターの弦を振幅 $2u$ で弾いた場合,弦の波のエネルギーは振幅 u で弾いた場合の4倍になる.このように,普通の波では振幅 u と $2u$ は全く別の振動状態を表している(11.2.2項を参照). |

❋ **Ψ の規格化**　　波動関数 Ψ に対して

$$\int_{全領域} |\Psi(x,t)|^2 \, dx = 1 \tag{4.9}$$

が成り立てば, (4.5) から比例定数は $C = 1$ となる. この場合, (4.6) の確率 P_r は分母が 1 になり分子だけで表せるので, この P_r を **絶対的な確率** という. また, この (4.9) を満たす Ψ を **規格化された波動関数**, (4.9) を **規格化条件** という.

ところで, シュレーディンガー方程式から求めた解 (これを, いま仮に $\Phi(x,t)$ とする) が, いつも (4.9) のように「規格化されている」とは限らない (つまり, $|\Phi|^2$ の「積分が 1 になる」とは限らない). そこで, Φ に任意定数 N を掛けた $N\Phi$ も同じ解であるという性質を利用して $\Psi = N\Phi$ とおき, (4.9) を満たすように N を決めれば, Φ は常に規格化された波動関数 $(N\Phi)$ になる. このとき, 定数 N は次式で与えられる (章末問題 [4.1]).

$$N = \frac{1}{\sqrt{\displaystyle\int_{全領域} |\Phi(x,t)|^2 \, dx}} \tag{4.10}$$

このように, 波動関数 Φ から (4.10) の N を使って規格化された波動関数 $N\Phi$ をつくることを, **波動関数の規格化** という. そして, この定数 N のことを **規格化定数** という.

❋ **粒子を時刻 *t* に点 *x* と *x* + *dx* の間に見出す確率 *P*(*x*, *t*)**　　(4.2) で Δx → 0 の極限を考えると, $P_\mathrm{r}(x, x, t) = 0$ となるので, 点 x に粒子を見出す確率はゼロである. これは, 図 4.1 の面積がゼロになるためである. そのため, 有限な確率を得るには, 点 x の近傍を含む必要がある.

いま, 記述を簡潔にするために, (4.2) の波動関数 Ψ は規格化されているとして, $C = 1$ とおく. そこで, 確率密度 $|\Psi(x,t)|^2$ が一定とみなせるくらい微小な区間 dx を考えると, (4.2) の被積分関数 $|\Psi(x',t)|^2$ は積分の外に出せるので, (4.2) は

$$P_\mathrm{r}(x, x+dx, t) \approx |\Psi(x,t)|^2 \int_x^{x+dx} dx' = |\Psi(x,t)|^2 \, dx \tag{4.11}$$

と表せる. (4.11) の右辺は, 「粒子を点 x と $x + dx$ の間に見出す確率」を意味するから, この確率を新たに記号 $P(x,t)$ で次のように定義する.

$$P(x,t) \equiv |\Psi(x,t)|^2 \, dx = \Psi^*(x,t)\,\Psi(x,t)\, dx = \rho(x,t)\, dx \tag{4.12}$$

❋ **(4.12) の物理的な意味**　　(4.12) の意味は, Note 4.1 の "多数回の実験" で説明した通りであるが, 次のような状況を仮定すれば, "1 回の実験" でも同

様の説明が成り立つ.

　まず,同じ波動関数をもつ電子の系を N 個($N \gg 1$)用意する.次に,そ れぞれの系で電子の位置を時刻 t に測定する.このとき,電子が観測される位 置はランダムで,系によって様々である.しかし,位置 x の近傍 dx 内で見出 される電子の個数は $NP(x, t)$ になる.このような測定結果 $NP(x, t)$ が得ら れることを,(4.12)は教えているのである.

Note 4.3　**粒子自体は広がっていない**　ボルンの確率解釈は,量子力学での確率を 正しく理解しなければ,粒子自体が空間的に広がっていると誤解する恐れがあるので, もう一度,説明しておきたい.

　たとえ確率密度 $|\Psi(x, t)|^2$ が空間的に広がっていたとしても,これは確率波 $\Psi(x, t)$ が広がりをもっているというだけで,1個の粒子が空間的に広がって存在しているとい う意味ではない.測定を行うと,粒子はどこか空間の1点でみつかるのだが,みつかる 場所が確率密度に従って確率的に決まる,ということを意味しているだけである.

4.2　電 子 波

　電子波を利用すると,「粒子と波動の二重性」は波動関数に対するボルンの 確率解釈で矛盾なく説明できることが,目にみえる形で理解できる.

4.2.1　二重スリットの実験

　1.2.2 項でみたように,電子の 二重スリットの実験によって,電 子の波動性は検証された.電子線 バイプリズムによる外村の実験結 果を解釈するために,図 4.2 のよ うな古典的な二重スリットの実験 装置を使って電子の回折を考えよ う(この方が素朴で直観的であ る).電子の二重スリットの実験を 簡単に整理すると次のようになる.

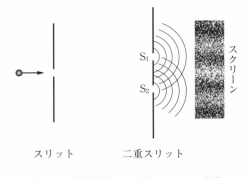

図 4.2　電子を使った二重スリットの実験

　電子源から電子を1個ずつ発射させると,電子は二重スリットを通ってスク リーンに衝突し,その位置に丸い輝点を残す.はじめのうちは,図 1.4(a),(b) のように,それぞれの電子はスクリーン上のあちこちにポツン,ポツンとラン ダムに輝点を残す.そして,この実験をしばらく続けていくと,ランダムな輝

点の集まりの中に濃淡のパターンが現れはじめ，やがて，図 1.4(e) のように，全体として明瞭な干渉縞を形成する．

　このように，電子を 1 個ずつ発射したにもかかわらず，スクリーン上に干渉縞が現れるのである．この結果を，波動関数を使って考えてみよう．

※ スリットとスクリーンの間での波動関数　　図 4.3(a) のように，スリット S$_1$ を通る波を Ψ_1，スリット S$_2$ を通る波を Ψ_2 とする．いま，電子はどちらのスリットを通ってきたのかがわからないので，スリットを通った後の電子の波動関数は次式のように，Ψ_1 と Ψ_2 の重ね合わせで表せると仮定する．

$$\Psi = \Psi_1 + \Psi_2 \tag{4.13}$$

そして，<u>この Ψ が，スリットを通ってスクリーンに衝突するまでの電子の状態を表している</u>と考える．

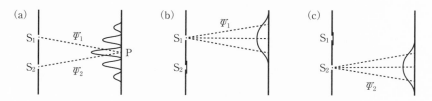

図 4.3　スリットとスクリーンの間での波動関数 Ψ_1, Ψ_2
　　(a)　電子が 2 つのスリットを通る場合
　　(b)　電子がスリット S$_1$ だけを通る場合
　　(c)　電子がスリット S$_2$ だけを通る場合

　そこで，いま 1 個の電子の運動量とエネルギーを p と E とし，スクリーン上の任意の輝点 P からスリット S$_1$, S$_2$ までの距離を r_1, r_2 とすると，波動関数 Ψ_1, Ψ_2 は平面波を使って

$$\Psi_1 = ae^{i(pr_1 - Et)/\hbar}, \qquad \Psi_2 = be^{i(pr_2 - Et)/\hbar} \tag{4.14}$$

と表せる（(3.18) と (5.4) を参照）．したがって，スクリーン上の点 P における波動関数 Ψ_P は次式で与えられることになる．

$$\Psi_P = \Psi_1 + \Psi_2 = ae^{i(pr_1 - Et)/\hbar} + be^{i(pr_2 - Et)/\hbar} \tag{4.15}$$

ただし，スリット S$_1$, S$_2$ における振幅 a, b の位相は同じ δ であるとして，次式のようにおくことにする．

$$a = |a|\, e^{i\delta}, \qquad b = |b|\, e^{i\delta} \tag{4.16}$$

※ 2 つのスリットが開いている場合　　いま，スクリーン上の輝点 P の座標を x としよう．このとき，点 x を含む dx 内に電子を見出す確率は，点 P での

電子の波動関数がわかっていれば(4.12)から計算できる．そこで，(4.15)の波動関数 Ψ_{P} を使って確率密度を計算すると，次式のようになる．

$$|\Psi_{\mathrm{P}}|^2 = |\Psi_1 + \Psi_2|^2 = \Psi_1{}^*\Psi_1 + \Psi_2{}^*\Psi_2 + \Psi_1{}^*\Psi_2 + \Psi_2{}^*\Psi_1$$

$$= |a|^2 + |b|^2 + |a||b|(e^{ipr/\hbar} + e^{-ipr/\hbar})$$

$$= |a|^2 + |b|^2 + 2|a||b|\cos\frac{pr}{\hbar} \qquad (r = r_1 - r_2) \qquad (4.17)$$

ここで，(4.17)の最右辺の $|a|^2 + |b|^2$ は定数（常に一定）であるから，確率密度は一定である．しかし，$\cos(pr/\hbar)$ の方は r と共に値が変わるので，確率密度の値も変動し，この変動によって縞模様が生み出されることになる．

　普通の波でよく観測されるように，2つの波が重なると**干渉**を起こして，振幅の大きなところと小さなところが交互に現れる．確率波の場合でも状況は同じであり，$\cos(pr/\hbar)$ を**干渉項**とよぶ．この干渉項 $\cos(pr/\hbar)$ は，$pr/\hbar = 2m\pi$（m = 整数）のとき 1 となって(4.17)は極大になり，$pr/\hbar = (2m + 1)\pi$ のとき -1 となって(4.17)は極小になる．このようにして縞模様のようなパターンが生まれ，電子の個数が徐々に多くなっていくと，明瞭な干渉縞が現れる．(4.17)の確率密度どおりの完全な縞模様が現れるのは，十分な数の電子を当てた場合である（図 1.4(e)）．

4.2.2　確率振幅か確率密度か

❋ 片方のスリットを閉じた場合　　スリット S_2 を閉じた場合（図 4.3(b)），電子が S_1 を通ってスクリーン上の点 P に衝突するまでの状態は波動関数 $\Psi_{\mathrm{P}} = \Psi_1$ で記述されるから，点 P で電子を見出す確率密度は $\Psi_1{}^*\Psi_1$ である．同様に，S_1 を閉じた場合（図 4.3(c)）は，電子の波動関数は $\Psi_{\mathrm{P}} = \Psi_2$ で記述されるから，点 P で電子を見出す確率密度は $\Psi_2{}^*\Psi_2$ である．

　したがって，電子がどちらか一方のスリットだけを通ってきたと考えて，二重スリットの実験を説明しようとすれば，スクリーン上の点 P の確率密度は

$$|\Psi_{\mathrm{P}}|^2 = \Psi_1{}^*\Psi_1 + \Psi_2{}^*\Psi_2 = |a|^2 + |b|^2 \qquad (4.18)$$

で与えられる．

　電子が古典的な粒子であれば，スリットを通った電子は単に直進するだけだから，もう一方のスリットの開閉にかかわらず，1つのスリットを通った電子がスクリーン上に到達する位置は変わらない．そのため，二重スリットの結果は単一スリットの結果の足し算になるから，(4.18)のように2つの**確率密度の和**になり，干渉項は現れないはずである．しかし，これは実験結果と完全に矛

盾する.

　正しい結果を得るためには, (4.15)のように, **確率振幅の和**にしなければならない. そうすることによって, (4.17)のように**確率の干渉**から干渉項 $\Psi_1{}^*\Psi_2$ $+ \Psi_2{}^*\Psi_1$ が現れるのである.

　この干渉実験は, 電子を古典力学におけるマクロな粒子のように考えてはいけないことを目にみえる形で教えている. つまり, 干渉を起こしているときには, <u>1個の電子が部分的にはS_1を, 部分的にはS_2を波のように通り</u>, そして, スクリーンに衝突した瞬間に<u>波は1点に収縮して粒子として観測される</u>, と考えるしかないのである. なお, 観測される直前に, 波が一瞬で収縮することを**波動関数の収縮**あるいは**状態の収縮**というが, このような収縮の起こるメカニズムは量子力学の完成した今日においても謎である.

❋ **計算ツールとしての波動関数**　　波動関数 Ψ が確率振幅であること, そして, (4.13)のような重ね合わせ状態が存在することから, ミクロな世界には奇妙な現象が現れる. しかし, 波動関数 Ψ さえわかれば, 電子に関する物理量 (例えば, 水素原子の基底状態のエネルギー, 電子の位置, 角運動量など) の観測値はすべて計算できる (第10章を参照). いい換えれば, 波動関数は知りたい物理量の情報源であり, その意味において, 波動関数 Ψ は量子力学の確固たる計算ツールなのである.

　実際には, 波動関数の収縮のように未解決の難問題 (これを**観測問題**という) も厳然として存在するが, そのような問題は量子力学の計算においては無視してよい (5.1.1項を参照). 重要なことは, シュレーディンガー方程式から得られる波動関数 Ψ を確率振幅と解釈すれば, 量子力学は観測結果と矛盾しない首尾一貫した理論体系になっているという事実である.

　ただ, もう一度, 強調しておきたいことは, 古典力学ではマクロな1個の粒子の運動 (例えば, 図1.1のような1個のボールの軌道) を完全に予測でき, 実際に観測できるが, 量子力学ではミクロな1個の粒子の運動を予測することも観測することも不可能だということである. 量子力学では, その現象が起こる確率 (つまり, 波動関数) が計算できるだけで, 同じ条件で実験をくり返し行った場合に期待される値 (期待値あるいは平均値) が予測できるだけである. 量子力学の問題を解いて, 波動関数を求めた後に, その実験的な解釈を行うクセをつけると, 量子力学が実感できるようになるだろう (Note 4.1を参照).

4.3　量子力学の概要がわかる例題

　古典力学の習得において，ニュートンの運動方程式を学んだ後，簡単な問題を具体的に解くとその理解が深まるように，シュレーディンガー方程式も，この段階で解いてみるのがよい．実際，量子井戸のような簡単な問題でも，量子力学の一般的な特徴や性質がかなり含まれているので，ここでこの問題に時間を割く価値は十分にあるだろう．

4.3.1　量子井戸の中の粒子

　図 4.4(a) のような井戸型（あるいは箱型）のポテンシャルのことを，1 次元の**量子井戸**という．量子井戸は，例えば，半導体デバイスなどで扱う電子やホールといったキャリアーを数ナノメートル程度の薄膜に閉じ込めたとき，それらの運動や性質を調べるのに用いられる "トンネル接合でのポテンシャル障壁" モデルに使われる（7.3.1 項を参照）．なお，量子井戸の深さ V_0（ポテンシャルの深さ）は，光電効果の説明で登場した仕事関数 W に相当する（2.2.1 項と図 2.9 を参照）．

　ここでは，計算を簡単にするために，量子井戸の深さを無限大にとった次のようなポテンシャル $V(x)$

$$V(x) = \begin{cases} \infty & (x < 0) \\ 0 & (0 \le x \le a) \\ \infty & (a < x) \end{cases} \tag{4.19}$$

を考える（図 4.4(b)）．

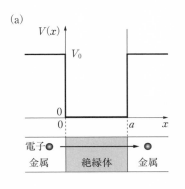
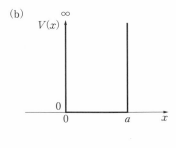

図 4.4　量子井戸
（a）　"トンネル接合でのポテンシャル障壁" モデル
（b）　量子井戸の深さを無限大にとったモデル

このような無限大の深さをもつポテンシャルは，現実の量子系に対する近似として有効な場合がある．例えば，室温 25℃（$T = 298$ K）でのキャリアーの熱エネルギー E は，(2.10) のボルツマン定数 k_B の値から，$E = k_B T = (1.380 \times 10^{-23}) \cdot 298 = 4.11 \times 10^{-21}$ J $= 0.0257$ eV である．ここで，仕事関数の値を仮に $W = 6$ eV とすると，$W/E \approx 321 \gg 1$ となるので，量子井戸の深さ $V_0 (= W)$ は E に比べて非常に大きくなる．

したがって，V_0 の値を無限大としても，計算結果に実質的な違いは生じない．実際，深さが有限の量子井戸で計算した結果から，深さを無限大にした極限の結果を正しく導くことができるのである（例題 7.5 を参照）．

☀ **シュレーディンガー方程式**　図 4.4(b) のようなポテンシャル内部での自由粒子（質量 m）の運動は，シュレーディンガー方程式 (3.54) で $V(x) = 0$ とおいた次式の解（つまり，波動関数）ϕ によって完全に記述される．

$$\frac{d^2\phi(x)}{dx^2} = -\frac{2mE}{\hbar^2}\phi(x) \tag{4.20}$$

☀ **$\phi(x)$ の境界条件**　波動関数 ϕ には，次の境界条件

$$\phi(0) = 0, \qquad \phi(a) = 0 \tag{4.21}$$

を課す．この境界条件は，粒子を量子井戸の外で見出す確率はゼロである（ポテンシャル V_0 が無限大のところに粒子は存在し得ない）という直観的な要請から導ける．つまり，確率密度 $\rho(x) = \phi^*\phi$ は壁面でゼロであると要請すれば，$\phi^*(0)\phi(0) = 0$ と $\phi^*(a)\phi(a) = 0$ より $\phi(0) = 0$ と $\phi(a) = 0$ を得る．あるいは，次のような定量的な説明の方が (4.21) の理解に役立つかもしれない．

まず，シュレーディンガー方程式 (3.54) を

$$\frac{\phi''}{\phi} = -\frac{2m}{\hbar^2}(E - V) \tag{4.22}$$

と表すと（$\phi'' = d^2\phi/dx^2$），量子井戸の内部では $V = 0$ なので ϕ''/ϕ は有限な値（$-2mE/\hbar^2$）をもつが，壁面（$x \to 0$ と $x \to a$）では $V = \infty$ のため，ϕ''/ϕ は無限大の状態になる．このような無限大の状態が許されるのは，$\phi \to 0$ の場合しかない．なぜなら，ϕ と ϕ' は有限で，かつ，連続な関数でなければならないからである．したがって，(4.21) という条件を得ることになる．

要するに，ポテンシャルエネルギーが無限大になる領域は，粒子の「進入（より厳密には，侵入）禁止」領域なのである（章末問題 [4.2]）．

━[例題 4.1]　**量子井戸の中の波動関数 ψ_n とエネルギー E_n**━

波数に相当するパラメータ k を

$$k = \frac{\sqrt{2mE}}{\hbar} \tag{4.23}$$

で定義すると，シュレーディンガー方程式(4.20)は次式のように表せる．

$$\frac{d^2\psi(x)}{dx^2} = -k^2\psi(x) \tag{4.24}$$

この(4.24)の解は e^{ikx} と e^{-ikx} であるから，一般解はそれらの和（重ね合わせ）

$$\psi(x) = Ae^{ikx} + Be^{-ikx} \tag{4.25}$$

で与えられる．ただし，A, B は任意定数（複素数）である．次の各問いに答えよ．

(1)　オイラーの公式

$$e^{\pm i\theta} = \cos\theta \pm i\sin\theta \tag{4.26}$$

を用いて，一般解(4.25)が

$$\psi(x) = C\cos kx + D\sin kx \tag{4.27}$$

と表せることを示せ．ただし，C, D は $C = A + B$，$D = i(A - B)$ で定義された振幅（実数）である．

(2)　境界条件(4.21)を満たす解は次式で与えられることを示せ．

$$\psi_n(x) = D\sin k_n x \quad \left(k_n = \frac{n\pi}{a}, \quad n = 1, 2, \cdots\right) \tag{4.28}$$

(3)　波動関数(4.28)を規格化すると次式のようになることを示せ．

$$\psi_n(x) = \sqrt{\frac{2}{a}}\sin k_n x \tag{4.29}$$

(4)　規格化された波動関数(4.29)は

$$\int_0^a \psi_m{}^*(x)\,\psi_n(x)\,dx = \delta_{mn} = \begin{cases} 1 & (m = n \text{ のとき}) \\ 0 & (m \neq n \text{ のとき}) \end{cases} \tag{4.30}$$

という性質（これを**直交性**という）をもつことを示せ．ここで，δ_{mn}（デルタ・エム・エヌと読む）は**クロネッカーのデルタ**とよばれるもので，上式のように，$m = n$ のときは 1，$m \neq n$ のときは 0 を与える記号である．

(5)　波動関数 ψ_n で記述される粒子のもつエネルギーは次式となることを示せ．

$$E_n = \frac{\hbar^2}{2m}\left(\frac{n\pi}{a}\right)^2 = \frac{n^2h^2}{8ma^2} \quad (n = 1, 2, \cdots) \tag{4.31}$$

[**解**]　(1)　オイラーの公式(4.26)を使うと，(4.25)は

$$\psi(x) = A(\cos kx + i\sin kx) + B(\cos kx - i\sin kx)$$
$$= (A + B)\cos kx + i(A - B)\sin kx \tag{4.32}$$

となるので，(4.27)を得る．

(2)　境界条件(4.21)の 1 番目からは，$\psi(0) = 0 = C\cos(k\cdot0) + D\sin(k\cdot0) = C$ を得るので，$C = 0$ であることがわかる．その結果，2 番目の境界条件から

$$\psi(a) = D\sin ka = 0 \tag{4.33}$$

が導かれる．(4.33)を満たす解は $D = 0$ と $\sin ka = 0$ の2つであるが，$D = 0$ を選ぶと，すべての x に対して $\phi(x) = 0$ となり，無意味な解になる．そのため，意味のある解は $\sin ka = 0$ の方で，この解は次式が成り立つことを意味する．

$$ka = n\pi \qquad (n = 1, 2, \cdots) \tag{4.34}$$

この(4.34)から，パラメータ k は整数値 n に依存して，とびとびの値だけをとることになる．これは，k が量子化されることを意味するが，k を通して E も決まるので，エネルギー E も量子化されることを意味する（(5)を参照）．この整数 n を**量子数**という．k と ϕ の n 依存性を明示するために，k を k_n，ϕ を ϕ_n と表す慣習がある．

(3) 波動関数(4.28)を規格化条件(4.9)に代入すると

$$\int_{\text{全領域}} |\Psi(x, t)|^2\, dx = \int_0^a |\phi(x)|^2\, dx = |D|^2 \int_0^a \sin^2 k_n x\, dx = |D|^2\, \frac{a}{2} = 1 \tag{4.35}$$

のように計算できるから

$$|D|^2 = \frac{2}{a} \tag{4.36}$$

を得る（ここで，$|\Psi(x, t)|^2 = |\phi(x)|^2$ とおいたが，これは(3.53)で保証される）．D は実数だから，(4.36)より D を次式のように選ぶと，(4.29)を得る．

$$D = \sqrt{\frac{2}{a}} \tag{4.37}$$

(4) 計算をみやすくするために，積分変数を $\pi x/a = y$ とおいて y の積分に変えると，(4.30)は次式になる $(dx = (a/\pi)\, dy)$．

$$\frac{2}{a} \int_0^a \sin \frac{m\pi x}{a} \sin \frac{n\pi x}{a}\, dx = \frac{2}{\pi} \int_0^\pi \sin my \sin ny\, dy \tag{4.38}$$

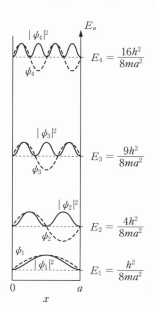

図 4.5 量子数 $n = 1, 2, 3, 4$ までの波動関数 ϕ_n（破線）と確率密度 $|\phi_n|^2$（実線）とエネルギー準位 E_n

ここで，三角関数の積を和に変える公式

$$\sin my \sin ny = \frac{1}{2}\{\cos(m-n)y - \cos(m+n)y\} \tag{4.39}$$

を使うと，(4.38)の積分は $m = n$ のとき $\pi/2$，$m \neq n$ のとき 0 になるから，(4.30)が成り立つ．

(5) 2つの式 ((4.34)と(4.23)) を使ってパラメータ k を消去すれば，エネルギー E が求まる．このエネルギー E も量子化されているので，n 依存性を明示するために E_n と書く． ¶

例題 4.1 で求まった波動関数 ϕ_n と確率密度 $|\phi_n|^2$ とエネルギー E_n をプロットしたものが図 4.5 である．$|\phi|^2$ は，単位長さ当たりの確率なので，$|\phi|^2 dx$ が位置 x から $x + dx$ の間に粒子を見出す確率となる (章末問題 [4.3])．

4.3.2 例題からわかる普遍的な性質

(1) シュレーディンガー方程式から何がわかったのか？ シュレーディンガー方程式(4.20)の元の形は，(3.40)のハミルトニアン演算子 $\hat{H}$ を使った

$$\hat{H}\phi(x) = E\phi(x) \tag{3.50}$$

である．この方程式を境界条件(4.21)を満たすように解こうとすると，勝手な E の値や勝手な $\phi(x)$ では解はなく，特定の値 ((4.31)の E_n) と特定の関数 ((4.29)の ϕ_n) の場合である

$$\hat{H}\phi_n(x) = E_n\phi_n(x) \tag{4.40}$$

だけに解が存在することがわかった．いい換えれば，E の値は離散的な値 (とびとびの値) でなければならないこと，つまり，エネルギー準位 (エネルギーの量子化) が自然に導かれることになる．

ここで注意してほしいことは，この結果自体は量子力学 (シュレーディンガー方程式) 固有のものではないということである．(3.50)の方程式は，

「関数 ϕ を演算子 $\hat{H}$ に作用させると，関数 ϕ の形は変わらずに，
ただ大きさが E 倍 (定数倍) になる」

という関係を表している．このような関係は，任意の関数に対して常に成り立つというわけではない (ただし，"任意の関数" とは全く勝手な関数という意味ではなく，要求された境界条件は満たしている任意の関数という意味である)．

数学の線形代数で習うように，このような関係を満たす特別な関数を**固有関数**，これに掛かる定数を**固有値**とよび，

$$(演算子) \times (固有関数) = (固有値) \times (固有関数) \tag{4.41}$$

を**固有値方程式**という．そして，特定の演算子に対して，固有値方程式(4.41)を満たす固有関数と固有値を求める問題を**固有値問題**という．

　したがって，シュレーディンガー方程式(4.20)を解くという作業は，固有値問題を解く作業に他ならないから，量子力学の（定常状態に関する）問題は，本質的に固有値問題である．実際，シュレーディンガーが量子力学（波動力学）の基礎となる一連の論文（4部作）を1926年に発表したときの論文タイトルは，「固有値問題としての量子化」であった．

　要するに，例題4.1は，(4.19)のポテンシャルエネルギー $V(x)$ をもったハミルトニアン演算子 $\hat{H}$ に対する固有値問題であり，その解は(4.29)の固有関数 ϕ_n と(4.31)の固有値 E_n（これを**エネルギー固有値**という）であることが示されたのである．

　(2)　固有関数の直交性　　量子数 m と n の異なる固有関数 ϕ_m と ϕ_n を用いて積 $\phi_m{}^*\phi_n$ をつくり，(4.30)のように積分するとゼロになる．このような性質を固有関数の**直交性**という（章末問題 [4.4]）．一方，ϕ_n は(4.29)のように規格化しているので，量子数が等しい（$m = n$）場合，(4.30)は1になる．このような性質をもつ関数 $\phi_n(x)$ の集合を**規格直交系**という．なお，この"系"という用語は，"関数の集合"という意味である（5.5.2項を参照）．

　(3)　節の存在　　量子井戸の内部での波動関数の確率密度 $|\phi_n|^2$ は周期関数で表され，$n = 2$ 以上の準位では節（$\phi_n = 0$ となる点）が現れる（図4.5を参照）．節は粒子を見出す確率がゼロになる場所であり，古典的な粒子の運動ではあり得ない場所である．そのため，量子井戸の中の粒子を扱う場合，古典的な粒子像を捨てて，$|\phi_n|^2$ で決まる存在確率に従って現れる粒子をイメージする必要がある．

　(4)　ゼロ点エネルギー　　エネルギー E_n の最小値はゼロにはならず，

$$E_1 = \frac{h^2}{8ma^2} = \frac{\pi^2\hbar^2}{2ma^2} \tag{4.42}$$

の値をもち，マクロな粒子であればゼロになるが，ミクロな粒子は，このようにゼロでない値をもっている．このエネルギーのことを**ゼロ点エネルギー**という．このゼロ点エネルギーの存在は，有限な領域に閉じ込められた粒子が関係する問題に共通する特徴で，次に述べる"不確定性原理"からの帰結である．

　(5)　不確定性原理　　量子力学では，ミクロな粒子のもつ"粒子と波動の二重性"のために，粒子の位置 x と運動量 p を同時に正確に確定することが

できず，常に，不確定さをもっている．そして，x と p の不確定さを Δx と Δp で表すと，両者の間には次式の関係が成り立つ．

$$\Delta x \, \Delta p \geq \frac{\hbar}{2} \tag{4.43}$$

この関係式が，有名な**ハイゼンベルクの不確定性原理**である（(4.43) の導出は章末問題 [5.6] を参照）．この不確定性原理から，ゼロ点エネルギー (4.42) の起源が理解できる（章末問題 [4.5]）．

(6) エネルギー準位の間隔 ΔE_n を決めるパラメータ 量子数 n のエネルギー E_n は，(4.31) からわかるように，量子井戸の大きさ a と粒子の質量 m の 2 つのパラメータに依存し，隣り合うエネルギー準位の間隔 $\Delta E_n = E_{n+1} - E_n$ は次式のようになる．

$$\Delta E_n(a, m) = \{(n + 1)^2 - n^2\} \frac{h^2}{8ma^2} = (2n + 1) \frac{h^2}{8ma^2} \approx 2n \frac{h^2}{8ma^2} \tag{4.44}$$

この (4.44) から推測できるように，大きい質量や大きい量子井戸に対しては，とびとびのエネルギー準位の間隔が細かくなり，エネルギー状態は連続した分布になってくる．つまり，粒子は古典的に振る舞うようになる（図 4.6(a)）．

一方で，軽い粒子と小さい量子井戸に対しては，エネルギー準位間隔が広がり，粒子は量子的に振る舞う（図 4.6(b)）．そして，量子井戸のサイズが小さくなるにつれてゼロ点エネルギーの値が増大していくので，量子効果が顕在化してくる（図 4.6(c)）．ちなみに，$\Delta E_1(a, m) = E_2 - E_1$ の大きさは，原子内の電子（$a_e = 2 \times 10^{-10}$ m, $m_e = 9.1 \times 10^{-31}$ kg）の場合は $\Delta E_1(a_e, m_e) = 4.5$

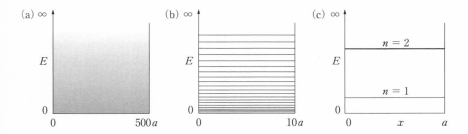

図 4.6 エネルギー準位間隔 ΔE_n と閉じ込め領域との関係
　(a) 領域が非常に大きい場合は連続的に分布する．
　(b) 領域が小さい場合は離散的に分布する．
　(c) 領域が非常に小さい場合は量子効果が顕在化する．

$\times 10^{-18}$ J $= 28$ eV である（なお，原子核内の核子の ΔE_1 は 10^6 eV 程度の値になる）．

　実際，原子の質量程度の粒子（例えば，分子や原子や電子）が，原子の大きさ程度の領域に閉じ込められると，完全に量子的な振る舞いをすることは実証されているのである．

(7)　対 応 原 理　　(4.29)の規格化された波動関数 ϕ_n を使って，量子数 $n = 20$ の場合の確率密度 $|\phi_n|^2$ を計算すると，図 4.7 のようになる．$n = 1, 2, 3, 4$ の分布（図 4.5）に比べると，かなり密で均等な分布になっていることがわかる．

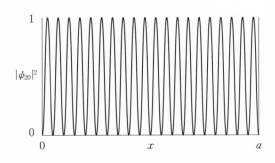

図 4.7　確率密度 $|\phi_{20}|^2$．図 4.5 の $|\phi_n|^2$ と比較して，かなり密で均等な分布になるので，古典的な粒子の振る舞いに似てくる（対応原理）．

　量子数 n が増加するにつれて E_n は増大し，確率密度は一様になっていくので，量子井戸の内部に粒子の存在が確率的に優位になる場所はなくなる．このため，量子井戸の中のミクロな粒子の運動は，壁の間を途切れなく行き来する古典的な粒子の振る舞いに近づく．いい換えれば，ミクロな粒子の位置を多数回測定すると，全領域にわたってほぼ均等に粒子が見出されることになる（つまり，古典的な粒子はどこにでも存在できることに対応する）．

　このように，量子数 n の大きな極限（すなわち，エネルギー準位が連続になる極限）で，量子力学と古典力学の結果が次第に一致するようになることを**対応原理**という．この対応原理はボーアが提唱したもので，前期量子論をつくるときに指針となったアイデアである．なお，量子数 n が $n \to \infty$，あるいは，プランク定数 h が $h \to 0$ となる極限を**古典的極限**という．

　以上，簡単な例題 4.1 から導ける量子力学の一般的な特徴を概観した．ボーアの前期量子論で仮定された，定常状態の存在やエネルギー準位などが，シュレーディンガー方程式の波動関数に対する物理的な要請（有界性や連続性や2乗可積分性など）から自然に導けるところに，シュレーディンガー方程式の威力がある（章末問題 [4.6]）．

　量子力学で扱う定常状態の問題にはいろいろな種類があるが，それらの本質的な違いはポテンシャルの形だけである．例題 4.1 では量子井戸のような凹型^(おう)のポテンシャルを扱ったが，例えば，段差型や凸型^(とつ)のポテンシャル障壁の問題に対しても，固有値問題を解くだけなので，得られる結果は本質的には同じになる（第 7 章「ポテンシャル問題」を参照）.

　ただし，ポテンシャルの形（や空間の次元数）によっては，解法が難しくなる場合がある．例えば，調和振動子（(8.2)，第 8 章「調和振動子」を参照）や水素原子（3 次元のクーロンポテンシャル(10.14)，第 10 章「水素原子」を参照）などの問題では，新たな解き方（級数法）や特殊関数（エルミート多項式，ラゲール多項式，ルジャンドル多項式など）を学ぶ必要がある．しかし，それさえクリアーできれば後は楽である．なぜなら，得られる解の特徴や性質は例題 4.1 で概観したものと基本的に同じだからである.

　このことを忘れなければ，どのような問題に遭遇しても，見かけ上の計算の複雑さや見慣れない特殊関数に惑わされることなく，量子力学の論理や計算を正しく追えるだろう.

章 末 問 題

　[**4.1**]　規格化条件(4.9)から，波動関数 $\Psi = N\Phi$ の規格化定数 N が(4.10)になることを示せ.

　[**4.2**]　例題 4.1 の量子井戸において，エネルギー E が $E < 0$ と $E = 0$ の場合，波動関数 $\phi(x)$ はゼロであることを，シュレーディンガー方程式(4.24)を使って示せ.

　[**4.3**]　量子井戸の中の粒子が図 4.5 の波動関数 ϕ_1 で記述されている場合，粒子の測定を N 回行うと，どのような結果が得られるかを定性的に説明せよ．また，この状態にある粒子が最も見出される位置 $\bar{x}_1$ を求めよ．さらに，同様の測定を図 4.7 の波動関数 ϕ_{20} に対して行った場合の $\bar{x}_{20}$ も求めよ.

　[**4.4**]　シュレーディンガー方程式(4.20)を使って，(4.30)の直交性を証明せよ.

　[**4.5**]　ハイゼンベルクの不確定性原理(4.43)から，運動量には Δp の不確定さが存在する．この Δp からゼロ点エネルギー(4.42)が導けることを示せ.

　[**4.6**]　ボーアの量子条件(2.62)を例題 4.1 に適用して，(4.31)のエネルギー準位 $E_n = n^2 h^2 / 8ma^2$ が求まることを示せ.

Chapter 5

量子力学の前提

1.3.2 項で述べたように，古典力学は"3つの法則"を前提にして演繹的に導かれる．同様に，量子力学も，本章で示すように，いくつかの前提や原理から演繹的に構築することができるが，それらを古典力学の3法則のように簡潔に表現することはできない．その上，どの前提や原理を優先的に記述するか，という基本的なコンセプトがあるわけでもない．しかし，今日の量子力学が拠り所とするものは**コペンハーゲン解釈**とよばれるものであり，この解釈のもとで，量子力学は矛盾を含まないように構築され，具体的な計算が可能になっているのである．

5.1 コペンハーゲン解釈

4.2.1 項の二重スリットの実験から推測できるように，量子力学では，測定値は確率論的に決まるが，その確率を定める波動関数はシュレーディンガー方程式に従って決定論的に決まる．このように，波動関数の変化（時間発展）には，確率論的な変化と決定論的な変化の2種類がある．

5.1.1 ボーアとアインシュタイン

量子力学の基礎であるシュレーディンガー方程式からは確率振幅しか決まらないという事実は，個々の観測結果は全くランダムで，それらを確実に予言することは原理的に不可能であることを意味する．特に，観測されるまでは空間全体に広がっている波動関数が，観測された瞬間に収縮するという**波動関数の収縮**（または**状態の収縮**や**波束の収縮**）という現象によって，電子の位置が確定されるという考え方は，古典物理学では考えられない．したがって，量子力学の正当性に対して，不安（疑念）を抱くのは自然なことだろう．

実際，アインシュタインは量子力学をミクロな世界の様々な現象を矛盾なく

説明できる理論であることは認めていたが，究極の正しい理論であるとは考えていなかった．そして，「神はサイコロを振らない」という有名な言葉を残した．

　このようなアインシュタインの懐疑的な考え方に対して，ボーアは次のように主張した．

> 「測定が行われるまでは実在というものを考えてはいけない．
> 確率振幅という情報のみが存在する．」　　　　　　　　　　(5.1)

これをコアとする量子力学の解釈が，**コペンハーゲン解釈**である．

　現在の量子力学は，波動関数が観測により，なぜ・どのようにして収縮を起こすのか，あるいは，観測しないときに電子はどの位置にいるのか，といった問いに答えることはできず，ただ，「観測によって検証できない内容は物理学の範疇ではない」というスタンスをとっている．その代わり，観測できる現象については，量子力学は完璧な予想を与えることができる．

　要するに，量子力学の枠内で波動関数の変化（時間発展）を考えるとき，決定論的なものと確率論的なものの2種類があることになる．そして，量子力学を計算ツールとして使うためには，「因果的な時間発展はシュレーディンガー方程式で記述できる」という大前提が必要になる．

　ちなみに，"コペンハーゲン解釈"という呼称の由来は，この解釈がデンマークの首都コペンハーゲンにあるニールス・ボーア研究所に集まった研究者たちによってつくられたものであったことによる．

5.1.2　系の時間発展（前提1）

┌─**【前提1】　波動関数 Ψ の時間発展はシュレーディンガー方程式で決まる**─
　波動関数の因果的な時間発展は，一般的なシュレーディンガー方程式

$$i\hbar \frac{\partial \Psi(x,t)}{\partial t} = \hat{H}\,\Psi(x,t) \qquad (3.42)$$

で決まる．
└─

　古典力学におけるニュートンの運動方程式が何らかの原理から導けるものではなく，単なる経験則であるのと同じように，このシュレーディンガー方程式(3.42)も経験則である．そして，量子力学は，この方程式を前提として構築されている．

　3.3.2項で示したように，ハミルトニアン $\hat{H}$ が時間を陽に含まなければ，(3.42)の一般解は

$$\Psi(x,t) = \phi(x)e^{-iEt/\hbar} \tag{3.53}$$

となる．これから，定常状態のシュレーディンガー方程式

$$-\frac{\hbar^2}{2m}\frac{d^2\phi(x)}{dx^2} + V(x)\,\phi(x) = E\phi(x) \tag{3.54}$$

が求まり，波動関数 $\phi(x)$ によって，定常状態の物理量がすべて計算できる．そして，それらの計算結果は，対応する実験結果と矛盾しないことがわかっているので，この【前提1】は量子力学の基礎方程式を規定する原理と考えてよいだろう．

5.2　波動関数と物理量と演算子

　量子系の状態の情報は，シュレーディンガー方程式で計算した波動関数の中にすべて含まれている．

5.2.1　波動関数は情報の源（前提2）

　古典力学では，図1.1のボールのように，力 F を受けて運動する粒子の任意の時刻における状態は，その時刻における位置 $r(t)$ と運動量 p あるいは速度 v によって完全に指定される．この系の時間発展はニュートンの運動方程式(1.1)で記述され，粒子の軌跡は $r(t)$ で完全に決まる．

　一方，量子力学では，"粒子と波動の二重性"のために，電子のようなミクロな粒子には古典的な軌跡は存在せず，粒子が位置 $r(t)$ の近傍に存在する確率だけが意味をもつ．この確率を与えるものが波動関数であり，量子力学の最も基本的な第2の前提である．

【前提2】　波動関数 Ψ がすべての情報源である

　時刻 t での粒子の物理的状態は，波動関数 $\Psi(x,t)$ で完全に記述できる．粒子を点 x を含む dx 内で見出す確率は $|\Psi(x,t)|^2\,dx$ に比例する．

　この【前提2】はボルンの確率解釈に基づくもので，波動関数 $\Psi(x,t)$ が確率解釈と矛盾しないためには，$\Psi(x,t)$ は

$$\int_{\text{全領域}} |\Psi(x,t)|^2\,dx = 1 \tag{4.9}$$

を満たさなければならない（**規格化条件**）．積分範囲"全領域"は，x の可能なすべての値にわたって積分することを示す．確率解釈が正しければ，粒子は空間のどこかに必ず見出されるはずだから，全確率は常に1でなければならない．このことを，(4.9)の規格化条件が保証しているのである．

　要するに，物理的に意味のある波動関数は，この規格化条件を満たさなければ
ならない．ここで，興味ある問題として，シュレーディンガー方程式の平面波解
の規格化について考えてみよう（例題 5.1 を参照）．

［例題 5.1］　平面波の規格化

　一定の波数 k と角振動数 ω をもった平面波は

$$\Psi(x,t) = Ce^{i(kx-\omega t)} \tag{5.2}$$

で表される．平面波が全領域に広がっている場合，振幅 C は

$$C = 0 \tag{5.3}$$

となることを規格化条件から示せ．なお，平面波 (5.2) は運動量 $p = \hbar k$ とエネ
ルギー $E = \hbar\omega$ を用いて次式のように表すこともできる（章末問題 [5.1]）．

$$\Psi(x,t) = Ce^{i(px-Et)/\hbar} \tag{5.4}$$

　［解］　確率密度 $|\Psi(x,t)|^2$ は

$$|\Psi(x,t)|^2 = \Psi^*(x,t)\Psi(x,t) = \{C^*e^{-i(kx-\omega t)}\}\{Ce^{i(kx-\omega t)}\} = C^*C = |C|^2 \tag{5.5}$$

のように，定数になる．つまり，電子が見出される確率は，すべての位置 x で同じ
になる．そのため，(4.9) の積分の"全領域"を $-\infty < x < \infty$ とすると

$$1 = \int_{-\infty}^{+\infty} |\Psi(x,t)|^2 \, dx = |C|^2 \int_{-\infty}^{+\infty} dx = |C|^2 \times \infty \tag{5.6}$$

となる．これは $|C|^2 = 1/\infty$ より $|C| = 0$ を意味するから，(5.3) を得る．　　　¶

　例題 5.1 で，平面波は規格化できないことがわかった．ここで，振幅（ここ
では規格化定数でもある）C が (5.3) のようにゼロになる物理的な理由を，不
確定性原理の観点から簡単に説明しておこう．

　(5.4) の平面波は運動量が確定値 p をもった状態であるから，平面波の運動
量を測定したとしても，測定誤差 Δp はゼロである．(4.43) の不確定性原理
（$\Delta x \, \Delta p \geq \hbar/2$）から，$\Delta p = 0$ は $\Delta x = \infty$ に相当する．その結果，平面波は
全空間に広がり，振幅 C の大きさはゼロに近づき，全く位置がわからない状
態になってしまう．したがって，粒子を見出す確率はゼロになるのである．

Note 5.1　**平面波の利用**　　無限に広がった平面波をそのまま扱うことはできないの
で，空間に局在した波（**波束**）を考える必要がある（6.2.1 項を参照）．
　もちろん，例題 4.1 の量子井戸の問題のように，"全領域"が有限区間であれば，何
の問題も生じない．実際，ポテンシャル障壁の問題では，平面波を扱うことになる（第
7 章を参照）．

5.2.2 物理量演算子（前提3）

3.3.1項で述べたように，古典物理学におけるエネルギーの式から量子力学におけるシュレーディンガー方程式を導くとき，運動量 p やハミルトニアン H などのオブザーバブルを，次のように演算子 $\hat{p}$ や $\hat{H}$ に置き換えた．

$$p \rightarrow \hat{p} = -i\hbar\frac{\partial}{\partial x}, \qquad H \rightarrow \hat{H} = -\frac{\hbar^2}{2m}\frac{\partial^2}{\partial x^2} + V(\hat{x}) \qquad (5.7)$$

(5.7)のように，古典物理学のオブザーバブル p, H を，対応する量子力学の演算子 $\hat{p}, \hat{H}$ に読み替えることが**量子化の手続き**であり，量子力学の基本的な第3の前提である．

【前提3】 古典物理学の物理量は線形演算子になる

量子力学では，古典物理学のオブザーバブル A に対応したエルミート線形演算子 $\hat{A}$ が存在する．この $\hat{A}$ を**物理量演算子**（量子力学演算子）という．

演算子とは，演算子の右側にある関数に何らかの作用を及ぼすものである（3.2.2項を参照）．比喩的にいえば，「演算子は，系について問いかける質問に相当するもの」である．例えば，「系のエネルギーの大きさは？」という質問であれば，これに対応するエネルギー演算子（$\hat{H}$）が存在し，「粒子の位置は？」という問いかけには，それに対応する位置演算子（$\hat{x}$）が存在する．

例5.1 位置演算子 関数 $v(x)$ が u に x を掛ける演算，つまり $v = xu$ である場合，この式を

$$v = \hat{x}u \qquad (5.8)$$

と書けば，位置演算子が単に "x を掛ける演算子" として次式で定義できる．

$$\hat{x} = x\cdot \qquad (x を掛ける) \qquad (5.9)$$

線形演算子とは，次の関係を満たす演算子 $\hat{F}$ のことである．

$$\hat{F}(u_1 + u_2) = \hat{F}u_1 + \hat{F}u_2 \qquad (5.10)$$

$$\hat{F}(cu) = c\hat{F}u \qquad (c は定数) \qquad (5.11)$$

量子力学に登場する演算子はすべて線形演算子で，かつ，**エルミート演算子**である．表5.1は，重要な演算子をまとめたものである．

「量子力学の演算子はすべてエルミート演算子である」という条件がつくのは，「観測される物理量の値は（虚数や複素数ではなく）実数である」という，ごく自然な要請によるものである．あるいは，逆に，実測値が実数であるとい

表5.1 古典物理学のオブザーバブルと物理量演算子

古典物理学のオブザーバブル		物理量演算子	
名　称	記　号	記号	演算操作
位　置	x $\boldsymbol{r} = (x, y, z)$	$\hat{x}$ $\hat{\boldsymbol{r}}$	x を掛ける $\boldsymbol{r}$ を掛ける
運動量	p_x $\boldsymbol{p} = (p_x, p_y, p_z)$	$\hat{p}_x$ $\hat{\boldsymbol{p}}$	$-i\hbar \dfrac{\partial}{\partial x}$ $-i\hbar \nabla$
運動エネルギー	$K_x = \dfrac{p_x^{\,2}}{2m}$ $K = (K_x, K_y, K_z)$	$\hat{K}_x$ $\hat{K}$	$-\dfrac{\hbar^2}{2m} \dfrac{\partial^2}{\partial x^2}$ $-\dfrac{\hbar^2}{2m} \Delta$
位置エネルギー	$V(x)$ $V(\boldsymbol{r})$	$\hat{V}(\hat{x})$ $\hat{V}(\hat{\boldsymbol{r}})$	$V(x)$ を掛ける $V(\boldsymbol{r})$ を掛ける
全エネルギー	$E = K_x + V(x)$ $E = K + V(\boldsymbol{r})$	$\hat{H}$ $\hat{H}$	$-\dfrac{\hbar^2}{2m} \dfrac{\partial^2}{\partial x^2} + V(x)$ $-\dfrac{\hbar^2}{2m} \Delta + V(\boldsymbol{r})$
角運動量	$\boldsymbol{L} = (L_x, L_y, L_z) = \boldsymbol{r} \times \boldsymbol{p}$	$\hat{\boldsymbol{L}}$	
x 成分	$L_x = yp_z - zp_y$	$\hat{L}_x$	$-i\hbar \left(y \dfrac{\partial}{\partial z} - z \dfrac{\partial}{\partial y} \right)$
y 成分	$L_y = zp_x - xp_z$	$\hat{L}_y$	$-i\hbar \left(z \dfrac{\partial}{\partial x} - x \dfrac{\partial}{\partial z} \right)$
z 成分	$L_z = xp_y - yp_x$	$\hat{L}_z$	$-i\hbar \left(x \dfrac{\partial}{\partial y} - y \dfrac{\partial}{\partial x} \right)$
ナブラ	$\nabla = \boldsymbol{i} \dfrac{\partial}{\partial x} + \boldsymbol{j} \dfrac{\partial}{\partial y} + \boldsymbol{k} \dfrac{\partial}{\partial z}$		
ラプラシアン	$\Delta = \nabla^2 = \dfrac{\partial^2}{\partial x^2} + \dfrac{\partial^2}{\partial y^2} + \dfrac{\partial^2}{\partial z^2}$		

う条件を課せば，演算子はエルミート性をもたなければならない．しかし，エルミート演算子の証明には，まだ解説していない固有値や期待値などの理解が必要なので，この証明は5.5.1項で与えることにする．

5.3　測定値と固有値

　物理量演算子に対応したオブザーバブルを実際に測定すると，どのような値が期待（測定）されるだろうか．測定値に対するこの問いに対して，量子力学は次の前提を課す．

5.3.1 オブザーバブルの期待値（前提4）

> **【前提4】 期待値は波動関数 Ψ から導く**
>
> ある系が規格化された波動関数 Ψ で記述されるとき，物理量演算子 $\widehat{A}$ に対応したオブザーバブル A の期待値 $\overline{A}$ は
>
> $$\overline{A} = \int_{全領域} \Psi^*(\widehat{A}\Psi)\,dx \tag{5.12}$$
>
> で計算できる．

この【前提4】の内容を理解するために，具体的に "位置の期待値" を考えてみよう．

※ 位置の期待値　電子の位置を繰り返し測定する実験を考える．一般に，測定値は実験のたびに異なる．その測定値を x とすると，測定値 x の**期待値**（平均値）$\bar{x}$ は (5.12) より次式で与えられることを【前提4】は主張している．

$$\bar{x}(t) = \int_{全領域} \Psi^*(\hat{x}\Psi)\,dx = \int_{全領域} \Psi^*(x\Psi)\,dx = \int_{全領域} x\,|\Psi|^2\,dx \tag{5.13}$$

ボルンの確率解釈によれば，x と $x + dx$ の間の微小区間 dx 内で粒子を見出す確率は $|\Psi|^2\,dx$ である．この x は，確率論で学ぶように，確率変数の確定値に対応するから，(5.13) は期待値の表現に一致している（Note 5.2 を参照）．

> **［例題5.2］ 位置 x の期待値と分散**
>
> 例題4.1 で計算した，量子井戸の中の粒子の波動関数
>
> $$\phi_n(x) = \sqrt{\frac{2}{a}}\,\sin k_n x \qquad \left(k_n = \frac{n\pi}{a},\ n = 1, 2, \cdots\right) \tag{4.29}$$
>
> を使って，平均値 $\bar{x}$ と分散 $\sigma_x{}^2$ が，それぞれ次式で与えられることを示せ．
>
> $$\bar{x} = \frac{a}{2} \tag{5.14}$$
>
> $$\sigma_x{}^2 \equiv \overline{x^2} - (\bar{x})^2 = \frac{a^2}{12} - \frac{a^2}{2n^2\pi^2} \tag{5.15}$$

［解］　x の期待値 $\bar{x}$ は，(5.13) の Ψ に ϕ_n を代入すると，次式のように，(5.14) になる．

$$\bar{x} = \frac{2}{a}\int_0^a x \sin^2\frac{n\pi x}{a}\,dx = \frac{2}{a}\frac{a^2}{4} = \frac{a}{2} \tag{5.16}$$

次に，x^2 の期待値 $\overline{x^2}$ は

$$\overline{x^2} = \frac{2}{a}\int_0^a x^2 \sin^2\frac{n\pi x}{a}\,dx = \left(\frac{a}{2n\pi}\right)^2\left(\frac{4n^2\pi^2}{3} - 2\right) = \frac{a^2}{3} - \frac{a^2}{2n^2\pi^2} \tag{5.17}$$

となり，分散の定義式 $\sigma_x{}^2 = \overline{x^2} - (\bar{x})^2$ に (5.16) の $\bar{x}$ と (5.17) の $\overline{x^2}$ を代入すると，

(5.15) を得る. ¶

Note 5.2 **確率変数と期待値** サイコロ投げで 1 から 6 の目の内でどの目が出る
か，あるいは，コイン投げで裏と表のどちらの面が出るかは，実際に投げてみなければ，
結果はわからない．確率論では，試行してはじめて結果が決まる変数のことを**確率変数**
（これを X と書く）とよび，その事象がどの程度起こりやすいか（偶然性の度合い）を
数値化したものを**確率**（これを P と書く）という．

いま，確率変数 X の確定値（試行後に決まる値）x_i が $x_1, x_2, x_3, \cdots$ で，それらが測定
された回数 n_i を $n_1, n_2, n_3, \cdots$ であるとしよう（確定値は小文字 x で表す慣習がある）．
X の**期待値**（平均値）$\bar{X}$ は，試行総数を N とすると

$$\bar{X} = \frac{n_1 x_1 + n_2 x_2 + n_3 x_3 + \cdots}{N} = x_1 \frac{n_1}{N} + x_2 \frac{n_2}{N} + x_3 \frac{n_1}{N} + \cdots \quad (5.18)$$

で与えられる（$N = n_1 + n_2 + n_3 + \cdots$）．ここで，確定値 x_i が出る確率を $p_1, p_2, p_3, \cdots$
とすると

$$p_1 = \frac{n_1}{N}, \quad p_2 = \frac{n_2}{N}, \quad p_3 = \frac{n_3}{N}, \quad \cdots \quad (5.19)$$

であるから，(5.18) は

$$\bar{X} = x_1 p_1 + x_2 p_2 + x_3 p_3 + \cdots = \sum_{i=1}^{\infty} x_i p_i \quad (5.20)$$

と表せる．当然，(5.19) から次式が成り立つ．

$$p_1 + p_2 + p_3 + \cdots = 1 \quad (5.21)$$

確率変数 X が連続値 x をとる場合は，(5.20) の総和（Σ）は積分 $\left(\int dx \right)$ に変わる．
(5.13) の期待値 $\bar{x}$ は連続値であるから，積分の計算に変わったことに注意してほしい．

位置の期待値を与える (5.13) の式は，ボルンの確率解釈からごく自然に理解
できるが，運動量 p やエネルギー E の期待値が (5.12) で与えられることは，
それほど自明ではない．そこで，(3.50) のシュレーディンガー方程式

$$\hat{H}\phi(x) = E\phi(x) \quad \textbf{(3.50)}$$

を使って，(5.12) が妥当な形であるか否かを考えてみよう．

(3.50) は，シュレーディンガー方程式を解いて波動関数 ϕ で表される系の
状態のエネルギーが E であることを示しているから，この系を観測すれば，
エネルギー E が測定されるはずである．そこで，【前提 4】に従って，(5.12)
の A に H を入れて，x の全領域で $\hat{H}$ を積分してみると

$$\bar{H} = \int_{-\infty}^{+\infty} \phi^*(\hat{H}\phi)\, dx = \int_{-\infty}^{+\infty} \phi^*(E\phi)\, dx = E\int_{-\infty}^{+\infty} \phi^*\phi\, dx = E \quad (5.22)$$

を得る．ここで，2 番目から 3 番目の式は (3.50) を使い，3 番目から 4 番目の
式は E が単なる数値なので積分の外に出せること，そして，その積分に規格

化条件 (4.9) を使った. (5.22) は, 系のエネルギーの期待値 $\bar{H}$ が E であることを示すから,【前提4】の (5.12) は, 確かに妥当な形であることがわかる.

この【前提4】から, 運動量の期待値 $\bar{p}$ は次式で計算できることになる.

$$\bar{p} = \int_{-\infty}^{+\infty} \Psi^* \hat{p} \Psi \, dx = \int_{-\infty}^{+\infty} \Psi^* \left(-i\hbar \frac{\partial \Psi}{\partial x} \right) dx \tag{5.23}$$

［例題 5.3］ 運動量 p の分散

例題 4.1 で計算した, 量子井戸の電子の波動関数

$$\phi_n(x) = \sqrt{\frac{2}{a}} \sin k_n x \qquad \left(k_n = \frac{n\pi}{a}, \ n = 1, 2, \cdots \right) \tag{4.29}$$

を使って, 次の量を求めよ.

(1) 運動量 p の期待値 $\bar{p}$ は次式となる.

$$\bar{p} = 0 \tag{5.24}$$

(2) 運動量 p の2乗 p^2 の期待値 $\overline{p^2}$ は次式となる.

$$\overline{p^2} = \frac{n^2 \pi^2 \hbar^2}{a^2} \tag{5.25}$$

したがって, (1) と (2) の結果から, 運動量 p の分散 $\sigma_p{}^2$ は

$$\sigma_p{}^2 \equiv \overline{p^2} - (\bar{p})^2 = \frac{n^2 \pi^2 \hbar^2}{a^2} \tag{5.26}$$

であることがわかる (章末問題 [5.2]).

［解］ (1) (4.29) の波動関数 ϕ_n を (5.23) に代入すると

$$\begin{aligned}
\bar{p} &= \int_0^a \left(\sqrt{\frac{2}{a}} \sin k_n x \right) \left(-i\hbar \frac{\partial}{\partial x} \right) \left(\sqrt{\frac{2}{a}} \sin k_n x \right) dx \\
&= \left(\sqrt{\frac{2}{a}} \right)^2 (-i\hbar k_n) \int_0^a \sin k_n x \cos k_n x \, dx = 0
\end{aligned} \tag{5.27}$$

となるので, 期待値 $\bar{p}$ はゼロである.

(2)
$$\begin{aligned}
\overline{p^2} &= \int_0^a \left(\sqrt{\frac{2}{a}} \sin k_n x \right) \left(-\hbar^2 \frac{\partial^2}{\partial x^2} \right) \left(\sqrt{\frac{2}{a}} \sin k_n x \right) dx \\
&= \left(\sqrt{\frac{2}{a}} \right)^2 (\hbar k_n)^2 \int_0^a \sin k_n x \sin k_n x \, dx \\
&= \left(\sqrt{\frac{2}{a}} \right)^2 (\hbar k_n)^2 \frac{a}{2} = (\hbar k_n)^2 = \frac{n^2 \pi^2 \hbar^2}{a^2}
\end{aligned} \tag{5.28}$$

なお, (5.24) と (5.25) の物理的な解釈に関しては, 5.4.2 項の「$\bar{p} = 0$ の量子力学的な解釈」を参照してほしい. ¶

5.3.2 測定値は固有値 (前提5)

4.3.2 項で, "固有値方程式" (4.41) について述べたので, ここでは, そのことを既知として, 次の【前提5】の解説に入ろう.

【前提5】 測定値は固有値で決まる

波動関数 Ψ が，物理量演算子 $\widehat{A}$ に対する固有値方程式

$$\widehat{A}\,\Psi = a\Psi \tag{5.29}$$

を満たす場合，オブザーバブル A を測定すると，測定値は常に固有値 a になる．このときの Ψ を $\widehat{A}$ の**固有関数**（あるいは**固有状態**）という．

この【前提5】から，オブザーバブル A の測定を何回行っても，測定値は常に固有状態 Ψ の固有値 a であり，これ以外の値は決して観測されることはない．いい換えれば，測定値の分散は常にゼロである．なお，物理的に意味のある固有関数は**有界性**（有限で，発散しない関数）をもっていることを前提としている（章末問題 [5.3]）．

─[例題 5.4] **分散はゼロ**─

(5.29) の波動関数 Ψ が固有関数の 1 つ（これを Φ_i で表す）であるとして（$\Psi = \Phi_i$），次の固有値方程式

$$\widehat{A}\,\Phi_i = a_i\Phi_i \qquad (i = 1, 2, \cdots) \tag{5.30}$$

が成り立つものとする．このとき，オブザーバブル A を何回測定しても，測定値は a_i になること，つまり，測定値の分散 $\sigma_a{}^2$ は常にゼロであることを示せ．

$$\sigma_a{}^2 = \overline{a^2} - (\bar{a})^2 = 0 \tag{5.31}$$

[解] 期待値 $\bar{A}$ は，(5.12) から

$$\bar{A} = \int_{-\infty}^{\infty} \Phi_i{}^* (\widehat{A}\,\Phi_i)\,dx = \int_{-\infty}^{\infty} \Phi_i{}^* (a_i\Phi_i)\,dx = a_i \int_{-\infty}^{\infty} \Phi_i{}^* \Phi_i\,dx = a_i \tag{5.32}$$

のようになる．同様に，期待値 $\overline{A^2}$ は

$$\overline{A^2} = \int_{-\infty}^{\infty} \Phi_i{}^* (\widehat{A}^2\Phi_i)\,dx = a_i{}^2 \int_{-\infty}^{\infty} \Phi_i{}^* \Phi_i\,dx = a_i{}^2 \tag{5.33}$$

となる．ただし，途中の計算は，次式のように，固有値方程式を用いて書き換えた．

$$\widehat{A}^2\Phi_i = \widehat{A}(\widehat{A}\,\Phi_i) = \widehat{A}(a_i\Phi_i) = a_i\widehat{A}\,\Phi_i = a_i{}^2\Phi_i \tag{5.34}$$

したがって，(5.32) と (5.33) から，$\sigma_a{}^2 = \overline{a^2} - (\bar{a})^2 = a_i{}^2 - a_i{}^2 = 0$ になるので，測定される値は常に a_i であることが保証される． ¶

例題 5.4 の内容を，具体的に例題 4.1 の (4.29) の波動関数 $\psi_n(x)$ を使って，エネルギー固有値に対して検証してみると，分散 $\sigma_E{}^2$ は

$$\sigma_E{}^2 = \overline{E^2} - (\bar{E})^2 = 0 \tag{5.35}$$

となるので，観測されるエネルギーの値は常にエネルギー固有値 $E_n = n^2h^2/8ma^2$ であることが保証される（章末問題 [5.4]）．

ここまでに示した x, p, E の分散において，注意してほしいことは，同じ波

動関数 ϕ_n (4.29) を使っているのに，エネルギー E には分散がなく（(5.35)），x（例題 5.2）と p（例題 5.3）には分散があることである．この理由は，ϕ_n はハミルトニアン $\widehat{H}$ の固有関数である（$\widehat{H}\phi_n = E_n\phi_n$）が，位置演算子 $\widehat{x}$ や運動量演算子 $\widehat{p}$ の固有関数ではないことによる．実際，$\widehat{x}\phi_n$ と $\widehat{p}\phi_n$ を計算すれば

$$\begin{cases} \widehat{x}\phi_n(x) = x\phi_n(x) \neq （定数）\times \phi_n \\ \widehat{p}\phi_n(x) = -i\hbar\dfrac{\partial}{\partial x}\phi_n(x) = -i\hbar\sqrt{\dfrac{2}{a}}\,k_n\cos k_n x \neq （定数）\times \phi_n \end{cases} \tag{5.36}$$

となり，固有値方程式 (4.41) は成り立たないことがわかる．

5.4 状態の重ね合わせ

いま，例題 5.4 の固有値方程式 (5.30) を解いて，固有関数 $\Phi_1, \Phi_2, \Phi_3, \cdots$ と固有値 $a_1, a_2, a_3, \cdots$ が求まっているとしよう．シュレーディンガー方程式は**線形**の偏微分方程式であるから，Φ_i に適当な定数 c_i を掛けて次のように足し合わせた関数 Ψ も，同じシュレーディンガー方程式の解になる．

$$\Psi = c_1\Phi_1 + c_2\Phi_2 + c_3\Phi_3 + \cdots = \sum_{i=1}^{\infty} c_i\Phi_i \tag{5.37}$$

このような Ψ を**重ね合わせの解**，あるいは**重ね合わせの状態**という．

ところが，重ね合わせの解 (5.37) は，固有値方程式 (5.29) を満たさない．なぜなら，$\widehat{A}\Psi$ を計算すると，$\widehat{A}(c_i\Phi_i) = c_i(\widehat{A}\Phi_i) = c_i a_i\Phi_i$ より

$$\widehat{A}\Psi = \widehat{A}(c_1\Phi_1 + c_2\Phi_2 + c_3\Phi_3 + \cdots)$$
$$= c_1 a_1\Phi_1 + c_2 a_2\Phi_2 + c_3 a_3\Phi_3 + \cdots \neq （定数）\cdot \Psi \tag{5.38}$$

のように，重ね合わせ状態の波動関数 Ψ は $\widehat{A}$ の固有関数にはならないからである．それでは，このような重ね合わせの状態でオブザーバブル A を測定すると，どのような結果が得られるだろうか．これに関するものが次の【前提 6】である．

5.4.1 重ね合わせ状態の期待値（前提 6）

【前提 6】 重ね合わせの状態での期待値は確率で決まる ─────

固有値方程式
$$\widehat{A}\Phi_i = a_i\Phi_i \qquad (i = 1, 2, 3, \cdots) \tag{5.30}$$
を満たす固有関数 Φ_i を用いて，波動関数 Ψ が 次のような重ね合わせの状態

$$\Psi = c_1\Phi_1 + c_2\Phi_2 + c_3\Phi_3 + \cdots = \sum_{i=1}^{\infty} c_i\Phi_i \tag{5.37}$$

で表されているとき，オブザーバブル A を測定すると，期待値 $\overline{A}$ は

$$\overline{A} = |c_1|^2 a_1 + |c_2|^2 a_2 + |c_3|^2 a_3 + \cdots = \sum_{i=1}^{\infty} |c_i|^2 a_i \qquad (5.39)$$

となる．つまり，測定値 a_i（(5.30)の固有値）を得る確率は $|c_i|^2$ である．

　（注）　(5.37)のように，関数 Ψ が固有関数 Φ_i で展開できることを，固有関数の**完全性**という（5.5.2 項を参照）．

　期待値に関する【前提 6】に現れる確率解釈は，測定行為と密接に関係している．この関係を正しく理解するために，**"観測行為と期待値の関係"** 1 ～ 4 を列記しておこう．

    1.　測定される値は，固有値 $a_1, a_2, a_2, \cdots$ のいずれかであり，これら以外の数値は観測されない．

    2.　1 回の実験で測定される値が固有値 $a_1, a_2, a_2, \cdots$ のどれになるかは，全く予測できない．

    3.　もし測定値が a_n であれば，測定直後の状態は Ψ から Φ_n に突然変化する．これが**波動関数の収縮（状態の収縮）**である（5.1.1 項を参照）．

    4.　測定を多数回行えば，a_n が測定される回数は $|c_n|^2$ に比例する．つまり，a_n が測定される確率は $|c_n|^2$ に比例する．

【前提 6】の内容を理解するために，重ね合わせの状態が 2 個の固有関数でつくられている最も簡単な場合を具体的にみてみよう．

※ **2 個の固有関数の重ね合わせの状態**　　シュレーディンガー方程式の解が Φ_1 と Φ_2 である場合，(5.37)は次式になる．

$$\Psi = c_1\Phi_1 + c_2\Phi_2 \qquad (5.40)$$

そこで，まず(5.40)の Ψ を使って，期待値(5.12)を計算してみよう．

$$\begin{aligned}
\overline{A} &= \int_{-\infty}^{+\infty} \Psi^*(\widehat{A}\Psi)\,dx = \int_{-\infty}^{+\infty} (c_1\Phi_1 + c_2\Phi_2)^*(c_1 a_1\Phi_1 + c_2 a_2\Phi_2)\,dx \\
&= \int_{-\infty}^{+\infty} (c_1{}^*\Phi_1{}^* + c_2{}^*\Phi_2{}^*)(c_1 a_1\Phi_1 + c_2 a_2\Phi_2)\,dx \\
&= \int (c_1{}^*c_1 a_1\Phi_1{}^*\Phi_1 + c_1{}^*c_2 a_2\Phi_1{}^*\Phi_2 + c_2{}^*c_1 a_1\Phi_2{}^*\Phi_1 + c_2{}^*c_2 a_2\Phi_2{}^*\Phi_2)\,dx
\end{aligned}$$

$$(5.41)$$

ここで，固有関数の規格直交性（(5.74)を参照）を使うと，交差項（$\Phi_1{}^*\Phi_2$ や $\Phi_2{}^*\Phi_1$）の積分はゼロ，$\Phi_1{}^*\Phi_1$ と $\Phi_2{}^*\Phi_2$ の積分は 1 になるから，次式となる．

$$\overline{A} = |c_1|^2 a_1 + |c_2|^2 a_2 \tag{5.42}$$

同様に，$\Psi^*\Psi$ を全領域で積分すると，固有関数の規格直交性のために次式となる．

$$\int_{-\infty}^{+\infty} \Psi^*\Psi \, dx = |c_1|^2 + |c_2|^2 = 1 \tag{5.43}$$

※ **(5.42)の解釈**　例えば，$c_1 = 1$, $c_2 = 0$ の場合，(5.40)の Ψ は $\Psi = \Phi_1$ となるので，（重ね合わせの状態ではなく）固有値 a_1 をもった固有関数である．このような状態を**純粋状態**という．純粋状態の場合，【前提4】により，100 ％ ($|c_1|^2 = 1$) の確率で，期待値 $\overline{A}$ は Φ_1 の固有値 a_1 になる．これが (5.42) の $\overline{A} = a_1$ に当たる．

一方，c_1 と c_2 がどちらもゼロでない状態（これを**混合状態**という）の場合は，期待値 $\overline{A}$ は a_1 と a_2 が混在した状態になり，$|c_1|^2$ が a_1 を得る確率，$|c_2|^2$ が a_2 を得る確率になる．このように，重ね合わせの状態では，期待値 $\overline{A}$ の値が特定の値に一意的には決まらず，確率的になる．そのため，期待値の分散が値をもつことになる（例題 5.2 と 5.3，そして次の例題 5.5 を参照）．これが，【前提6】が意味することである．

［例題 5.5］　重ね合わせの状態

例題 4.1 で計算した，量子井戸の中の電子の波動関数

$$\psi_n(x) = \sqrt{\frac{2}{a}} \sin k_n x \quad \left(k_n = \frac{n\pi}{a}, \ n = 1, 2, \cdots \right) \tag{4.29}$$

は，平面波

$$\phi_1 = \frac{1}{\sqrt{a}} e^{ik_n x}, \qquad \phi_2 = \frac{1}{\sqrt{a}} e^{-ik_n x} \tag{5.44}$$

を使って，次式のような重ね合わせ状態で表される．次の各問いに答えよ．

$$\psi_n = c_1 \phi_1 + c_2 \phi_2 \quad \left(c_1 = \frac{1}{\sqrt{2}\,i}, \ c_2 = -\frac{1}{\sqrt{2}\,i} \right) \tag{5.45}$$

（1）平面波 ϕ_1 と ϕ_2 は運動量演算子 $\hat{p}$ の固有関数で，固有値は $a_1 = \hbar k_n$ と $a_2 = -\hbar k_n$ であることを示せ．

（2）(5.44)の固有関数は，次式のように規格化されていることを示せ．

$$\int_{-\infty}^{\infty} \phi_1^*\phi_1 \, dx = 1, \qquad \int_{-\infty}^{\infty} \phi_2^*\phi_2 \, dx = 1 \tag{5.46}$$

（3）固有関数(5.44)は

$$\int_{-\infty}^{\infty} \phi_1^*\phi_2 \, dx = 0 \tag{5.47}$$

のようにゼロになる．これを**固有関数の直交性**という（(5.74)を参照）．

［解］（1）運動量演算子 $\hat{p} = -i\hbar(\partial/\partial x)$ を ϕ_1 に作用させると

$$\hat{p}\phi_1 = -i\hbar \frac{\partial}{\partial x}\left(\frac{1}{\sqrt{a}}e^{ik_nx}\right) = (-i\hbar)(ik_n)\left(\frac{1}{\sqrt{a}}e^{ik_nx}\right) = \hbar k_n\phi_1 \qquad (5.48)$$

のように固有値方程式 $\hat{p}\phi_1 = a_1\phi_1$ の形になるから，固有値は $a_1 = \hbar k_n$ である．同様に，ϕ_2 の場合も

$$\hat{p}\phi_2 = -i\hbar \frac{\partial}{\partial x}\left(\frac{1}{\sqrt{a}}e^{-ik_nx}\right) = -\hbar k_n\phi_2 \qquad (5.49)$$

のように固有値方程式 $\hat{p}\phi_2 = a_2\phi_2$ の形になるから，固有値は $a_2 = -\hbar k_n$ である．

(2) $\phi_1{}^*\phi_1 = (1/\sqrt{a})^2 = 1/a$ だから，これを全区間で x について積分すると

$$\int_{全領域}\phi_1{}^*\phi_1\,dx = \int_0^a \phi_1{}^*\phi_1\,dx = \int_0^a \frac{1}{a}\,dx = \frac{1}{a}\int_0^a dx = \frac{1}{a}\times a = 1 \qquad (5.50)$$

となり，規格化されていることがわかる．$\phi_2{}^*\phi_2$ の場合も同じ結果になる．

(3) $\phi_1{}^*\phi_2 = (e^{-ik_nx}/\sqrt{a})(e^{-ik_nx}/\sqrt{a}) = (1/\sqrt{a})^2 e^{-2ik_nx}$ だから，これを次式のように全区間で x について積分すると，ゼロになる．

$$\int_{全領域}\phi_1{}^*\phi_2\,dx = \frac{1}{a}\int_0^a e^{-2ik_nx}\,dx = \frac{1}{a}\left[\frac{e^{-2ik_nx}}{-2ik_n}\right]_0^a = \frac{-1}{2ika}(e^{-2ik_na} - e^0)$$

$$= \frac{-1}{2ika}(e^{-2in\pi} - 1) = \frac{-1}{2ika}(1 - 1) = 0 \qquad (5.51)$$

¶

5.4.2 期待値

例題 5.5 から，(4.29)の波動関数 ψ_n は2つの波動関数（固有関数）ϕ_1 と ϕ_2 の重ね合わせの状態(5.45)であることがわかった．そこで，まず，これらの期待値を【前提4】に従って計算してみよう．

$\hat{p}\psi_n = \hat{p}(c_1\phi_1 + c_2\phi_2) = \hbar k_n c_1\phi_1 + (-\hbar k_n)c_2\phi_2 = \hbar k_n(c_1\phi_1 - c_2\phi_2)$ であるから，【前提4】の期待値の式(5.12)は次のようになる．

$$\bar{p} = \int_{全領域}\psi_n{}^*(\hat{p}\psi_n)\,dx = \hbar k_n\int_0^a (c_1\phi_1 + c_2\phi_2)^*(c_1\phi_1 - c_2\phi_2)\,dx$$

$$= \hbar k_n\int_0^a (|c_1|^2\phi_1{}^*\phi_1 - |c_2|^2\phi_2{}^*\phi_2 - c_1{}^*c_2\phi_1{}^*\phi_2 + c_2{}^*c_1\phi_2{}^*\phi_1)\,dx$$

$$= \hbar k_n\int_0^a (|c_1|^2\phi_1{}^*\phi_1 - |c_2|^2\phi_2{}^*\phi_2)\,dx = \hbar k_n(|c_1|^2 - |c_2|^2) \qquad (5.52)$$

いまの場合，$|c_1| = |c_2|$ であるから，(5.52)は $\bar{p} = 0$ となることがわかる．

ところが，ϕ_1 と ϕ_2 の固有値は $a_1 = \hbar k_n$ と $a_2 = -\hbar k_n$ である（例題 5.5）ことに着目すると，(5.52)の最右辺は次のように表すことができる．

$$\bar{p} = |c_1|^2 a_1 + |c_2|^2 a_2 \qquad (5.53)$$

これは，【前提6】の期待値の式(5.39)と同じものになることに注意してほしい．

❋ $\bar{p} = 0$ の量子力学的な解釈　　ϕ_1 は運動量 $p = \hbar k_n$ をもった電子を表し，ϕ_2 は運動量 $p = -\hbar k_n$ をもった電子を表すので，波動関数 ψ_n は運動量 $\pm p$ をもった電子が量子井戸内（$0 \leq x \leq a$）で往復運動している状態を表す．量子力学では，電子がいつ量子井戸の壁で跳ね返って運動の向きを変えたかを知ることはできないので，どの瞬間においても，p が $+\hbar k_n$ である確率と $-\hbar k_n$ である確率の両方が存在する．そのため，期待値 $\bar{p}$ はゼロになる．

　要するに，量子井戸の中の電子はどちら向きに運動しているかわからないから，両方の可能性（x の正方向と負方向）を合わせて考えなければならない．そのため，測定値は確率的にしか決まらないことになるのである．

　物理量の期待値は確率であり，一見，数学の問題のように思えるが，量子力学に登場する確率は観測行為と結び付いている．この点を十分に理解するために，次の例題 5.6 を考えてみよう．

［例題 5.6］　期 待 値

波動関数

$$\psi = \frac{2}{\sqrt{5}} e^{ikx} + \frac{1}{\sqrt{5}} e^{-3ikx} \tag{5.54}$$

で表される状態において，電子の運動量を測定した．測定される値を"観測行為と期待値の関係"（5.4.1 項を参照）に沿って，計算してみよう．

　（1）　測定値は，(5.54)の固有値 $a_1 = \hbar k$ と $a_2 = -3\hbar k$ のどちらかの値になることを示せ．

　（2）　測定値が a_1 であれば，測定後の波動関数は e^{ikx} になることを説明せよ．

　（3）　同じ実験条件で測定回数を $N = 1000$ とすると，固有値 a_1 と a_2 が測定される回数はそれぞれ $N_1 = 800$ と $N_2 = 200$ 程度であることを示せ．

　（4）　十分な回数（$N \gg 1$）だけ測定を行って得られる測定値の期待値（平均値）は $\bar{p} = 0.2\hbar k$ であることを示せ．

［解］　波動関数(5.54)で

$$c_1 = \frac{2}{\sqrt{5}}, \qquad c_2 = \frac{1}{\sqrt{5}}, \qquad \phi_1 = e^{ikx}, \qquad \phi_2 = e^{-3ikx} \tag{5.55}$$

とおいて，

$$\psi = c_1\phi_1 + c_2\phi_2 \tag{5.56}$$

と表すことにすると，期待値 $\bar{p}$ は(5.53)と同じ式で与えられる．

　（1）　$\bar{p}\phi_1 = a_1\phi_1$ を(5.48)のように計算すれば，固有値は $a_1 = \hbar k$ である．同様に，$\bar{p}\phi_2 = a_2\phi_2$ を(5.49)のように計算すれば，固有値は $a_2 = -3\hbar k$ である．したがって，【前提 6】より測定値は固有値の a_1 か a_2 になる．

(2) 【前提6】より，1回の試行（測定）で a_1 を得る確率は $|c_1|^2$，a_2 を得る確率は $|c_2|^2$ である．測定値が a_1 であれば，測定の瞬間に波束の収縮が起こって，$|c_1|^2 = 1$，$|c_2|^2 = 0$ の状態になるので，測定後の波動関数は ϕ_1 である．

(3) (5.55)より，$|c_1|^2 = (2/\sqrt{5})^2 = 4/5$，$|c_2|^2 = (1/\sqrt{5})^2 = 1/5$ であるから，$N = 1000$ 回の測定では $N_1 = N|c_1|^2 = (1000)(4/5) = 800$，$N_2 = N|c_2|^2 = (1000)(1/5) = 200$ である．

(4) 期待値 $\bar{p}$ は (5.53) より $\bar{p} = |c_1|^2 a_1 + |c_2|^2 a_2 = (4/5)(\hbar k) + (1/5)(-3\hbar k) = (1/5)(\hbar k) = 0.2\hbar k$ となる． ¶

前提4〜6までの「物理量演算子 $\widehat{A}$ が作用する波動関数と固有値や測定値」などの関係を整理すると，次のようになる．

(1) 波動関数が固有関数である場合，測定値は固有値で決まる（分散 $= 0$）．

(2) 波動関数が固有関数でない場合，測定値は確率的に決まる（分散 $\neq 0$）．

5.5 測定値は実数

物理学の実験において，測定値（実測値）が実数であると考えるのはごく自然なことで，虚数や複素数の測定値は想像しがたい．ところで，【前提5】で導入した固有関数の固有値は固有値方程式の解であるから，純粋に数学の問題として解けば，固有値は複素数になる場合もあるので，固有値が常に実数であるという保証はない．

実は，物理量演算子の固有値 a が実数であるためには，複素数 a とその共役複素数 a^*（i を $-i$ に変えたもの）との間に

$$a = a^* \tag{5.57}$$

の関係が成り立てばよい．なぜなら，複素数 $a = \alpha + i\beta$（α と β は実数）とその共役複素数 $a^* = \alpha - i\beta$ を (5.57) に代入すると，$\beta = 0$ より $a = \alpha$，$a^* = \alpha$ となり，a は常に実数になるからである．

(5.57) から，【前提3】の線形演算子に対しても新たな条件が課されることになる（これが，5.2.2 項で予告したエルミート演算子という条件）．次に，これについて解説しよう．

5.5.1 エルミート演算子（前提3の補足）

一般に，演算子 $\widehat{F}$ と2個の任意関数 Ψ_1, Ψ_2 との間に

$$\int \Psi_1{}^* (\widehat{F}\Psi_2)\, dx = \int (\widehat{F}^\dagger \Psi_1)^* \Psi_2 \, dx \tag{5.58}$$

が成り立つ場合，$\widehat{F}^{\dagger}$（記号†はダガーと読む）を $\widehat{F}$ の**共役演算子**という．そして，共役演算子 $\widehat{F}^{\dagger}$ と元の演算子 $\widehat{F}$ が全く同じで

$$\widehat{F}^{\dagger} = \widehat{F} \tag{5.59}$$

が成り立つとき，演算子 $\widehat{F}$ は**エルミート演算子**あるいは**自己共役演算子**であるという．したがって，$\widehat{F}$ がエルミート演算子であれば，(5.58)は

$$\int \Psi_1^*(\widehat{F}\Psi_2)\, dx = \int (\widehat{F}\Psi_1)^*\, \Psi_2\, dx \tag{5.60}$$

のように表せる．

いま，(5.60)の関数 Ψ_1, Ψ_2 は等しいとして $\Psi\,(= \Psi_1 = \Psi_2)$ とおき，この Ψ が固有値 f をもつ固有値方程式

$$\widehat{F}\Psi = f\Psi \tag{5.61}$$

の固有関数であるとしよう．この(5.61)を(5.60)に代入すると

$$\begin{cases} (5.60)\text{の左辺} = \displaystyle\int \Psi^*(\widehat{F}\Psi)\, dx = \int \Psi^*(f\Psi)\, dx = f\int \Psi^*\Psi\, dx \\[3mm] (5.60)\text{の右辺} = \displaystyle\int (\widehat{F}\Psi)^*\Psi\, dx = \int (f\Psi)^*\Psi\, dx = f^*\int \Psi^*\Psi\, dx \end{cases} \tag{5.62}$$

となるので，固有値 f は

$$f = f^* \tag{5.63}$$

のように実数になる．したがって，エルミート演算子は実数の固有値をもつことになるので，(5.57)の条件 $a = a^*$ から，物理量演算子もエルミート演算子であることがわかる．

┌─[**例題5.7**]　**エルミート演算子**──────────────

エルミート演算子の定義式(5.60)を使って，次の演算子がエルミートであることを確認せよ．

(1) 位置演算子 $\hat{x} = x$

(2) 運動量演算子 $\hat{p} = -i\hbar \dfrac{\partial}{\partial x}$

(3) 空間の2階微分演算子 $\widehat{F} = -\dfrac{\partial^2}{\partial x^2}$

(4) ハミルトニアン $\widehat{H} = -\dfrac{\hbar^2}{2m}\dfrac{\partial^2}{\partial x^2} + V(x)$

└──────────────────────────────

[**解**]　(1)　$\widehat{F} = \hat{x}$ とおいて，(5.60)の左辺を次のように $x = x^*$（実数だから）に注意しながら変形すれば，

$$\int \Psi_1^*(\hat{x}\Psi_2)\, dx = \int \Psi_1^*(x\Psi_2)\, dx = \int x\Psi_1^*\Psi_2\, dx$$

$$= \int x^* \Psi_1^* \Psi_2 \, dx = \int (\hat{x}\Psi_1)^* \Psi_2 \, dx \tag{5.64}$$

のように最右辺は(5.60)の右辺に一致するので，$\hat{x}$ はエルミートである．

(2) $\widehat{F} = \hat{p}$ とおいて，(5.60)の左辺を計算すると次のようになる．

$$\int \Psi_1^* (\hat{p}\Psi_2) \, dx = \int_{-\infty}^{+\infty} \Psi_1^* \left(-i\hbar \frac{\partial \Psi_2}{\partial x}\right) dx$$

$$= \left[-i\hbar \Psi_1^* \Psi_2\right]_{-\infty}^{+\infty} - (-i\hbar) \int_{-\infty}^{+\infty} \frac{\partial \Psi_1^*}{\partial x} \Psi_2 \, dx \tag{5.65}$$

波動関数は局在しているので，無限遠ではゼロになる（$\Psi_1(\pm\infty) = \Psi_2(\pm\infty) = 0$）ので，右辺の第1項はゼロである．したがって，(5.65)の右辺の第2項は

$$i\hbar \int \frac{\partial \Psi_1^*}{\partial x} \Psi_2 \, dx = \int (-i\hbar)^* \frac{\partial \Psi_1^*}{\partial x} \Psi_2 \, dx = \int \left(-i\hbar \frac{\partial}{\partial x}\right)^* \Psi_1^* \Psi_2 \, dx$$

$$= \int \hat{p}^* \Psi_1^* \Psi_2 \, dx = \int (\hat{p}\Psi_1)^* \Psi_2 \, dx \tag{5.66}$$

となり，(5.60)の右辺と一致するので，$\hat{p}$ はエルミートである．ちなみに，虚数単位 i のない微分演算子 $\partial/\partial x$ はエルミートにならないことに注意してほしい．

(3) 演算子 $\widehat{F} = -\partial^2/\partial x^2$ は $\widehat{F}^* = \widehat{F} = -\partial^2/\partial x^2$ であることに注意して，次のように部分積分を2回行い，波動関数の局在性により Ψ_1, Ψ_2 が無限遠でゼロになる（(2)の解答の(5.65)を参照）ことを使えば，$\widehat{F}$ のエルミート性がわかる．

$$\int \Psi_1^* (\widehat{F}\Psi_2) \, dx = \int_{-\infty}^{+\infty} \Psi_1^* \left(-\frac{\partial^2 \Psi_2}{\partial x^2}\right) dx$$

$$= \left[-\Psi_1^* \frac{\partial \Psi_2}{\partial x}\right]_{-\infty}^{+\infty} + \int_{-\infty}^{+\infty} \frac{\partial \Psi_1^*}{\partial x} \frac{\partial \Psi_2}{\partial x} \, dx$$

$$= \left[\frac{\partial \Psi_1^*}{\partial x} \Psi_2\right]_{-\infty}^{+\infty} - \int_{-\infty}^{+\infty} \frac{\partial^2 \Psi_1^*}{\partial x^2} \Psi_2 \, dx$$

$$= \int \widehat{F}^* \Psi_1^* \Psi_2 \, dx = \int (\widehat{F}\Psi_1)^* \Psi_2 \, dx \tag{5.67}$$

(4) 運動エネルギーの部分 $-(\hbar^2/2m)\partial^2/\partial x^2$ は，(3)の結果からエルミートであることがわかる．一方，ポテンシャル部分は単に x の関数 $V(x)$ を掛け算するだけの演算子なので，(1)の結果から $V(x)$ もエルミートになる．したがって，ハミルトニアンはエルミート演算子である．　　　　　　　　　　　　　　　　　　　　　　　¶

5.5.2 固有関数の規格直交完全性

エルミート演算子の固有関数は，互いに直交するという重要な性質をもっている．このことを証明しよう．まず，物理量演算子 $\widehat{A}$ の固有値方程式を満たす固有関数の集合 $\Phi_1, \Phi_2, \cdots, \Phi_n$ を考える．

具体的に，任意の2つの固有関数 Φ_k, Φ_l とそれらの固有値 a_k, a_l に対する固有値方程式を書くと

$$\widehat{A}\Phi_k = a_k \Phi_k, \qquad \widehat{A}\Phi_l = a_l \Phi_l \tag{5.68}$$

となる．ここで，次の積分

$$\int \Phi_k{}^* \Phi_l \, dx \qquad (内積の定義) \tag{5.69}$$

によって，2つの関数（状態）Φ_k, Φ_l の**内積**を定義すると，固有値 a_k と a_l が異なる場合（$a_k \neq a_l$）は次式のようになることが示せる（次の例題 5.8 を参照）．

$$\int \Phi_k{}^* \Phi_l \, dx = 0 \tag{5.70}$$

(5.70)のように，異なる固有関数 Φ_k, Φ_l の内積がゼロになることを**固有関数 Φ_k と Φ_l は直交する**といい，これを**固有関数の直交性**という（具体例は例題 5.5 を参照）．なお，固有値が等しい場合を**固有値は縮退している**といい，異なる場合を**固有値は縮退していない**という．

［例題 5.8］ 固有関数の直交性

(5.68)の物理量演算子 $\widehat{A}$ はエルミート演算子であるから，次式が成り立つ（(5.60)を参照）．

$$\int \Phi_k{}^* (\widehat{A}\Phi_l) \, dx = \int (\widehat{A}\Phi_k)^* \Phi_l \, dx \tag{5.71}$$

固有値 a_k, a_l が縮退していない場合，(5.71)から(5.70)が導けることを示せ．

［解］ (5.68)の固有値方程式を用いて，(5.71)の両辺の括弧内を書き換える．そして，固有値が実数（$a_k = a_k{}^*, a_l = a_l{}^*$）であることを使うと，(5.71)は

$$a_l \int \Phi_k{}^* \Phi_l \, dx = a_k \int \Phi_k{}^* \Phi_l \, dx \tag{5.72}$$

となる．この(5.72)を

$$(a_l - a_k) \int \Phi_k{}^* \Phi_l \, dx = 0 \tag{5.73}$$

と表せば，$a_l - a_k \neq 0$ という仮定から，(5.70)を得る． ¶

さらに，すべての固有関数はそれぞれ規格化されている（(4.9)を参照）とすれば，固有関数の直交性(5.70)と規格化はひとまとめにして

$$\int \Phi_k{}^* \Phi_l \, dx = \delta_{kl} \qquad (規格直交性) \tag{5.74}$$

のように表せる（Note 5.3 を参照）．ここで，δ_{kl} はクロネッカーのデルタで，$k = l$ のときは1，$k \neq l$ のときは0を与える記号である（(4.30)を参照）．

要するに，$k = l$ のときの(5.74)は，固有関数の規格化条件になり，$k \neq l$ のときの(5.74)は，異なる固有関数（固有状態）の直交性（独立性）を表す．このように，(5.74)は固有関数の**規格直交性**を簡潔に表した式である．

❋**完 全 系**　　任意の波動関数 Ψ が与えられたとき，(5.37)のように，この Ψ を固有関数の集合 $\{\Phi_i\}$ で展開できる場合，$\{\Phi_i\}$ を**完全系**という．このような完全系の例として**フーリエ級数展開**を考えると，

$$\{1,\ \sin x,\ \cos x,\ \sin 2x,\ \cos 2x,\ \sin 3x,\ \cos 3x, \cdots\} \tag{5.75}$$

が完全系を構成する関数の集合 $\{\Phi_i\}$ になる．

実際，この完全系を使えば，任意の関数 $f(x)$ は

$$f(x) = \frac{a_0}{2} + a_1\cos x + a_2\cos 2x + a_3\cos 3x + \cdots$$
$$+ b_1\sin x + b_2\sin 2x + b_3\sin 3x + \cdots \tag{5.76}$$

のように，適当なフーリエ係数 $a_0, a_1, a_2, a_3, \cdots, b_1, b_2, b_3, \cdots$ で重みを付けて展開することができる．

なお，固有関数が規格直交性と完全性をもつ場合，それらを合わせて，固有関数の**規格直交完全性**とよぶ．

 Note 5.3 　**直交性とベクトル表現**　　(5.74)の積分をベクトル Φ_k と Φ_l の内積であると見なすと，(5.74)は内積がゼロであることを意味する．ベクトルの「内積 = 0」をまねて，(5.74)を「直交性」と表現している．しかし，このようなベクトル表現が使える理由は，第 11 章「ブラ・ケット記法」の 11.4.1 項で解説するように，波動関数が状態ベクトルのベクトル成分であることによる（(11.72), (11.74), (11.77) を参照）．

5.6　演算子の交換関係

例えば，図 1.1 のボールの位置 r と運動量 p の x 成分はそれぞれ $x = 2\,\mathrm{m}$，$p_x = 5\,\mathrm{kg\,m/s}$ のような数値で与えられるから，それらの積 $xp_x = 2 \times 5$ と $p_x x = 5 \times 2$ は同じ値である．このように，古典力学での x や p_x などの物理量（オブザーバブル）の積の値は，掛け算の順序によらない．しかし，量子力学でのオブザーバブルは数値ではなく演算子であるから，これから解説するように，掛け算の順序が重要になる．

5.6.1　可換か非可換か

2 つの演算子 $\widehat{P}$ と $\widehat{Q}$ との間に

$$\widehat{P}\widehat{Q} - \widehat{Q}\widehat{P} = 0 \tag{5.77}$$

という関係がある場合，これを**可換な交換関係**という．一方，

$$\widehat{P}\widehat{Q} - \widehat{Q}\widehat{P} \neq 0 \tag{5.78}$$

であれば，これを**非可換な交換関係**という．

簡略化のために，一般に，交換関係を次のような記号で表す．

$$[\hat{P}, \hat{Q}] \equiv \hat{P}\hat{Q} - \hat{Q}\hat{P} \tag{5.79}$$

ただし，これらの交換関係が演算子として意味をもつのは，右側から関数を掛けたときであることに注意してほしい．

交換関係が可換である場合と非可換である場合を，いくつかの例でみてみよう．

❋ 可換（(1)〜(3)）と非可換（(4)）の例

(1) 位置演算子 $\hat{x}, \hat{y}, \hat{z}$：任意の関数 Ψ に対して $\hat{y}\hat{z}\Psi = yz\Psi = zy\Psi = \hat{z}\hat{y}\Psi$ であるから $\hat{y}\hat{z}\Psi - \hat{z}\hat{y}\Psi = (\hat{y}\hat{z} - \hat{z}\hat{y})\Psi = 0$ となる．他の場合も同様なので，次の交換関係が成り立つ．

$$[\hat{y}, \hat{z}] = 0, \qquad [\hat{z}, \hat{x}] = 0, \qquad [\hat{x}, \hat{y}] = 0 \tag{5.80}$$

(2) 運動量演算子 $\hat{p}_x, \hat{p}_y, \hat{p}_z$：任意の関数 Ψ に対して次式が成り立つ．

$$\hat{p}_y\hat{p}_z\Psi = -i\hbar\frac{\partial}{\partial y}\left(-i\hbar\frac{\partial \Psi}{\partial z}\right) = -i\hbar\frac{\partial}{\partial z}\left(-i\hbar\frac{\partial \Psi}{\partial y}\right) = \hat{p}_z\hat{p}_y\Psi \tag{5.81}$$

他の場合も同様なので，次の交換関係が成り立つ．

$$[\hat{p}_y, \hat{p}_z] = 0, \qquad [\hat{p}_z, \hat{p}_x] = 0, \qquad [\hat{p}_x, \hat{p}_y] = 0 \tag{5.82}$$

(3) 位置演算子 $\hat{x}, \hat{y}, \hat{z}$ と運動量演算子 $\hat{p}_x, \hat{p}_y, \hat{p}_z$ の<u>異なる</u>成分の積：

$$\hat{p}_y\hat{z}\Psi = -i\hbar\frac{\partial}{\partial y}(z\Psi) = -i\hbar z\frac{\partial}{\partial y}\Psi = \hat{z}\hat{p}_y\Psi \tag{5.83}$$

より $(\hat{p}_y\hat{z} - \hat{z}\hat{p}_y)\Psi = 0$ となる．他の場合も同様なので，次の交換関係が成り立つ．

$$[\hat{p}_y, \hat{z}] = 0, \qquad [\hat{p}_z, \hat{x}] = 0, \qquad [\hat{p}_x, \hat{y}] = 0 \tag{5.84}$$

(4) 位置演算子 $\hat{x}, \hat{y}, \hat{z}$ と運動量演算子 $\hat{p}_x, \hat{p}_y, \hat{p}_z$ の<u>同じ</u>成分の積：

$$\hat{p}_x\hat{x}\Psi = -i\hbar\frac{\partial}{\partial x}(x\Psi) = -i\hbar x\frac{\partial}{\partial x}\Psi - i\hbar\Psi = \hat{x}\hat{p}_x\Psi - i\hbar\Psi \tag{5.85}$$

より $(\hat{p}_x\hat{x} - \hat{x}\hat{p}_x)\Psi = -i\hbar\Psi$ となる．他の場合も同様なので，次の交換関係が成り立つ．

$$[\hat{p}_x, \hat{x}] = -i\hbar, \qquad [\hat{p}_y, \hat{y}] = -i\hbar, \qquad [\hat{p}_z, \hat{z}] = -i\hbar \tag{5.86}$$

5.6.2 可換な演算子と同時固有関数

2つの物理量演算子 $\hat{P}$ と $\hat{Q}$ の交換関係が可換である場合，この2つの演算子に対応した物理量が同時に確定するような固有関数（固有状態）が存在する．このような交換関係と固有関数との対応関係は非常に重要で，例えば，角運動量（第9章）やスピン（第12章）で実例をみることができる．ここでは，この対

応関係を証明しよう.

いま, $\hat{P}$ と $\hat{Q}$ の交換関係を

$$\hat{P}\hat{Q} - \hat{Q}\hat{P} = -i\hbar\hat{R} \tag{5.87}$$

で与えよう.

演算子 $\hat{P}$ と $\hat{Q}$ の固有関数(固有状態)Φ が

$$\hat{P}\Phi = p\Phi, \qquad \hat{Q}\Phi = q\Phi \tag{5.88}$$

のように表せる場合, (5.87)の左辺は

$$(\hat{P}\hat{Q} - \hat{Q}\hat{P})\Phi = \hat{P}(\hat{Q}\Phi) - \hat{Q}(\hat{P}\Phi) = \hat{P}(q\Phi) - \hat{Q}(p\Phi)$$
$$= q(\hat{P}\Phi) - p(\hat{Q}\Phi) = qp\Phi - pq\Phi = \hat{0} \tag{5.89}$$

のようにゼロになるので, $\hat{R}\Phi = \hat{0}$ が成り立つ.

これは, $\hat{P}$ と $\hat{Q}$ が共に確定値をもつ固有状態であれば, その状態は $\hat{R}$ が $\hat{0}$ になることを意味する($\hat{R}$ は単に 0 を掛けるだけの演算子 $\hat{0}$). したがって,

$$[\hat{P}, \hat{Q}] = \hat{0} \tag{5.90}$$

のように $\hat{P}$ と $\hat{Q}$ が可換な演算子であれば, 同時に確定値をもつ固有状態(固有関数)が存在することになる. ただし, 可換の例((5.80),(5.82),(5.84))のように, $\hat{0}$ を単に 0 と書く場合が多い.

一方, $\hat{p}_x$ と $\hat{x}$ のような非可換な交換関係(5.86)では, (5.87)の $\hat{R}$ は $\hat{1}$ になる. つまり, $\hat{R}$ は 1 を掛ける演算子になるから, (5.87)は次式のように表せる(ただし, (5.86)のように $\hat{1}$ を省く場合が多い).

$$[\hat{P}, \hat{Q}] = -i\hbar\hat{1} \tag{5.91}$$

このような非可換な交換関係の場合には, 可換な交換関係(5.90)とは異なり, $\hat{P}$ と $\hat{Q}$ が同時に確定値をもつ状態は存在しない. したがって, $\hat{p}_x$ と $\hat{x}$ は同時に確定値を得ることはできない.

確定値をもたないということは, 分散が存在することであるから $\Delta p_x \neq 0$, $\Delta x \neq 0$ を意味する. このような推論から, 交換関係の非可換性が不確定性原理に関係していることがわかるだろう(章末問題 [5.6]).

Note 5.4 **もし $\Delta p_x = 0$, $\Delta x = 0$ であったら**　この場合, x と p は同時に確定するので, x と p は同時固有関数で表される. しかし, そのような状態は存在し得ない. 例えば, $\Delta p_x = 0$ の場合は, 平面波(5.4)だから $\Delta x = \infty$ になる. 一方, $\Delta x = 0$ の場合は, デルタ関数だから $\Delta p = \infty$ になる. いずれの場合も, 明らかに同時には実現不可能な状態である.

章 末 問 題

[**5.1**] 波動関数 Ψ が(5.2)の平面波で表されている状態であるとして，次の各問いに答えよ．

(1) 粒子の位置 x を測定する実験を行うと，どのような結果が得られるかを説明せよ．

(2) エネルギーの測定実験を行うと，どのような結果が得られるかを説明せよ．

[**5.2**] 位置 x の分散 $\sigma_x{}^2$((5.15))と運動量 p の分散 $\sigma_p{}^2$((5.26))から，それぞれの標準偏差の積 $\sigma_x \sigma_p$ の大きさが不確定性原理(4.43)と矛盾しないことを示せ．

[**5.3**] 演算子を $\hat{A} = -d^2/dx^2$ として，次の関数が $\hat{A}$ の固有関数であることを示せ．また，物理的に意味のある関数であるかを判定せよ．

(1) 関数 $u(x) = \cos 2x$ （三角関数）

(2) 関数 $v(x) = \cosh 2x$ （双曲線余弦関数）

[**5.4**] 例題 4.1 で扱った(4.29)の波動関数 $\phi_n(x)$ を使って，エネルギーの分散 $\sigma_E{}^2$ が $\sigma_E{}^2 = 0$((5.35))になることを示せ．この結果は，観測されるエネルギーの値が常にエネルギー固有値 $E_n = n^2 h^2/8ma^2$ となることを保証する．

[**5.5**] 2つの演算子 $\hat{F}$ と $\hat{G}$ が可換なエルミート演算子であれば，2つの積 $\hat{F}\hat{G}$ もエルミート演算子であることを示せ．

[**5.6**] 位置演算子 $\hat{x}$ と運動量演算子 $\hat{p}_x$ を用いて，

$$g(x) = (i\hat{p}_x \alpha + \hat{x})\phi(x) \tag{5.92}$$

という関数をつくる（α は任意の実数），そして，この関数の内積を次式で定義する．

$$(g, g) \equiv \int dx\, g^*(x)g(x) \geq 0 \tag{5.93}$$

いま，交換関係 $[\hat{p}_x, \hat{x}] = -i\hbar$ が成り立つとき，(5.93)から不確定性原理(4.43)が導けることを示せ．

Chapter 6

量子力学と古典力学との関係

　　　　量子力学の正しさが確立した今日において，ナノテクノロジーの基礎
　　　　となる電子の波動性と粒子性は，ミクロな粒子の運動を正しく理解する
　　　　上で重要な性質である．
　一方，私たちの身の回りにある機械や装置の中には，電子を古典的な粒子とみな
して設計されるものが少なからずある．例えば，粒子加速器の設計で，電子の軌道
を計算する場合，基本的には，電場や磁場内での荷電粒子の運動を古典力学を使っ
て解く問題に帰着させる．本来ならば，量子力学で計算すべきなのに，なぜ古典力
学を使った計算でもうまくいくことがあるのか？
　この疑問への答えが**対応原理**で，量子力学は「ある状況下で古典力学的な振る舞
いを再現できる」ことを教えてくれる．そして，**エーレンフェストの定理**が具体的
な計算の処方箋を与えてくれるのである．

6.1　エーレンフェストの定理

　古典力学と量子力学との関係を明らかにしたのが**エーレンフェストの定理**で
ある．この定理によれば，ミクロな系の力学量の期待値（平均値）は古典力学
の法則を満たしている．その意味において，量子力学は古典力学を再現しう
る，より広い力学体系であるといえる．

6.1.1　ニュートンの運動方程式

　ポテンシャル $V(x)$ の中で運動している粒子（運動量 P）を考えよう．粒子
にはたらく力 F は

$$F = -\frac{dV}{dx} \tag{6.1}$$

で与えられるので，**ニュートンの運動方程式**は次式になる．

$$\frac{dp}{dt} = -\frac{dV}{dx} \tag{6.2}$$

エーレンフェストの定理によれば，力の期待値 $\overline{F}$ と運動量の期待値 $\overline{p}$ で (6.2) を書き換えた "ニュートンの運動方程式"

$$\frac{d\overline{p}}{dt} = -\overline{\frac{dV}{dx}}, \qquad \text{ただし，} \quad \overline{\frac{dV}{dx}} = \int \Psi^* \left(\frac{dV}{dx}\right) \Psi\, dx \tag{6.3}$$

が，シュレーディンガー方程式から導かれる（例題 6.1 を参照）.

━[例題 6.1]　ニュートンの運動方程式━━━━━━━━━━━━━━━━━

運動量 p の期待値 $\overline{p}$

$$\overline{p} = \int_{-\infty}^{+\infty} \Psi^* \hat{p}\, \Psi\, dx$$
$$= \int_{-\infty}^{+\infty} \Psi^* \left(-i\hbar \frac{\partial}{\partial x}\right) \Psi\, dx \tag{5.23}$$

の時間微分を計算して，(6.3) を導け.

[解]　$\overline{p}$ の時間微分は次式のようになる.

$$\frac{i}{\hbar}\frac{d\overline{p}}{dt} = \frac{d}{dt}\left(\int \Psi^* \frac{\partial \Psi}{\partial x}\, dx\right)$$
$$= \int \frac{\partial}{\partial t}\left(\Psi^* \frac{\partial \Psi}{\partial x}\right) dx$$
$$= \int \left(\frac{\partial \Psi^*}{\partial t}\frac{\partial \Psi}{\partial x} + \Psi^* \frac{\partial}{\partial t}\frac{\partial \Psi}{\partial x}\right) dx \tag{6.4}$$

ここで，時間微分の記号に関して，1, 2 番目の式で常微分 d/dt が現れる理由は，$\overline{p}$ は x について積分した量なので t だけの関数だからである. 一方，3 番目の式から偏微分 $\partial/\partial t$ が現れる理由は，積分の中では $\Psi^*(\partial\Psi/\partial x)$ が x と t の関数だからである.

(6.3) の右辺が x だけの式であることに着目すると，(6.4) の最右辺の式をすべて x に関する微分の式に変えれば，(6.3) が導けることになるだろう. そこで，まず最右辺の 2 番目の式は x と t の微分の順序を変えて $(\partial/\partial x)(\partial\Psi/\partial t)$ と書けることに注意しよう. そうすると，$\partial\Psi/\partial t$ はシュレーディンガー方程式 (3.43) から

$$\frac{\partial \Psi}{\partial t} = -\frac{\hbar}{2im}\frac{\partial^2 \Psi}{\partial x^2} - \frac{i}{\hbar} V\Psi \tag{6.5}$$

と表せるので，最右辺の 2 番目の式は次式のように x だけの式になる.

$$\Psi^* \frac{\partial}{\partial x}\frac{\partial \Psi}{\partial t} = -\frac{\hbar}{2im}\Psi^* \frac{\partial}{\partial x}\left(\frac{\partial^2 \Psi}{\partial x^2}\right) - \frac{i}{\hbar}\Psi^* \frac{\partial}{\partial x}(V\Psi) \tag{6.6}$$

一方，最右辺の 1 番目の式の $\partial\Psi^*/\partial t$ は (6.5) から（$\partial\Psi^*/\partial t = (\partial\Psi/\partial t)^*$ に注意）

$$\frac{\partial \Psi^*}{\partial t} = \frac{\hbar}{2im}\frac{\partial^2 \Psi^*}{\partial x^2} + \frac{i}{\hbar}V\Psi^* \tag{6.7}$$

と表せるので，結局，(6.4) の最右辺の被積分関数は次式のようになる.

$$\frac{\partial \Psi^*}{\partial t} \frac{\partial \Psi}{\partial x} + \Psi^* \frac{\partial}{\partial x} \frac{\partial \Psi}{\partial t}$$

$$= \frac{\hbar}{2im} \left(\frac{\partial^2 \Psi^*}{\partial x^2} \frac{\partial \Psi}{\partial x} - \Psi^* \frac{\partial}{\partial x} \frac{\partial^2 \Psi}{\partial x^2} \right) + \frac{i}{\hbar} \left\{ V \Psi^* \frac{\partial \Psi}{\partial x} - \Psi^* \frac{\partial}{\partial x} (V \Psi) \right\} \tag{6.8}$$

ここで，(6.8)の右辺の4番目の項に$\Psi^* \{\partial(V\Psi)/\partial x\} = V\Psi^*(\partial\Psi/\partial x) + \Psi^*(\partial V/\partial x)\Psi$ を代入して(6.8)を整理すると，最終的に(6.4)は次のようになる．

$$\frac{i}{\hbar} \frac{d\bar{p}}{dt} = \frac{\hbar}{2im} \int \left\{ \frac{\partial^2 \Psi^*}{\partial x^2} \frac{\partial \Psi}{\partial x} - \Psi^* \frac{\partial}{\partial x} \left(\frac{\partial^2 \Psi}{\partial x^2} \right) \right\} dx - \frac{i}{\hbar} \int \Psi^* \frac{\partial V}{\partial x} \Psi \, dx \tag{6.9}$$

この右辺の第1項目の積分はゼロになる（(5.65)と(5.67)を参照）ので，(6.9)から (6.3)が導ける（章末問題 [6.1]）． ¶

ところで，質量mの粒子の位置をxとすると，運動量pは古典力学では

$$p = m \frac{dx}{dt} \tag{6.10}$$

で与えられる．電子は空間的に局在しているから，量子力学では電子の期待値 $\bar{x}$が電子の位置を表すと考えるのが自然である．したがって，運動量の期待値 $\bar{p}$に対しても次式が成り立つと考えてよい（実際に，導くこともできる）．

$$\bar{p} = m \frac{d\bar{x}}{dt} \tag{6.11}$$

この(6.11)を用いれば，(6.3)は次式のように表せる．

$$m \frac{d^2 \bar{x}}{dt^2} = - \int \Psi^* \left(\frac{dV}{dx} \right) \Psi \, dx \tag{6.12}$$

※さらに計算を進めるために (6.12)の右辺の被積分関数は$(\Psi^*\Psi)(dV/dx)$ と書いてもよいから，右辺は，粒子が位置xと$x + dx$の間に存在する確率 $|\Psi|^2 dx$に，その粒子にはたらく（古典力学での）力$F = -(dV/dx)$を掛け て積分することを表している．このため，(6.12)をさらに計算しようとする と，実際にシュレーディンガー方程式を解いてΨを求めなければならない（こ れは面倒である）．そこで，方程式を厳密に解かなくても(6.12)が評価できる ように，Ψに波束という概念を導入しよう．

6.1.2 波束の重心運動

一般に，図6.1のように空間の限られた領域だけに存在する波のことを**波束** という．いま，電子の状態を表す波動関数Ψをこのような波束であると仮定 しよう．当然，この波束は古典的な波ではなく，確率波としての波束である．

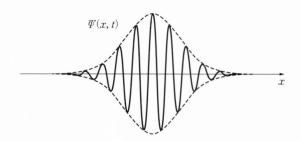

図 6.1 波束を表す波動
関数 $\Psi(x, t)$

［例題 6.2］ 波束による近似

図 6.2 のように，波束が中心 $\bar{x}$ から $\Delta x = x - \bar{x}$ の広がりをもって局在して
いるとする．この場合，ポテンシャル $V(x)$ を $\bar{x}$ の近傍でテイラー展開して，
次式が成り立つことを示せ．

$$\overline{\frac{dV(x)}{dx}} = \frac{dV(\bar{x})}{d\bar{x}} + \frac{1}{2}\frac{d^3V(\bar{x})}{d\bar{x}^3}\overline{(\Delta x)^2} + \cdots \tag{6.13}$$

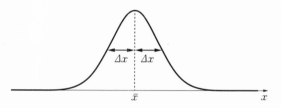

図 6.2 波束の中心 $\bar{x}$ から両側に $\Delta x = x - \bar{x}$ の広がりをもって局在している波束

［解］ ポテンシャル $V(x)$ を $\bar{x}$ の近傍でテイラー展開すると

$$V(x) = V(\bar{x} + \Delta x) = V(\bar{x}) + \left.\frac{dV(x)}{dx}\right|_{x=\bar{x}}\Delta x + \frac{1}{2}\left.\frac{d^2V(x)}{dx^2}\right|_{x=\bar{x}}(\Delta x)^2 + \cdots \tag{6.14}$$

となる．ここで，

$$\frac{d}{dx} = \frac{d\bar{x}}{dx}\frac{d}{d\bar{x}} = 1\cdot\frac{d}{d\bar{x}} = \frac{d}{d\bar{x}} \tag{6.15}$$

に注意すると（$\bar{x} = x - \Delta x$ より $d\bar{x}/dx = 1$），(6.14) は次式のように表せる．

$$V(x) = V(\bar{x}) + \frac{dV(\bar{x})}{d\bar{x}}\Delta x + \frac{1}{2}\frac{d^2V(\bar{x})}{d\bar{x}^2}(\Delta x)^2 + \cdots \tag{6.16}$$

これを使って，$dV(x)/dx$ の期待値 $\overline{dV(x)}/dx$ を計算すると

$$\overline{\frac{dV(x)}{dx}} = \int \Psi^* \frac{dV(x)}{dx}\Psi\,dx$$

$$= \int \Psi^* \frac{d}{d\bar{x}}\left\{V(\bar{x}) + \frac{dV(\bar{x})}{d\bar{x}}\Delta x + \frac{1}{2}\frac{d^2V(\bar{x})}{d\bar{x}^2}(\Delta x)^2 + \cdots\right\}\Psi\,dx$$

$$= V^{(1)}\int |\Psi|^2\,dx + V^{(2)}\int \Psi^*\Delta x\,\Psi\,dx + \frac{1}{2}V^{(3)}\int \Psi^*(\Delta x)^2\Psi\,dx + \cdots$$

$$= V^{(1)} + V^{(2)} \overline{\Delta x} + \frac{1}{2} V^{(3)} \overline{(\Delta x)^2} + \cdots \tag{6.17}$$

となる．ただし，$V^{(1)}, V^{(2)}, V^{(3)}$ はそれぞれ，$V(\bar{x})$ の $\bar{x}$ に関する 1 階，2 階，3 階微分を表す．ここで，$\overline{\Delta x}$ は

$$\overline{\Delta x} = \int \Psi^* (x - \bar{x}) \Psi dx = \int \Psi^* x \Psi dx - \bar{x} \int \Psi^* \Psi dx = \bar{x} - \bar{x} = 0 \tag{6.18}$$

のようにゼロになることに注意すると，(6.17)は(6.13)に一致する．　　　　¶

※ **波束の運動方程式**　　(6.13)を(6.12)に代入すると，次式のような運動方程式を得る．

$$m \frac{d^2 \bar{x}}{dt^2} = -\frac{dV(\bar{x})}{d\bar{x}} - \frac{1}{2} \frac{d^3 V(\bar{x})}{d\bar{x}^3} \overline{(\Delta x)^2} - \cdots \tag{6.19}$$

いま，波束の幅が図 6.3 のように十分に狭く（$\overline{(\Delta x)^2} \ll 1$），ポテンシャル $V(x)$ がその波束の範囲内でほとんど変化しなければ，(6.19)の右辺の第 2 項以降の高次の導関数はすべて無視できる．その場合，(6.19)は

$$m \frac{d^2 \bar{x}}{dt^2} = -\frac{dV(\bar{x})}{d\bar{x}} \tag{6.20}$$

となる．これは，波束の重心座標 $\bar{x}$ が古典力学的な軌道に沿って運動している状態を表しているので，(6.20)はニュートンの運動方程式そのものである（章末問題 [6.2]）．

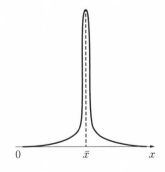

図 6.3　非常に狭い領域に局在化した波束

※ **運動方程式(6.20)を成立させるポテンシャル**　　ニュートンの運動方程式 (6.20)が，(6.19)の $\overline{(\Delta x)^2}$ の大きさによらずに常に成り立つ場合はあるだろうか．もし成り立てば，古典力学的な軌道に沿う波束の重心の運動が運動方程式(6.20)で記述されることになる．

実は，ポテンシャル $V(\bar{x})$ が(6.19)の 2 項目にある $V(\bar{x})$ の 3 階微分（や，

この後に続く高次の微分項）を常にゼロにするようなタイプであれば，(6.20)は常に成り立つことになる．そのためには，$V(\bar{x})$ は

$$V(\bar{x}) = a + b\bar{x} + c\bar{x}^2 \tag{6.21}$$

の形であればよい．このとき，$V(\bar{x})$ の 3 階微分と高次の微分項はすべてゼロになる．したがって，波束の重心に対する古典力学的な運動方程式は次のようなポテンシャルに対して厳密に成り立つことになる．

1. $V(\bar{x}) = a$ （自由な場の中の運動（自由運動））

2. $V(\bar{x}) = a + b\bar{x}$ （一様な力の場の中の運動）

3. $V(\bar{x}) = a + b\bar{x} + c\bar{x}^2$ （単振動（調和振動））

［例題 6.3］ MOSトランジスタ（金属 – 絶縁体 – 半導体トランジスタ）

集積回路に使われるシリコンの MOS（Metal-Oxide-Semiconductor，つまり，金属（metal）と酸化膜（oxide）と半導体（semiconductor）のサンドイッチ構造体）トランジスタの接合界面におけるポテンシャルは，e を電荷，F を界面近傍の電場とすると

$$V(x) = eFx \tag{6.22}$$

で近似できる（これを**三角ポテンシャル**という）．この場合のシュレーディンガー方程式(3.54)は，$x = \alpha y$ で変数変換し（α はパラメータ），

$$z = y - y_0, \qquad \text{ただし，} \quad y_0 = \frac{2mE}{\hbar^2}\alpha^2 \tag{6.23}$$

で書き換えると，次式で定義される**エアリーの微分方程式**

$$\frac{d^2\psi(z)}{dz^2} - z\psi(z) = 0 \tag{6.24}$$

に一致することを示せ．

［解］ シュレーディンガー方程式(3.54)に(6.22)を代入すると

$$-\frac{\hbar^2}{2m}\frac{d^2\psi(x)}{dx^2} + eFx\psi(x) = E\psi(x) \tag{6.25}$$

となる．これを $x = \alpha y$ でスケール変換すると

$$\frac{d^2\psi}{dy^2} - \left(\frac{2meF\alpha^3}{\hbar^2}\right)y\psi = -\left(\frac{2mE\alpha^2}{\hbar^2}\right)\psi \tag{6.26}$$

となるので，左辺の 2 項目の $y\psi$ の係数（つまり，括弧の中身）が 1 になるようにスケール係数 α を決めると

$$\alpha = \left(\frac{\hbar^2}{2meF}\right)^{1/3} \tag{6.27}$$

となる．この α で(6.26)の右辺の係数を書き換えると y_0 となるから，(6.26)は

$$\frac{d^2\psi}{dy^2} - y\psi = -y_0\psi \tag{6.28}$$

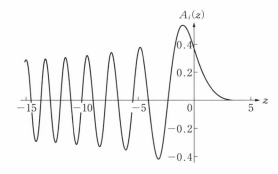

図 6.4 エアリー関数 $A_i(z)$
の振る舞い

となる．したがって，これを z で書き換えると (6.24) になることがわかる．

　ちなみに，エアリーの微分方程式 (6.24) の解 $\phi(z)$ は

$$A_i(z) = \frac{1}{\pi}\int_0^\infty \cos\left(\frac{w^3}{3} + zw\right)dw \tag{6.29}$$

で定義される**第一種エアリー（Airy）関数**で，記号 A_i で表す（図 6.4 を参照）．図 6.4 からわかるように，この関数は z が負のところでは振動し，正の値では急速に減少してゼロに近づく．この特徴的な振る舞いのために，ある種の量子井戸の問題において，量子井戸の内部と外部を正しく記述する解になる．　　　　　　　　¶

　一般に，波束は時間の経過と共に広がっていく（6.3.1 項を参照）．そのため，$\overline{(\Delta x)^2}$ は増大するから，(6.20) が成り立つのは，(6.19) の右辺の第 2 項以下の絶対値が第 1 項の絶対値よりも十分に小さくなっている時間だけである．

　それを保証する物理的な条件は次の 2 つである．

1. 高次の導関数が無視できるように，ポテンシャル場が十分なだらかに変化すること．
2. 波束が十分に狭くなるように，粒子の運動量（あるいは，粒子の運動エネルギー）が十分に大きいこと．

この 2 つの条件が満たされれば，ミクロな粒子の運動は波束のモデルを使って計算できることになる．

6.2　ハイゼンベルクの不確定性原理

　古典力学に従うマクロな粒子の場合，粒子の位置と運動量の測定値は（原理的には，誤差ゼロの精度で）正確に決めることができる．しかし，量子力学のミクロな粒子の場合は "粒子と波動の二重性" のために，測定の精度に制限が付き，誤差をゼロにすることは原理的に不可能であることを，4.3.2 項で簡単に

述べた．ここでは，（量子力学の基礎になる）物質波の描像に近い波束を用いて，不確定性原理を導出しよう．

6.2.1 波束のモデル

まず，波動関数 $\Psi(x, t)$ を

$$\Psi(x, t) = \phi(x) h(t) \tag{6.30}$$

のように空間部分 $\phi(x)$ と時間部分 $h(t)$ に分けよう．波束は空間的に局在化した波なので，波動関数の空間的広がりを制限するために，$\phi(x)$ を 2 つの関数 $g(x)$ と $f(x)$ との積で次式のように定義する．

$$\phi(x) = g(x) f(x) \tag{6.31}$$

関数 $g(x)$ は，特定の x 領域の外側でゼロになる**エンベロープ**（包絡線）を表す．一方，関数 $f(x)$ はエンベロープ内部の振動を表す．

具体的に，エンベロープ関数 $g(x)$ は

$$g(x) = e^{-x^2/2\sigma^2} \tag{6.32}$$

のような釣り鐘状のガウス関数とする（図 6.5(a)）．ここで，σ はガウス分布の広がりを表す量（標準偏差）である．図 6.5(a) のように，関数 $g(x)$ は $x = 0$ でピーク（$g(0) = 1$）をもち，そこから漸近的にゼロに近づくが，減少の割合は定数 $2\sigma^2$ の値で決まる（図 6.5(a) では $2\sigma^2 = 1$）．一方，関数 $f(x)$ の方は単一の波長 λ_0（波数 $k_0 = 2\pi/\lambda_0$）で振動する状態を表すために，次のような平面波を仮定する（図 6.5(b)）．

$$f(x) = e^{ik_0 x} \tag{6.33}$$

図 6.5(b) は $f(x)$ の実部をプロット（ここでは，$k_0 = 10$）したものであるが，

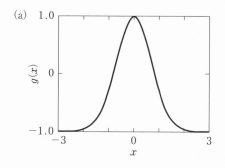
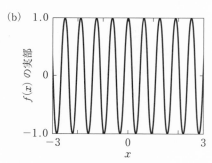

図 6.5 波束の波動関数 $\Psi(x, t) = \phi(x) h(t)$ の形
(a) 釣り鐘状のエンベロープ（包絡線）を表すガウス関数 $g(x)$
(b) エンベロープ内で，単一の波数 k_0 をもって振動する平面波を表す関数 $f(x)$ の実部

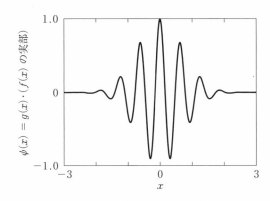

図 6.6 図 6.5(a) の $g(x)$ と (b)の "$f(x)$ の実部" との積. 波束の波動関数 $\phi(x)$ は, 原点に中心 ($\bar{x} = 0$) をもつガウス型の包絡線で変調された波形を表す.

この図でわかるように, この関数は全空間 ($x = -\infty$ から $x = +\infty$ まで) に広がっている. これに図 6.5(a)のエンベロープ $g(x)$ を掛けると, 図 6.6 のような波束 $\phi(x)$ になる. これを式で表せば, (6.31)より

$$\phi(x) = \left(\frac{1}{\pi\sigma^2}\right)^{1/4} e^{-x^2/2\sigma^2 + ik_0 x} \tag{6.34}$$

となる. つまり, 波数 k_0 の平面波は, 原点に中心をもつガウス型の包絡線で変調された波形になる. ただし, $(1/\pi\sigma^2)^{1/4}$ は波動関数 $\phi(x)$ を規格化するための規格化定数である.

❋ **波数 k の平面波 e^{ikx} の重ね合わせ**　　ところで, (6.34)の波動関数 $\phi(x)$ は, 波数 k の平面波 e^{ikx} (この振幅を $\phi(k)$ とする) の重ね合わせで, 次式のように表せる. これを $\phi(k)$ の**フーリエ逆変換**という.

$$\phi(x) = \frac{1}{\sqrt{2\pi}} \int_{-\infty}^{\infty} \phi(k) e^{ikx} \, dk \tag{6.35}$$

一方, 波数空間で定義されている振幅 $\phi(k)$ は, $\phi(x)$ の重ね合わせで, 次式のように表せる. これを $\phi(x)$ の**フーリエ変換**という.

$$\phi(k) = \frac{1}{\sqrt{2\pi}} \int_{-\infty}^{\infty} \phi(x) e^{-ikx} \, dx \tag{6.36}$$

┌─**[例題 6.4]　フーリエ変換**─────────────
│　　(6.34)の $\phi(x)$ をフーリエ変換(6.36)の右辺に代入すると
│
│$$\phi(k) = \left(\frac{\sigma^2}{\pi}\right)^{1/4} e^{-(\sigma^2/2)(k-k_0)^2} \tag{6.37}$$
│
│となることを示せ.
└────────────────────────────

　[解]　フーリエ変換(6.36)の右辺に(6.34)の $\phi(x)$ を代入し, 指数部分を整理すると

$$\phi(k) = \frac{1}{\sqrt{2\pi}}\left(\frac{1}{\pi\sigma^2}\right)^{1/4}\int_{-\infty}^{\infty}e^{-x^2/2\sigma^2+ik_0x}e^{-ikx}\,dx$$

$$= \frac{1}{\sqrt{2\pi}}\left(\frac{1}{\pi\sigma^2}\right)^{1/4}e^{-(\sigma^2/2)(k-k_0)^2}\int_{-\infty}^{\infty}e^{-\{x/\sqrt{2}\sigma+(i\sigma/\sqrt{2})(k-k_0)\}^2}\,dx \tag{6.38}$$

となる．ここで，$x/\sqrt{2}\sigma = u$ とおき，さらに $u+(i\sigma/\sqrt{2})(k-k_0)=z$ とおくと（$dx = \sqrt{2}\sigma\,du,\ du=dz$），最右辺の積分は

$$\int_{-\infty}^{\infty}e^{-\{u+(i\sigma/\sqrt{2})(k-k_0)\}^2}\sqrt{2}\sigma\,du = \sqrt{2}\sigma\int_{-\infty}^{\infty}e^{-z^2}\,dz = \sqrt{2}\sigma\sqrt{\pi} \tag{6.39}$$

のようになる．ここで，ガウス積分の公式

$$\int_{-\infty}^{+\infty}e^{-z^2}dz = \sqrt{\pi} \tag{6.40}$$

を使った．したがって，(6.38)は(6.37)に一致する． ¶

　図 6.7 は(6.37)の $\phi(k)$ を示したものである．σ が小さいほど幅は広がるので，$\phi(k)$ に含まれる波数 k の領域が増大する．あるいは，運動量 p の領域が大きくなる（なぜなら $p=\hbar k$）．一方，(6.34)の $\phi(x)$ は σ が小さいほど x と共に急速に減少（局在化）する．このように，x 空間と k 空間の波動関数は，互いに逆の傾向（トレードオフの関係）をもっていることがわかる．

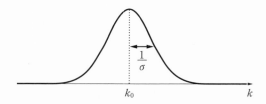

図 6.7 (6.34)の $\phi(x)$ のフーリエ変換 $\phi(k)$．$\phi(x)$ の標準偏差 σ が小さいほど，$\phi(k)$ の波数 k の領域は波数の平均値 k_0 を中心にして広がる．

6.2.2 不確定性原理

　位置の不確定さ Δx と運動量の不確定さ Δp の積をとれば，ハイゼンベルクの不確定性原理

$$\Delta x\,\Delta p \geq \frac{\hbar}{2} \tag{4.43}$$

が成り立つ．ここでは，この(4.43)を波束のモデルで考察しよう．

※ **位置の不確定さ Δx**　波束の位置 x の期待値 $\bar{x}$ は，(6.34)の波動関数 $\phi(x)$ を用いると

$$\bar{x} = \int \psi^* \hat{x} \psi \, dx = \int \psi^* x \psi \, dx = \left(\frac{1}{\pi\sigma^2}\right)^{1/2} \int_{-\infty}^{+\infty} x e^{-x^2/\sigma^2} dx = 0 \quad (6.41)$$

となる．積分の結果が $\bar{x} = 0$ となるのは，被積分関数 $\psi^* x \psi$ が x の奇関数のためである（奇関数 x と偶関数 e^{-x^2/σ^2} の積は奇関数になる）．

一方，位置 x の 2 乗 x^2 の期待値 $\overline{x^2}$ は，ガウス積分の公式

$$\int_{-\infty}^{+\infty} x^2 e^{-x^2/\sigma^2} dx = \frac{\sqrt{\pi}}{2} \sigma^3 \quad (6.42)$$

を使うと，

$$\overline{x^2} = \int \psi^* x^2 \psi \, dx = \left(\frac{1}{\pi\sigma^2}\right)^{1/2} \int_{-\infty}^{+\infty} x^2 e^{-x^2/\sigma^2} dx = \frac{1}{\sqrt{\pi}\,\sigma} \frac{\sqrt{\pi}}{2} \sigma^3 = \frac{\sigma^2}{2}$$
$$(6.43)$$

となる．したがって，分散は $\Delta x = x - \bar{x}$ の 2 乗の期待値で

$$\overline{(\Delta x)^2} = \int \psi^* (x - \bar{x})^2 \psi \, dx = \overline{x^2} = \frac{\sigma^2}{2} \quad (6.44)$$

となるので，位置の不確定さ Δx は次式のようになる．

$$\Delta x = \sqrt{\overline{(\Delta x)^2}} = \frac{\sigma}{\sqrt{2}} \quad (6.45)$$

※運動量の不確定さ Δp　　運動量 p の期待値 $\bar{p}$ は，ガウス積分の公式

$$\int_{-\infty}^{+\infty} e^{-x^2/\sigma^2} dx = \sqrt{\pi}\,\sigma \quad (6.46)$$

を使うと，

$$\bar{p} = \int \psi^* \hat{p} \psi \, dx = \int \psi^* \left(\frac{\hbar}{i} \frac{d}{dx}\right) \psi \, dx$$

$$= \frac{1}{\sqrt{\pi}\,\sigma} \frac{\hbar}{i} \int_{-\infty}^{+\infty} e^{-x^2/\sigma^2 - ik_0 x} \left(\frac{d}{dx} e^{-x^2/\sigma^2 + ik_0 x}\right) dx$$

$$= \frac{1}{\sqrt{\pi}\,\sigma} \frac{\hbar}{i} \int_{-\infty}^{+\infty} \left(-\frac{2x}{\sigma^2} + ik_0\right) e^{-x^2/\sigma^2} dx = \frac{1}{\sqrt{\pi}\,\sigma} \frac{\hbar}{i} ik_0 \sqrt{\pi}\,\sigma = \hbar k_0 = p_0$$
$$(6.47)$$

となる．同様に，運動量の 2 乗 p^2 の期待値 $\overline{p^2}$ はガウス積分の公式 (6.42) と (6.46) を使うと，次式のようになる（章末問題 [6.3]）．

$$\overline{p^2} = \int \psi^* \hat{p}^2 \psi \, dx = \frac{\hbar^2}{2\sigma^2} + p_0^2 \quad (6.48)$$

したがって，運動量 p の分散は $\Delta p = p - \bar{p} = p - p_0$ の 2 乗の期待値で

$$\overline{(\Delta p)^2} = \int \psi^* (\hat{p} - p_0)^2 \psi \, dx = \int \psi^* (\hat{p}^2 - 2p_0 \hat{p} + p_0^2) \psi \, dx$$

$$= \int \psi^* \hat{p}^2 \psi \, dx - 2p_0 \int \psi^* \hat{p} \psi \, dx + p_0{}^2 \int \psi^* \psi \, dx$$

$$= \left(\frac{\hbar^2}{2\sigma^2} + p_0{}^2 \right) - 2p_0 \cdot p_0 + p_0{}^2 = \frac{\hbar^2}{2\sigma^2} \tag{6.49}$$

となるので，運動量の不確定さ Δp は次式のようになる．

$$\Delta p = \sqrt{\overline{(\Delta p)^2}} = \frac{\hbar}{\sqrt{2}\,\sigma} \tag{6.50}$$

✳不確定性原理 電子の位置座標 x の分布も運動量 p の分布も共にガウス型であるが，標準偏差 σ の含まれ方が違っている．つまり，σ のとり方によって $\overline{\Delta x}$ と $\overline{\Delta p}$ は変化するが，一方が減れば他方が増すというトレードオフの関係にある．しかし，両者の積をとれば

$$\Delta x \, \Delta p = \left(\frac{\sigma}{\sqrt{2}} \right)\left(\frac{\hbar}{\sigma\sqrt{2}} \right) = \frac{\hbar}{2} \tag{6.51}$$

となり，σ に依存しない関係式を得る．ただし，この(6.51)の等式は，不確定性原理(4.43)の等号の場合に相当する．

(6.51)の物理的な意味をもう一度おさらいしよう．例えば，粒子の位置 x を測定する場合，原理的には精度を上げることができるので，Δx をいくらでも小さくできる．しかし，そうすると測定後の波動関数が空間的に非常に鋭い関数（つまり，(6.34)では σ が小さいもの）となってしまうので，波数空間での分布が広がり，運動量の不確定性が増えることになる．

逆に，粒子の運動量 p を精度良く測定して，運動量の測定値が $p = p_1$ であったとすると，測定後の状態が $k_1 = p_1/\hbar$ という確定した波数をもつ平面波になってしまう．このとき，$\Delta p = 0$ であるから，(6.51)より $\Delta x = \infty$ となる．

例題5.1で，平面波の規格化はできないことを示したが，これは粒子の存在確率がゼロになることを意味する．つまり，粒子がどこに存在するのか全くわからない状態である．これは極端なケースであるが，運動量を精密に測定するほど，実空間での粒子の存在確率が小さくなっていき，次に粒子の位置を測定するときの不確定性が増してしまうのである．

このように，量子力学において粒子が奇妙に振る舞うのは"粒子と波動の二重性"のためであるが，ハイゼンベルクの不確定性原理は，「粒子性は厳密な波動性を犠牲にするときだけ」，「波動性は厳密な粒子性を犠牲にするときだけ」に現れることを教えている（章末問題 [6.4]）．

┌─ ［例題6.5］ ボーア半径 ─

水素原子を半径が a 程度の球と考えると，その中に閉じ込められている電子の位置の不確定さは $\Delta x = a$ である．そこで，運動量の不確定さは最小限 $\Delta p = \hbar/a$ 程度とすると，水素原子の全エネルギー E は a の関数として次式で与えられる．

$$E(a) = \frac{\Delta p}{2m} - \frac{e^2}{4\pi\varepsilon_0 a} = \frac{\hbar^2}{2ma^2} - \frac{e^2}{4\pi\varepsilon_0 a} \qquad (6.52)$$

この $E(a)$ が基底状態のエネルギーであるときの半径 a が，ボーア半径(2.68)に一致することを示せ．

［解］ エネルギー $E(a)$ を最小にする半径 a が，基底状態に対応する．この半径は，$E(a)$ を a で微分した量がゼロになる値であるから

$$\frac{dE(a)}{da} = -\frac{\hbar^2}{ma^3} + \frac{e^2}{4\pi\varepsilon_0 a^2} = 0 \qquad (6.53)$$

より

$$a = \frac{\varepsilon_0 h^2}{\pi m e^2} \qquad (6.54)$$

となる．これは，ボーア半径(2.68)と完全に一致する． ¶

例題6.5の結果から，基底状態にある水素原子の中の電子は，ボーア半径をもつ小さな領域内に閉じ込められているという素朴なイメージが得られる．

6.3 波束の広がり

シュレーディンガー方程式は拡散方程式と同じ構造なので，解には拡散性がある．そのため，波束は時間と共に広がっていくことが予想できる．

6.3.1 波束の時間発展

空間に局在している波束 $\Psi(x,t)$ は，(6.30)の $\phi(x)\,h(t)$ でモデル化したので，$\Psi(x,t)$ の時間発展は $h(t)$ を与えれば決まる．そこで，$h(t) = e^{-iEt/\hbar}$ とおいて，$E = \hbar\omega$ で書き換えると $h(t) = e^{-i\omega t}$ になるので，時刻 t での波束は (6.35)の $\phi(x)$ を使って

$$\Psi(x,t) = \phi(x)\,h(t) = \frac{1}{\sqrt{2\pi}} \int_{-\infty}^{\infty} \phi(k)\,e^{i\{kx-\omega(k)t\}}\,dk \qquad (6.55)$$

と表される．当然，$t=0$ のときの $\Psi(x,0) = \phi(x)\,h(0)$ は，$h(0) = 1$ より (6.35)の $\phi(x)$ に一致する．

ここで，$h(t)$ の ω を $\omega(k)$ と書いたのは，ω が波数依存性をもつためで，

角振動数 $\omega(k)$ の具体的な形は次の分散式で与えられる（(3.33)を参照）.

$$\omega(k) = \frac{\hbar}{2m}k^2 \tag{6.56}$$

図 6.7 のように，振幅 $\phi(k)$ を最大にする波数は，波数の平均値 k_0 であり，この平均値 k_0 の周りで波数は分布している．そこで，平均値 k_0 からの微小なズレ（広がり）の大きさを u で表せば（$k = k_0 + u$），$\omega(k)$ は k_0 の周りで

$$\omega(k) = \omega(k_0 + u) = \omega_0 + c_1 u + c_2 u^2 + c_3 u^3 + \cdots \tag{6.57}$$

のようにテイラー展開できる．なお，右辺の各係数は次式で定義される．

$$\omega_0 = \omega(k_0), \qquad c_1 = \left.\frac{\partial \omega}{\partial k}\right|_{k=k_0}, \qquad c_2 = \left.\frac{1}{2}\frac{\partial^2 \omega}{\partial k^2}\right|_{k=k_0} \tag{6.58}$$

┌─[**例題 6.6**] **波束の時間発展**───────────────────

(6.57)で u^2 の項まで残した $\omega(k)$ と(6.37)の $\phi(k)$ を，(6.55)に代入すると

$$\Psi(x,t) = \sqrt{\frac{\sigma}{2\pi\sqrt{\pi}}}\sqrt{\frac{\pi}{\dfrac{\sigma^2}{2}+ic_2t}}\exp\left\{\frac{-(x-c_1t)^2}{4\left(\dfrac{\sigma^2}{2}+ic_2t\right)}\right\}e^{i(k_0x-\omega_0t)} \tag{6.59}$$

になることを示せ.

└─────────────────────────────────────

[**解**] テイラー展開(6.57)の u^2 までの項を，(6.55)の $\omega(k)$ に代入すると

$$\Psi(x,t) = \frac{1}{\sqrt{2\pi}}\int \phi(k)e^{i\{(k_0+u)x-(\omega_0+c_1u+c_2u^2)t\}}\,dk \tag{6.60}$$

となり，これに(6.37)の $\phi(k)$ を代入すると次式になる（$dk = du$）.

$$\Psi(x,t) = N\int e^{-a^2u^2/2}e^{i\{(k_0+u)x-(\omega_0+c_1u+c_2u^2)t\}}\,du = N\int e^{-F(u)}\,du \tag{6.61}$$

ここで，$N = (\sigma^2/\pi)^{1/4}\,1/\sqrt{2\pi} = \sqrt{\sigma/2\pi\sqrt{\pi}}$ であり，関数 $F(u)$ は

$$F(u) = Au^2 - iBu - iC = A\left(u^2 - \frac{iB}{A}u\right) - iC$$

$$= A\left\{\left(u - \frac{1}{2}\frac{iB}{A}\right)^2 - \left(\frac{1}{2}\frac{iB}{A}\right)^2\right\} - iC \tag{6.62}$$

で定義する．ただし，$A = \sigma^2/2 + ic_2t$，$B = x - c_1t$，$C = k_0x - \omega_0t$ とおく．

さらに，$z = u - (1/2)iB/A$ とおいて（$dz = du$），次の公式

$$\int_{-\infty}^{\infty} e^{-Az^2}\,dz = \sqrt{\frac{\pi}{A}} \tag{6.63}$$

を使うと，(6.61)は次式となり，これに A, B, C を代入すると，(6.59)になる．

$$\Psi(x,t) = N\sqrt{\frac{\pi}{A}}\,e^{-B^2/4A}\,e^{iC} \tag{6.64}$$

なお，$t = 0$ での波束 $\Psi(x,0)$ は(6.34)に一致するので，(6.59)の正しさが確認できるだろう．

¶

ここで，(6.59)を

$$\Psi(x, t) = e^{i(k_0 x - \omega_0 t)} F(x - c_1 t) \tag{6.65}$$

の形に表すと，$\Psi(x, t)$ は全体として速さ c_1 で伝播する波であることがわかる．つまり，$t = 0$ のとき $x = x_0$ にあった自由粒子の波束の中心が，一定の速さ c_1 で移動することを示す．これは，古典力学で力を受けていない粒子が等速直線運動を続けることに対応している．

実際，(6.58)から $c_1 = \hbar k_0 / m = p_0 / m$ となるので，速さ c_1 は古典力学的な粒子の速さ $v = p_0 / m$ と同じものであることがわかる．この c_1 が表す速さのことを**群速度**という．

6.3.2　マクロな実験と両立する理由

波束の物理的なイメージをつかむために，(6.59)を使って時刻 t での確率密度 $\rho = \Psi^* \Psi$ を計算すると（$c_2 = \hbar / 2m$）

$$\rho(x, t) = |\Psi(x, t)|^2 = \frac{1}{\sqrt{\pi}} \frac{1}{\sqrt{\sigma^2 + \dfrac{\hbar^2}{m^2 \sigma^2} t^2}} \exp\left\{ \frac{-\left(x - \dfrac{\hbar k_0}{m} t\right)^2}{\sigma^2 + \dfrac{\hbar^2}{m^2 \sigma^2} t^2} \right\} \tag{6.66}$$

となる（章末問題 [6.5]）．これは，変数 x に対するガウス型の関数である．この確率密度と時刻 $t = 0$ での確率密度

$$|\Psi(x, 0)|^2 = |\phi(x)|^2 = \frac{1}{\sqrt{\pi}\sigma} e^{-x^2/\sigma^2} \tag{6.67}$$

とを比較してみよう．

図 6.8 は，時間 t と共に空間を動いている波束の確率密度を表している．波束の中心は等速直線運動をし，波束の幅は時間の経過と共に広がっていく．

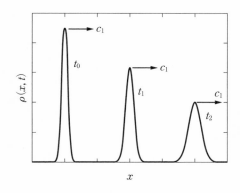

図 6.8　波束の確率密度 $\rho(x, t)$ の時間発展．時刻 $t\,(t_0 < t_1 < t_2)$ と共に，一定の群速度 $c_1 (= \hbar k_0 / m)$ で，波束は x 軸に沿って運動しながら拡散する．

　分散は，波束をつくっている成分波が異なる速さで伝わるときに，常に生じるものである．ド・ブロイ波の分散関係(6.56)は k に関して線形ではないので，対応する粒子は分散性をもつことになる．なお，ここで示した定量的な結果は，シュレーディンガー方程式が拡散方程式に似ていることから定性的にも予想されることに注意してほしい（3.3.3項「シュレーディンガー方程式の特徴」の（特徴2）を参照）．

※ トムソンの実験 ─ 電子の発見 ─

　トムソンは，陰極線が磁場や電場によって曲げられることから，陰極線を粒子の流れと考えた．そして，陰極線管という装置を使って，陰極線に磁場や電場を掛けて粒子の変位を調べ，その質量 m と電荷 e の比 e/m を求めた．このとき，トムソンは古典力学を使って粒子の軌道を計算した．

　このトムソンの実験は，電子を波束とみなすモデルで考えると，陰極から出た電子の波束が電場や磁場で曲げられる現象を観測していることになる．したがって，電子が古典力学で記述できるような粒子的な振る舞いをするか否かは，波束の広がり具合に依存するはずである．

　仮に，陰極線管の陰極から跳び出した直後の電子の波束が $a = 10^{-6}$ m 程度の広がりをもっていたとしよう．トムソンの実験データから，陰極から跳び出した電子が陰極線管内の蛍光面（この輝点の位置で変位がわかる）に衝突するまでの時間は $t_e = 10^{-8}$ s 程度である．この時間 t_e で，波束はどの程度の広がり Δx をもつことになるだろうか？

　波束の速さ v は群速度 c_1 だから，$v = p_0/m$ である．初期の波束の広がりは $\Delta x = a$ であるから，初期の運動量の不確定さ Δp は(6.51)の不確定性原理 $\Delta x\, \Delta p = \hbar/2$ より $\Delta p = \hbar/2\Delta x = \hbar/2a$ となる．これより，速さの不確定さ Δv は

$$\Delta v = \frac{\Delta p}{m} = \frac{\hbar}{2ma} \qquad (6.68)$$

となり，時間 t_e 後の波束の広がりは $\Delta x = \Delta v \times t_e$ より，次のようになる．

$$\Delta x = \frac{\hbar}{2ma}\, t_e = \frac{1.05 \times 10^{-34}\,\mathrm{Js}}{2(9 \times 10^{-31}\,\mathrm{kg})(10^{-6}\,\mathrm{m})}\, 10^{-8}\,\mathrm{s} = 5.8 \times 10^{-7}\,\mathrm{m}$$

$$(6.69)$$

　この程度の大きさであれば，トムソンが電子の全行程を粒子として古典力学で扱ったことは正当化できる．つまり，電子を粒子とみなしたトムソンの結論は，量子力学からみても正しかったのである．そのため，e/m の値も正しい

ことになる.

　同様の理由で，電子の電荷 $-e$ を決定したミリカンの油滴実験，あるいは宇宙線・放射線の観測に使われる霧箱内でのミクロな粒子の軌跡も古典力学で扱うことができるのである（章末問題 [6.6]）.

　以上の説明から明らかなように，素粒子（電子，陽子，中性子など）を古典力学的な粒子とみなしてマクロな実験から決めた素粒子の質量や電荷の値は妥当であった．このため，これらの値をシュレーディンガー方程式に用いても，実質的に何も問題は生じなかったが，これは量子力学の検証にとって幸運だったといえるだろう.

章 末 問 題

　[**6.1**]　オブザーバブル A の期待値 $\overline{A}$（(5.12)）の時間発展は

$$\frac{d}{dt}\overline{A} = \frac{1}{i\hbar}\overline{[\widehat{A}, \widehat{H}]} + \overline{\frac{\partial \widehat{A}}{\partial t}} \tag{6.70}$$

で表されることを示せ．ただし，$\widehat{H}$ はハミルトニアンである.

　[**6.2**]　ハミルトニアン $\widehat{H} = (1/2m)\widehat{\boldsymbol{p}}^2 + V(\widehat{\boldsymbol{r}})$ に対して

$$\frac{d}{dt}\overline{\boldsymbol{r}} = \frac{1}{m}\overline{\boldsymbol{p}} \tag{6.71}$$

$$\frac{d}{dt}\overline{\boldsymbol{p}} = -\overline{\nabla V(\boldsymbol{r})} \tag{6.72}$$

が成り立つことを(6.70)から示せ.

　[**6.3**]　(6.34)の波動関数 $\phi(x)$ を用いると，運動量 p の 2 乗の期待値 $\overline{p^2}$ は

$$\overline{p^2} = \int \psi^* \widehat{p}^2 \psi \, dx = \frac{\hbar^2}{2\sigma^2} + p_0^2 \tag{6.48}$$

で表されることを，ガウス積分の 2 つの公式（(6.42)と(6.46)）を使って示せ.

　[**6.4**]　自由粒子のエネルギー E を時間 Δt の間に測定すると，ΔE の測定誤差を得た．$\Delta x\,\Delta p \geq \hbar$（(4.43)）であるとき，$\Delta E$ と Δt の間には

$$\Delta E\,\Delta t \geq \frac{\hbar}{2} \tag{6.73}$$

の不確定性原理が成り立つことを示せ.

　[**6.5**]　(6.59)の波動関数 $\Psi(x,t)$ の 2 乗 $|\Psi(x,t)|^2$ は(6.66)であることを示せ.

　[**6.6**]　霧箱の実験では，粒子の位置は有限の大きさをもった痕跡として記録される．この大きさを 1 mm の精度で測るとすれば，位置座標の不確定さは $\Delta x = 1.0 \times 10^{-3}$ m である．(6.51)の不確定性原理 $\Delta x\,\Delta p = \hbar/2$ を用いて，このときの運動量 p と速さ v の不確定さ Δp と Δv を求めよ.

Chapter 7

ポテンシャル問題

　　4.3節で扱ったポテンシャルの深さが無限大の**量子井戸**の問題は，その
単純な構造にもかかわらず，量子力学の基本的な特徴や性質をほとんどす
べて含み，そして，現実の量子系のモデルとしても役立つことがわかった.
　ここでは，ポテンシャルの深さやポテンシャル障壁の幅などを有限にして，より
現実的な状況について解説する.

7.1　確率密度と確率のフラックス

　4.1節で示したように，粒子が時刻 t で位置 x に存在する確率密度は $\rho(x, t)$
$= \Psi^*(x, t)\,\Psi(x, t)$ である.この $\rho(x, t)$ の時間変化率から導かれる連続の方程
式は，"確率の流れ（確率流）"を表すフラックスという量に関係し，ポテンシャ
ル障壁の問題を解くためのツールを与えるので，まずこれを求めよう.

7.1.1　連続の方程式

　確率密度 $\rho(x, t)$ を t で微分すると

$$\frac{\partial \rho(x, t)}{\partial t} = \frac{\partial}{\partial t}(\Psi^*\Psi) = \Psi^*\frac{\partial \Psi}{\partial t} + \frac{\partial \Psi^*}{\partial t}\Psi \tag{7.1}$$

になる.この右辺は，シュレーディンガー方程式を使って，次のように計算する.
　まず，シュレーディンガー方程式(6.5)の左側から Ψ^* を掛けた式と，(6.7)
の右側から Ψ を掛けた式をつくる.

$$\Psi^*\frac{\partial \Psi}{\partial t} = -\frac{\hbar}{2mi}\Psi^*\frac{\partial^2 \Psi}{\partial x^2} - \frac{i}{\hbar}V\Psi^*\Psi \tag{7.2}$$

$$\frac{\partial \Psi^*}{\partial t}\Psi = \frac{\hbar}{2mi}\frac{\partial^2 \Psi^*}{\partial x^2}\Psi + \frac{i}{\hbar}V\Psi^*\Psi \tag{7.3}$$

次に，これらを(7.1)に代入し，微分の項を少し変形して書き換えると

$$\frac{\partial \rho(x,t)}{\partial t} = -\frac{\hbar}{2mi}\left(\Psi^*\frac{\partial^2 \Psi}{\partial x^2} - \frac{\partial^2 \Psi^*}{\partial x^2}\Psi\right) = -\frac{\hbar}{2mi}\frac{\partial}{\partial x}\left(\Psi^*\frac{\partial \Psi}{\partial x} - \frac{\partial \Psi^*}{\partial x}\Psi\right)$$
$$(7.4)$$

となる．ここで（この後ですぐに説明する理由により），**フラックス（流束）** という量を

$$J(x,t) = \frac{\hbar}{2mi}\left(\Psi^*\frac{\partial \Psi}{\partial x} - \frac{\partial \Psi^*}{\partial x}\Psi\right) \tag{7.5}$$

で定義すると，(7.4)は次式のように表せる．

$$\frac{\partial \rho(x,t)}{\partial t} + \frac{\partial J(x,t)}{\partial x} = 0 \tag{7.6}$$

　この(7.6)の形は，例えば，電磁気学において電荷密度 ρ と電流密度 J が時間的に変化するときに成り立つ**電荷保存則**を表す式と同じで，一般に，物理学では(7.6)のような式を**連続の方程式**という．したがって，$J(x,t)$ を "確率の流れ（確率流）" を表す**フラックス**とみなせば，(7.6)は確率密度 $\rho(x,t)$ と確率のフラックス $J(x,t)$ に対する "連続の方程式" になる（例題7.1を参照）．

［例題7.1］ 確率密度の時間変化

　(7.6)を $x=a$ から $x=b$ まで積分して，

$$J(a,t) - J(b,t) = \frac{dP_r(a,b,t)}{dt} \tag{7.7}$$

となることを示せ．ただし，$P_r(a,b,t)$ は x 軸上の区間 $[a,b]$ の領域に粒子を見出す確率で，次式で与えられる（(4.3)を参照）．

$$P_r(a,b,t) = \int_a^b \rho(x,t)\,dx = \int_a^b \Psi^*(x,t)\Psi(x,t)\,dx \tag{7.8}$$

［解］ (7.6)の定積分（$x=a$ から $x=b$ までの積分）

$$\int_a^b dx\,\frac{\partial \rho(x,t)}{\partial t} = -\int_a^b dx\,\frac{\partial J(x,t)}{\partial x} \tag{7.9}$$

において，確率密度 $\rho(x,t)$ は x と t に関して滑らかな関数であると考えてよいから，(7.9)の左辺は微分と積分の順序を変えることができる．つまり，(7.9)の左辺は

$$\int_a^b dx\,\frac{\partial \rho(x,t)}{\partial t} = \frac{d}{dt}\left(\int_a^b \rho(x,t)\,dx\right) \tag{7.10}$$

のように，$\rho(x,t)$ を x で積分した後で時間微分をしても結果は変わらない．このとき，(7.10)の時間微分の記号が常微分 d/dt に変わるのは，右辺の括弧内の量が $\rho(x,t)$ を x について定積分して t だけの関数（1変数の関数）になったためである．

　一方，(7.9)の右辺の定積分は，置換積分によって

$$\int_a^b dx\,\frac{\partial J(x,t)}{\partial x} = \int_{J(a,t)}^{J(b,t)} dJ = [J]_{J(a,t)}^{J(b,t)} = J(b,t) - J(a,t) \tag{7.11}$$

と表せる．したがって，(7.9)の両辺を3つの式（(7.8), (7.10), (7.11)）で書き換えると，(7.7)を得る． ¶

(7.7)の右辺は，図7.1の領域内での確率の増加率（単位時間当たりの確率の増加）を表す．一方，左辺の $J(a, t)$ は単位時間内の領域内部への確率の流入量を，$J(b, t)$ は単位時間内の領域外部への確率の流出量を表す（Note 7.1 を参照）．このため，(7.7)は，<u>単位時間内における</u>

$$（流入する確率）-（流出する確率）=（領域内での確率の増加率）$$
$$(7.12)$$

と読める（フラックスの符号は，区間 $[a, b]$ の領域に流れ込むときがプラス，領域から流れ出すときがマイナスである）．

$J(a, t) \longrightarrow$ $\longrightarrow J(b, t)$

a b x

図7.1 x 軸上で定義した確率のフラックス $J(x, t)$．$J(a, t)$ は領域 $[a, b]$ に
流入するフラックス，$J(b, t)$ はその領域から流出するフラックスを表す．

したがって，(7.6)の連続の方程式は，$\rho(x, t)$ で表される量が流体のように流れ，途中で消えたり発生したりしないこと，つまり，**確率流が保存すること**を表している．

さらに重要なことは，波動関数の確率解釈が成り立つためには，規格化条件 (4.9)を満たさなければならないから，確率 $P_\mathrm{r}(a, b, t)$ は $a \to -\infty$，$b \to \infty$ で $P_\mathrm{r}(-\infty, \infty, t) = 1$ となる．そのため，(7.7)は

$$J(-\infty, t) - J(\infty, t) = \frac{d}{dt} P_\mathrm{r}(-\infty, \infty, t) = \frac{d}{dt}(1) = 0 \quad (7.13)$$

となる．これは，波動関数 $\Psi(x, t)$ がシュレーディンガー方程式に従って時間変化しても，粒子が x 軸上のどこかで見出される確率は時間によらず常に一定，つまり，**存在確率の保存則**が成り立つことを保証している．

7.1.2 フラックスの反射と透過

フラックスの式(7.5)は，運動量演算子 $\hat{p} = -i\hbar(\partial/\partial x)$ を使うと

$$J(x, t) = \frac{1}{2m} \{\Psi^*(\hat{p}\Psi) + (\hat{p}\Psi)^*\Psi\} = \frac{1}{2m} \times 2\mathrm{Re}(\Psi^*\hat{p}\Psi) \quad (7.14)$$

となるので，次式のように表せる（Re は実部を表す）．

$$J(x,t) = \text{Re}\left(\Psi^* \frac{\hat{p}}{m}\Psi\right) = \text{Re}(\Psi^* \hat{v}\Psi) \qquad (7.15)$$

ここで，2番目の式から3番目の式に移るとき，速度演算子を $\hat{v} = \hat{p}/m = -(i\hbar/m)\partial/\partial x$ で定義した．このように，速度演算子 $\hat{v}$ でフラックスを表すと，フラックスの物理的な意味が理解しやすくなるだろう（章末問題 [7.1]）．

Note 7.1 **1次元フラックス $J(x,t)$ の単位は確率/s**　波動関数の規格化条件 (4.9) から，$|\Psi(x,t)|^2$ は（長さ）$^{-1}$ という次元をもつから，$|\Psi(x,t)|^2$ は確率/m という単位をもつ．(7.15) から，フラックス $J(x,t)$ の単位は速さ v の単位 m/s と $|\Psi(x,t)|^2$ の単位の積になるから，確率/m × m/s ＝ 確率/s である．したがって，フラックスに粒子数 N を掛けた NJ は，単位時間（1秒間）内に，ある1点を通過する粒子の個数を表す．

［例題7.2］　平面波のフラックス

質量 m の粒子の物質波を平面波 $\Psi(x,t) = Ae^{i(kx-\omega t)}$ であると仮定しよう．このとき，平面波のフラックス J が (7.15) から

$$J = \frac{k\hbar}{m}|A|^2 = \frac{p}{m}|A|^2 = v|A|^2 \qquad (7.16)$$

となることを示せ．ただし，粒子の運動量 $p = mv$ と波数 k の間には $k\hbar = p$ の関係が成り立つ．

［解］ (7.15) の $\hat{v}\Psi$ を計算すると

$$\hat{v}\Psi = -\frac{i\hbar}{m}\frac{\partial}{\partial x}Ae^{i(kx-\omega t)} = -\frac{i\hbar}{m}ikAe^{i(kx-\omega t)} = \frac{k\hbar}{m}\Psi \qquad (7.17)$$

となる．これに Ψ^* を掛け，$\Psi^*\Psi = |A|^2$ であることを使うと，(7.15) は

$$J(x,t) = \text{Re}\left(\frac{k\hbar}{m}\Psi^*\Psi\right) = \text{Re}\left(\frac{k\hbar}{m}|A|^2\right) = \text{Re}\left(\frac{p}{m}|A|^2\right) = \frac{p}{m}|A|^2 = v|A|^2 \qquad (7.18)$$

のように，(7.16) に一致する．

波動関数 $\Psi(x,t) = Ae^{i(kx-\omega t)}$ の波数 k が正ならば，$\Psi(x,t)$ は右向きの進行波を表すから，フラックスの符号は正（$J(x,t) > 0$）である．つまり，確率は左から右に向かって流れていることになる．　　　　　　　　　　　　　　　　　　　¶

なお，波動関数 Ψ が実数（$\Psi = \Psi^*$）のとき，(7.14) の右辺は $\Psi^*\hat{p}\Psi = \Psi\hat{p}\Psi = i \times$（実数）のように純虚数になるから，フラックス J は常にゼロである．これは，流れが一様なことを意味するだけで，粒子の存在確率はゼロではない．

＊3次元の場合　　波動関数が $\boldsymbol{r} = (x,y,z)$ に依存する場合は，(7.5) のフラックスは

$$\boldsymbol{J}(\boldsymbol{r}, t) = \frac{\hbar}{2mi}\{\Psi^*(\boldsymbol{\nabla}\Psi) - (\boldsymbol{\nabla}\Psi^*)\Psi\} \tag{7.19}$$

となり，連続の方程式は

$$\frac{\partial\rho(x, t)}{\partial t} + \boldsymbol{\nabla}\cdot\boldsymbol{J}(x, t) = 0 \tag{7.20}$$

のようになる．ただし，ナブラ $\boldsymbol{\nabla}$ は次式で定義されている．

$$\boldsymbol{\nabla} = \boldsymbol{i}\frac{\partial}{\partial x} + \boldsymbol{j}\frac{\partial}{\partial y} + \boldsymbol{k}\frac{\partial}{\partial z} \tag{7.21}$$

運動量演算子は $\hat{\boldsymbol{p}} = -i\hbar\boldsymbol{\nabla}$ であるから，(7.15)に対応する式は

$$\boldsymbol{J}(\boldsymbol{r}, t) = \mathrm{Re}\left(\Psi^*\frac{\hat{\boldsymbol{p}}}{m}\Psi\right) = \mathrm{Re}(\Psi^*\hat{\boldsymbol{v}}\Psi) \tag{7.22}$$

のようになる．

Note 7.2　**3次元フラックス $\boldsymbol{J}(\boldsymbol{r}, t)$ の単位は 確率/m²s**　　波動関数の規格化条件 (4.9)から，$|\Psi(\boldsymbol{r}, t)|^2$ は (長さ)$^{-3}$ という次元をもつから，$|\Psi(\boldsymbol{r}, t)|^2$ は 確率/m³ という単位をもつと考えてよい．(7.22)から，フラックス $\boldsymbol{J}(\boldsymbol{r}, t)$ の単位は速度 $\boldsymbol{v}$ の単位 m/s と $|\Psi(\boldsymbol{r}, t)|^2$ の単位の積になるから，確率/m³ × m/s ＝ 確率/m²s である．したがって，フラックスに粒子数 N を掛けた NJ は，単位時間（1秒間）内に単位面積（1 m²）を通過する粒子の個数を表すことになる．

※反射率と透過率　　いま，図7.2のようなポテンシャル障壁に向かって入射する粒子があるとし，この入射する粒子のフラックス（入射流；incident flow）を J_i とすると，障壁と衝突した後の粒子は（物質波なので），反射波と透過波に分かれる．

　そこで，障壁から反射するフラックス（反射流；reflection flow）を J_r,

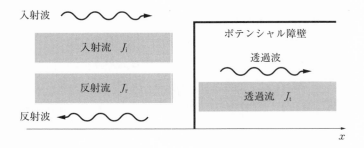

図7.2　3種類のフラックス．ポテンシャル障壁での入射波に関連した入射流 J_i，および反射波と透過波に関連した反射流 J_r と透過流 J_t.

障壁を透過するフラックス（透過流；transmitted flow）を J_t とすると，これらは波動関数 Ψ が与えられれば(7.15)から計算できる．入射流 J_i に対する透過流 J_t の比が**透過率** T で，入射流 J_i に対する反射流 J_r の比が**反射率** R である．つまり，

$$透過率 = T = \left| \frac{J_t（透過流）}{J_i（入射流）} \right|, \qquad 反射率 = R = \left| \frac{J_r（反射流）}{J_i（入射流）} \right| \qquad (7.23)$$

となり，この T と R の間には次式が成り立つ．

$$T + R = 1 \qquad (7.24)$$

(7.24)の物理的な意味は，入射波が透過波と反射波に分かれることである．数学的には，フラックスは確率流なので，確率が保存することを意味する．

7.2　ポテンシャル障壁の反射と透過

図7.3のような階段型のポテンシャル $V(x)$ の壁に，粒子が左側（$x < 0$ の領域）から入射する場合の運動を調べよう．

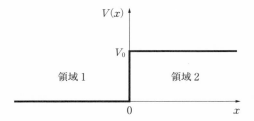

図7.3　階段型のポテンシャル $V(x)$ の障壁

ここでは，ポテンシャル $V(x)$ を次のように定義する．

$$V(x) = \begin{cases} 0 & （x < 0 の領域 1） \\ V_0 & （0 \leq x の領域 2） \end{cases} \qquad (7.25)$$

このようなポテンシャル障壁の具体例としては，金属表面にある電子が光電効果によって金属の外に飛び出すときの**仕事関数**がある（図2.9を参照）．

具体的な計算をはじめる前に，どのような現象が起こるのかを簡単に説明しておこう．

(1)　粒子のエネルギー E が V_0 よりも小さい場合，古典力学に従うマクロな粒子であれば，領域1から領域2への移動は不可能だから，障壁で完全に反射される．しかし，ミクロな粒子の場合は波動性があるので，$x < 0$ の領域から入射する粒子（**入射波** $e^{i\alpha x}$，α は定数）は障壁で反射される波（**反射波** $e^{-i\alpha x}$）だけでなく，

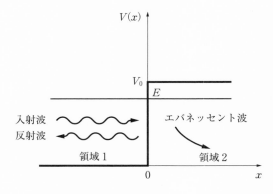

図 7.4 $0 < E < V_0$ の場合に現れる 3 種類の波（障壁の厚さは無限大）

$x > 0$ の領域に侵入する波も現れる（Note 7.3 を参照）．ただし，侵入する波は振動する波ではなく，指数関数的に減衰する波（$e^{-\beta x}$, β は定数）で，音響学・波動論などで**エバネッセント波**とよばれるものである（図 7.4 を参照）．

(2) 粒子のエネルギー E が V_0 よりも大きい場合，マクロな粒子は壁で反射されず，$x > 0$ の領域を進行していくだけである．しかし，波動性をもつミクロな粒子の場合，壁の上を進行する波（**透過波** $e^{i\beta' x}$, β' は定数）の他に，壁で反射される波（**反射波** $e^{-i\alpha x}$）も現れる（図 7.5 を参照）．

この反射と透過の現象は，光学のアナロジーを使えば直観的にわかることである．なぜなら，ポテンシャル領域 1 と領域 2 は屈折率の異なる媒質に当たるので，媒質の境界で波の一部は反射し，残りは透過する現象と同じだからである．

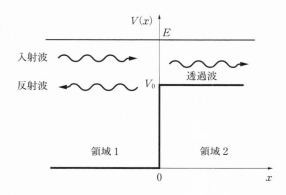

図 7.5 $0 < V_0 < E$ の場合に現れる 3 種類の波（障壁の厚さは無限大）

このように，粒子のエネルギー E とポテンシャルの高さ V_0 の大小関係によって結果が大きく変わるので，(1) の場合 $(0 < E < V_0)$ と (2) の場合 $(0 < V_0 < E)$ を分けて解説することにしよう．

なお，これから扱う問題はすべて $\hat{H}\phi = E\phi$ の固有値を求める問題なので，解くべきシュレーディンガー方程式は (3.54) である．

7.2.1　壁面での反射と侵入

$0 < E < V_0$ の場合（図 7.4）　　定常状態を記述するシュレーディンガー方程式 (3.54) に対して，領域 1 と 2 での波動関数をそれぞれ ϕ_1 と ϕ_2 としよう．領域 1 $(x < 0)$ では $V = 0$ なので，

$$\frac{d^2\phi_1}{dx^2} = -\frac{2mE}{\hbar^2}\phi_1 \equiv -\alpha^2\phi_1 \tag{7.26}$$

領域 2 $(0 \leq x)$ では $V = V_0$ なので，

$$\frac{d^2\phi_2}{dx^2} = \frac{2m(V_0 - E)}{\hbar^2}\phi_2 \equiv \beta^2\phi_2 \tag{7.27}$$

となる．ここで，α と β は

$$\alpha = \frac{\sqrt{2mE}}{\hbar}, \qquad \beta = \frac{\sqrt{2m(V_0 - E)}}{\hbar} \tag{7.28}$$

で定義されたパラメータで，波数に対応するので，これらを**波数パラメータ**とよぶことにする．(α は例題 4.1 の (4.23) の波数 k と同じものである)．

　　[各領域での波動関数]　　領域 1 には $\pm x$ 方向に進む波が存在するから，(7.26) の一般解は

$$\phi_1(x) = A_1 e^{i\alpha x} + B_1 e^{-i\alpha x} \tag{7.29}$$

となる．ここで，1 番目の項は $+x$ 方向に進む入射波 ϕ_i で，2 番目の項は壁から反射して $-x$ 方向に進む反射波 ϕ_r であるから，次式のようになる．

$$\phi_\mathrm{i}(x) = A_1 e^{i\alpha x}, \qquad \phi_\mathrm{r}(x) = B_1 e^{-i\alpha x} \tag{7.30}$$

一方，領域 2 の (7.27) の一般解は，次式のようになる．

$$\phi_2(x) = A_2 e^{\beta x} + B_2 e^{-\beta x} \tag{7.31}$$

ところで，波動関数 (7.31) は (4.9) の規格化条件を満たさなければならないので，$x \to \infty$ で $\phi_2(x) \to 0$ になる必要がある．しかし，$A_2 e^{\beta x}$ は $x \to \infty$ で発散するので，$A_2 = 0$ を要請して，領域 2 の解 ϕ_2 を

$$\phi_2(x) = B_2 e^{-\beta x} \equiv \phi_\mathrm{e}(x) \tag{7.32}$$

とする．これが，指数関数的に減衰するエバネッセント波 ϕ_e である．

[境界条件から振幅を決める]　　次に，振幅 A_1, B_1, B_2 を計算しよう．波動関数 ϕ_1 と ϕ_2 が全体として1つの波動関数を表すためには，次の2つの条件を満たさなければならない．

1.　領域の境界で連続である．そのため，境界で $\phi_1 = \phi_2$ であること．

2.　領域の境界で滑らかにつながる．そのため，境界で $\phi_1' = \phi_2'$ である（1階の微分係数が等しい）こと．

いま境界は $x = 0$ であるから，これら2つの条件から次式を得る．

$$A_1 + B_1 = B_2, \qquad i\alpha(A_1 - B_1) = -\beta B_2 \tag{7.33}$$

3つの未知量（振幅 A_1, B_1, B_2）に対して，2つの方程式(7.33)が与えられたが，3つの振幅を決めるには方程式が1つ足らない．しかし，（透過率と反射率の計算に）必要な情報は A_1 に対する振幅比でよいから，未知量は2つ（$B_1/A_1, B_2/A_1$）になる．そのため，この問題は完全に解くことができて，(7.33)から次式のようになる．

$$\frac{B_2}{A_1} = \frac{2\alpha}{\alpha + i\beta}, \qquad \frac{B_1}{A_1} = \frac{\alpha - i\beta}{\alpha + i\beta} \tag{7.34}$$

なお，ϕ_1 と ϕ_2（(7.29)と(7.32)）は(7.34)から

$$\phi_1(x) = A_1 e^{i\alpha x} + A_1 \frac{\alpha - i\beta}{\alpha + i\beta} e^{-i\alpha x} \tag{7.35}$$

$$\phi_2(x) = A_1 \frac{2\alpha}{\alpha + i\beta} e^{-\beta x} \tag{7.36}$$

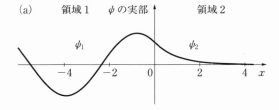

(a)　領域1　ϕ の実部　　　　領域2

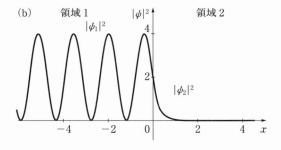

(b)　領域1　$|\psi|^2$　　　　領域2

図7.6 $0 < E < V_0$ の場合の波動関数と確率密度
(a)　波動関数 ϕ_1 と ϕ_2 の実部
(b)　確率密度 $|\phi_1|^2$ と $|\phi_2|^2$

のように表せる（図7.6(a)を参照）.

[透過率 T と反射率 R]　領域1と領域2の波動関数 $(\psi_\mathrm{i}, \psi_\mathrm{r}, \psi_\mathrm{e})$ が求まったので，これらを使ってフラックス $J(x, t)$ を(7.15)から計算すると

$$J_\mathrm{i} = |A_1|^2 v, \quad J_\mathrm{r} = |B_1|^2 v, \quad J_\mathrm{e} = 0 \quad \left(v = \frac{\alpha\hbar}{m}\right) \tag{7.37}$$

となる（例題7.2を参照）. したがって，波の透過率 T と反射率 R は(7.23)から次のように求まる $(J_\mathrm{t} = J_\mathrm{e})$.

$$T = \left|\frac{J_\mathrm{t}}{J_\mathrm{i}}\right| = 0, \quad R = \left|\frac{J_\mathrm{r}}{J_\mathrm{i}}\right| = \left|\frac{B_1}{A_1}\right|^2 \tag{7.38}$$

この(7.38)に(7.34)の振幅比を代入すると，反射率 R は次式のように1であることがわかる.

$$R = \left|\frac{B_1}{A_1}\right|^2 = \left|\frac{\alpha - i\beta}{\alpha + i\beta}\right|^2 = 1 \tag{7.39}$$

[結果の吟味]　反射率が $R = 1$ なので，古典力学と同じように，粒子は完全に反射される. しかし，エバネッセント波の振幅は $\psi_2 = B_2 e^{-\beta x}$ なので，古典力学では禁止されている領域2へも侵入できる. このため，そこで粒子を見出す確率はゼロではないが，フラックスは $J_\mathrm{e} = 0$ であるから，粒子はポテンシャルの中を通過できないことになる（例題7.3を参照）.

┌─ **[例題7.3]　エバネッセント波** ─────────────

領域2 $(x \geq 0)$ で粒子を見出す確率密度 ρ は次式で与えられることを示せ.

$$\rho(x) = |A_1|^2 \frac{4E}{V_0} e^{-2\beta x} \tag{7.40}$$

[解]　領域2に粒子を見出す確率密度は $\rho = |\psi_2|^2$ であるから，(7.36)より

$$|\psi_2(x)|^2 = |A_1|^2 \left|\frac{2\alpha}{\alpha + i\beta}\right|^2 e^{-2\beta x} = |A_1|^2 \frac{4\alpha^2}{\alpha^2 + \beta^2} e^{-2\beta x} \tag{7.41}$$

となる. これに(7.28)の α, β を代入すれば(7.40)を得る.

粒子を見出す確率は確率密度 $\rho(x)$ に比例するから，領域2に粒子が存在する確率はゼロではないことがわかる. しかし，確率密度 $\rho(x)$ は指数関数的に減少するので，粒子が存在できる領域は $x > 0$ の微小な領域に限られることになる.　¶

図7.6(b)は，確率密度の振る舞いを示したもので，領域2では急速に減衰すること，そして，領域1では周期的な変動を繰り返すことがわかる.

> **Note 7.3** **エバネッセント波** 一般に，音響学の分野では，変位 u が $u(x) = Ce^{-\beta x}$ （β は定数）のように指数関数的に減衰する波のことを**エバネッセント波**とよぶ．(7.32)の波動関数 ϕ_2 は確率波（複素数）であるから，音響現象に現れる波 u （実数）と異なるが，形式的には同じ形であるから，この ϕ_2 をエバネッセント波でイメージするのは意味があるだろう．なお，$V_0 \to \infty$ の場合，この ϕ_2 はゼロになるから，粒子は全く侵入できなくなる．これは古典力学とも矛盾しない．

7.2.2 透過と反射

$0 < V_0 < E$ の場合（図 7.5） 領域 1 は 7.2.1 項の $0 < E < V_0$ の場合と同じだから，波数パラメータ α は(7.28)と同じものである．しかし，領域 2 では(7.28)の β のルート内が負になるので，$\beta = \sqrt{-\beta'} = \sqrt{-1}\sqrt{\beta'} = i\beta'$ のように書き換えて，実数の波数パラメータ β' を次式で新たに定義する．

$$\beta' = \frac{\sqrt{2m(E - V_0)}}{\hbar}, \qquad \beta = i\beta' \tag{7.42}$$

[各領域での波動関数] 領域 1 では，7.2.1 項の $0 < E < V_0$ の場合と状況は同じだから，波動関数も同じ次式である．

$$\phi_1(x) = A_1 e^{i\alpha x} + B_1 e^{-i\alpha x} \tag{7.29}$$

一方，領域 2 の一般解は(7.31)の β を(7.42)のように $\beta = i\beta'$ と置き換えた

$$\phi_2(x) = A_2 e^{i\beta' x} + B_2 e^{-i\beta' x} \tag{7.43}$$

で与えられる．しかし，領域 2 では右側に進む波（透過波 ϕ_t）しか存在しないので，$B_2 = 0$ とおいた次式が解になる．

$$\phi_2(x) = A_2 e^{i\beta' x} \equiv \phi_t \tag{7.44}$$

[境界条件から振幅を決める] 次に，振幅 A_1, B_1, A_2 の間の関係を決めるため，境界 $x = 0$ での 2 つの条件（$\phi_1 = \phi_2$，$\phi_1' = \phi_2'$）を使うと

$$A_1 + B_1 = A_2, \qquad i\alpha(A_1 - B_1) = i\beta' A_2 \tag{7.45}$$

となり，(7.45)から振幅比が次式のように決まる．

$$\frac{A_2}{A_1} = \frac{2\alpha}{\alpha + \beta'}, \qquad \frac{B_1}{A_1} = \frac{\alpha - \beta'}{\alpha + \beta'} \tag{7.46}$$

なお，ϕ_1 と ϕ_2 （(7.29)と(7.44)）は(7.46)から

$$\phi_1(x) = A_1 \left(e^{i\alpha x} + \frac{\alpha - \beta'}{\alpha + \beta'} e^{-i\alpha x} \right) \tag{7.47}$$

$$\phi_2(x) = A_1 \frac{2\alpha}{\alpha + \beta'} e^{i\beta' x} \tag{7.48}$$

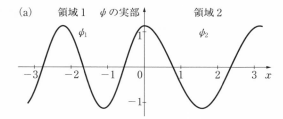

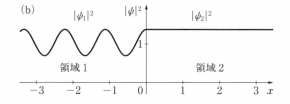

図7.7 $0 < V_0 < E$ の場合の波動関数と確率密度
(a) 波動関数 ϕ_1 と ϕ_2 の実部
(b) 確率密度 $|\phi_1|^2$ と $|\phi_2|^2$

のように表せる．図7.7は図7.6に対応するものである．

   [透過率 T と反射率 R]   領域1と領域2の波動関数（ϕ_i, ϕ_r, ϕ_t）が求まったので，これらを使って(7.15)のフラックス $J(x, t)$ を計算すると

$$J_i = \frac{|A_1|^2 \alpha \hbar}{m}, \qquad J_r = -\frac{|B_1|^2 \alpha \hbar}{m}, \qquad J_t = \frac{|A_2|^2 \beta' \hbar}{m} \qquad (7.49)$$

となる．波の透過率 T と反射率 R は(7.49)と(7.23)から

$$T = \left| \frac{J_t}{J_i} \right| = \left| \frac{A_2}{A_1} \right|^2 \frac{\beta'}{\alpha} \qquad (7.50)$$

$$R = \left| \frac{J_r}{J_i} \right| = \left| \frac{B_1}{A_1} \right|^2 \qquad (7.51)$$

となるので，これらに(7.46)の振幅比を代入すると，透過率 T と反射率 R は

$$T = \left| \frac{A_2}{A_1} \right|^2 \frac{\beta'}{\alpha} = \left(\frac{2\alpha}{\alpha + \beta'} \right)^2 \frac{\beta'}{\alpha} = \frac{4\alpha\beta'}{(\alpha + \beta')^2} \qquad (7.52)$$

$$R = \left| \frac{B_1}{A_1} \right|^2 = \left(\frac{\alpha - \beta'}{\alpha + \beta'} \right)^2 \qquad (7.53)$$

のように決まる．もちろん，この T と R を足し合わせると次式のようになる．

$$R + T = 1 \qquad (7.54)$$

   [結果の吟味] $E > V_0$ の場合，古典力学でのマクロな粒子の速度は $v = \sqrt{2(E - V)/m}$ で決まるから，領域1（$x < 0$）から境界 $x = 0$ を越えて境界2（$x > 0$）に入っても粒子の速度が遅くなるだけで，反射されることはない（領域1, 2での v を v_1, v_2 とすると $v_1 = \sqrt{2E/m} > v_2 = \sqrt{2(E - V)/m}$）．

しかし，量子力学の場合は，粒子の波動性のために境界で一部が反射される（反射の確率 R が存在）．この波動性が顕著になるのは，$E = V_0$ のときである．この場合，$\beta' = 0$ となるから，透過率 $T = 0$ で反射率 $R = 1$ である．つまり，粒子は境界で完全に反射され，領域2に侵入できなくなる．

7.3 有限な厚みのポテンシャル障壁

図7.3の階段型ポテンシャル $V(x)$ による壁が有限の厚みをもつ状況，つまり，図7.8(a)のようなポテンシャル $V(x)$ を考え，そこに粒子が左から入射する場合の運動を調べよう．ここでは，ポテンシャル $V(x)$ を次のように定義する．

$$V(x) = \begin{cases} 0 & (x < 0 \text{ の領域1と } a < x \text{ の領域3}) \\ V_0 & (0 \leq a \leq x \text{ の領域2}) \end{cases} \tag{7.55}$$

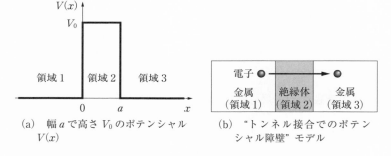

(a) 幅 a で高さ V_0 のポテンシャル $V(x)$

(b) "トンネル接合でのポテンシャル障壁" モデル

図 7.8 有限な厚みのポテンシャル障壁

7.3.1 トンネル現象

このシンプルなポテンシャル障壁は，例えば，原子物理学の諸現象（金属からの電子の放出，放射性崩壊など）に対する有効なモデルや図7.8(b)のような"トンネル接合でのポテンシャル障壁"モデルにもなるもので，重要である．

$0 < E < V_0$ の場合（図7.9）　シュレーディンガー方程式(3.54)は，領域1では

$$\frac{d^2\psi_1}{dx^2} = -\frac{2mE}{\hbar^2}\psi_1 \equiv -\alpha^2\psi_1 \tag{7.56}$$

領域2では

$$\frac{d^2\psi_2}{dx^2} = \frac{2m(V_0 - E)}{\hbar^2}\psi_2 \equiv \beta^2\psi_2 \tag{7.57}$$

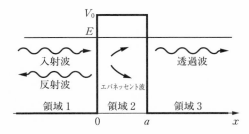

図 **7.9**　$0 < E < V_0$ の場合に
現れる4種類の波

領域3では

$$\frac{d^2\psi_3}{dx^2} = -\frac{2mE}{\hbar^2}\psi_3 \equiv -\alpha^2\psi_3 \tag{7.58}$$

となる．波数パラメータ α と β は(7.28)と同じものである．

$$\alpha = \frac{\sqrt{2mE}}{\hbar}, \qquad \beta = \frac{\sqrt{2m(V_0 - E)}}{\hbar} \tag{7.28}$$

[各領域での波動関数]　　領域1 $(x < 0)$ での一般解は，(7.29)と同じく

$$\psi_1(x) = A_1 e^{i\alpha x} + B_1 e^{-i\alpha x} = \phi_\mathrm{i}(x) + \phi_\mathrm{r}(x) \tag{7.29}$$

である．また，領域3 $(a < x)$ での一般解も，領域1と同じように $\pm x$ 方向
に進む波の重ね合わせ

$$\psi_3(x) = A_3 e^{i\alpha x} + B_3 e^{-i\alpha x} \tag{7.59}$$

で与えられるが，この領域3では右側に進む透過波 ϕ_t だけしか存在しないた
め，$B_3 = 0$ である．したがって，領域3の解は次式のようになる．

$$\psi_3(x) = A_3 e^{i\alpha x} = \phi_\mathrm{t}(x) \tag{7.60}$$

一方，領域2 $(0 < a < x)$ の一般解は，(7.31)と同じ

$$\psi_2(x) = A_2 e^{\beta x} + B_2 e^{-\beta x} \tag{7.31}$$

である．しかし，この問題では x が有限区間 $(0 \leq x \leq a)$ なので，$e^{\beta x}$ は発
散しない．そのため，$A_2 e^{\beta x}$ は残る $(A_2 \neq 0)$．

[境界条件から振幅を決める]　　全領域で，波動関数 ψ は連続で滑らか
につながっていなければならないことを踏まえた上で，5つの振幅 $A_1, B_1, A_2,$
B_2, A_3 間の関係を求めよう．

境界 $x = 0$ では，$\psi_1(0) = \psi_2(0)$，$\psi_1{}'(0) = \psi_2{}'(0)$ の条件から

$$A_1 + B_1 = A_2 + B_2, \qquad i\alpha(A_1 - B_1) = \beta(A_2 - B_2) \tag{7.61}$$

を得る．一方，境界 $x = a$ では，$\psi_1(a) = \psi_2(a)$，$\psi_1{}'(a) = \psi_2{}'(a)$ の条件から

$$\begin{cases} A_2 e^{\beta a} + B_2 e^{-\beta a} = A_3 e^{i\alpha a} \\ \beta(A_2 e^{\beta a} - B_2 e^{-\beta a}) = i\alpha A_3 e^{i\alpha a} \end{cases} \tag{7.62}$$

を得る.

5つの未知量(振幅 A_1, B_1, A_2, B_2, A_3)に対して,4つの式((7.61)の2つの式と(7.62)の2つの式)しかないから,5つの振幅を決めることはできない.しかし,A_1 に対する比を求めればよいから,未知量は4つの振幅比(B_1/A_1, $A_2/A_1, B_2/A_1, A_3/A_1$)になる.そのため,この問題は完全に解くことができて,透過率と反射率の計算に必要な振幅比は,(7.61)と(7.62)から

$$\begin{cases} \dfrac{A_3}{A_1} = -\dfrac{4i\alpha\beta e^{-i\alpha a}}{(\alpha - i\beta)^2 e^{-\beta a} - (\alpha + i\beta)^2 e^{\beta a}} \\[4mm] \dfrac{B_1}{A_1} = \dfrac{(\alpha^2 + \beta^2)(e^{-\beta a} - e^{\beta a})}{(\alpha - i\beta)^2 e^{-\beta a} - (\alpha + i\beta)^2 e^{\beta a}} \end{cases} \tag{7.63}$$

のように求まる(章末問題 [7.2]).

[透過率 T と反射率 R]　　領域 $1, 2, 3$ の波動関数を使って,フラックス $J(x, t)$ を(7.15)から計算すると

$$J_\mathrm{i} = |A_1|^2 v, \qquad J_\mathrm{r} = |B_1|^2 v, \qquad J_\mathrm{t} = |A_3|^2 v \qquad \left(v = \frac{\alpha\hbar}{m}\right) \tag{7.64}$$

となるので,波の透過率 T と反射率 R は(7.23)から,次式のように決まる.

$$T = \left|\frac{J_\mathrm{t}}{J_\mathrm{i}}\right| = \left|\frac{A_3}{A_1}\right|^2, \qquad R = \left|\frac{J_\mathrm{r}}{J_\mathrm{i}}\right| = \left|\frac{B_1}{A_1}\right|^2 \tag{7.65}$$

これらに振幅比(7.63)を代入すると,透過率 T と反射率 R は

$$T = \left|\frac{A_3}{A_1}\right|^2 = \frac{4\alpha^2\beta^2}{(\alpha^2 + \beta^2)\sinh^2 \beta a + 4\alpha^2\beta^2} \tag{7.66}$$

$$R = \left|\frac{B_1}{A_1}\right|^2 = \frac{(\alpha^2 + \beta^2)\sinh^2 \beta a}{(\alpha^2 + \beta^2)\sinh^2 \beta a + 4\alpha^2\beta^2} \tag{7.67}$$

となる.あるいは,パラメータ α^2, β^2 を(7.28)から V_0, E に書き換えると

$$T = \frac{4E(V_0 - E)}{V_0^2 \sinh^2 \beta a + 4E(V_0 - E)} = \frac{1}{1 + \dfrac{V_0^2 \sinh^2 \beta a}{4E(V_0 - E)}} \tag{7.68}$$

$$R = \frac{V_0^2 \sinh^2 \beta a}{V_0^2 \sinh^2 \beta a + 4E(V_0 - E)} = \frac{1}{1 + \dfrac{4E(V_0 - E)}{V_0^2 \sinh^2 \beta a}} \tag{7.69}$$

となる(章末問題 [7.3]).

トンネル効果　　古典力学では,粒子のエネルギーがポテンシャル障壁より

低い場合（$0 < E < V_0$の場合），その粒子はポテンシャル障壁を通り抜けることはできない．しかし，量子力学では(7.68)のTのように透過率はゼロではなく，電子がエネルギー障壁を通り抜けていく確率が存在する．そのため，ミクロな粒子は，ポテンシャルの山を乗り越えずに，あたかも山の中のトンネルを通り抜けるような現象を起こす．

このように，エネルギー障壁を貫通する現象のことを**トンネル効果**という．これは，「粒子と波動の二重性」に起因する，量子力学の重要な特徴である．

［例題 7.4］　古典的極限

$\hbar \to 0$の古典的極限では，(7.68)の透過率Tがゼロになることを示せ．

［解］　$\hbar \to 0$の古典的極限（4.3.2 項の「対応原理」を参照）では，(7.28)の波数パラメータβは無限大になるので，$\sinh \beta a \propto e^{\beta a} \approx e^{\infty} \to \infty$となる．したがって，(7.68)から透過率$T = 0$，(7.69)から反射率$R = 1$となるので，粒子は全く貫通できなくなる．　　　　　　　　　　　　　　　　　　　　　　　　　　　　　¶

透過率Tの式(7.68)をよくみると，Tの大きさは障壁の高さ$V_0 - E$や幅aに強く依存していることに気づく．例えば，障壁の高さや幅が非常に大きくて，$\beta a = a\sqrt{2m(V_0 - E)}/\hbar \gg 1$の場合，(7.68)の透過率$T$は

$$T = \frac{16E(V_0 - E)}{V_0^2}\, e^{-2\beta a} \tag{7.70}$$

のように，指数関数的に急速に減少する（章末問題 [7.4]）．このため，トンネル効果の起こる確率は非常に小さくなる．

しかし，$\beta a \approx 1$の場合は，(7.68)からTは有意な大きさをもつので，トンネル効果の起こる確率は大きくなる．

例 7.1　トンネル効果の起こる確率　　電子（質量$m = 0.51\,\mathrm{MeV}/c^2$）が，エネルギー$E = 1\,\mathrm{eV}$でポテンシャル障壁（高さ$V_0 = 4\,\mathrm{eV}$，幅$a = 1\,\text{Å}$）に入射する場合，電子の透過率$T$は(7.68)から$T \approx 0.43$である（章末問題 [7.5]）．この値はかなり大きいから，電子のトンネル現象が観測される．

例 7.1 からわかるように，非常に薄いポテンシャル障壁の場合，トンネル効果の起こる確率は大きくなるので，実際に観測できる．事実，このトンネル効果は，科学技術の様々な領域で実用されており，例えば，トンネルダイオード（江崎ダイオード）やジョセフソン接合などに使われている（図 7.8(b) を参照）．

特に，**走査型トンネル顕微鏡**（STM；Scanning Tunneling Microscope）は，物質同士が数ナノメートルに接近すると非接触状態で流れる，**トンネル電流**を利用したものである．また，フラッシュメモリのような半導体素子にも，トンネル電流は応用されている．

❋ **反射波・透過波の測定と確率解釈**　ポテンシャル障壁の図7.9は，入射波が障壁で反射波と透過波に分かれる状況を表したもので，それぞれの波の反射率 R と透過率 T は(7.65)のように計算された．ここで，この計算結果を"測定"という観点からもう一度考えてみよう．

図7.9は2つの現象を同時に示しているので，まず，図7.10(a)のように，左から1個の電子がポテンシャル障壁に向かって入射している状態を考える．この電子の波動関数は入射波 $\phi_i(x)$ だから，確率密度は $|\phi_i(x)|^2 = |A_1|^2$ である（図7.10(a)は確率密度を表している）．確率密度の占める面積が確率であるから，この図の面積を 1（100%）とする（つまり，確率 = 1 である）．

図7.10(b)は電子が障壁に衝突した後に，入射波の一部は反射波 $\phi_r(x)$ になり，残りが透過波 $\phi_t(x)$ になった状況である．それぞれの確率密度は $|\phi_r(x)|^2 = |B_1|^2$ と $|\phi_t(x)|^2 = |A_3|^2$ である．$|\phi_r(x)|^2$ の面積を 0.6（60%），$|\phi_t(x)|^2$ の

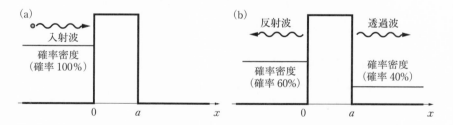

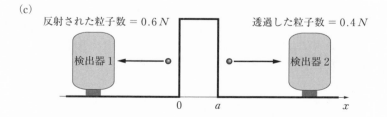

図7.10　反射波・透過波の測定と確率解釈
(a)　左側から電子がポテンシャル障壁に向かって入射する状況
(b)　電子が障壁に衝突した後，入射波の一部は反射波 $\phi_r(x)$ になり，残りが透過波 $\phi_t(x)$ になった状況
(c)　障壁の左側と右側に検出器1と検出器2を置いて粒子を検出する．

面積を 0.4（40 %）とする.

　次に，これらの波を観測するために，図 7.10(c) のように左側と右側に検出器 1 と検出器 2 を置いたとしよう. 仮に，これらの波が普通の波（音波や電波）であれば，入射波の 60 % が反射波として検出器 1 で検出され，検出器 2 で入射波の 40 % が透過波として同時に検出されるだけである. 例えば，室内で発生した音波が部屋の壁を通して室外でも聞こえることは，日常的によく知られているから，同時に音（反射音と透過音）が聞こえても何ら不思議なことはない.

　しかし，いま考えている波は 1 個の入射電子（入射波）であり，この電子の反射波と透過波が左右の検出器でどのように観測されるかを問題にしている. 電子は分割できない素粒子だから，電子が 60 % と 40 % のかけらに分かれて両方の検出器に（音波や電波のように）同時に検出されることはあり得ない. どちらか一方の検出器だけで，電子は検出されるはずである.

　では，電子はどのように検出されるのか？　この答えを与えるのが，波動関数の確率解釈である. この解釈に従えば，次のような結論になる.

　1 回の実験で，電子がどちら側の検出器で観測されるかを予測することはできない. しかし，この実験を同じ条件で多数回くり返せば，検出器 1 で検出される回数と検出器 2 で検出される回数の比は 6：4 になる. つまり，実験回数を N とすれば，検出器 1 では $0.6N$ 回検出され，検出器 2 では $0.4N$ 回検出される. このように，検出器 1 と検出器 2 で観測される電子の個数の比（あるいは検出回数）の予測値は，反射波と透過波の確率振幅の 2 乗（確率密度）の比で与えられる.

　したがって，図 7.10(b) をみて，1 個の電子（物質波）が（音波のように）同時に反射波と透過波になって空間を伝播している状況だと解釈（誤解）してはいけない. この図 7.10(b) は左側の事象（反射波）と右側の事象（透過波）が起こる確率を表した図で，波動の伝播を表した図ではないことをしっかりと理解してほしい.

7.3.2　共鳴現象

　$0 < V_0 < E$ の場合（図 7.11）　　この場合，領域 1 と領域 3 は 7.3.1 項の $0 < E < V_0$ の場合と同じシュレーディンガー方程式（(7.56) と (7.58)）である. 一方，領域 2 ではシュレーディンガー方程式 (7.57) の波数 β は虚数になるが，(7.42) で定義した実数の β' を使って，$\beta = i\beta'$ の置き換えをすればよい. このため，(7.31) で β を $i\beta'$ に置き換えた

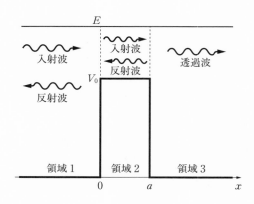

図 7.11 $0 < V_0 < E$ の場合に現れる 3 種類の波

$$\phi_2(x) = A_2 e^{i\beta' x} + B_2 e^{-i\beta' x} \tag{7.71}$$

が領域 2 の解になる. 当然, $(7.61) \sim (7.63)$ と $(7.66) \sim (7.69)$ においても β を $i\beta'$ に置き換えた式が成り立つ.

したがって, 双曲線関数と三角関数との関係

$$\sinh i\theta = -i \sin \theta, \qquad \cosh i\theta = \cos \theta \tag{7.72}$$

に注意すれば, 波の透過率 T と反射率 R は (7.66) と (7.67) から

$$T = \frac{4\alpha^2 \beta'^2}{(\alpha^2 - \beta'^2)\sin^2 \beta' a + 4\alpha^2 \beta'^2} \tag{7.73}$$

$$R = \frac{(\alpha^2 - \beta'^2)\sin^2 \beta' a}{(\alpha^2 - \beta'^2)\sin^2 \beta' a + 4\alpha^2 \beta'^2} \tag{7.74}$$

あるいは, (7.68) と (7.69) から次式となる.

$$T = \frac{4E(E - V_0)}{V_0^2 \sin^2 \beta' a + 4E(E - V_0)} \tag{7.75}$$

$$R = \frac{V_0^2 \sin^2 \beta' a}{V_0^2 \sin^2 \beta' a + 4E(E - V_0)} \tag{7.76}$$

$0 < V_0 < E$ の場合, 古典力学では粒子はポテンシャル障壁で反射されずに通過する $(R = 0,\ T = 1)$ が, 量子力学では (7.76) の R のように反射される確率はゼロではない. なお, $(7.73) \sim (7.76)$ には $\sin^2 \beta' a$ の項が含まれているので, この項のために T と R は振動する.

※ 反射率 R がゼロになる場合　　$T = 1$, $R = 0$ となる場合を考えてみよう. これは, $\sin^2 \beta' a = 0$ のとき, つまり, $\beta' a = n\pi$, $n = 1, 2, \cdots$ という条件を満たすときに当たる. また, 波動関数 (7.71) の周期性 $\phi_2(x + \lambda) = \phi_2(x)$ から, $\beta' \lambda = 2\pi$ という条件を得る (λ は波長).

これら2つの条件 $(a = n(\pi/\beta')$ と $\pi/\beta' = \lambda/2)$ から

$$a = n\frac{\lambda}{2} \qquad (n = 1, 2, \cdots) \tag{7.77}$$

という関係式が求まる．この関係式は，壁の幅 a が半波長 $\lambda/2$ の整数倍になっていることを意味する．そのため，障壁内部には定在波がつくられて，物質波がそこに長い時間滞在していることになる．これは，ミクロな粒子の二重性に起因する量子力学的な共鳴現象である．

7.4 井戸型ポテンシャル

4.3節では，無限大の深さの量子井戸の問題を解いたが，有限の深さの量子井戸は，例えば，半導体素子のMOSトランジスタのモデルになるので，実用的な面からも重要である．そこで本節では，有限の深さの量子井戸の問題を調べてみよう．

7.4.1 有限の深さの量子井戸

図 7.12 のような，有限の深さの量子井戸の中に閉じ込められている粒子の運動を調べよう．このような量子井戸は，MOSトランジスタ（例題 6.3 を参照）や半導体デバイスのモデルなどに使われる．

ここでは，量子井戸の深さに当たるポテンシャル $V(x)$ を，次のように定義しよう．

$$V(x) = \begin{cases} V_0 & (x < 0 \text{ の領域1と } a < x \text{ の領域3}) \\ 0 & (0 \leq x \leq a \text{ の領域2}) \end{cases} \tag{7.78}$$

領域1では，シュレーディンガー方程式(3.54)は，

$$\frac{d^2\psi_1}{dx^2} = \frac{2m(V_0 - E)}{\hbar^2}\psi_1 \equiv \beta^2\psi_1 \tag{7.79}$$

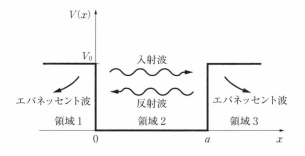

図 7.12 閉じ込め領域が $0 \leq x \leq a$ で，有限の深さの量子井戸

領域 2 では

$$\frac{d^2\psi_2}{dx^2} = -\frac{2mE}{\hbar^2}\,\psi_2 \equiv -\alpha^2\psi_2 \tag{7.80}$$

領域 3 では

$$\frac{d^2\psi_3}{dx^2} = \frac{2m(V_0 - E)}{\hbar^2}\,\psi_3 \equiv \beta^2\psi_3 \tag{7.81}$$

となる．ここで，波数パラメータ α, β の定義は(7.28)と同じである．

[各領域での波動関数]　　領域 1（$x < 0$）での(7.79)の一般解 ψ_1 は

$$\psi_1(x) = A_1 e^{\beta x} + B_1 e^{-\beta x} \tag{7.82}$$

であるが，$x \to -\infty$ で発散しないように $B_1 = 0$ とおいた次式が解になる．

$$\psi_1(x) = A_1 e^{\beta x} \tag{7.83}$$

　同様に，領域 3（$a < x$）での(7.81)の解 ψ_3 も

$$\psi_3(x) = A_3 e^{\beta x} + B_3 e^{-\beta x} \tag{7.84}$$

であるが，$x \to +\infty$ で発散しないように $A_3 = 0$ とおいた次式が解になる．

$$\psi_3(x) = B_3 e^{-\beta x} \tag{7.85}$$

　一方，領域 2（$0 \leq x \leq a$）では $\pm x$ 方向に伝播する波があるので，(7.80)の一般解 ψ_2 は

$$\begin{aligned}
\psi_2(x) &= A e^{i\alpha x} + B e^{-i\alpha x} \\
&= A(\cos\alpha x + i\sin\alpha x) + B(\cos\alpha x - i\sin\alpha x) \\
&= A_2 \sin\alpha x + B_2 \cos\alpha x
\end{aligned} \tag{7.86}$$

となる．ただし，$A_2 = i(A - B)$，$B_2 = A + B$ である．なお，ψ_2 を指数関数のままにしなかったのは，三角関数で表した方が解きやすくなるからである．

[境界条件から振幅を決める]　　ポテンシャルの境界 $x = 0$ と $x = a$ で，波動関数は滑らかにつながっていなければならない．

　境界 $x = 0$ での 2 つの条件，$\psi_1(0) = \psi_2(0)$ と $\psi_1{}'(0) = \psi_2{}'(0)$ から

$$B_2 = A_1, \qquad \alpha A_2 = \beta A_1 \tag{7.87}$$

を得る．境界 $x = a$ での 2 つの条件，$\psi_2(a) = \psi_3(a)$ と $\psi_2{}'(a) = \psi_3{}'(a)$ から

$$A_2 \sin\alpha a + B_2 \cos\alpha a = B_3 e^{-\beta a} \tag{7.88}$$

$$\alpha A_2 \cos\alpha a - \alpha B_2 \sin\alpha a = -\beta B_3 e^{-\beta a} \tag{7.89}$$

を得る．

　4 つの振幅 A_2, B_2, A_1, B_3 に対して 4 つの式があるので，4 つの振幅はすべて求まる．(7.87)から A_2, B_2 は A_1 で表されるので，それらを(7.88)と(7.89)に

代入すると，それぞれ

$$\frac{\beta}{\alpha} A_1 \sin \alpha a + A_1 \cos \alpha a = B_3 e^{-\beta a} \tag{7.90}$$

$$\beta A_1 \cos \alpha a - \alpha A_1 \sin \alpha a = -\beta B_3 e^{-\beta a} \tag{7.91}$$

のように，A_1 と B_3 だけの式になる．そこで，(7.90) ÷ (7.91) を計算すると

$$\frac{\beta \sin \alpha a + \alpha \cos \alpha a}{\beta \cos \alpha a - \alpha \sin \alpha a} = -\frac{\alpha}{\beta} \tag{7.92}$$

となるので，これを変形すると次式を得る．

$$\tan \alpha a = \frac{2\alpha\beta}{\alpha^2 - \beta^2} \tag{7.93}$$

> **Note 7.4** **波動関数の偶奇性と境界条件** 領域 2 の波動関数 $\phi_2(x) = A_2 \sin \alpha x + B_2 \cos \alpha x$ が偶関数か奇関数かによって，次のような性質をもつ．これを**偶奇性**という．
>
> $$\phi_2(x) = \begin{cases} \phi_2(-x) & \text{(偶パリティ：} A_2 = 0, \ B_2 \neq 0 \text{ の場合)} \\ -\phi_2(-x) & \text{(奇パリティ：} A_2 \neq 0, \ B_2 = 0 \text{ の場合)} \end{cases} \tag{7.94}$$
>
> いま扱っている (7.78) のポテンシャル $V(x)$ の範囲は $[0, a]$ であるから，はじめから $\phi_2(-x)$ は存在しない．そのため，この問題では $\phi_2(x)$ に偶奇性は現れない．見方を変えれば，偶奇性が現れないのは，$x = 0$ での境界条件 (7.87) から，振幅 A_2 と B_2 は共に A_1 でつながり，独立でなくなったためである．常に $A_1 \neq 0$ であるから，A_2 と B_2 を片方だけゼロにすることは不可能である．ポテンシャル $V(x)$ の範囲を，例えば，$[-a, a]$ にすると偶奇性は現れるが，振幅を求める計算は少し手間が掛かる（章末問題 [7.6]）．

7.4.2 解の構造

関係式 (7.93) を波数パラメータ α, β（(7.28)）で書き換えると，

$$\tan \frac{\sqrt{2mE}}{\hbar} a = -\frac{2\sqrt{E(V_0 - E)}}{V_0 - 2E} \tag{7.95}$$

のような E を決める方程式になる．つまり，方程式 (7.95) は，波動関数 ϕ が全空間で連続で滑らかな条件を満たすような E の値を決定する方程式である．

一般に，超越関数（対数関数，指数関数，三角関数など）を含む方程式のことを**超越方程式**とよぶので，(7.93) や (7.95) も超越方程式である（ちなみに，**代数方程式**とは，例えば，未知数 x に対して $f(x) = 0$ のような形に表せる式のことである）．

超越方程式を解くには，計算機による数値的解法か，(7.95) の右辺と左辺を E の関数として曲線に描いて，その交点から E を求めるグラフ的解法がよく使われる．ここでは，グラフ的解法は具体的に示さないが，解かなくても定性

的にわかる（推測できる）重要なことがある．それは，交点（E の値）が離散的な値の組をつくるということである．したがって，有限の深さの量子井戸の内部で，粒子のエネルギーは量子化されることがわかる．

例題 4.1 で，無限の深さの量子井戸のエネルギー準位 E_n（(4.31)）を求めたが，超越方程式 (7.95) から，この結果が近似的に導出できることを示しておこう．

［例題 7.5］ $V_0 \gg E$ での量子井戸

超越方程式 (7.95) を $V_0 \gg E$ の条件で解くと，エネルギー準位 E_n が

$$E_n = \frac{n^2\pi^2\hbar^2}{2ma^2} = \frac{n^2h^2}{8ma^2} \qquad (n = 1, 2, \cdots) \tag{7.96}$$

で与えられることを示せ．

［解］　$V_0 \gg E$ のとき，(7.95) は

$$\tan \frac{\sqrt{2mE}}{\hbar} a = -2\sqrt{\frac{E}{V_0}} \tag{7.97}$$

と表せる．右辺は負でゼロに近いから，左辺のタンジェントの引数 $(\sqrt{2mE}/\hbar)a$ は $n\pi$ よりも少しだけ小さいが，ほぼ同じとしてよい．したがって，

$$\frac{\sqrt{2mE_n}}{\hbar} a = n\pi \tag{7.98}$$

とおけるので，(7.96) を得る．　　　　　　　　　　　　　　　　　¶

例題 7.5 の結果から，低いエネルギー準位の分布は，無限の深さの量子井戸の場合とほとんど変わらないことがわかる．なお，この例題 7.5 ではポテンシャル $V(x)$ の範囲を $[0, a]$ にとったので，波動関数の偶奇性が現れず，解法は比較的簡単で理解しやすかった．そのため，範囲を $[-a, a]$ にして対称性を高めた（やや複雑な）量子井戸の問題を扱うときには，見通し良く解けるだろう（Note 7.4 を参照）．

章 末 問 題

［**7.1**］　次の波動関数 $\phi(x)$ に対するフラックス $J(x)$ を (7.15) から求めよ．
(1)　$\phi(x) = Ae^{ikx} + Be^{-ikx}$（$A, B$ は複素数の定数）
(2)　$\phi(x) = Ae^{ikx}u(x)$（A は複素数の定数，u は実関数）
［**7.2**］　透過率 T を表す A_3/A_1 と反射率 R を表す B_1/A_1 の式 (7.63) を導け．
［**7.3**］　ポテンシャル障壁での (7.68) の透過率 T と (7.69) の反射率 R について，

次の各問いに答えよ.

(1)　粒子のエネルギー E が $E \to V_0$ の極限で,　T と R は

$$T = \frac{1}{1 + \dfrac{g^2}{4}}, \qquad R = \frac{1}{1 + \dfrac{4}{g^2}} \qquad \left(g^2 = \frac{2mV_0 a^2}{\hbar^2}\right) \tag{7.99}$$

となることを示せ. ただし,　$\theta \ll 1$ のとき $\sinh\theta \approx \theta + \theta^3/6$ とする.

(2)　(7.99)の結果は,　次式を満たすことを確認せよ.

$$T + R = 1 \tag{7.100}$$

[**7.4**]　$\beta a \gg 1$ の場合,　(7.68)の透過率 T は(7.70)となることを示せ.

[**7.5**]　エネルギー $E = 1\,\mathrm{eV}$ の電子（質量 $m = 0.51\,\mathrm{MeV}/c^2$）が,　ポテンシャル障壁（高さ $V_0 = 4\,\mathrm{eV}$,　幅 $a = 1\,\text{Å}$）に入射した. このとき,　電子の透過率 T は $T \approx 0.43$ であることを,　(7.68)の透過率の式から示せ.

[**7.6**]　井戸型ポテンシャル V の閉じ込め領域を,　(7.78)の $[0, a]$ から $[-a, a]$ に広げて,　y 軸に関して対称な次のポテンシャル $V(x)$ を考える.

$$V(x) = \begin{cases} V_0 & (x < -a \text{ の領域 1 と } a < x \text{ の領域 3}) \\ 0 & (-a \leq x \leq a \text{ の領域 2}) \end{cases} \tag{7.101}$$

7.4.1 項の(7.79)〜(7.81)までの式は,　そのまま成り立つものとして,　次の各問いに答えよ.

(1)　$A_2 \neq 0$ で $B_3 - A_1 \neq 0$ の場合は,

$$\alpha \cot \alpha a = -\beta \tag{7.102}$$

$B_2 \neq 0$ で $B_3 + A_1 \neq 0$ の場合は,

$$\alpha \tan \alpha a = \beta \tag{7.103}$$

の超越方程式が成り立つことを示せ.

(2)　物理的な解が存在するのは,（ i ）$A_2 \neq 0$,　$B_2 = 0$ の場合か,（ ii ）$A_2 = 0$,　$B_2 \neq 0$ の場合であることを示せ.

(3)　ポテンシャル領域 2 の $\phi_2(x)$ に関して,　次の(i)と(ii)の偶奇性を示せ.

（ i ）　$A_2 \neq 0$,　$B_2 = 0$ の場合,　$\phi_2(x)$ は次のように偶関数になる.

$$\phi_2(x) = \phi_2(-x) \tag{7.104}$$

このとき,　この関数は「**偶パリティをもつ**」という.

（ ii ）　$A_2 = 0$,　$B_2 \neq 0$ の場合,　$\phi_2(x)$ は次のように奇関数になる.

$$\phi_2(x) = -\phi_2(-x) \tag{7.105}$$

このとき,　この関数は「**奇パリティをもつ**」という.

(4)　無次元の変数 ξ, η を

$$\xi = \alpha a, \qquad \eta = \beta a \tag{7.106}$$

で定義して,　超越方程式(7.102)と(7.103)をそれぞれ次のように表す.

$$\eta = -\xi \cot \xi \tag{7.107}$$

$$\eta = \xi \tan \xi \tag{7.108}$$

このとき,　次のような円の方程式

$$\xi^2 + \eta^2 = \frac{2mV_0a^2}{\hbar^2} \tag{7.109}$$

と超越方程式(7.107)との交点 ξ_i から(i)の偶パリティの場合の E_i が，また(7.109)
と超越方程式(7.108)との交点 ξ_i から(ii)の奇パリティの場合の E_i が，共に

$$E_i = \frac{h^2}{8ma^2}\xi_i^2 \qquad (i = 1, 2, \cdots) \tag{7.110}$$

で決まることを示せ.

Chapter 8

調和振動子

単振動（調和振動）は，理想的なバネにつながれたおもり（調和振動子）の振動で，古典力学での重要性はよく知られている．調和振動子は量子力学においても，例えば，原子・分子・原子核の微小振動モデルや，半導体界面における電子の振る舞いを解析するモデルとして，重要な役割を果たしている．

8.1 運動方程式

調和振動子のポテンシャル V は x の2次関数（(8.2)）なので，6.1.2項の(6.21)からわかるように，エーレンフェストの定理が厳密に成り立ち，波束の形が変わらない運動の場合に相当する．

8.1.1 変数の無次元化

調和振動は，変位 x に比例した復元力 F

$$F = -kx \tag{8.1}$$

によって生じる．これは**フックの法則**とよばれている式であり，また，調和振動子のポテンシャルを $V(x)$ とすると

$$V(x) = \frac{1}{2} kx^2 \tag{8.2}$$

で与えられる．そのため，ポテンシャルの形は図8.1のような2次曲線になるので，基本的には，7.4節で述べた井戸型ポテンシャルのように，反射壁をもつ構造をしている．そして，エネルギー E

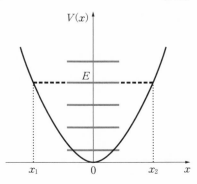

図 8.1 調和振動子のポテンシャル $V(x)$

をもつ古典力学的な振動子は区間 $[x_1, x_2]$ の間で振動する.

調和振動子のニュートンの運動方程式

$$m \frac{d^2x}{dt^2} = -kx \tag{8.3}$$

の一般解は次式で与えられる(章末問題 [8.1]).

$$x = A\cos(\omega t + \theta) \qquad \left(\omega = \sqrt{\frac{k}{m}}\right) \tag{8.4}$$

また,古典力学では,調和振動子(8.3)の全エネルギーを E とすると

$$E = \frac{p^2}{2m} + \frac{m\omega^2 x^2}{2} \tag{8.5}$$

で与えられる.

(8.4)から,調和振動子が $x_2 = A$ の右側や $x_1 = -A$ の左側にはみ出すことはない.しかし,量子力学では,井戸型ポテンシャルでみたように,壁の外側にも粒子が侵入する確率がある.さらに,この振動子の問題では,V が一定ではないから,ポテンシャル内で生じる定在波の波長 λ は $\lambda = h/\sqrt{2m(E-V)}$ に従って変化する.つまり,波長はポテンシャル内の場所によって異なり,端では $E - V \approx 0$ のため波長が長くなり,中央では $E - V \approx E$ のため短くなる.

このように,調和振動子の問題はポテンシャルが一定の井戸型ポテンシャルよりは難しくなり,そのため,波動関数を記述するために特殊関数(エルミート多項式)なども登場するが,調和振動子の解の特徴や性質は,4.3 節で扱った量子井戸の問題と本質的には変わらない.

なぜなら,調和振動子のポテンシャル $V(x)$ を用いたハミルトニアン $\hat{H}$ に対する(3.50)の固有値方程式 $\hat{H}\phi(x) = E\phi(x)$ を物理的要請を満たすように解いて,エネルギー準位 E_n と固有関数 $\phi_n(x)$ を求める話だからである.

※量子力学的な振動子　　いまから解くべき量子力学的な振動子の運動方程式は,シュレーディンガー方程式(3.54)に調和振動子のポテンシャル $V(x)$ を代入した

$$\frac{d^2\phi(x)}{dx^2} + \frac{2m}{\hbar^2}\left(E - \frac{1}{2}m\omega^2 x^2\right)\phi(x) = 0 \tag{8.6}$$

である.そして,求めるべき解は $x = 0$ で有限であり,$x \to \pm\infty$ で $\phi(x) \to 0$ に漸近する性質をもった,物理的な波動関数 $\phi(x)$ である.

(8.6)は,これまで扱ってきた定数係数の微分方程式(例えば,(4.20))と

は異なり，係数が変化する微分方程式なので，一般的な解法はなく，問題に適した解き方が必要になる．

微分方程式(8.6)の解法（級数法）は量子力学の問題に固有のものではないが，力学や電磁気学など初等的な分野ではあまり登場しないから，馴染みがないかもしれない．しかし，これまでに解いてきた量子井戸などのポテンシャル問題から推測できるように，(8.6)で物理的に許される波動関数 $\phi(x)$ が求まるのは，系のエネルギー E が特別な値（離散的な値）をもつ場合だけである．いい換えれば，次の固有値方程式が成り立つ場合だけである．

$$\widehat{H}\phi_n(x) = E_n\phi_n(x) \tag{4.40}$$

このとき，エネルギー準位 E_n は

$$E_n = \left(n + \frac{1}{2}\right)\hbar\omega \qquad (n = 0, 1, 2, \cdots) \tag{8.7}$$

のように，整数値 n に限定された値になるので，量子化される．そして，それぞれの E_n に対して，1つの固有関数

$$\phi_n(\xi) = N_n H_n(\xi) e^{-\xi^2/2} \qquad (n = 0, 1, 2, \cdots) \tag{8.8}$$

が対応する（N_n は規格化定数）．ここで，$H_n(\xi)$ という関数はエルミート多項式という特殊関数で，ポテンシャル $V(x)$ を(8.2)にとったために現れた関数である（(8.40)を参照）．なお，変数 $\xi = \alpha x$ は x を無次元化したものである（(8.9)を参照）．

したがって，いまからはじめる作業は，物理的な条件の下でシュレーディンガー方程式(8.6)を解いて，(8.7)のエネルギー準位 E_n と(8.8)の固有関数 ϕ_n を導くことである．

＊ **変数の無次元化**　　(8.6)の方程式の中にはいろいろな物理量 (E, ω) や物理定数 $(m, \hbar)$ が含まれているので，このままでは扱いにくい．このような場合は，これらの量が方程式の中に現れないように変数をうまくつくるのがコツである．つまり，長さの次元をもった独立変数 x を

$$\xi = \alpha x \tag{8.9}$$

とおいて，ξ が無次元の変数になるように定数 α を決めるのである（これを**変数の無次元化**という）．なお，この α は x を無次元にするためのスケールなので，**スケーリング係数**という．

[例題 8.1] スケーリング係数

(8.9)のスケーリング係数 α を

$$\alpha = \sqrt{\frac{m\omega}{\hbar}} \tag{8.10}$$

に決めると，シュレーディンガー方程式(8.6)は次式になることを示せ.

$$\frac{d^2\psi(\xi)}{d\xi^2} + (\lambda - \xi^2)\psi(\xi) = 0 \tag{8.11}$$

ただし，λ は

$$\lambda = \frac{2E}{\hbar\omega} \tag{8.12}$$

で定義された無次元の定数である（なぜなら，分子の E と分母の $\hbar\omega$ は共に同じエネルギーだから無次元になる）.

[解] (8.9)より，次のように x についての微分を ξ についての微分に変換する.

$$\frac{d}{dx} = \frac{d\xi}{dx}\frac{d}{d\xi} = \alpha\frac{d}{d\xi}$$

$$\frac{d^2}{dx^2} = \frac{d}{dx}\frac{d}{dx} = \frac{d}{dx}\left(\alpha\frac{d}{d\xi}\right) = \alpha\frac{d}{d\xi}\left(\alpha\frac{d}{d\xi}\right) = \alpha^2\frac{d^2}{d\xi^2} \tag{8.13}$$

これらを使ってシュレーディンガー方程式(8.6)を書き換えると，次式を得る.

$$\frac{d^2\psi(\xi)}{d\xi^2} + \frac{m^2\omega^2}{\hbar^2\alpha^4}\left(\frac{2\alpha^2}{m\omega^2}E - \xi^2\right)\psi(\xi) = 0 \tag{8.14}$$

そこで，左辺第 2 項の括弧に掛かる係数 $m^2\omega^2/\hbar^2\alpha^4$ を 1 にすれば式がみやすくなるので，

$$\frac{m^2\omega^2}{\hbar^2\alpha^4} = 1 \tag{8.15}$$

を満たすように α を決めると，(8.10)を得る（章末問題 [8.2]）. このとき，括弧内の $(2\alpha^2/m\omega^2)E$ も

$$\lambda = \frac{2\alpha^2}{m\omega^2}E = \frac{2E}{\hbar\omega} \tag{8.16}$$

のように，新たに定数 λ で定義すると，シュレーディンガー方程式(8.6)は(8.11)になることがわかる. ¶

この λ を求めるのがこれからの話であるが，前もって(8.16)と(8.7)との関係についてコメントしておきたい. (8.16)からわかるように，E は λ から決まるので，最終的に，λ は(8.39)のように離散的な値（$\lambda = 2n + 1$）になる. その結果，(8.7)が求まるのである.

8.1.2 漸近解と厳密解

※ **漸 近 解** シュレーディンガー方程式(8.11)の解は初等関数を使って表せないが，このタイプの式を解く常套手段があるので，それに従って解を求めて

みよう.

　まず, x が非常に大きくて $\xi^2 \gg \lambda$ であるような極限で, この方程式を考える. このとき, (8.11)の λ は ξ^2 に比べて無視できるので, (8.11)は次式になる.

$$\frac{d^2\psi}{d\xi^2} - \xi^2\psi = 0 \tag{8.17}$$

ここで, この(8.17)の解として $\xi \to \pm\infty$ で指数関数的に減衰する

$$\psi = e^{-\xi^2/2} \tag{8.18}$$

を仮定しよう. この ψ を ξ で2回続けて微分すれば

$$\frac{d^2\psi}{d\xi^2} = \frac{d(-\xi e^{-\xi^2/2})}{d\xi} = -e^{\pm\xi^2/2} + \xi^2 e^{\pm\xi^2/2} = (-1 + \xi^2)\psi \approx \xi^2\psi \tag{8.19}$$

のように, (8.17)と同じ微分方程式になることがわかる（最右辺は, $\xi^2 \gg 1$ より, ξ^2 に比べて -1 を無視した近似）.

　このように, (8.18)は ξ の大きいところで(8.17)に漸近する（徐々に近づいていく）解であるから, (8.18)を**漸近解**という.

＊**厳 密 解**　　(8.18)の漸近解を考慮して, シュレーディンガー方程式(8.11)の**厳密解**を次の形で求める.

$$\psi = e^{-\xi^2/2} f(\xi) \tag{8.20}$$

要するに, (8.11)を満たすように関数 $f(\xi)$ の形を決めようという話である.

　シュレーディンガー方程式(8.11)は $\xi \to 0$ で

$$\frac{d^2\psi(\xi)}{d\xi^2} + \lambda\psi(\xi) = 0 \tag{8.21}$$

と表せる. このときの解 $\psi(\xi)$ は $\xi \to 0$ での $\psi(0)$ を意味する. ここで重要なことは, $\psi(0)$ の解を $\psi(0) = 0$ と選んでも, (8.21)が成り立つことである. これは, $f(\xi)$ が原点（$\xi = 0$）で発散しない正則な関数であること, つまり, f は ξ のベキ級数の形に表せることを保証している. したがって, 方程式(8.21)には, $f(\xi)$ をベキ級数に展開して解く方法（**級数法**）が使えるのである.

　厳密解(8.20)をシュレーディンガー方程式(8.11)に代入すると, $f(\xi)$ に関する微分方程式

$$\frac{d^2f}{d\xi^2} - 2\xi\frac{df}{d\xi} + (\lambda - 1)f = 0 \tag{8.22}$$

を得るので, これを満たすベキ級数の解 $f(\xi)$ を求めればよいことになる.

　実は, この(8.22)は**エルミートの微分方程式**とよばれるもので, その解は

よく知られている（(8.8)の $H_n(\xi)$ が解である）．そのため，数学の公式集を開いてすぐに厳密解を書き下せば，この問題は解けたことになるが，それでは余りにも習得するものが少ない．そこで，級数法を次節で紹介することにしよう．

8.2 級数法で解を求める

エルミートの微分方程式(8.22)を級数法を使って，手を動かしながらコツコツと解くのが教育的である．なぜなら，このタイプの方程式はもっと複雑な問題（水素原子，中心力場の中での運動）にも現れるので，この解法の習得が水素原子などの問題を解いたり，様々な現象を理解するときに役立つからである．

8.2.1 無限級数の解

(8.22)の解 $f(\xi)$ を，次のような無限級数の和の形に仮定する．

$$f(\xi) = c_k\xi^k + c_{k+1}\xi^{k+1} + c_{k+2}\xi^{k+2} + \cdots = \sum_{\nu=k}^{\infty} c_\nu\xi^\nu \qquad (8.23)$$

ここで，級数の次数 ν の最初の値を k とおいたのは，原点で解が発散しないようにするためで，k の値は $f(0) = 0$ の条件で決まる（(8.33)を参照）．

［例題 8.2］ 無限級数の係数

無限級数(8.23)の係数 c_j と c_{j+2} との間に，次の漸化式が成り立つことを示せ．

$$c_{j+2} = \frac{2j+1-\lambda}{(j+2)(j+1)}c_j \qquad (8.24)$$

［解］ (8.23)の $f(\xi)$ を ξ で微分すると，

$$\begin{cases} f' = kc_k\xi^{k-1} + (k+1)c_{k+1}\xi^k + (k+2)c_{k+2}\xi^{k+1} + \cdots \\ f'' = k(k-1)c_k\xi^{k-2} + (k+1)kc_{k+1}\xi^{k-1} + (k+2)(k+1)c_{k+2}\xi^k + \cdots \end{cases}$$
$$(8.25)$$

のようになる．(8.23)と(8.25)を使って，微分方程式(8.22)を書き換えると

$$k(k-1)c_k\xi^{k-2} + (k+1)kc_{k+1}\xi^{k-1} + (k+2)(k+1)c_{k+2}\xi^k + \cdots$$
$$= \{2k - (\lambda-1)\}c_k\xi^k + \cdots \qquad (8.26)$$

を得る．

この等式が恒等的に成り立つためには，両辺の ξ^n（$n = k-2, k-1, k, \cdots$）の係数が等しくなければならないから，係数の間で次式が成り立つ必要がある．

$$k(k-1)c_k = 0 \qquad (8.27)$$
$$(k+1)kc_{k+1} = 0 \qquad (8.28)$$
$$(k+2)(k+1)c_{k+2} = \{2k - (\lambda-1)\}c_k \qquad (8.29)$$

(8.27)から $k=0$ と $k=1$ を，(8.28)から $k=0$ と $k=-1$ を得る．これら3つの k の値（$k = -1, 0, 1$）のうち，$k = -1$ の解は(8.23)から ξ^{-1} となり，$\xi = 0$ で発散することがわかる．そのため，物理的に意味のある解は次の場合だけである．

$$k = 0 \quad \text{と} \quad k = 1 \tag{8.30}$$

一方，(8.29)からは，任意の j 番目のベキ ξ^j の係数に対して

$$(j + 2)(j + 1)c_{j+2} = \{2j - (\lambda - 1)\}c_j \tag{8.31}$$

を得るので，2つの係数の間に(8.24)の関係が成り立つことがわかる．　　¶

(8.23)の無限級数の解 $f(\xi)$ の初項 $c_k\xi^k$ を決める k の値は，(8.30)のように2つ（$k = 0$ と $k = 1$）あることがわかった．これは何を意味するのか？　実は，係数 c_k に対する(8.24)の条件から，次の2種類の無限級数の解が存在することを教えているのである．つまり，$k = 0$ の場合は，偶数項だけの級数解

$$f(\xi) = c_0 + c_2\xi^2 + c_4\xi^4 + \cdots \quad (f(\xi) = f(-\xi)) \tag{8.32}$$

$k = 1$ の場合は，奇数項だけの級数解になる．

$$f(\xi) = c_1\xi + c_3\xi^3 + c_5\xi^5 + \cdots \quad (f(\xi) = -f(-\xi)) \tag{8.33}$$

なお，2種類の無限級数解があることは，(8.22)をみただけでもわかる．なぜなら，(8.22)は ξ を $-\xi$ に置き換えても形が変わらないから，解は偶関数(8.32)だけ，あるいは奇関数(8.33)だけで構成できるからである．

※ **気がかりな点**　級数(8.32)と(8.33)が本当に無限級数だとすると，$f(\xi)$ は一体どのような関数になるのだろうか？　もし，ξ の大きいところで，$f(\xi)$ が $f(\xi) \approx e^{\xi^2}$ のように振る舞うとしたら，厳密解(8.20)は $\phi = e^{-\xi^2/2}f(\xi) \approx e^{-\xi^2/2}e^{\xi^2} = e^{\xi^2/2}$ となり，$\xi \to \infty$ で発散する．これは，物理的な解ではない．

では，どうすればよいか？　関数 $f(\xi) = e^{\xi^2}$ は無限級数の和(8.23)から生じたものだから，それを避けるには，級数の無限個の和を有限個の和で打ち切る，つまり，多項式に変えるしかない．事実，シュレーディンガー方程式(8.11)の解 $\phi(\xi)$ は，多項式を含む解（これを**多項式解**という）で与えられるのである（(8.40)と(8.42)を参照）．

8.2.2　エルミート多項式の解

無限級数(8.23)が ξ の大きいところでどのように振る舞うかは，当然，ξ^j のベキ j が大きい項によって決まる．ベキ j の大きな項の係数の比は，(8.24)から

$$\frac{c_{j+2}}{c_j} = \frac{2j + 1 - \lambda}{(j + 2)(j + 1)} \quad \to \quad \frac{2j}{j^2} = \frac{2}{j} \tag{8.34}$$

である．もし e^{ξ^2} の級数展開の係数が(8.34)と同じ係数比をもっていれば，無限級数(8.23)は e^{ξ^2} を表すことになるので，物理的ではない結果になる．この辺りの話が"気がかりな点"で述べたところである．

数学で学ぶように，e^z のテイラー展開は

$$e^z = 1 + \frac{z}{1!} + \frac{z^2}{2!} + \frac{z^3}{3!} + \cdots \tag{8.35}$$

であるから，e^{ξ^2} のテイラー展開は

$$e^{\xi^2} = 1 + \frac{\xi^2}{1!} + \frac{\xi^4}{2!} + \frac{\xi^6}{3!} + \cdots + b_k \xi^k + b_{k+2} \xi^{k+2} + \cdots \tag{8.36}$$

で与えられる．ここで，$b_k = 1/(k/2)!$，$b_{k+2} = 1/(k/2+1)!$ である．ξ が十分大きな領域では，この級数の最初の方の項は後の方の項に比べて無視できる．

そこで，係数 b_k と b_{k+2} の比を計算すると，

$$\frac{b_{k+2}}{b_k} = \frac{\left(\dfrac{k}{2}\right)!}{\left(\dfrac{k}{2}+1\right)!} = \frac{1}{\dfrac{k}{2}+1} \tag{8.37}$$

であるが，k の大きいところでは，(8.37)の分母の1は無視できるので，係数の比は

$$\frac{b_{k+2}}{b_k} = \frac{1}{\dfrac{k}{2}} = \frac{2}{k} \tag{8.38}$$

となる．この比は(8.34)と一致するから，無限級数(8.23)は ξ の十分大きな領域で e^{ξ^2} のように振る舞う．そのため，波動関数 $\phi(\xi)$ は $\xi \to \infty$ で発散することになる．

❈ 発散を回避する方法 この発散を回避するためには，無限級数の和を途中で打ち切って，有限な級数にすればよい．(8.24)からわかるように，λ がある特定の値 n に対して，

$$\lambda = 2n + 1 \qquad (n = 0, 1, 2, \cdots) \tag{8.39}$$

を満たすならば，$c_n \neq 0$ のとき $c_{n+2} = 0$ となるので，それ以降の項（c_{n+4}，$c_{n+6}, \cdots$）はすべてゼロになる．つまり，無限級数は n 項目の c_n で終わるので，<u>n 次の多項式になる</u>．

このことを具体的にチェックしてみよう．例えば，$n = 0$（$\lambda = 1$）の場合，(8.23)はただ1つの項 c_0 だけから成る．なぜなら，(8.24)から $c_2 = 0$ であり，それ以降の項はすべてゼロになるからである．$n = 2$（$\lambda = 5$）の場合に残る項は c_0, c_2 の2つだけで，$c_4 = 0$ より後の項はすべてゼロになる．同様に，$n = 1$（$\lambda = 3$）の場合，(8.23)は c_1 だけの項，$n = 3$（$\lambda = 7$）の場合は c_1, c_3 の2つの項から成り，それ以降の項はすべてゼロになる．

エルミートの微分方程式(8.22)の解 $f(\xi)$ がこのような多項式になると，厳密解(8.20)の $\phi(\xi)$ は指数因子 $e^{-\xi^2/2}$ のおかげで，$\xi \to \pm\infty$ でゼロに漸近することが保証される．このように，物理的な解は，2 種類の級数（(8.32)と(8.33)）が多項式になる場合だけに限られる．

※ n 次のエルミート多項式　　n 次のエルミート多項式は

$$H_n(\xi) = c_n \left\{ \xi^n - \frac{n(n-1)}{1 \cdot 2^2} \xi^{n-2} + \frac{n(n-1)(n-2)(n-3)}{1 \cdot 2 \cdot 2^4} \xi^{n-4} + \cdots \right\} \tag{8.40}$$

で定義される．これは，次のエルミートの微分方程式

$$\frac{d^2 H_n}{d\xi^2} - 2\xi \frac{dH_n}{d\xi} + 2n H_n = 0 \tag{8.41}$$

の解である（(8.41)は本質的に(8.22)と同じ微分方程式である）．

─［例題8.3］　**エルミート多項式**────────────

次の各問いに答えよ．

(1)　係数の漸化式(8.24)を使って，級数(8.23)の $f(\xi)$ は(8.40)の $H_n(\xi)$ と一致することを確認せよ．その結果，次式のようにおけることがわかる．

$$f(\xi) = H_n(\xi) \tag{8.42}$$

(2)　(8.40)で $c_n = 2^n$ $(n = 0, 1, 2, \cdots)$ とおくと，$H_n(\xi)$ は次のような多項式になることを確認せよ．

$$\begin{cases} H_0(\xi) = 1, \quad H_1(\xi) = 2\xi, \quad H_2(\xi) = 4\xi^2 - 2, \quad H_3(\xi) = 8\xi^3 - 12\xi \\ H_4(\xi) = 16\xi^4 - 48\xi^2 + 12, \quad H_5(\xi) = 32\xi^5 - 160\xi^3 + 120\xi \end{cases}$$

$$\tag{8.43}$$

［**解**］　(1)　ξ^n の係数 c_n は，(8.24)の j を $n-2$ で置き換えた

$$c_n = \frac{2(n-2) + 1 - \lambda}{n(n-1)} c_{n-2} \tag{8.44}$$

で与えられるので，係数 c_{n-2} は(8.44)から

$$c_{n-2} = \frac{n(n-1)}{2(n-2) + 1 - \lambda} c_n \tag{8.45}$$

で与えられる．(8.45)に $\lambda = 2n + 1$ を代入すると，

$$c_{n-2} = -\frac{n(n-1)}{1 \cdot 2^2} c_n \tag{8.46}$$

を得る．次に，(8.45)の n を $n-2$ で置き換えて c_{n-4} を計算すると（ただし，λ は $\lambda = 2n + 1$ のままである）

$$c_{n-4} = -\frac{(n-2)(n-3)}{1 \cdot 2 \cdot 2^2} c_{n-2} \tag{8.47}$$

となるので，右辺の c_{n-2} に(8.46)を代入すれば

$$c_{n-4} = \frac{n(n-1)(n-2)(n-3)}{1\cdot2\cdot2^4}c_n \tag{8.48}$$

を得る。したがって，(8.40)の成り立つことが確認できる。

(2) $n = 0$ を(8.40)に代入すれば $H_0 = 1$，$n = 1$ を代入すれば $H_0 = 2\xi$ になる。$n = 5$ までの結果も同様に確認できる。　　　　　　　　　　　　　　¶

この例題8.3で，エルミートの微分方程式(8.41)の解（エルミート多項式）$H_n(\xi)$ が級数(8.23)の $f(\xi)$ に一致することがわかった。実際，$f(\xi) = H_n(\xi)$ とおいた微分方程式(8.22)の λ に $\lambda = 2n + 1$（(8.39)）を代入すると，エルミートの微分方程式(8.41)に一致する。

以上より，シュレーディンガー方程式(8.11)の厳密解 $\psi = e^{-\xi^2/2}f(\xi) = e^{-\xi^2/2}H_n(\xi)$ は非負の整数値 n に依存することになるので，n 依存性を明示するために，ψ を ψ_n と表したものが(8.8)である。

$$\psi_n(\xi) = N_n H_n(\xi)e^{-\xi^2/2} \quad (n = 0, 1, 2, \cdots) \tag{8.8}$$

この ψ_n が調和振動子の厳密解で，8.1.1項で述べたように固有値方程式(4.40)の固有関数になる。

ここで，規格化定数 N_n は

$$N_n = \sqrt{\frac{\alpha}{2^n n!\sqrt{\pi}}} \quad (n = 0, 1, 2, \cdots) \tag{8.49}$$

で，これは次式で定義されるエルミート多項式の直交性

$$\int_{-\infty}^{\infty} H_n(\xi)H_m(\xi)e^{-\xi^2}\,d\xi = \sqrt{\pi}\,2^n n!\,\delta_{nm} \tag{8.50}$$

つまり，$\int \psi_n{}^*(\xi)\psi_m(\xi)\,d\xi = \delta_{nm}$ から決まる（章末問題 [8.3]）。

なお，H_n と $H_{n\pm1}$ をつなぐ漸化式

$$H_{n+1}(\xi) = 2\xi H_n(\xi) - 2n H_{n-1}(\xi) \tag{8.51}$$

は，利用価値のある便利な式である（章末問題 [8.4]）。

※ **エネルギー固有値 E**　　(8.12)の $\lambda = 2E/\hbar\omega$ と，(8.39)の $\lambda = 2n + 1$ から，エネルギー E は $E = (\lambda/2)\hbar\omega = (n + 1/2)\hbar\omega$ のように求まる。これが(8.7)である。

8.3　基底状態での運動

単振動の振る舞いは，古典力学と量子力学ではかなり異なる。その顕著な違

いを，基底状態での粒子の運動でみてみよう．

8.3.1 振動子の存在確率

基底状態（$n = 0$）の固有関数 ϕ_0 は，(8.8) に $n = 0$ を代入した

$$\phi_0(\xi) = N_0 H_0(\xi)\, e^{-\xi^2/2} = \sqrt{\frac{\alpha}{\sqrt{\pi}}}\, e^{-\xi^2/2} \tag{8.52}$$

である（(8.49) より $N_0 = \sqrt{\alpha/\sqrt{\pi}}$，(8.43) より $H_0(\xi) = 1$）．これを図示したものが図 8.2(a) である．この波動関数 ϕ_0 による確率密度 $\rho = |\phi_0|^2$ は

$$\phi_0{}^2(\xi) = \frac{\alpha}{\sqrt{\pi}}\, e^{-\xi^2} \tag{8.53}$$

で，これは誤差曲線を表すガウス関数と同じものである（図 8.2(b)）．

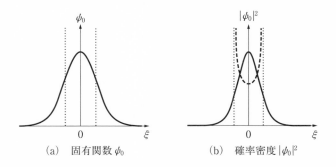

(a) 固有関数 ϕ_0　　　　(b) 確率密度 $|\phi_0|^2$

図 8.2 基底状態（$n = 0$）の固有関数（波動関数）と確率密度

図 8.2(b) から，振動子の基底状態で粒子の位置を何回も測定すると，平衡の位置（$x = 0$）の近傍で頻繁に粒子が見出されることがわかる．一方，古典力学で単振動を考えると，平衡の位置で粒子を見出す確率は最小になる．なぜなら，平衡の位置（$x = 0$）でおもりの速度は最大になり，そこに停滞する確率は最小になるからである．一方，粒子の速度がゼロに近づく両端付近で，粒子を見出す確率は最大になる．（図 8.2(b) の破線の曲線が確率を表す．曲線の描き方については 8.4.2 項を参照．）

図 8.2 に描いた縦の点線は，基底状態と同じエネルギーを古典力学の振動子に与えたときに，その振動子が振動運動できる領域の境界（つまり，最大振幅）を表したものである．点線よりも外側では，古典力学的な粒子の位置エネルギーが全エネルギーよりも大きくなるから，その領域は粒子が侵入できない**禁止領域**である．しかし，量子力学では，禁止領域であっても，粒子を見出す確率が存在する．その理由は 7.2 節のポテンシャル障壁のときと同じで，ミクロな粒

子の波動性によるものである.

　図 8.2(b) からわかるように,量子力学の基底状態における粒子の状態は,古典力学の単振動の状態と明らかに異なるが,このことに関して,2 原子分子の問題が興味ある答えを与えてくれる(例題 8.4 と図 8.4 の説明を参照).

[例題 8.4] **2 原子分子の振動**

　図 8.3(a) のような 2 原子分子 (m_1, m_2) の振動は,バネ(バネ定数 k)の両端に固定した質点 m_1 と m_2 の単振動でモデル化できる.この系は,換算質量を

$$\mu = \frac{m_1 m_2}{m_1 + m_2} \tag{8.54}$$

として,図 8.3(b) のような単振動に置き換えられることから,2 原子分子のエネルギー準位 E_n は次式で与えられることを示せ.

$$E_n = \left(n + \frac{1}{2}\right)\hbar\sqrt{\frac{k}{\mu}} \qquad (n = 0, 1, 2, \cdots) \tag{8.55}$$

(a) m_1　k　m_2 　　(b) k　μ

図 8.3 2 原子分子の振動モデル
(a) バネ(バネ定数 k)と 2 質点(質量 m_1, m_2)から成る系
(b) バネと換算質量 μ の単振動

[**解**] 図 8.3(b) の単振動の振動数 ω は,換算質量 μ を使って

$$\omega = \sqrt{\frac{k}{\mu}} \tag{8.56}$$

となるから,(8.7) のエネルギー E の右辺の ω に (8.56) を代入すると,(8.55) になることがわかる. ¶

　2 原子分子の核間ポテンシャルは,実験によって図 8.4 のような形をしていることがわかっている.そのため,極小点(平衡結合長 l_e)近傍での振る舞いは

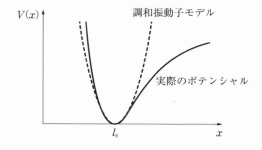

調和振動子モデル

実際のポテンシャル

図 8.4 2 原子分子の核間ポテンシャル $V(x)$. 極小点 l_e は平衡結合長(平衡核間距離)を表す.

調和振動子のポテンシャルで精度良く近似できる.

＊2 原子分子の平衡核間距離　　例えば，水素 H と塩素 Cl からつくられた塩化水素 (HCl) のような 2 原子分子の分子振動の場合，ポテンシャルエネルギー (8.2) の変位 x は，2 個の原子核の核間距離 l と平衡核間距離 l_e との差

$$x = l - l_e \tag{8.57}$$

で定義される. いま，塩化水素 HCl の結合距離 l の測定値が約 $1.3\,\text{Å}$ であるとすれば，この値は平衡核間距離 l_e を示していると考えてよい. そこで，分子はほとんど基底状態にあるとすれば，HCl の結合距離 l は l_e になる ($l \approx l_e$) 確率が最大だから，$x = 0$ の辺りの存在確率が高くなるはずである. これは図 8.2(a) と矛盾しない結論である.

もし古典力学的なイメージが正しいとすれば，2 つの原子核が $1.3\,\text{Å}$ の距離にいることはほとんどなく，振動の振幅の両端にいる確率が高くなるから，測定値を説明できない. したがって，平衡核間距離というミクロな粒子に関わる現象は，量子力学で正しく理解できることがわかる.

8.3.2　ゼロ点振動と不確定性原理

基底状態 ($n = 0$) のエネルギー E_0 は系のエネルギーの最低値を意味するから，素朴に考えれば $E_0 = 0$ であることが期待される. しかし，(8.7) が示すように

$$E_0 = \frac{1}{2}\hbar\omega \tag{8.58}$$

というゼロ点エネルギーをもっている. ゼロ点エネルギーの起源が不確定性原理 ($\Delta x\,\Delta p \geq \hbar/2$) であることを，これまでいくつかの例でみてきたが，この調和振動子の場合にも具体的に検討してみよう.

古典力学の調和振動子 (8.3) の全エネルギー E は (8.5) であるから，$x = 0$，$p = 0$ のとき $E = 0$ となる. しかし，これは x と p の値が同時にゼロに確定する (つまり，$\Delta x = 0$，$\Delta p = 0$ になる) ことだから，明らかに不確定性原理と矛盾する. 例題 8.5 で，(8.58) が不確定性原理から導かれることを示そう.

┌─ ［例題 8.5］　**ゼロ点振動** ─────────────

(8.5) の全エネルギー E と不確定性原理 ($\Delta x\,\Delta p \geq \hbar/2$) から，量子力学的な調和振動子のエネルギー E の期待値 $\bar{E}$ は次式となることを示せ.

$$\bar{E} = \frac{1}{2}\hbar\omega \tag{8.59}$$

[**解**] 量子力学的な調和振動子のエネルギーの期待値 $\overline{E}$ は，(8.5)の全エネルギー E の p と x を，期待値 $\bar{p}, \bar{x}$ に置き換えた

$$\overline{E} = \frac{\overline{p^2}}{2m} + \frac{\overline{m\omega^2 x^2}}{2} = \frac{\overline{(\Delta p)^2}}{2m} + \frac{m\omega^2\overline{(\Delta x)^2}}{2} \tag{8.60}$$

で与えられると考えてよい．ここで，"相加平均 $\geq$ 相乗平均" という関係を(8.60)に適用すると

$$\overline{E} = \frac{\overline{(\Delta p)^2}}{2m} + \frac{m\omega^2\overline{(\Delta x)^2}}{2} \geq 2\sqrt{\frac{\overline{(\Delta p)^2}}{2m} \times \frac{m\omega^2\overline{(\Delta x)^2}}{2}} = \omega \Delta x\,\Delta p \tag{8.61}$$

を得る（$\Delta p = \sqrt{\overline{(\Delta p)^2}}$, $\Delta x = \sqrt{\overline{(\Delta x)^2}}$, (6.45)と(6.50)を参照）．最右辺の $\Delta x\,\Delta p$ を不確定性原理（$\Delta x\,\Delta p \geq \hbar/2$）で書き換え，等号の場合をとれば，(8.59)になる．これは(8.58)の E_0 と同じものである．　　　　　　　　　　　　　　　　　¶

　例題8.5からわかるように，基底状態（$n = 0$）で $E \neq 0$ となるのは，不確定性原理のためである．いい換えれば，量子力学的な調和振動子は，どれだけエネルギーを失っても静止することなく揺れ動いている．このような現象を**量子力学的な揺らぎ**という．ミクロな粒子の波動性は粒子が動いているときだけに現れる（3.1.2項を参照）から，この揺らぎは確かに不確定性原理からの自然な帰結といえるだろう．

8.4　古典力学との比較

　調和振動子の振る舞いは，量子力学と古典力学では明らかに異なるが，系のエネルギーを大きくしていくと，両者の違いは薄まっていき，対応原理が成り立つことがわかる．

8.4.1　励起状態の確率密度

　励起状態 $n = 1, 2, 3$ に対する固有関数 $\phi_n(\xi)$ は，(8.8)と(8.49)から次のように与えられる．

$$\phi_1(\xi) = \sqrt{\frac{2\alpha}{\sqrt{\pi}}}\,\xi e^{-\xi^2/2} \tag{8.62}$$

$$\phi_2(\xi) = \sqrt{\frac{\alpha}{2\sqrt{\pi}}}\,(2\xi^2 - 1)\,e^{-\xi^2/2} \tag{8.63}$$

$$\phi_3(\xi) = \sqrt{\frac{\alpha}{3\sqrt{\pi}}}\,\xi(2\xi^2 - 3)\,e^{-\xi^2/2} \tag{8.64}$$

　図8.5の破線は，固有関数 $\phi_0, \phi_1, \phi_2, \phi_3$ を表している（章末問題 [8.5]）．偶数ベキの波動関数は偶のパリティをもつ解であり，奇数ベキの波動関数は奇の

パリティをもつ解である．基底状態（$n = 0$）の波動関数 ϕ_0 は，図 8.2(a)のように中央部に極大（腹(はら)）がある．$n = 1$ の場合，ϕ_1 は中央部にゼロになる節(ふし)が現れ，$n = 2$ の場合，ϕ_2 は2つの節が現れる．このように，n の増加と共に節の数が増えていく．

固有関数は n 次のエルミート多項式 $H_n(\xi)$ がゼロになるところでのみゼロになるので，$H_n(\xi) = 0$ となる回数 n が節の数になる．したがって，n 番目の励起状態には n 個の節が存在することになる．

なお，節と節との間隔が，平衡点（$x = 0$）を含む中央部の辺りで両端よりも小さくなるが，その理由は，平衡点の辺りで（$V = 0$ となるために）ド・ブロイ波の波長 $\lambda = h/\sqrt{2m(E - V)}$ が短くなるためである．

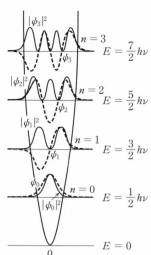

図 8.5　基底状態（$n = 0$）と励起状態（$n = 1, 2, 3$）での固有関数（波動関数）ϕ_n（破線）と確率密度 $|\phi_n|^2$（実線）

図 8.5 の実線は，確率密度 $|\phi_n|^2$（$n = 0, 1, 2, 3$）を表したものであるが，量子数 n（つまり，エネルギー E）をさらに大きくしていくとどのようになるだろうか？　これは，対応原理に関わる興味深い問題なので，次に考えてみよう．

8.4.2　対応原理

古典力学と量子力学の調和振動子のエネルギー E が等しいとき，古典力学での粒子の存在確率密度 $\rho_{\mathrm{C}}(x)$ と量子力学での粒子の存在確率密度 $\rho_{\mathrm{Q}}(x)$ を比較してみよう．

(8.5)で最大振幅が x_0 のときのエネルギー E は $E = m\omega^2 x_0{}^2/2$ である（章末問題 [8.1] の(1)）．これが(8.7)の E_n に等しいとして

$$\frac{1}{2} m\omega^2 x_0{}^2 = \left(n + \frac{1}{2}\right)\hbar\omega \tag{8.65}$$

とおくと，$x_0{}^2$ は

$$x_0{}^2 = (2n + 1)\frac{\hbar}{m\omega} = \frac{2n + 1}{\alpha^2} \tag{8.66}$$

で決まる．古典力学における存在確率密度 $\rho_{\mathrm{C}}(x)$ は $\rho_{\mathrm{C}}(x) = 1/\pi\sqrt{x_0{}^2 - x^2}$ であ

る（章末問題 [8.1]の(2)）．これに(8.66)を代入すると，次式のようになる．

$$\frac{\pi}{\alpha}\rho_{\mathrm{C}}(x) = \frac{1}{\sqrt{2n + 1 - \alpha^2 x^2}} \tag{8.67}$$

一方，量子力学における粒子の存在確率密度 $\rho_{\mathrm{Q}}(x) = \psi_n{}^*\psi_n$ は，(8.8)と(8.49)から，次式で与えられる．

$$\frac{\pi}{\alpha}\rho_{\mathrm{Q}}(x) = \frac{\sqrt{\pi}}{2^n n!} H_n^2(\alpha x) e^{-\alpha^2 x^2} \tag{8.68}$$

2つの存在確率密度（ρ_{C} と ρ_{Q}）を $n = 0, 1, 2, 3, 4$ の場合に図示すると，図8.6(a) ～ (e)のようになる．実線が量子力学の結果，破線が古典力学の結果を示している（点線の意味は図8.2の説明を参照）．さらに，量子数 n を大きくしていくと，図8.6(f)のように，徐々に量子力学の結果が古典力学に近づい

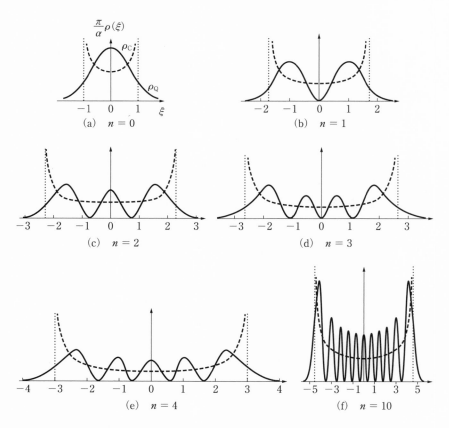

図 8.6　2種類の存在確率密度 ρ_{C}（破線：古典力学）と ρ_{Q}（実線：量子力学）

てくる. これが, **対応原理**の要求する帰結である.

8.5 剛体回転子

調和振動子は, 2原子分子の振動運動のモデルになることを例題8.4で述べたが, 2つの質点をつなぐバネを細い剛体棒に変えると, 分光学などの研究で使われる**剛体回転子モデル**になる.

※なぜ剛体回転子モデルを考えるのか? ここで, このモデルを考える理由を説明しておきたい. この剛体回転子モデルに対するシュレーディンガー方程式は, 3次元空間での回転運動を記述するので, このモデルから波動関数の角度依存性や方程式の変数依存性について学ぶことができる. そのため, これらの学習が水素原子の問題や角運動量など, これ以降の章で扱う現象を理解する上で役立つからである.

8.5.1 剛体回転子のシュレーディンガー方程式

剛体回転子は図8.7のように, 質量中心Gの周りを回転運動する系のモデルで, 2つの質点間の距離 $r = r_1 + r_2$ は一定に保たれている. ただし, r_1 と r_2 はGからそれぞれの質点までの距離である.

剛体回転子が角速度 ω で質量中心Gの周りを回転しているとき, 質点1と質点2の速さはそれぞれ $v_1 = r_1\omega$, $v_2 = $

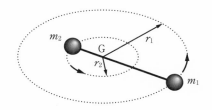

図8.7 剛体回転子モデル

$r_2\omega$ であるから, 回転の運動エネルギー $K = (1/2)m_1v_1^2 + (1/2)m_2v_2^2$ は, 慣性モーメント I を使って

$$K = \frac{1}{2}(m_1r_1^2 + m_2r_2^2)\omega^2 = \frac{1}{2}I\omega^2 \qquad (I = m_1r_1^2 + m_2r_2^2) \quad (8.69)$$

で与えられる. ここで, 距離 $r = r_1 + r_2$ とGの位置 $m_1r_1 = m_2r_2$ に注意すれば, 慣性モーメント I は(8.54)の換算質量 μ を使って次式のように表せる.

$$I = \mu r^2 \tag{8.70}$$

このため, 2原子分子の回転運動に関する2体問題が, 固定中心から r だけ離れて回転する質量 μ の質点の1体問題に変換されることになる.

角運動量 L は

$$L = I\omega \tag{8.71}$$

であるから，運動エネルギー (8.69) は次式のように表せる.

$$K = \frac{L^2}{2I} \tag{8.72}$$

※ 剛体回転子のシュレーディンガー方程式 2原子分子の回転運動では，分子のエネルギーが空間での分子の方向に依存しないから，ポテンシャルエネルギー V は $V = 0$ とおいてよい．そのため，剛体回転子のハミルトニアン $\widehat{H}$ は運動エネルギー演算子 $\widehat{K}$ だけになり，(3.46) の3次元のハミルトニアン $\widehat{H}$ を使って

$$\widehat{H} = \widehat{K} = -\frac{\hbar^2}{2\mu} \Delta \tag{8.73}$$

で与えられる．ただし，質量 m は換算質量 μ になる．

剛体回転子の空間的な方向は角度 θ, ϕ で指定できるので，その波動関数は θ, ϕ だけに依存する．この波動関数を $Y(\theta, \phi)$ とすると，剛体回転子のシュレーディンガー方程式は次式のようになる．

$$\widehat{H} Y(\theta, \phi) = -\frac{\hbar^2}{2\mu} \Delta Y(\theta, \phi) \tag{8.74}$$

ここで，Δ は (3.45) のように直交座標 (x, y, z) で定義されたラプラシアンである．回転運動の場合，直交座標よりも極座標 (r, θ, ϕ) の方が便利なので，このラプラシアンを直交座標と極座標の変換式（図8.8を参照）

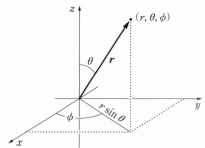

図 8.8 直交座標 (x, y, z) と極座標 (r, θ, ϕ) との関係

$$x = r \sin\theta \cos\phi, \qquad y = r \sin\theta \sin\phi, \qquad z = r \cos\theta \tag{8.75}$$

を使って，極座標表示のラプラシアン

$$\Delta = \left(\frac{\partial^2}{\partial r^2} + \frac{2}{r} \frac{\partial}{\partial r} \right) + \frac{1}{r^2} \left\{ \frac{1}{\sin\theta} \frac{\partial}{\partial \theta} \left(\sin\theta \frac{\partial}{\partial \theta} \right) + \frac{1}{\sin^2\theta} \frac{\partial^2}{\partial \phi^2} \right\} \tag{8.76}$$

に変える（章末問題 [8.6]）．ここで，**ルジャンドル演算子**とよばれる

$$\widehat{\Lambda} = -\left\{ \frac{1}{\sin\theta} \frac{\partial}{\partial \theta} \left(\sin\theta \frac{\partial}{\partial \theta} \right) + \frac{1}{\sin^2\theta} \frac{\partial^2}{\partial \phi^2} \right\} \tag{8.77}$$

を導入すると，(8.76) のラプラシアンは次式のように表せる.

$$\Delta = \left(\frac{\partial^2}{\partial r^2} + \frac{2}{r} \frac{\partial}{\partial r} \right) + \frac{1}{r^2} (-\widehat{\Lambda}) \tag{8.78}$$

ここで注意してほしいのは，<u>剛体回転子モデルでは r は一定</u>だから，(8.78) の r についての微分の項はすべてゼロになり，ラプラシアンが

$$\Delta = -\frac{1}{r^2}\widehat{\Lambda} \tag{8.79}$$

で与えられることである（なお，第 10 章で扱う水素原子のクーロンポテンシャルでは r は一定でないから，(8.78) のラプラシアンを使う）．

このラプラシアンを使って (8.74) を書き換えると，剛体回転子のシュレーディンガー方程式は

$$\widehat{H}\,Y(\theta, \phi) = \frac{\hbar^2}{2I}\widehat{\Lambda}\,Y(\theta, \phi) \tag{8.80}$$

と表せる．ただし，I は慣性モーメント（$I = \mu r^2$）である．

※ **剛体回転子の固有値方程式**　　剛体回転子の式 (8.80) は固有値方程式 $\widehat{H}Y = EY$ と同じものだから，(8.80) の右辺を EY に等しいとおくと

$$\widehat{\Lambda}\,Y(\theta, \phi) = \lambda\,Y(\theta, \phi) \qquad \left(\lambda = \frac{2IE}{\hbar^2}\right) \tag{8.81}$$

を得る．(8.81) から，波動関数 Y はルジャンドル演算子 $\widehat{\Lambda}$ の固有関数で，λ は，その固有値になることがわかる．

8.5.2　ラプラス方程式と球面調和関数

(8.81) の固有値 λ は，**ラプラス方程式**とよばれる

$$\Delta u = \left(\frac{\partial^2}{\partial x^2} + \frac{\partial^2}{\partial y^2} + \frac{\partial^2}{\partial z^2}\right)u = 0 \tag{8.82}$$

から，次の手順で決まる．まず，(8.82) の解 u として，x, y, z に関する l 次の同次多項式

$$u_l(x, y, z) = \sum_{i+j+k=l} C_{ijk}\,x^i y^j z^k \tag{8.83}$$

を考える（Note 8.1 を参照）．この同次多項式を l 次の**体球調和関数**，あるいは単に**体球関数**という．

(8.83) を球座標 (8.75) で書き換えると，$x^i y^j z^k$ は $r^{i+j+k} \times$（θ と ϕ の関数）の形になるので，$r^{i+j+k} = r^l$ より，(8.83) は

$$u(r, \theta, \phi) = r^l Y_l(\theta, \phi) \tag{8.84}$$

のように表すことができる．この $Y_l(\theta, \phi)$ を l 次の**球面調和関数**という．

そこで，極座標で表したラプラシアン (8.78) を用いたラプラス方程式

$$\left(\frac{\partial^2}{\partial r^2} + \frac{2}{r}\frac{\partial}{\partial r} - \frac{1}{r^2}\widehat{\Lambda}\right)u = 0 \tag{8.85}$$

に，(8.84)の u を代入すると，ラプラス方程式は

$$r^{l-2}\{l(l+1)Y_l - \widehat{\Lambda} Y_l\} = 0 \tag{8.86}$$

となる．したがって，$r^{l-2} \neq 0$ より，(8.86)は次の固有値方程式

$$\widehat{\Lambda} Y_l = l(l+1)Y_l \tag{8.87}$$

になる．これを(8.81)の $\widehat{\Lambda} Y = \lambda Y$ と比較すると，固有値 λ は

$$\lambda = l(l+1) \qquad (l = 0, 1, 2, \cdots) \tag{8.88}$$

であることがわかる．

Note 8.1 $\boldsymbol{l}$ **次の同次多項式**　　同次多項式とは，非ゼロ項がすべて同じ次数の多項式のことである．例えば，$x^5 + 2x^3y^2 + 9xy^4$ は 2 変数 x, y の 5 次の同次多項式である．各項の指数の和は常に $l = 5$ だからである．一方，例えば，$x^4 + 4x^2y + 3xy$ は項によって指数の和が異なるから，同次多項式ではない．

※角運動量の 2 乗 $\boldsymbol{L}^2$ と固有値 λ の関係　　(8.72)の運動エネルギー K から，ハミルトニアン $\widehat{K}$ は

$$\widehat{K} Y(\theta, \phi) = \frac{\widehat{L}^2}{2I} Y(\theta, \phi) \tag{8.89}$$

で与えられる．(8.73)より $\widehat{K} Y(\theta, \phi) = \widehat{H} Y(\theta, \phi)$ であることに注意すると，(8.89)と(8.80)の右辺が等しくなるので

$$\widehat{L}^2 = \hbar^2 \widehat{\Lambda} \tag{8.90}$$

を得る（例題 9.1 を参照）．したがって，(8.90)の両辺に Y を作用させた式をつくり，その右辺を，(8.81)で書き換えると

$$\widehat{L}^2 Y = \hbar^2 \widehat{\Lambda} Y = \hbar^2 \lambda Y \tag{8.91}$$

となる．一方，角運動量の 2 乗 $\widehat{L}^2$ の固有値を L^2 とすると，固有値方程式

$$\widehat{L}^2 Y = L^2 Y \tag{8.92}$$

が成り立つ．

　当然，(8.91)と(8.92)の右辺は等しいので，固有値 L^2 と固有値 λ との間に

$$L^2 = \hbar^2 \lambda \tag{8.93}$$

という関係式が成り立つ．これに(8.88)の λ を代入すると

$$L^2 = l(l+1)\hbar^2 \qquad (l = 0, 1, 2, \cdots) \tag{8.94}$$

となるので，角運動量 $\boldsymbol{L}$ の大きさ L は

$$L = |\boldsymbol{L}| = \sqrt{l(l+1)}\,\hbar \tag{8.95}$$

で与えられる．このように，固有値 λ は角運動量の大きさ L に直結した量で

あることがわかる.

　ここで扱った剛体回転子モデルは, ポテンシャルエネルギーを $V = 0$ とし
たものであるが, V が r の関数 (例えば, 中心力 $V(r)$) の場合でも, シュレー
ディンガー方程式の波動関数 $\phi(r, \theta, \phi)$ の θ, ϕ 部分は (8.81) と同じ方程式にな
る ((10.10) を参照).

　そのため, 中心力の問題では, $\phi(r, \theta, \phi)$ は r の関数 $R(r)$ と θ, ϕ の球面調
和関数 $Y(\theta, \phi)$ に分離することになる. (つまり, 変数分離の解 $\phi(r, \theta, \phi) =$
$R(r) Y(\theta, \phi)$ が存在する. (10.5) を参照.)

　いずれにしても, 剛体回転子モデルの固有値方程式 (8.81) は, 3 次元空間で
の物理系の配位を記述する基本的な方程式なのである.

章 末 問 題

　[**8.1**]　次の各問いに答えよ.
　(1)　調和振動子の式 (8.3) の一般解 (8.4) に, 初期条件として $x(0) = x_0$, $v(0) =$
$\dot{x}(0) = 0$ を課すと, 振動子の全エネルギー E は次式となることを示せ.

$$E = \frac{m\omega^2 x_0{}^2}{2} \tag{8.96}$$

　(2)　位置 x と $x + dx$ との微小区間 dx に, 振動子が存在する確率密度 $\rho_c(x)$ は

$$\rho_c(x) = \frac{1}{\pi\sqrt{x_0{}^2 - x^2}} \tag{8.97}$$

で与えられることを示せ.
　[**8.2**]　(8.10) のスケーリング係数 α の次元は "長さの逆数" であることを, $m, \omega,$
$\hbar$ の次元から示せ.
　[**8.3**]　(8.8) の固有関数 ψ_n の規格化定数 N_n は, (8.49) になることを示せ.
　[**8.4**]　エルミート多項式 H_n の**母関数** $g(t, \xi)$ は

$$g(t, \xi) \equiv \exp(2t\xi - t^2) = \sum_{n=0}^{\infty} H_n(\xi) \frac{t^n}{n!} \tag{8.98}$$

で定義される. この g の 2 番目の指数関数を t で偏微分すると次式になる.

$$\frac{\partial g}{\partial t} = (2\xi - 2t) g \tag{8.99}$$

　(8.99) に (8.98) の 3 番目の式を代入して, H_n と $H_{n\pm1}$ との間に成り立つ漸化式
(8.51) を導け.

[**8.5**] 　調和振動子の固有関数 ϕ_n（(8.8)）に対して，最も高い確率で振動子の見出される位置 x_n が，ϕ_0 状態(8.52)では $x_0 = 0$，ϕ_1 状態(8.62)では $x_1 = \pm 1/\alpha$ であることを示せ．

[**8.6**] 　次の各問いに答えよ．

(1) 　位置ベクトル $\boldsymbol{r} = \boldsymbol{i}x + \boldsymbol{j}y + \boldsymbol{k}z$ に極座標(8.75)を代入すると

$$\boldsymbol{r} = r(\boldsymbol{i}\sin\theta\cos\phi + \boldsymbol{j}\sin\theta\sin\phi + \boldsymbol{k}\cos\theta) \tag{8.100}$$

となる．この(8.100)を利用して，r, θ, ϕ 方向の単位ベクトル $\boldsymbol{e}_r, \boldsymbol{e}_\theta, \boldsymbol{e}_\phi$ が，それぞれ

$$\boldsymbol{e}_r(\theta, \phi) = \boldsymbol{i}\sin\theta\cos\phi + \boldsymbol{j}\sin\theta\sin\phi + \boldsymbol{k}\cos\theta \tag{8.101}$$

$$\boldsymbol{e}_\theta(\theta, \phi) = \boldsymbol{i}\cos\theta\cos\phi + \boldsymbol{j}\cos\theta\sin\phi - \boldsymbol{k}\sin\theta \tag{8.102}$$

$$\boldsymbol{e}_\phi(\theta, \phi) = -\boldsymbol{i}\sin\phi + \boldsymbol{j}\cos\phi \tag{8.103}$$

で与えられることを示せ．

(2) 　(8.76)のラプラシアン $\Delta\,(\equiv \nabla\cdot\nabla)$ を，(7.21)のナブラ ∇ の極座標表示

$$\nabla = \boldsymbol{e}_r\frac{\partial}{\partial r} + \boldsymbol{e}_\theta\frac{1}{r}\frac{\partial}{\partial\theta} + \boldsymbol{e}_\phi\frac{1}{r\sin\theta}\frac{\partial}{\partial\phi} \tag{8.104}$$

の内積（$\nabla\cdot\nabla$）を使って導け．

Chapter 9

角運動量と固有関数

　　古典力学における中心力の問題で，角運動量の保存則やその概念は重要な役割を果たすが，量子力学でもそれらの重要性は変わらない．しかし，古典力学では，空間の一定方向に固定された角運動量ベクトルに垂直な平面内で粒子は運動するが，量子力学の場合，角運動量ベクトルの空間的な方向に不確定さがあるため，古典力学とは異なる複雑な運動が現れることになる．

9.1　角運動量

　古典力学で学ぶように，粒子の位置を r，運動量を p とするとき，原点を中心とした粒子の角運動量 L は，次式で定義される．

$$L = r \times p \tag{9.1}$$

量子力学では，この角運動量 L が演算子 $\hat{L}$ に変わる．

9.1.1　交換関係

　角運動量 (9.1) の x, y, z 成分は

$$L_x = yp_z - zp_y, \qquad L_y = zp_x - xp_z, \qquad L_z = xp_y - yp_x \tag{9.2}$$

で与えられるが，量子力学での角運動量は，(9.2) の位置と運動量を演算子に置き換えた次のような演算子で与えられる（表 5.1 を参照）．

$$\hat{L}_x = \hat{y}\hat{p}_z - \hat{z}\hat{p}_y = -i\hbar\left(y\frac{\partial}{\partial z} - z\frac{\partial}{\partial y}\right) \tag{9.3}$$

$$\hat{L}_y = \hat{z}\hat{p}_x - \hat{x}\hat{p}_z = -i\hbar\left(z\frac{\partial}{\partial x} - x\frac{\partial}{\partial z}\right) \tag{9.4}$$

$$\hat{L}_z = \hat{x}\hat{p}_y - \hat{y}\hat{p}_x = -i\hbar\left(x\frac{\partial}{\partial y} - y\frac{\partial}{\partial x}\right) \tag{9.5}$$

　一般に，中心力による粒子の運動は極座標を使う方が扱いやすいので，(9.3)

〜(9.5)の角運動演算子を(8.75)の極座標 (r, θ, ϕ) を使って

$$\widehat{L}_x = i\hbar\left(\sin\phi\frac{\partial}{\partial\theta} + \frac{\cos\phi}{\tan\theta}\frac{\partial}{\partial\phi}\right) \tag{9.6}$$

$$\widehat{L}_y = i\hbar\left(-\cos\phi\frac{\partial}{\partial\theta} + \frac{\sin\phi}{\tan\theta}\frac{\partial}{\partial\phi}\right) \tag{9.7}$$

$$\widehat{L}_z = -i\hbar\frac{\partial}{\partial\phi} \tag{9.8}$$

のように書き換えておこう (証明は略).

[例題 9.1] ルジャンドル演算子

角運動量 $\boldsymbol{L} = (\widehat{L}_x, \widehat{L}_y, \widehat{L}_z)$ の2乗の演算子 $\widehat{L}^2$ が

$$\widehat{L}^2 = \widehat{L}_x{}^2 + \widehat{L}_y{}^2 + \widehat{L}_z{}^2 = -\hbar^2\left\{\frac{1}{\sin\theta}\frac{\partial}{\partial\theta}\left(\sin\theta\frac{\partial}{\partial\theta}\right) + \frac{1}{\sin^2\theta}\frac{\partial^2}{\partial\phi^2}\right\} \tag{9.9}$$

と表せることを, 角運動量の成分(9.6)〜(9.8)を使って示せ. なお, この(9.9)は, 別の観点で導いた(8.90)と同じものであることに留意してほしい.

[**解**] $\widehat{L}_x{}^2 + \widehat{L}_y{}^2 + \widehat{L}_z{}^2$ をそのまま計算するよりも, (9.6)と(9.7)から

$$\begin{cases} \widehat{L}_+ = \widehat{L}_x + i\widehat{L}_y = \hbar e^{i\phi}\left(\dfrac{\partial}{\partial\theta} + i\cot\theta\dfrac{\partial}{\partial\phi}\right) \\[2mm] \widehat{L}_- = \widehat{L}_x - i\widehat{L}_y = -\hbar e^{-i\phi}\left(\dfrac{\partial}{\partial\theta} - i\cot\theta\dfrac{\partial}{\partial\phi}\right) \end{cases} \tag{9.10}$$

のような演算子 $\widehat{L}_+, \widehat{L}_-$ をつくった方が, 効率的で見通し良く計算できる. この $\widehat{L}_\pm$ を**昇降演算子**という. (9.10)を使うと, $\widehat{L}^2$ は

$$\widehat{L}^2 = \widehat{L}_x{}^2 + \widehat{L}_y{}^2 + \widehat{L}_z{}^2 = \frac{1}{2}\widehat{L}_+\widehat{L}_- + \frac{1}{2}\widehat{L}_-\widehat{L}_+ + \widehat{L}_z{}^2 \tag{9.11}$$

と表せるので, 右辺の $\widehat{L}_+\widehat{L}_-$ に関数 ψ を掛けて, $\widehat{L}_+\widehat{L}_-\psi$ を計算すると

$$\widehat{L}_+\widehat{L}_-\psi = -\hbar^2\left[e^{i\phi}\left(\frac{\partial}{\partial\theta} + i\cot\theta\frac{\partial}{\partial\phi}\right)\right]\left[e^{-i\phi}\left(\frac{\partial\psi}{\partial\theta} - i\cot\theta\frac{\partial\psi}{\partial\phi}\right)\right]$$

$$= -\hbar^2\left(\frac{\partial^2\psi}{\partial\theta^2} + \cot\theta\frac{\partial\psi}{\partial\theta} + \cot^2\theta\frac{\partial^2\psi}{\partial\phi^2} + i\frac{\partial\psi}{\partial\phi}\right) \tag{9.12}$$

となる. 同様に, $\widehat{L}_-\widehat{L}_+\psi$ を計算すると次式となる.

$$\widehat{L}_-\widehat{L}_+\psi = -\hbar^2\left(\frac{\partial^2\psi}{\partial\theta^2} + \cot\theta\frac{\partial\psi}{\partial\theta} + \cot^2\theta\frac{\partial^2\psi}{\partial\phi^2} - i\frac{\partial\psi}{\partial\phi}\right) \tag{9.13}$$

(9.11)の $\widehat{L}^2$ に, (9.8), (9.12), (9.13)を代入すると

$$\widehat{L}^2 = -\hbar^2\left(\frac{\partial^2}{\partial\theta^2} + \cot\theta\frac{\partial}{\partial\theta} + \frac{1}{\sin^2\theta}\frac{\partial^2}{\partial\phi^2}\right)$$

$$= -\hbar^2\left\{\frac{1}{\sin\theta}\frac{\partial}{\partial\theta}\left(\sin\theta\frac{\partial}{\partial\theta}\right) + \frac{1}{\sin^2\theta}\frac{\partial^2}{\partial\phi^2}\right\} \tag{9.14}$$

となり, (9.9)を得る.   ¶

※ 可換な交換関係　角運動量 $\hat{\boldsymbol{L}}$ の3成分 $\hat{L}_x, \hat{L}_y, \hat{L}_z$ と $\hat{L}^2$ との間には，次のような可換な交換関係が成り立つ（章末問題 [9.1]）．

$$[\hat{L}^2, \hat{L}_x] = 0, \qquad [\hat{L}^2, \hat{L}_y] = 0, \qquad [\hat{L}^2, \hat{L}_z] = 0 \qquad (9.15)$$

※ 非可換な交換関係　一方，角運動量 $\hat{\boldsymbol{L}}$ の3成分 $\hat{L}_x, \hat{L}_y, \hat{L}_z$ の間には，

$$[\hat{L}_x, \hat{L}_y] = i\hbar\hat{L}_z, \qquad [\hat{L}_y, \hat{L}_z] = i\hbar\hat{L}_x, \qquad [\hat{L}_z, \hat{L}_x] = i\hbar\hat{L}_y \qquad (9.16)$$

のような非可換な交換関係が成り立つ（章末問題 [9.2]）．なお，(9.16)の交換関係は，添字 x, y, z がサイクリックになっているので，交換関係を1つだけ覚えておけば，他の2つは $\hat{L}_x \to \hat{L}_y,\ \hat{L}_y \to \hat{L}_z,\ \hat{L}_z \to \hat{L}_x$ のように添字を変えるだけで機械的に導ける（実用上，1番目の式を覚えるのがよいだろう）．ちなみに，(9.16)はコンパクトに

$$\hat{\boldsymbol{L}} \times \hat{\boldsymbol{L}} = i\hbar\hat{\boldsymbol{L}} \qquad (9.17)$$

のように表すことができる．

9.1.2　同時固有関数

　2つの演算子が可換であれば，同時に確定値をもつ共通の固有関数（同時固有関数）が存在する（5.6.2項を参照）．したがって，いまの場合，角運動量の3成分 $\hat{L}_x, \hat{L}_y, \hat{L}_z$ と $\hat{L}^2$ が同じ固有関数をもっていることになる．そこで，共通の固有関数を ϕ とし，それぞれの確定値（すなわち固有値）を α, β, γ とすれば，固有関数 ϕ は次のような固有値方程式を満足する．

$$\hat{L}_x\phi = \alpha\phi, \qquad \hat{L}_y\phi = \beta\phi, \qquad \hat{L}_z\phi = \gamma\phi \qquad (9.18)$$

　一方，$\hat{L}_x, \hat{L}_y, \hat{L}_z$ の間には，(9.16)のような非可換な交換関係がある．2つの演算子が非可換である場合，同時に確定値をもつ固有関数（同時固有関数）は存在しない（5.6.2項を参照）．そのため，(9.18)の固有値 α, β, γ の値は，すべてゼロになる（例題9.2を参照）．

［例題 9.2］　固有値がすべてゼロになる状態
　固有値方程式(9.18)に非可換な交換関係(9.16)を適用すると，固有値 α, β, γ はすべてゼロになることを示せ．

　［解］　$[\hat{L}_x, \hat{L}_y] = i\hbar\hat{L}_z$ の右側に ϕ を掛けて，まず左辺を計算する．

$$\hat{L}_x(\hat{L}_y\phi) - \hat{L}_y(\hat{L}_x\phi) = \hat{L}_x(\beta\phi) - \hat{L}_y(\alpha\phi) = \beta(\hat{L}_x\phi) - \alpha(\hat{L}_y\phi) = \beta\alpha\phi - \alpha\beta\phi = 0 \qquad (9.19)$$

　一方，右辺の演算子部分は $\hat{L}_z\phi = \gamma\phi$ であるから，$\gamma = 0$ を得る．同様の計算を残りの交換関係に行えば，$\alpha = 0$ と $\beta = 0$ を得る．　¶

例題 9.2 からわかるように，角運動量成分の 2 つ以上が確定値をとるのは，すべての成分がゼロになる状態だけである．そのため，一般に $\widehat{L}^2$ と $\widehat{\boldsymbol{L}}$ の 3 成分 $(\widehat{L}_x, \widehat{L}_y, \widehat{L}_z)$ の中の 1 つだけが同時に共通の固有関数と確定値をもち，残りの 2 成分の値は不定になる．このことを，具体的に調べてみよう．

9.2　角運動量の固有値問題

角運動量の 3 成分 $\widehat{L}_x, \widehat{L}_y, \widehat{L}_z$ の 1 つは $\widehat{L}^2$ と同じ固有関数をもっており，$\widehat{L}^2$ の固有関数はラプラス方程式 (8.82) の解である．(8.82) は特殊関数を使って求めることができるが，ここでは，解の性質が理解しやすいように，初等的な方法でラプラス方程式を解いてみよう．

9.2.1　角運動量の 2 乗 $\widehat{L}^2$ の固有関数と固有値

角運動量の 2 乗 $\widehat{L}^2$ とルジャンドル演算子 $\widehat{\Lambda}$ は，(8.90) のように $\widehat{L}^2 = \hbar^2 \widehat{\Lambda}$ でつながっているから，$\widehat{L}^2$ の固有関数はルジャンドル演算子の固有関数（球面調和関数）Y_l で与えられる．固有値の大きさ L は $L = \sqrt{l(l+1)}\,\hbar$ である（(8.95) を参照）．球面調和関数 $Y_l(\theta, \phi)$ は，ラプラス方程式

$$\left(\frac{\partial^2}{\partial x^2} + \frac{\partial^2}{\partial y^2} + \frac{\partial^2}{\partial z^2} \right) u = 0 \tag{8.82}$$

の l 次の同次多項式の解 $u = u_l$ である．（ただし，$r = 1$ とおく必要がある．(9.44) を参照．）

1 次（$l = 1$）の同次多項式は (8.83) から

$$u_1 = ax + by + cz \tag{9.20}$$

と表せる（a, b, c は係数）．これを (8.82) に代入すると

$$\begin{cases} \dfrac{\partial^2 u_1}{\partial x^2} = 0 \\[2mm] \dfrac{\partial^2 u_1}{\partial y^2} = 0 \\[2mm] \dfrac{\partial^2 u_1}{\partial z^2} = 0 \end{cases} \tag{9.21}$$

を得る．(9.21) は，(9.20) の係数 a, b, c がどのような定数であっても成り立つから，(9.20) は 1 次独立な 3 つの解 (x, y, z) があることを意味する．いい換えれば，(9.20) は 3 つの解の重ね合わせ状態（1 次結合の式）である．

ここで，(9.3)〜(9.5) を使って u_1 に角運動量成分を演算すると，次式を得る．

$$
\begin{cases}
\widehat{L}_x u_1 = -i\hbar\left(y\dfrac{\partial}{\partial z} - z\dfrac{\partial}{\partial y}\right)(ax + by + cz) = -i\hbar(cy - bz) \\[2mm]
\widehat{L}_y u_1 = -i\hbar\left(z\dfrac{\partial}{\partial x} - x\dfrac{\partial}{\partial z}\right)(ax + by + cz) = -i\hbar(az - cx) \\[2mm]
\widehat{L}_z u_1 = -i\hbar\left(x\dfrac{\partial}{\partial y} - y\dfrac{\partial}{\partial x}\right)(ax + by + cz) = -i\hbar(bx - ay)
\end{cases}
$$

$$(9.22)$$

次に, $\widehat{L}^2 u_1$ を計算するため, (9.22)を利用して $\widehat{L_x}^2 u_1, \widehat{L_y}^2 u_1, \widehat{L_z}^2 u_1$ を求めると

$$
\begin{cases}
\widehat{L_x}^2 u_1 = \widehat{L}_x(\widehat{L}_x u_1) = -\hbar^2\left(y\dfrac{\partial}{\partial z} - z\dfrac{\partial}{\partial y}\right)(cy - bz) = \hbar^2(by + cz) \\[2mm]
\widehat{L_y}^2 u_1 = \widehat{L}_y(\widehat{L}_y u_1) = -\hbar^2\left(z\dfrac{\partial}{\partial x} - x\dfrac{\partial}{\partial z}\right)(az - cx) = \hbar^2(cz + ax) \\[2mm]
\widehat{L_z}^2 u_1 = \widehat{L}_z(\widehat{L}_z u_1) = -\hbar^2\left(x\dfrac{\partial}{\partial y} - y\dfrac{\partial}{\partial x}\right)(bx - ay) = \hbar^2(ax + by)
\end{cases}
$$

$$(9.23)$$

と表せるので, $\widehat{L}^2 u_1$ は(9.23)から

$$\widehat{L}^2 u_1 = (\widehat{L_x}^2 + \widehat{L_y}^2 + \widehat{L_z}^2)u_1 = \hbar^2(2ax + 2by + 2cz) = 2\hbar^2 u_1 \quad (9.24)$$

となる. したがって, $\widehat{L}^2$ の固有値 $L^2 = l(l+1)\hbar^2 = 2\hbar^2$ に一致する ((8.94)を参照) から, 1次の同次多項式(9.20)は確かに正しい解であることがわかる.

例題 9.2 から, $\widehat{L}^2$ と $\widehat{\boldsymbol{L}}$ の成分 $(\widehat{L}_x, \widehat{L}_y, \widehat{L}_z)$ の1つは同時に確定値をもつことがわかったから, 具体的に $l = 1$ の固有関数を求めてみよう. $\widehat{\boldsymbol{L}}$ の成分は $\widehat{L}_x, \widehat{L}_y, \widehat{L}_z$ のどれを選んでもよいが, これからの解説や応用問題に都合が良い $\widehat{L}_z$ を選ぶことにする.

> ─［**例題 9.3**］ $\widehat{L}_z$ **の固有関数と固有値** ════════════
>
> (9.20)の関数 u_1 に対する固有値方程式
> $$\widehat{L}_z u_1 = \mu u_1 \tag{9.25}$$
> を満たす固有関数は
> $$\phi_1 = a(x + iy) \tag{9.26}$$
> $$\phi_0 = cz \tag{9.27}$$
> $$\phi_{-1} = a(x - iy) \tag{9.28}$$
> で, それぞれの固有値 μ は $+\hbar, 0, -\hbar$ であること (つまり, $\widehat{L}_z\phi_1 = +\hbar\phi_1$, $\widehat{L}_z\phi_0 = 0\hbar\phi_0$, $\widehat{L}_z\phi_{-1} = -\hbar\phi_{-1}$) を示せ.

［**解**］ (9.20)の u_1 と(9.22)の $\widehat{L}_z u_1$ を, 固有値方程式(9.25)に代入すると

$$-i\hbar(bx - ay) = \mu(ax + by + cz) \tag{9.29}$$

となるので, これを整理すると

$$(\mu a + i\hbar b)x + (\mu b - i\hbar a)y + \mu cz = 0 \tag{9.30}$$

を得る．この式が任意の x, y, z で成り立つためには，次式でなければならない．

$$\mu a + i\hbar b = 0, \qquad \mu b - i\hbar a = 0, \qquad \mu c = 0 \tag{9.31}$$

固有値 μ が $\mu \neq 0$ の場合，(9.31)から $c = 0$ であり，$\mu^2 = \hbar^2$ を得る．そのうち，$\mu = \hbar$ のとき $b = ia$ であり，$\mu = -\hbar$ のとき $b = -ia$ である．

一方，固有値 μ が $\mu = 0$ の場合，(9.31)から $a = 0$，$b = 0$，$c \neq 0$ である．

以上より，(9.26)～(9.28)を得る． ¶

例題 9.3 の結果から，1 次独立な 3 つの解 x, y, z を (9.26) ～ (9.28) のような組み合わせにすると，$\hat{L}_z$ の固有関数になることがわかった．したがって，直交座標 (x, y, z) の代わりに新しい座標

$$\xi = x + iy, \qquad \eta = x - iy, \qquad z \tag{9.32}$$

でラプラス方程式(8.82)を書き換えてから解く方が，固有関数を見通し良く，かつ，効率的に求めることができるだろう．

9.2.2　角運動量 $\hat{L}_z$ の固有関数と固有値

ラプラス方程式(8.82)を新しい座標(9.32)で書き換えると

$$4\frac{\partial^2 u}{\partial \xi \, \partial \eta} + \frac{\partial^2 u}{\partial z^2} = 0 \tag{9.33}$$

となる．(9.33)の解 u は，(8.83)を ξ, η, z に置き換えた

$$u_l(\xi, \eta, z) = \sum_{i+j+k=l} C_{ijk}\, \xi^i \eta^j z^k \tag{9.34}$$

で与えられる．具体的に，ラプラス方程式(9.33)の同次多項式の解を，いくつかの次数 l で求めてみよう．

0 次の同次多項式　　$l = 0$ と (9.34)より

$$u_0 = 定数\ (= C とおく) \tag{9.35}$$

である．これは，(9.33)を満たすので解である．

1 次の同次多項式　　$l = 1$ と (9.34)より

$$u_1 = a\xi + b\eta + cz \tag{9.36}$$

である．これを(9.33)に代入すると

$$\frac{\partial^2 u_1}{\partial \xi \, \partial \eta} = 0 \qquad および \qquad \frac{\partial^2 u_1}{\partial z^2} = 0 \tag{9.37}$$

を得る．(9.37)は，(9.36)の係数 a, b, c が任意の定数であっても成り立つから，(9.36)は 1 次独立な 3 つの解

$$\xi, \qquad \eta, \qquad z \quad (\xi, \eta は(9.32)を参照) \tag{9.38}$$

があることがわかる．いい換えれば，(9.36)は(9.38)の1次結合の式である．

2次の同次多項式　　$l = 2$ と(9.34)より

$$u_2 = a\xi^2 + b\eta^2 + cz^2 + d\xi\eta + e\xi z + f\eta z \tag{9.39}$$

である．これを(9.33)に代入すると，係数に対して次の関係式

$$2d + c = 0 \tag{9.40}$$

を得るので，$d = -(1/2)c$ より(9.39)は

$$u_2 = a\xi^2 + b\eta^2 + c\left(z^2 - \frac{1}{2}\xi\eta\right) + e\xi z + f\eta z \tag{9.41}$$

となる．この(9.41)は，次の5つの1次独立な2次多項式

$$\xi^2, \quad \eta^2, \quad z^2 - \frac{1}{2}\xi\eta, \quad \xi z, \quad \eta z \quad (\xi, \eta は(9.32)を参照) \tag{9.42}$$

の1次結合である．

　以上の結果からわかるように，0次には1個（(9.35)），1次には3個（(9.38)），2次には5個（(9.42)）の多項式の解がある．同様な方法で，3次の多項式の解 u_3 も求めることができる（章末問題 [9.3]）．

Note 9.1　**次数 l と状態名**　　角運動量 $\boldsymbol{L}$ の大きさ L は $L = \sqrt{l(l+1)}\hbar$ であるから，異なる l には異なる角運動量をもった状態が対応する．原子物理学では，これらの状態を次のように分類する．

$$l = 1, 2, 3, 4, \cdots \iff \text{s, p, d, f, } \cdots \tag{9.43}$$

　これらの状態名（軌道名）は，分光装置で観測したスペクトル線の形（sharp, principal, diffuse, fundamental, $\cdots$）から，それらの頭文字をとったものである．これ以降の状態名（軌道名）はアルファベット順になっている．

※球面調和関数 Y_l の具体的な形　　次に，これらの多項式から，球面調和関数 Y_l をつくってみよう．(8.84)の $u(r, \theta, \phi) = r^l Y_l(\theta, \phi)$ は，$r = 1$ とおけば

$$u_l = Y_l(\theta, \phi) \tag{9.44}$$

のように，u_l が球面調和関数 Y_l になる．ただし，l への依存性を示すために，u に添字を付けて u_l と表している．

　s 状態（$l = 0$）　　多項式 u_0 は，(9.35)のように定数である．

$$u_0 = C \tag{9.35}$$

　p 状態（$l = 1$）　　多項式 u_1 は，(9.38)のように ξ, η, z である．極座標(8.75)で $r = 1$ とおいた x, y, z 座標を使うと，これらの多項式は次のようになる．

$$\begin{cases} a\xi = a(x+iy) = a\sin\theta(\cos\phi + i\sin\phi) = a\sin\theta\,e^{i\phi} \\ b\eta = b(x-iy) = b\sin\theta(\cos\phi - i\sin\phi) = b\sin\theta\,e^{-i\phi} \qquad (9.45) \\ cz = c\cos\theta \end{cases}$$

d 状態（$l=2$）　　多項式 u_2 は，(9.42)のように5つの2次多項式で，それらを極座標で表すと，次のようになる.

$$\begin{cases} \xi^2 = (x+iy)^2 = (\sin\theta\,e^{i\phi})^2 = \sin^2\theta\,e^{i2\phi} \\[2mm] \eta^2 = (x-iy)^2 = (\sin\theta\,e^{-i\phi})^2 = \sin^2\theta\,e^{-i2\phi} \\[2mm] z^2 - \dfrac{1}{2}\xi\eta = z^2 - \dfrac{1}{2}(x+iy)(x-iy) = z^2 - \dfrac{1}{2}(x^2+y^2) \\[2mm] \qquad\qquad = \cos^2\theta - \dfrac{1}{2}\sin^2\theta = \dfrac{1}{2}(2\cos^2\theta - \sin^2\theta) \\[2mm] \qquad\qquad = \dfrac{1}{2}(3\cos^2\theta - 1) \\[2mm] \xi z = (x+iy)z = (\sin\theta\,e^{i\phi})\cos\theta = \sin\theta\cos\theta\,e^{i\phi} \\[2mm] \eta z = (x-iy)z = (\sin\theta\,e^{-i\phi})\cos\theta = \sin\theta\cos\theta\,e^{-i\phi} \end{cases}$$

$$(9.46)$$

──［例題 9.4］　$\widehat{L}_z$ の固有関数 ══════════════════

　次の各問いに答えよ.
(1)　関数 ξ が角運動量演算子 $\widehat{L}_x, \widehat{L}_y$ の固有関数ではないことを示せ.
(2)　関数 ξ, η, z がすべて，角運動量演算子 $\widehat{L}_z$ の固有関数であることを示せ.

　［解］　(1)　$\widehat{L}_x$ と $\widehat{L}_y$ を (9.45) の ξ に作用させると，

$$\begin{cases} \dfrac{1}{i\hbar}\widehat{L}_x\xi = \left(\sin\phi\dfrac{\partial}{\partial\theta} + \dfrac{\cos\phi}{\tan\theta}\dfrac{\partial}{\partial\phi}\right)\sin\theta\,e^{i\phi} = \sin\phi\cos\theta\,e^{i\phi} + i\cos\phi\cos\theta\,e^{i\phi} \\[2mm] \qquad = i\cos\theta(\cos\phi - i\sin\phi)e^{i\phi} = i\cos\theta\,e^{-i\phi}e^{i\phi} = i\cos\theta \\[3mm] \dfrac{1}{i\hbar}\widehat{L}_y\xi = \left(-\cos\phi\dfrac{\partial}{\partial\theta} + \dfrac{\sin\phi}{\tan\theta}\dfrac{\partial}{\partial\phi}\right)\sin\theta\,e^{i\phi} = -\cos\phi\cos\theta\,e^{i\phi} + i\sin\phi\cos\theta\,e^{i\phi} \\[2mm] \qquad = -\cos\theta(\cos\phi - i\sin\phi)e^{i\phi} = -\cos\theta\,e^{-i\phi}e^{i\phi} = -\cos\theta \end{cases}$$

$$(9.47)$$

となる. これらは

$$\begin{cases} \widehat{L}_x\xi = -\hbar\cos\theta \neq (\text{定数}) \times \xi \\ \widehat{L}_y\xi = -i\hbar\cos\theta \neq (\text{定数}) \times \xi \end{cases} \qquad (9.48)$$

であるから，ξ は $\widehat{L}_x, \widehat{L}_y$ の固有関数ではないことがわかる.
(2)　(9.45) の ξ, η, z に $\widehat{L}_z$ を作用させると

$$\begin{cases} \hat{L}_z \xi = -i\hbar \dfrac{\partial}{\partial \phi}(\sin\theta\, e^{i\phi}) = \hbar \sin\theta\, e^{i\phi} = \hbar \xi \\[2mm] \hat{L}_z \eta = -i\hbar \dfrac{\partial}{\partial \phi}(\sin\theta\, e^{-i\phi}) = -\hbar \sin\theta\, e^{-i\phi} = -\hbar \eta \\[2mm] \hat{L}_z z = -i\hbar \dfrac{\partial}{\partial \phi}(\cos\theta) = 0\hbar = 0\hbar z \end{cases} \tag{9.49}$$

のように，ξ, η, z はすべて $\hat{L}_z$ の固有関数である．したがって，角運動量の z 方向成分 L_z は 3 つの固有値（$\pm\hbar, 0\hbar$）をもっていることがわかる． ¶

　いま $l = 1$ なので，角運動量 $\boldsymbol{L}$ の大きさ L は $L = \sqrt{l(l+1)}\,\hbar$ より $L = \sqrt{2}\,\hbar$ である．これも，固有関数 ξ に対して実際に確認してみよう．つまり，角運動量の 2 乗 $\hat{L}^2 = \hat{L}_x{}^2 + \hat{L}_y{}^2 + \hat{L}_z{}^2$ を ξ に作用させる．

　(9.47) から，$\hat{L}_x{}^2 \xi$ は次式のようになる．

$$\begin{aligned} \left(\frac{1}{i\hbar}\hat{L}_x\right)^2 \xi &= \left(\frac{1}{i\hbar}\hat{L}_x\right)\left(\frac{1}{i\hbar}\hat{L}_x\,\xi\right) \\[2mm] &= \left(\frac{1}{i\hbar}\hat{L}_x\right)(i\cos\theta) \\[2mm] &= \left(\sin\phi\frac{\partial}{\partial\theta} + \frac{\cos\phi}{\tan\theta}\frac{\partial}{\partial\phi}\right)(i\cos\theta) \\[2mm] &= -i\sin\phi\sin\theta \end{aligned} \tag{9.50}$$

同様な計算を $\hat{L}_y{}^2 \xi$ と $\hat{L}_z{}^2 \xi$ に対して行うと

$$\left(\frac{1}{i\hbar}\hat{L}_y\right)^2 \xi = -\cos\phi\sin\theta, \qquad \left(\frac{1}{i\hbar}\hat{L}_z\right)^2 \xi = -\sin\theta\, e^{i\phi} \tag{9.51}$$

となる．したがって，次式を得る．

$$\begin{aligned} \hat{L}^2 \xi &= \left(\hat{L}_x{}^2 + \hat{L}_y{}^2 + \hat{L}_z{}^2\right)\xi \\[2mm] &= \hbar^2 \sin\theta(\cos\phi + i\sin\phi) + \hbar^2 \sin\theta\, e^{i\phi} \\[2mm] &= 2\hbar^2 \sin\theta\, e^{i\phi} \\[2mm] &= 2\hbar^2 \xi \end{aligned} \tag{9.52}$$

この結果から，確かに角運動量 $\boldsymbol{L}$ の大きさ L は $L = \sqrt{2}\,\hbar$ であることがわかる．もちろん，この結果は (9.24) と同じものであるが，ここで示した計算の方が効率的で見通しが良いだろう．ちなみに，いま p 状態の固有関数について議論したことから推測できるように，d 状態（$l = 2$）の (9.46) の 5 つの関数も $\hat{L}_z$ の固有関数である．実際，計算すると，5 つの関数は

$$\left\{ \begin{aligned} &\hat{L}_z \xi^2 = -i\hbar \frac{\partial}{\partial \phi} \sin^2 \theta\, e^{i2\phi} = 2\hbar \sin^2 \theta\, e^{i2\phi} = 2\hbar \xi^2 \\[2mm] &\hat{L}_z \eta^2 = -i\hbar \frac{\partial}{\partial \phi} \sin^2 \theta\, e^{-i2\phi} = -2\hbar \sin^2 \theta\, e^{-i2\phi} = -2\hbar \eta^2 \\[2mm] &\hat{L}_z \left(z^2 - \frac{1}{2}\xi\eta \right) = -i\hbar \frac{\partial}{\partial \phi} \frac{1}{2}(2\cos^2 \theta - \sin^2 \theta) = 0\hbar \left(z^2 - \frac{1}{2}\xi\eta \right) \\[2mm] &\hat{L}_z \xi z = -i\hbar \frac{\partial}{\partial \phi} \sin\theta \cos\theta\, e^{i\phi} = \hbar \sin\theta \cos\theta\, e^{i\phi} = \hbar \xi z \\[2mm] &\hat{L}_z \eta z = -i\hbar \frac{\partial}{\partial \phi} \sin\theta \cos\theta\, e^{-i\phi} = -\hbar \sin\theta \cos\theta\, e^{-i\phi} = -\hbar \eta z \end{aligned} \right.$$

$$(9.53)$$

となるので，5 個の固有値（$\pm 2\hbar, \pm\hbar, 0\hbar$）をもつことがわかる．$l = 2$ の角運動量 $\boldsymbol{L}$ の大きさ L は，$L = \sqrt{l(l+1)}\,\hbar$ より $L = \sqrt{6}\,\hbar$ である．

❋ **計算から学ぶ**   以上の計算からわかるように，固有値はすべて，指数関数 $e^{im\phi}$（$m = 0, \pm 1, \pm 2$）の ϕ に関する微分から導かれる．このような結果になったのは，多項式が完全に θ 部分と ϕ 部分に分離すること，そして，$\hat{L}_z$ の演算は $\partial/\partial\phi$ だけであることによる（例題 9.5 を参照）．

［例題 9.5］ $\hat{L}_z$ の固有値方程式

$\hat{L}_z$ の固有関数を $\varPhi(\phi)$，固有値を μ として，固有値方程式 $\hat{L}_z \varPhi = \mu\varPhi$，すなわち

$$-i\hbar \frac{\partial}{\partial \phi} \varPhi(\phi) = \mu \varPhi(\phi) \qquad (9.54)$$

を解き，解が一価関数であるという条件を課すと

$$\varPhi_m(\phi) = N_\phi e^{im\phi} \qquad (m = 0, \pm 1, \pm 2, \cdots) \qquad (9.55)$$

となることを示せ（N_ϕ は規格化定数）．

［解］ (9.54)の解は

$$\varPhi(\phi) = \varPhi(0)\, e^{i\mu\phi/\hbar} \qquad (9.56)$$

である．この(9.56)は，$\varPhi$ の全域（つまり 0 から 2π まで）において有限な振る舞いをするから，物理的な解としての条件は満たしている．さらに，これに一価関数であるという条件（$\varPhi(\phi) = \varPhi(\phi + 2\pi)$）を課すと

$$e^{i\mu\phi/\hbar} = e^{i\mu(\phi+2\pi)/\hbar} = e^{i\mu\phi/\hbar} e^{i\mu 2\pi/\hbar} \qquad (9.57)$$

でなければならないから

$$1 = e^{i\mu 2\pi/\hbar} \qquad (9.58)$$

を満たす必要がある．(9.58)は，位相が $i\mu 2\pi/\hbar = i2m\pi$（m は整数）を満たせば成り立つから，固有値 μ に対して

$$\mu = m\hbar \qquad (m = 0, \pm 1, \pm 2, \cdots) \qquad (9.59)$$

という条件を得る．この条件(9.59)で(9.56)の μ を書き換えると(9.55)となる． ¶

9.3 角運動量の方向の量子化

前節までで，角運動量演算子 $\hat{\boldsymbol{L}}$ の2乗 $\hat{L}^2$ と，角運動量の z 成分 $\hat{L}_z$ は，同じ固有関数をもち，それぞれの固有値が $l(l+1)\hbar^2$ と $m\hbar$ であること，そして，残りの2成分 $\hat{L}_x, \hat{L}_y$ の値は不定であることを述べた．角運動量の成分が $\hbar$ を単位として整数であることを，角運動量 $\boldsymbol{L}$ の**方向の量子化**という．

9.3.1 角運動量の z 成分の量子化

p 状態（$l = 1$）の場合，3つの固有値 $m\hbar = (1, 0, -1)\hbar$ に対応する(9.38)の3つの固有関数 $(\xi, \eta, z) = (\psi_1, \psi_{-1}, \psi_0)$ は $\hat{L}_z$ に対するものだから，$\hat{L}_x, \hat{L}_y$ の固有値は確定しない．具体的に ψ_1 の状態を図示すると，図9.1のように，角運動量ベクトル $\boldsymbol{L}$ は z 軸を中心線とする円錐面上にあり，$\boldsymbol{L}$ の向きは不定である．

同様に，ψ_{-1} も円錐をつくり，ψ_0 は円盤をつくるので，$\boldsymbol{L}$ の向きは図9.2のようになる．このように，角運動量の成分の値はとびとび（離散的）になって，角運動量ベクトルの向きが制限されるために，"方向の量子化"が生じるのである．

なお，注意してほしいことは，z 成分の最大値 $L_z (= \hbar)$ が $L = \sqrt{2}\hbar$ よりも小さな値に制限されることである．もし，最大値 L_z が L（図9.2の球の半径に当たる）に等しかったら $L_x = L_y = 0$ となるので，角運動量 $\boldsymbol{L}$ の向きが

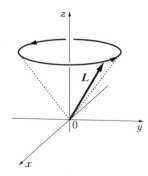

図 9.1 角運動量ベクトル $\boldsymbol{L}$ は，z 軸を中心線とする円錐の側面に存在する．

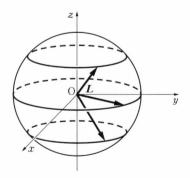

図 9.2 p 状態（$l = 1$）における角運動量ベクトル $\boldsymbol{L}$ の "方向の量子化"

確定することになる．これは，明らかに不確定性原理と矛盾する．このため，最大値 L_z に対して $L_z < L$ の制限がつくのである．

❋縮退状態　角運動量の 2 乗 $\hat{L}^2$ は 3 個の固有関数 $(\xi, \eta, z) = (\phi_1, \phi_{-1}, \phi_0)$ をもっているが，これらの固有値はすべて $2\hbar^2$ であるため，p 状態は 3 重に縮退している．したがって，この p 状態は

$$\phi = c_1\phi_1 + c_2\phi_{-1} + c_3\phi_0 \tag{9.60}$$

のように，3 個の関数の重ね合わせで記述しなければならない．

空間は等方的であるから，どの方向も同等である．そのため，角運動量の成分を知ろうと思えば，例えば，その方向に平行な磁場をかけるなどして方向を区別して，成分の測定を行わなければならない．そのような測定の結果，成分 L_z が $+\hbar$ に等しければ，測定後の状態は固有状態 ϕ_1 で記述されることになる．つまり，波動関数 ϕ は ϕ_1 状態に収縮して

$$\phi = \phi_1, \qquad |c_1|^2 = 1, \qquad |c_2|^2 = |c_3|^2 = 0 \tag{9.61}$$

となる（波動関数の収縮）．

このように，成分 L_z は決まった値をもつが，他の成分 L_x, L_y については何もわからない．これは，まさに ϕ_1 が演算子 $\hat{L}_x, \hat{L}_y$ の固有関数ではないという事実に対応するものである．

9.3.2　角運動量の x, y 成分の量子化

ルジャンドル演算子に関連したラプラス方程式 (8.82) の同次多項式の解 $u(x, y, z)$ が z 軸に対して特別な意味をもった理由は，変数 x, y, z から新しい変数 $\xi = x + iy$，$\eta = x - iy$，z を定義（(9.32)）して，ラプラス方程式を

$$4\frac{\partial^2 u}{\partial \xi \, \partial \eta} + \frac{\partial^2 u}{\partial z^2} = 0 \tag{9.33}$$

の形に表現したためである．

❋$\hat{L}_x$ の固有関数をつくる方法　直交座標 (x, y, z) から，次のような変数

$$x, \qquad \eta' = y + iz, \qquad \zeta' = y - iz \tag{9.62}$$

を定義しよう．これらの新しい変数 x, η', ζ' を使ってラプラス方程式 (8.82) を書き換えると，次式のようになる．

$$4\frac{\partial^2 u}{\partial \eta' \, \partial \zeta'} + \frac{\partial^2 u}{\partial x^2} = 0 \tag{9.63}$$

この方程式の 1 次の同次多項式解は，(9.34) と (9.36) と同様の手順で

$$u_1 = ax + b\eta' + c\zeta' \tag{9.64}$$

と表せるので，これを(9.63)に代入すると

$$\frac{\partial^2 u_1}{\partial \eta' \partial \zeta'} = 0 \qquad \text{および} \qquad \frac{\partial^2 u_1}{\partial x^2} = 0 \tag{9.65}$$

を得る．(9.65)は，(9.64)の係数 a, b, c が任意の定数であっても成り立つから，(9.64)は1次独立な3つの解 x, η', ζ' があることがわかる．つまり，次の多項式

$$\begin{cases} x = \sin\theta\cos\phi \\ \eta' = y + iz = \sin\theta\sin\phi + i\cos\theta \\ \zeta' = y - iz = \sin\theta\sin\phi - i\cos\theta \end{cases} \tag{9.66}$$

が，演算子 $\hat{L}^2$ と演算子 $\hat{L}_x$ の固有関数である．この場合，成分 L_x は3つの固有値 $m\hbar = (0, \pm 1)\hbar$ をもつが，他の2つ (L_y, L_z) は不定のままである．

さらに，直交座標 (x, y, z) から新しい変数として

$$\xi'' = x + iz, \qquad y, \qquad \zeta'' = x - iz \tag{9.67}$$

を定義すれば，成分 L_y だけが3つの固有値 $m\hbar = (0, \pm 1)\hbar$ をもつことになる．

9.4 角度方向のシュレーディンガー方程式

9.2節で初等的な方法により固有関数（球面調和関数）$Y(\theta, \phi)$ を求めたが，ここでは，特殊関数（ルジャンドル多項式）を使って，剛体回転子の固有値方程式(8.81)からスマートに $Y(\theta, \phi)$ を導く方法を解説しよう．

9.4.1 θ 方向と ϕ 方向の式

剛体回転子の固有値方程式(8.81)は，ルジャンドル演算子(8.77)と固有値(8.88)を使って書き換えると

$$\frac{1}{\sin\theta}\frac{\partial}{\partial\theta}\left(\sin\theta\frac{\partial Y}{\partial\theta}\right) + \frac{1}{\sin^2\theta}\frac{\partial^2 Y}{\partial\phi^2} + l(l+1)Y = 0 \tag{9.68}$$

になり，この(9.68)は θ 部分と ϕ 部分が分離できるので，関数 $Y(\theta, \phi)$ を

$$Y(\theta, \phi) = \Theta(\theta)\,\Phi(\phi) \tag{9.69}$$

のように，θ の関数 Θ と ϕ の関数 Φ の積（変数分離の解）で表すことができる．これを(9.68)に代入すると

$$\left\{\frac{\Phi}{\sin\theta}\frac{\partial}{\partial\theta}\left(\sin\theta\frac{\partial\Theta}{\partial\theta}\right) + \frac{\Theta}{\sin^2\theta}\frac{\partial^2\Phi}{\partial\phi^2}\right\} + l(l+1)\Theta\Phi = 0 \tag{9.70}$$

になるので，この両辺に $\sin^2\theta\,(\Theta\Phi)^{-1}$ を掛けて整理すると，

$$\frac{1}{\Theta}\left\{\sin\theta\frac{d}{d\theta}\left(\sin\theta\frac{d\Theta}{d\theta}\right)\right\} + l(l+1)\sin^2\theta = -\frac{1}{\Phi}\frac{d^2\Phi}{d\phi^2} \tag{9.71}$$

となり，左辺は θ だけの式，右辺は ϕ だけの式になる．ただし，Θ と Φ はそれぞれ θ と ϕ だけの関数だから，偏微分 $(\partial/\partial\theta, \partial/\partial\phi)$ を常微分 $(d/d\theta, d/d\phi)$ に変えた．

(9.71) を成り立たせるには，両辺の式が変数 (θ, ϕ) に無関係な"定数"でなければならない．この"定数"を m^2 とすると，(9.71) は次のように 2 つの方程式に分かれる．

$$-\frac{1}{\Phi}\frac{d^2\Phi}{d\phi^2} = m^2 \tag{9.72}$$

$$\frac{1}{\Theta}\left\{\sin\theta\frac{d}{d\theta}\left(\sin\theta\frac{d\Theta}{d\theta}\right)\right\} + l(l+1)\sin^2\theta = m^2 \tag{9.73}$$

(9.72) は変数 ϕ に対する常微分方程式で，解 $\Phi(\phi)$ は m の値に依存するので，解を Φ_m と表すと，(9.72) は次式のようになる．

$$\frac{d^2\Phi_m}{d\phi^2} + m^2\Phi_m = 0 \tag{9.74}$$

一方，(9.73) は変数 θ に対する常微分方程式で，解 $\Theta(\theta)$ は l, m に依存するので，解を $\Theta_l{}^m$ と表すと，(9.73) は

$$\sin\theta\frac{d}{d\theta}\left(\sin\theta\frac{d\Theta_l{}^m}{d\theta}\right) + \{l(l+1)\sin^2\theta - m^2\}\Theta_l{}^m = 0 \tag{9.75}$$

となる．なお，(9.72) と (9.73) で，"定数"に文字 m を使う理由は，この定数が磁気 (magnet) に関係する量だからである．そのため，この m のことを**磁気量子数**という（質量 m と混同しないように注意してほしい）．

※ **$\Phi_m(\phi)$ の一般解**　　$\Phi_m(\phi)$ に対する方程式 (9.74) の解は，$e^{im\phi}$ と $e^{-im\phi}$ である．この $\Phi_m(\phi) = e^{\pm im\phi}$ は $\hat{L}_z$ の固有関数で，固有値は $\hat{L}_z\Phi_m = -i\hbar(\partial\Phi_m/\partial\phi)$ $= \pm m\hbar\Phi_m$ より $\pm m\hbar$ である．そこで，$\Phi_m(\phi)$ をプラスの固有値（$+ m\hbar$）を選んで

$$\Phi_m(\phi) = N_\phi e^{im\phi} \qquad (N_\phi \text{ は規格化定数}) \tag{9.76}$$

と表すと，$\hat{L}_z$ の固有値方程式は次式のようになる．

$$\hat{L}_z\Phi_m(\phi) = m\hbar\Phi_m(\phi) \tag{9.77}$$

※ **m の値**　　空間の任意の点を z 軸の周りで 2π だけ回転させると，同じ場所に戻る．そのため，(9.76) は $\Phi_m(\phi + 2\pi) = \Phi_m(\phi)$ を満たす必要があるので，$e^{im\phi} = e^{im(\phi+2\pi)} = e^{im\phi}e^{i2\pi m}$ より $e^{i2\pi m} = 1$ という条件式が出てくる．これから，磁気量子数 m は

$$m = 0, \pm 1, \pm 2, \cdots \tag{9.78}$$

のように整数値をとるので，量子化されることになる．ただし，m のとり得る値は $\pm l$ までに制限される（(9.96)を参照）．

※ $Y(\theta, \phi)$ の規格化　$Y(\theta, \phi)$ は(9.69)の変数分離形 $\Theta(\theta) \, \Phi(\phi)$ で表せるので，規格化条件を

$$1 = \int_0^\pi \sin\theta \, d\theta \int_0^{2\pi} d\phi \, |Y(\theta, \phi)|^2$$

$$= \underbrace{\left(\int_0^\pi |\Theta(\theta)|^2 \sin\theta \, d\theta \right)}_{1} \cdot \underbrace{\left(\int_0^{2\pi} d\phi \, |\Phi(\phi)|^2 \right)}_{1} \qquad (9.79)$$

のように，Θ と Φ の積分それぞれが1になるように分離した形にできる（この規格化条件の導出は(10.73)を参照）．

したがって，(9.76)の N_ϕ は

$$1 = \int_0^{2\pi} \Phi_m^*(\phi) \, \Phi_m(\phi) \, d\phi = |N_\phi|^2 \int_0^{2\pi} e^{-im\phi} e^{im\phi} \, d\phi = 2\pi \, |N_\phi|^2 \qquad (9.80)$$

から

$$N_\phi = \frac{1}{\sqrt{2\pi}} \qquad (9.81)$$

と決まるので，Φ_m は次式で与えられる．

$$\Phi_m(\phi) = \frac{1}{\sqrt{2\pi}} \, e^{im\phi} \qquad (9.82)$$

なお，関数 Φ_m と $\Phi_{m'}$ との間に次の規格直交関係が成り立つ（章末問題 [9.4]）．

$$\int_0^{2\pi} \Phi_m^*(\phi) \, \Phi_{m'}(\phi) \, d\phi = \delta_{mm'} \qquad (9.83)$$

9.4.2　ルジャンドル多項式の解

$\Theta_l{}^m(\theta)$ に対する方程式(9.75)を解くために，まず変数 θ を次式で変数 x に変える（この x は座標とは無関係で，慣習的に用いられている文字である）．

$$x = \cos\theta \qquad (9.84)$$

このとき，微分はチェインルールより

$$\frac{d}{d\theta} = \frac{dx}{d\theta} \frac{d}{dx} = \frac{d\cos\theta}{d\theta} \frac{d}{dx} = -\sin\theta \frac{d}{dx} \qquad (9.85)$$

となるから，(9.75)は次式のように表せる．

$$\sin^2\theta \frac{d}{dx} \left(\sin^2\theta \frac{d\Theta_l{}^m}{dx} \right) + \{ l(l+1)\sin^2\theta - m^2 \} \Theta_l{}^m = 0 \qquad (9.86)$$

これに $(\sin^2\theta)^{-1}$ を掛けてから $\sin^2\theta = 1 - x^2$ とおくと，次式を得る．

$$\frac{d}{dx}\left\{(1-x^2)\frac{d\Theta_l{}^m(x)}{dx}\right\} + \left\{l(l+1) - \frac{m^2}{1-x^2}\right\}\Theta_l{}^m(x) = 0 \quad (9.87)$$

数学では，微分方程式(9.87)の解は**ルジャンドル陪関数**という特殊関数

$$P_l{}^{|m|}(x) = (1-x^2)^{|m|/2}\frac{d^{|m|}P_l(x)}{dx^{|m|}} \quad (9.88)$$

であることが知られている．したがって，$\Theta_l{}^m(x)$ は次式のように表せる．

$$\Theta_l{}^m(x) = N_\theta P_l{}^{|m|}(x) \qquad (N_\theta \text{ は規格化定数}) \quad (9.89)$$

ここで，(9.88)の右辺の関数 $P_l(x)$ が**ルジャンドル多項式**とよばれるもので，次式で定義される．

$$P_l(x) = \frac{1}{2^l\,l!}\frac{d^l}{dx^l}(x^2-1)^l \qquad (l = 0, 1, 2, 3, \cdots) \quad (9.90)$$

規格化定数 N_θ は，(9.79)の θ 積分に関する規格化条件

$$\int_0^\pi \Theta^*_l{}^m(\theta)\,\Theta_{l'}{}^m(\theta)\,\sin\theta\,d\theta = \delta_{ll'} \quad (9.91)$$

から，次式のように決まる．

$$N_\theta = \sqrt{\frac{2l+1}{2}}\sqrt{\frac{(l-|m|)!}{(l+|m|)!}} \quad (9.92)$$

ルジャンドル多項式(9.90)は，一見したところ多項式にみえないが，次の例題9.6のように具体的に計算すると納得できるだろう．

［例題9.6］ ルジャンドル多項式

$l = 0, 1, 2, 3$ の場合の $P_l(x)$ が次のような多項式になることを示せ．

$$P_0(x) = 1, \quad P_1(x) = x, \quad P_2(x) = \frac{1}{2}(3x^2 - 1), \quad P_3(x) = \frac{1}{2}(5x^3 - 3x)$$

$$(9.93)$$

なお，これらの例からわかるように，$P_l(x)$ の係数 $1/2^l l!$ は $P_l(1) = 1$ になるように決められたものである．そして，$x = 1$ は，$\theta = 0$ $(x = \cos 0 = 1)$ のときだから，角運動量が z 軸方向を向いている状態を基準にしていることになる．

ちなみに，(9.90)のルジャンドル多項式 $P_l(x)$ は，$m = 0$ のときの(9.87)の解である．

［解］ (9.90)は $l = 0$ の場合 $(0! = 1)$，

$$P_0(x) = \frac{1}{2^0\,0!}\frac{d^0}{dx^0}(x^2-1)^0 = \frac{1}{1 \times 0!} \times 1 = 1 \quad (9.94)$$

$l = 1$ の場合，

$$P_1(x) = \frac{1}{2^1\,1!}\frac{d^1}{dx^1}(x^2-1)^1 = \frac{1}{2}\frac{d}{dx}(x^2-1) = \frac{1}{2} \times 2x = x \quad (9.95)$$

のようになる. $l = 2, 3$ の場合も同様な計算をすればよい. ¶

例題 9.6 から，$P_l(x)$ は確かに l 次の多項式であるから，$P_l(x)$ を l 回まで微分しても値をもつが，$l + 1$ 回以上の微分はゼロになる（例えば，$P_1'' = 0$, $P_2''' = 0, P_3'''' = 0$）．したがって，m には次のような制限がつく．

$$m = -l, \, -(l-1), \cdots, -1, 0, 1, \cdots, (l-1), l \tag{9.96}$$

(9.93)からルジャンドル陪関数 $P_l^{|m|}(x)$ を求めると，表 9.1 のようになる.

表9.1 ルジャンドル陪関数 $P_l^{|m|}(x)$ の $m \geq 0$ における例

l	m	$P_l^{|m|}(x)$
0	0	$P_0^0(x) = 1$
1	0	$P_1^0(x) = x = \cos\theta$
1	1	$P_1^1(x) = \sqrt{1-x^2} = \sin\theta$
2	0	$P_2^0(x) = \frac{1}{2}(3x^2 - 1) = \frac{1}{2}(3\cos^2\theta - 1)$
2	1	$P_2^1(x) = 3x\sqrt{1-x^2} = 3\cos\theta\sin\theta$
2	2	$P_2^2(x) = 3(1-x^2) = 3\sin^2\theta$
3	0	$P_3^0(x) = \frac{1}{2}(5x^3 - 3x) = \frac{1}{2}(5\cos^5\theta - 3\cos\theta)$
3	1	$P_3^1(x) = \frac{3}{2}(5x^2 - 1)\sqrt{1-x^2} = \frac{3}{2}(5\cos^2\theta - 1)\sin\theta$
3	2	$P_3^2(x) = 15x(1-x^2) = 15\cos\theta\sin^2\theta$
3	3	$P_3^3(x) = 15(1-x^2)^{3/2} = 15\sin^3\theta$

❊ **一般解 $Y_l^m = \Theta_l^m \Phi_m$ の厳密な表示**　　角度方向の方程式(9.68)の解 Y は，(9.76)の Φ_m と (9.89)の Θ_l^m から

$$Y_l^m(\theta, \phi) = (-1)^{(m+|m|)/2}\Theta_l^m(\theta)\,\Phi_m(\phi) = (-1)^{(m+|m|)/2}N_{lm}P_l^{|m|}(\cos\theta)\,e^{im\phi} \tag{9.97}$$

となる（章末問題 [9.5]）．規格化定数 N_{lm} は，(9.81)の N_ϕ と (9.92)の N_θ より

$$N_{lm} = N_\phi N_\theta = \sqrt{\frac{2l+1}{4\pi}}\sqrt{\frac{(l-|m|)!}{(l+|m|)!}} \tag{9.98}$$

で定義する.

なお，係数 $(-1)^{(m+|m|)/2}$ は $m > 0$ のとき $(-1)^{(m+|m|)/2} = (-1)^{(m+m)/2} = (-1)^m$，$m \leq 0$ のとき $(-1)^{(m+|m|)/2} = (-1)^{(m-m)/2} = 1$ になる符号で，この符号係数は慣習として付けられる．この係数は ± 1 の値しかとらないので，

表 9.2 角度方向の波動関数（球面調和関数）$Y_l^m = (-1)^{(m+|m|)/2} \Theta_l^m(\theta) \, \Phi_m(\phi)$ の例

l	m	$\Theta_l^m(\theta)$	$\Phi_m(\phi)$	$Y_l^m = (-1)^{(m+|m|)/2} \Theta_l^m(\theta)\, \Phi_m(\phi)$
0	0	$\dfrac{1}{\sqrt{2}}$	$\dfrac{1}{\sqrt{2\pi}}$	$\dfrac{1}{\sqrt{4\pi}}$
1	± 1	$\dfrac{\sqrt{3}}{2}\sin\theta$	$\dfrac{1}{\sqrt{2\pi}}e^{\pm i\phi}$	$\mp\sqrt{\dfrac{3}{8\pi}}\sin\theta\, e^{\pm i\phi}$
1	0	$\sqrt{\dfrac{3}{2}}\cos\theta$	$\dfrac{1}{\sqrt{2\pi}}$	$\sqrt{\dfrac{3}{4\pi}}\cos\theta$
2	± 2	$\dfrac{\sqrt{15}}{4}\sin^2\theta$	$\dfrac{1}{\sqrt{2\pi}}e^{\pm 2i\phi}$	$\sqrt{\dfrac{15}{32\pi}}\sin^2\theta\, e^{\pm 2i\phi}$
2	± 1	$\dfrac{\sqrt{15}}{2}\sin\theta\cos\theta$	$\dfrac{1}{\sqrt{2\pi}}e^{\pm i\phi}$	$\mp\sqrt{\dfrac{15}{8\pi}}\sin\theta\cos\theta\, e^{\pm i\phi}$
2	0	$\dfrac{1}{2}\sqrt{\dfrac{5}{2}}(3\cos^2\theta-1)$	$\dfrac{1}{\sqrt{2\pi}}$	$\sqrt{\dfrac{5}{16\pi}}(3\cos^2\theta-1)$
3	± 3	$\dfrac{1}{4}\sqrt{\dfrac{35}{2}}\sin^3\theta$	$\dfrac{1}{\sqrt{2\pi}}e^{\pm 3i\phi}$	$\mp\sqrt{\dfrac{35}{64\pi}}\sin^3\theta\, e^{\pm 3i\phi}$
3	± 2	$\dfrac{1}{4}\sqrt{105}\cos\theta\sin^2\theta$	$\dfrac{1}{\sqrt{2\pi}}e^{\pm 2i\phi}$	$\sqrt{\dfrac{105}{32\pi}}\cos\theta\sin^2\theta\, e^{\pm 2i\phi}$
3	± 1	$\dfrac{1}{4}\sqrt{\dfrac{21}{2}}(5\cos^2\theta-1)\sin\theta$	$\dfrac{1}{\sqrt{2\pi}}e^{\pm i\phi}$	$\mp\sqrt{\dfrac{21}{64\pi}}(5\cos^2\theta-1)\sin\theta\, e^{\pm i\phi}$
3	0	$\dfrac{1}{2}\sqrt{\dfrac{7}{2}}(5\cos^2\theta-3)\cos\theta$	$\dfrac{1}{\sqrt{2\pi}}$	$\sqrt{\dfrac{7}{16\pi}}(5\cos^2\theta-3)\cos\theta$

粒子の存在確率に影響することはない.

　磁気量子数 m の値は，方位量子数 l を与えると (9.96) から決まる．表 9.2 に，$l = 0, 1, 2, 3$ の場合の Y_l^m を与えている.

9.4.3 極図形と接球面図

※**極 図 形**　　極座標 θ, ϕ の関数 $f(\theta, \phi)$ が実数の場合，その変化の様子を可視化する方法として，**極図形**あるいは**極形式**というものがある．描き方は次のようにする.

　まず，原点から θ, ϕ で指定される方向に直線を引き，その直線の上に原点からの距離が $|f(\theta, \phi)|$ に等しい点をとる．次に，このような点をすべての方向にとる．そうすると，それらの点は 1 つの曲面をつくる．これが極図形である.

　例えば，図 9.3(a) 〜 (c) はそれぞれ球面調和関数 $Y_l^m(\theta, \phi)$ の Y_0^0 と $Y_1^{\pm 1}$ と Y_1^0 を図示したものである．これらの図は，各原点からの距離 s が $s = |Y_l^m(\theta, \phi)|$ を満たす点 P $(x = s\sin\theta\cos\phi,\ y = s\sin\theta\sin\phi,\ z = s\cos\theta)$ のつくる曲面をプロットしたもので，それらを完全に描けば，図 9.4(a) 〜 (d) の

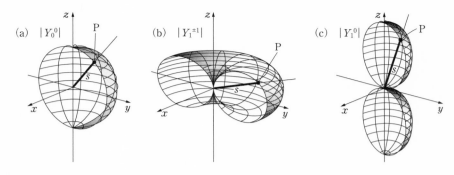

図9.3 球面調和関数 $Y_l^m(\theta, \phi)$ の極図形（江沢 洋 著：「量子力学 (II)」（裳華房）による）

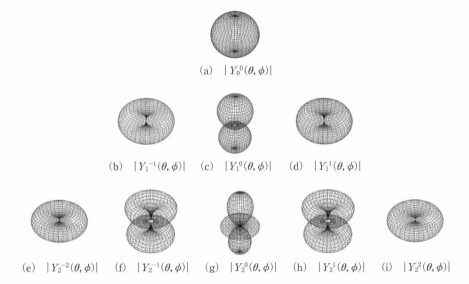

図9.4 球面調和関数の極図形 $|Y_l^m|$ を z 軸の周りで回転させてつくった立体図形

ようになる．同様の方法で，$Y_2^{\pm 2}$ と $Y_2^{\pm 1}$ と Y_2^0 を描いたものが，図9.4(e)〜(i)である．

なお，図9.4は $|Y_l^m(\theta, \phi)|$ の曲面なので，$|e^{\pm im\phi}| = 1$ より ϕ 依存性が消えて θ だけに依存する．そのため，<u>曲面はすべて z 軸に対して対称になる</u>（図9.4(a)〜(d)は図9.3(a)〜(c)を単に z 軸の周りで1回転させた図）．

$l = 0$ の場合，Y_0^0 は定数 $(1/\sqrt{4\pi})$ なので，$|Y_l^m(\theta, \phi)|$ が球面になることは納得できる．次に，$l = 1$ の場合をみてみると，Y_1^0 は z 軸を串にした2個の

団子，$Y_1^{\pm 1}$ は z 軸周りのドーナツ（トーラス）の形をしている．$Y_1^{\pm 1}$ が同じ形になる（つまり，区別できない）理由は，$|Y_1^1| = |Y_1^{-1}|$ のためである．

　これらの関数は $\hat{L}_z$ の固有関数であり，$\hat{L}_x, \hat{L}_y$ の固有関数ではない．そのため z 軸が特別扱いになっており，関数をプロットしても x, y 軸と z 軸との対称性は良くない．しかし，3次元空間で z 軸を特別扱いする理由はないので，x, y, z に関して対称的な関数をつくることもできるはずで，これが次に説明する"接球面図"である．実際，このような対称性をもった関数の方が実用性があり，特に物理化学の分野では重要である．

| Note 9.2 | **ボーア軌道のイメージ**　　角運動量の波動関数の2乗 $|Y_l^m(\theta, \phi)|^2$ は，粒子の存在確率の方向分布を表す．いま，図 9.4 の (b) と (d)，あるいは (e) と (i) のような角運動量の z 成分が最大（$m = +l$）と最小（$m = -l$）の図をみると，（これら以外の m の値の図よりも）軌道面が xy 平面に近いことがわかる．

　この場合の波動関数は（表 9.2 を参照）

$$Y_l^l(\theta, \phi) \propto \sin^l \theta \, e^{\pm il\phi} \tag{9.99}$$

のような l 依存性をもつから，$\theta = \pi/2$ に近いほど（つまり，xy 平面に近いほど），粒子の存在確率が大きくなることがわかる（章末問題 [9.6]）．この存在確率は，l の増大と共に大きくなり，$l \to \infty$ の極限では粒子は xy 平面にしか存在できなくなる．この極限がボーア軌道のイメージと完全に一致することになる（Note 10.1 を参照）．

❋**接球面図**　　波動関数 $\Phi_m(\phi)$ を指数関数 $e^{\pm im\phi}$ の代わりに実部（$\cos m\phi$）と虚部（$\sin m\phi$）に分けると，$Y_l^m \pm Y_l^{-m}$ の組み合わせにより，実数の波動関数をつくることができる．この実数型波動関数は $\hat{L}_z$ の固有関数ではないが，実数であるから確率密度（実数）に似た振る舞いをする．そのため，物理化学や量子化学の分野などでは，この実数型波動関数がよく用いられる．

　$l = 1$（p 状態）の場合　　図 9.4 (c) の Y_1^0 が z 軸の串団子のような分布状態になるのは，Y_1^0 が z 軸方向に偏りをもつためである．つまり，$Y_1^0 = \sqrt{3/4\pi} \cos \theta = \sqrt{3/4\pi} \, z/r$ から推測されるように，z/r の項が z 軸方向への偏り（串団子の形）を与えるのである．そのため，この Y_1^0 を **p_z 軌道**という（$p_z = Y_1^0$）．

　一方，Y_1^1 と Y_1^{-1} は同じエネルギー状態に対応する固有関数だから，$Y_1^{\pm 1}$ の任意の1次結合（線形結合）も同じエネルギーをもつ固有関数になる．そこで，次のような組み合わせをつくると Y_1^0 の z/r と同じ構造（つまり，x/r と y/r）になり，x 軸方向と y 軸方向の串団子ができる．それぞれを **p_x 軌道**，

p$_y$ **軌道**という.

$$\begin{cases} p_x = \dfrac{1}{\sqrt{2}}\left(Y_1^{-1} - Y_1^1\right) = \sqrt{\dfrac{3}{4\pi}}\sin\theta\cos\phi = \sqrt{\dfrac{3}{4\pi}}\dfrac{x}{r} \\[3mm] p_y = \dfrac{i}{\sqrt{2}}\left(Y_1^{-1} + Y_1^1\right) = \sqrt{\dfrac{3}{4\pi}}\sin\theta\sin\phi = \sqrt{\dfrac{3}{4\pi}}\dfrac{y}{r} \end{cases} \tag{9.100}$$

図 9.5(b)〜(d)に, p$_x$ 軌道, p$_y$ 軌道, p$_z$ 軌道を示している. これらの図を p 軌道の**接球面図**という.

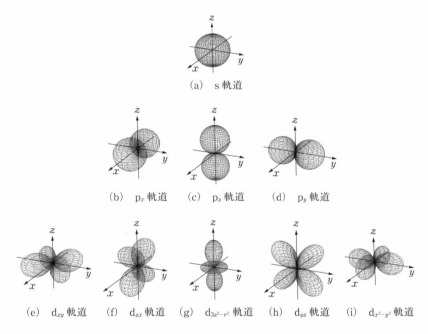

(a) s 軌道

(b) p$_x$ 軌道   (c) p$_z$ 軌道   (d) p$_y$ 軌道

(e) d$_{xy}$ 軌道 (f) d$_{zx}$ 軌道 (g) d$_{3z^2-r^2}$ 軌道 (h) d$_{yz}$ 軌道 (i) d$_{x^2-y^2}$ 軌道

図 9.5 実数型波動関数からつくった接球面図

$l = 2$（d 状態）の場合 5 つの固有関数 $Y_2^{\pm2}$, $Y_2^{\pm1}$, Y_2^0 の極図形は図 9.4(e)〜(i)のような形をしている. これらから, 3 次元対称性をもった d 軌道の接球面図を $l = 1$ の場合と同様な方法でつくることができる.

Y_2^0 の極図形が z 軸に沿った分布になる理由は,

$$Y_2^0 = \sqrt{\dfrac{5}{16\pi}}\left(3\cos^2\theta - 1\right) = \sqrt{\dfrac{5}{16\pi}}\dfrac{3z^2 - r^2}{r^2} \tag{9.101}$$

のように, z 軸方向に偏り（$Y_2^0 \propto 3z^2/r^2 - 1 \propto z^2/r^2$）をもつためで, この軌道を **d$_{3z^2-r^2}$ 軌道**という（$d_{3z^2-r^2} = Y_2^0$）.

そこで，次のような線形結合をとると，対称性の良い軌道ができる．それぞれを d_{xy} 軌道，d_{zx} 軌道，d_{yz} 軌道，$\mathrm{d}_{x^2-y^2}$ 軌道という．

$$
\left\{
\begin{aligned}
\mathrm{d}_{xy} &= \frac{i}{\sqrt{2}}\left(Y_2^{-2}+Y_2^{2}\right) = \sqrt{\frac{15}{16\pi}}\sin^2\theta\sin2\phi = \sqrt{\frac{15}{4\pi}}\frac{xy}{r^2} \\
\mathrm{d}_{zx} &= \frac{1}{\sqrt{2}}\left(Y_2^{-1}-Y_2^{1}\right) = \sqrt{\frac{15}{4\pi}}\sin\theta\cos\theta\cos\phi = \sqrt{\frac{15}{4\pi}}\frac{zx}{r^2} \\
\mathrm{d}_{yz} &= \frac{i}{\sqrt{2}}\left(Y_2^{-1}+Y_2^{1}\right) = \sqrt{\frac{15}{4\pi}}\sin\theta\cos\theta\sin\phi = \sqrt{\frac{15}{4\pi}}\frac{yz}{r^2} \\
\mathrm{d}_{x^2-y^2} &= \frac{1}{\sqrt{2}}\left(Y_2^{-2}+Y_2^{2}\right) = \sqrt{\frac{15}{16\pi}}\sin^2\theta\cos2\phi = \sqrt{\frac{15}{16\pi}}\frac{x^2-y^2}{r^2}
\end{aligned}
\right.
$$

$$(9.102)$$

図 9.5(e)〜(i) は d_{xy} 軌道，d_{zx} 軌道，$\mathrm{d}_{3z^2-r^2}$ 軌道，d_{yz} 軌道，$\mathrm{d}_{x^2-y^2}$ 軌道を描いた接球面図である．d_{xy} 軌道は z 軸対称で xy 面内に，d_{zx} 軌道は y 軸対称で zx 面内に，d_{yz} 軌道は x 軸対称で yz 面内にそれぞれある．そして，$\mathrm{d}_{x^2-y^2}$ 軌道は d_{xy} 軌道を z 軸の周りに $45°$ 回転させたものになっている．球面調和関数そのものよりも，このような実数関数で表した軌道の方が分子構造の指向性を表すので便利である．

表 9.3　角度方向の実数型波動関数 $Y_l^m = (-1)^{(m+|m|)/2}\Theta_l^m(\theta)\,\Phi_m(\phi)$ の例

l	m	$\Theta_l^m\Phi_m$（極座標表示）	$\Theta_l^m\Phi_m$（直交座標表示）	記号
0	0	$\dfrac{1}{\sqrt{4\pi}}$	$\dfrac{1}{\sqrt{4\pi}}$	s
1	1	$\sqrt{\dfrac{3}{4\pi}}\sin\theta\cos\phi$	$\sqrt{\dfrac{3}{4\pi}}\dfrac{x}{r}$	p_x
1	-1	$\sqrt{\dfrac{3}{4\pi}}\sin\theta\sin\phi$	$\sqrt{\dfrac{3}{4\pi}}\dfrac{y}{r}$	p_y
1	0	$\sqrt{\dfrac{3}{4\pi}}\cos\theta$	$\sqrt{\dfrac{3}{4\pi}}\dfrac{z}{r}$	p_z
2	2	$\sqrt{\dfrac{15}{16\pi}}\sin^2\theta\cos2\phi$	$\sqrt{\dfrac{15}{16\pi}}\dfrac{x^2-y^2}{r^2}$	$\mathrm{d}_{x^2-y^2}$
2	-2	$\sqrt{\dfrac{15}{16\pi}}\sin^2\theta\sin2\phi$	$\sqrt{\dfrac{15}{4\pi}}\dfrac{xy}{r^2}$	d_{xy}
2	1	$\sqrt{\dfrac{15}{4\pi}}\sin\theta\cos\theta\cos\phi$	$\sqrt{\dfrac{15}{4\pi}}\dfrac{zx}{r^2}$	d_{zx}
2	-1	$\sqrt{\dfrac{15}{4\pi}}\sin\theta\cos\theta\sin\phi$	$\sqrt{\dfrac{15}{4\pi}}\dfrac{yz}{r^2}$	d_{yz}
2	0	$\sqrt{\dfrac{5}{16\pi}}(3\cos^2\theta-1)$	$\sqrt{\dfrac{5}{16\pi}}\dfrac{3z^2-r^2}{r^2}$	$\mathrm{d}_{3z^2-r^2}$

表9.3は，s, p, d 軌道をまとめたものである．

ここで解説した極図形や接球面図は，軌道の角度部分の形を表しているだけで，動径方向の情報を含んでいない．そのため，これらの図は軌道の正確な表現ではないことに注意してほしい．次章では，動径関数をとり入れて，水素原子にこれらの図を応用しよう．

章 末 問 題

[**9.1**]　角運動量 $\widehat{\boldsymbol{L}}$ の3成分 $(\widehat{L}_x, \widehat{L}_y, \widehat{L}_z)$ と $\widehat{L}^2$ との間に，可換な交換関係(9.15)が成り立つことを示せ．

[**9.2**]　角運動量 $\widehat{\boldsymbol{L}}$ の3成分 $(\widehat{L}_x, \widehat{L}_y, \widehat{L}_z)$ の間に，非可換な交換関係(9.16)が成り立つことを示せ．

[**9.3**]　ラプラス方程式(9.33)の3次の同次多項式の解 $u_3(\xi, \eta, z)$ は，次の7個であることを示せ．

$$\xi^3, \quad \eta^3, \quad \xi^2 z, \quad \eta^2 z, \quad \eta z^2 - \frac{1}{4}\xi^2\eta, \quad \xi z^2 - \frac{1}{4}\xi^2\eta, \quad z^3 - \frac{3}{2}\xi\eta z \quad (9.103)$$

[**9.4**]　(9.82)の関数 $\varPhi_m, \varPhi_{m'}$ の間に規格直交関係(9.83)が成り立つことを示せ．

[**9.5**]　球面調和関数 $Y_l^m(\theta, \phi)$ と $\widehat{L}_z$，および，$\widehat{L}^2$ に関する次の2つの公式

$$\widehat{L}_z Y_l^m = m\hbar Y_l^m \qquad (m = 0, \pm 1, \pm 2, \cdots) \qquad (9.104)$$

$$\widehat{L}^2 Y_l^m = l(l+1)\hbar^2 Y_l^m \qquad (l = 0, 1, 2, \cdots) \qquad (9.105)$$

を導け．(9.104)と(9.105)は，Y_l^m が $\widehat{L}_z$ と $\widehat{L}^2$ の**同時固有関数**であることを意味する．なお，(9.105)の導出には次式で定義された昇降演算子を利用せよ．

$$\widehat{L}_\pm Y_l^m = \hbar\sqrt{(l \mp m)(l \pm m + 1)}\, Y_l^{m\pm 1} \qquad (9.106)$$

[**9.6**]　球面調和関数 $Y_l^m(\theta, \phi)$ で $m = l$ の場合，$Y_l^l(\theta, \phi) = \varTheta_l^l(\theta)\varPhi_l(\phi)$ の $\varTheta_l^l(\theta)$ は $A\sin^l\theta$ ((9.99)) となることを示せ（A は任意定数）．

Chapter 10

水 素 原 子

　「水素原子の２つの謎」（2.3節を参照）を解くために，ボーアたちが前期量子論でアドホック（ad hoc：場当たり的）に仮定した水素原子の諸性質は，シュレーディンガー方程式の解から自然に導かれた．この成果により，量子力学がミクロな世界を記述する正しい理論であるという確固たる支持を得たのである．まさに，ニュートン力学がケプラーの法則を説明でき，古典力学の基礎が完成した偉業に匹敵する成果であったといえるだろう．

10.1　球座標でのシュレーディンガー方程式

　３次元空間内で，エネルギー E が一定な定常状態での粒子の運動は，シュレーディンガー方程式(3.56)より次式で記述できる．

$$\Delta\phi(x, y, z) + \frac{2m}{\hbar^2}(E - V)\phi(x, y, z) = 0 \tag{10.1}$$

ここで，ラプラシアン Δ は直交座標 (x, y, z) で定義した(3.45)である．ここでは，中心力を考えるので，粒子の位置は球座標 (r, θ, ϕ) で指定するのがよい（図8.8を参照）．そこで，力の中心を座標の原点にとると，粒子の波動関数は

$$\phi = \phi(r, \theta, \phi) \tag{10.2}$$

で表され，ラプラシアンは(8.78)のように表せるので，(10.1)のシュレーディンガー方程式は次式のようになる．

$$\left(\frac{\partial^2\phi}{\partial r^2} + \frac{2}{r}\frac{\partial\phi}{\partial r}\right) - \frac{1}{r^2}\widehat{\Lambda}\phi + \frac{2m}{\hbar^2}(E - V)\phi = 0 \tag{10.3}$$

※中心力と変数分離の解　　ここでは中心力なので，ポテンシャル V は r だけの関数 $V(r)$ である．そのため，(10.3)のシュレーディンガー方程式は r 成

分と θ, ϕ 成分の式に分離できる。その方法は簡単で，(10.3)に r^2 を掛けて $\hat{\Lambda}\phi$ だけを右辺に移せば，

$$r^2 \left(\frac{\partial^2 \phi}{\partial r^2} + \frac{2}{r} \frac{\partial \phi}{\partial r} \right) + \frac{2mr^2}{\hbar^2}(E - V)\phi = \hat{\Lambda}\phi \qquad (10.4)$$

のように，左辺は動径 r だけに依存した式に，右辺は角度 θ, ϕ だけに依存した式に分離できる。この分離により，波動関数 $\phi(r, \theta, \phi)$ は

$$\phi(r, \theta, \phi) = R(r)\, Y(\theta, \phi) \qquad (10.5)$$

の形に，つまり，動径方向の運動を表す関数 $R(r)$ と角度方向の運動を表す関数 $Y(\theta, \phi)$ の積の形に表せる。この(10.5)を**変数分離の解**という。

　このように変数分離ができるのは極座標を用いたおかげであり，直交座標では不可能である（要するに，座標系は問題が解けるように選択することが肝要である）。

　(10.5)の変数分離の解を(10.4)に代入し，両辺に $(RY)^{-1}$ を掛けて式を整理すると，次のような等式になる。

$$\frac{1}{R} r^2 \left(\frac{d^2R}{dr^2} + \frac{2}{r} \frac{dR}{dr} \right) + \frac{2mr^2}{\hbar^2}(E - V) = \frac{1}{Y}\hat{\Lambda}Y \qquad (10.6)$$

ここで，R は r だけの関数なので，偏微分 $\partial/\partial r$ を常微分 d/dr に変えている。

　(10.6)の左辺は r だけの式で，右辺は θ, ϕ だけの式だから，この等式が成り立つには，両辺は変数 (r, θ, ϕ) に無関係な"定数"でなければならない。この"定数"を λ とすると，(10.6)は次のような2つの方程式に分かれる。

$$\frac{1}{R} r^2 \left(\frac{d^2R}{dr^2} + \frac{2}{r} \frac{dR}{dr} \right) + \frac{2mr^2}{\hbar^2}(E - V) = \lambda \qquad (10.7)$$

$$\frac{1}{Y}\hat{\Lambda}Y = \lambda \qquad (10.8)$$

つまり，(10.7)は変数 r の常微分方程式

$$\frac{d^2R}{dr^2} + \frac{2}{r} \frac{dR}{dr} + \frac{2m}{\hbar^2} \left(E - V - \frac{\hbar^2}{2m} \frac{\lambda}{r^2} \right) R = 0 \qquad (10.9)$$

になり，(10.8)は次のような変数 θ, ϕ の偏微分方程式（固有値方程式）になる。

$$\hat{\Lambda}Y = \lambda Y \qquad (\lambda = l(l+1),\ \ l = 0, 1, 2, \cdots) \qquad (10.10)$$

　なお，(10.10)は剛体回転子のシュレーディンガー方程式(8.81)と同じものであり，その解（ルジャンドル多項式）は，すでに9.4節で導いている。

10.2 動径方向のシュレーディンガー方程式

関数 $R(r)$ の運動方程式(10.9)は，(8.93)の固有値 $L^2 = \hbar^2\lambda$ を使うと

$$\frac{d^2R}{dr^2} + \frac{2}{r}\frac{dR}{dr} + \frac{2m}{\hbar^2}\left(E - V - \frac{L^2}{2mr^2}\right)R = 0 \qquad (10.11)$$

のように表せる（章末問題[10.1]）．ここで，新たに次のようなポテンシャル V_e

$$V_e(r) = V(r) + \frac{L^2}{2mr^2} \qquad (10.12)$$

を定義すると，(10.11)は

$$\frac{d^2R}{dr^2} + \frac{2}{r}\frac{dR}{dr} + \frac{2m}{\hbar^2}(E - V_e)R = 0 \qquad (10.13)$$

となり，ポテンシャル V_e 内での粒子の運動を記述する方程式に変わる．この仮想的な V_e を**有効ポテンシャル**という．

※水素型原子 ＋Ze の正電荷をもった原子核がつくる力の場において，原子の大きさ程度の距離で電子（電荷 $-e$）を核に結び付けている力は，クーロン引力である．この力に対応するポテンシャルエネルギー $V(r)$ は次式で与えられる．

$$V(r) = -\frac{Ze^2}{4\pi\varepsilon_0 r} \quad （\varepsilon_0 \text{ は真空の誘電率}）$$

$$(10.14)$$

このような ＋Ze の原子核と 1 個の電子から成る原子を**水素型原子**（あるいは水素様原子）という．

この場合の V_e を図示したものが図 10.1 である．有効ポテンシャル V_e の 2 項目は角運動量 **L** による効果で，これは遠心力に対応する項である．

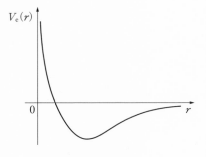

図 10.1 有効ポテンシャル $V_e(r)$

10.2.1 水素型原子の基底状態

原子核の質量は電子の質量に比べて非常に大きいので，原子核は原点で静止しているとする．水素原子の原子核の電荷は ＋e であるから，電子が受けるポテンシャルエネルギーは(10.14)で $Z = 1$ とおいたものになる．そこで，(10.14)を

$$V(r) = -\frac{k_0'}{r} = -\frac{Zk_0}{r} \qquad \left(k_0 \equiv \frac{e^2}{4\pi\varepsilon_0}, \quad k_0' = Zk_0\right) \qquad (10.15)$$

とおいて，水素型原子に対するシュレーディンガー方程式を解くことにしよう．この V を(10.9)の動径方程式に代入すると，次式になる．

$$\frac{d^2R}{dr^2} + \frac{2}{r}\frac{dR}{dr} + \frac{2m}{\hbar^2}\left(E + \frac{k_0'}{r} - \frac{\hbar^2}{2m}\frac{\lambda}{r^2}\right)R = 0 \qquad (\lambda = l(l+1))$$

(10.16)

この方程式の解 $R(r)$ が原子内に束縛された電子を表すには，原点 $(r = 0)$ で有限な値をもち，無限遠 $(r \to \infty)$ でゼロになる性質（解の有限性）をもたなければならない．このような性質を満たす関数はいろいろと考えることができるが，最も簡単な次の指数関数を仮定しよう．

$$R(r) = Ne^{-\beta r}$$

(10.17)

ここで β は距離 r を無次元にするための係数で，長さの逆数の次元をもっている（なぜなら，指数関数の引数 βr は無次元なので）．N は規格化定数である．

┌─[例題 10.1]　**基底状態のエネルギー準位**──────

基底状態の波動関数を(10.17)の $R(r)$ と仮定すると，系のエネルギーが

$$E = -\frac{mk_0'^2}{2\hbar^2} = -\frac{Z^2mk_0^2}{2\hbar^2}$$

(10.18)

で与えられることを，シュレーディンガー方程式(10.16)から示せ．

[**解**]　(10.17)の $R(r)$ を r で微分すると

$$\frac{dR}{dr} = -\beta e^{-\beta r}, \qquad \frac{d^2R}{dr^2} = (-\beta)^2 e^{-\beta r}$$

(10.19)

となるので，(10.16)の動径方程式は

$$\left(\beta^2 + \frac{2mE}{\hbar^2}\right) + \left(-2\beta + \frac{2mk_0'}{\hbar^2}\right)\frac{1}{r} - \frac{\lambda}{r^2} = 0$$

(10.20)

のように表せる．この(10.20)が任意の r に対して成り立つには，定数項と2つの項（$1/r$ の項，$1/r^2$ の項）の係数部分がすべてゼロでなければならないから，

$$\beta^2 = -\frac{2mE}{\hbar^2}, \qquad \beta = \frac{mk_0'}{\hbar^2}, \qquad \lambda = 0$$

(10.21)

という結果を得る．(10.21)の2つの式（β^2 と β）から β を消去すると

$$E = -\frac{\hbar^2}{2m}\beta^2 = -\frac{\hbar^2}{2m}\left(\frac{mk_0'}{\hbar^2}\right)^2 = -\frac{mk_0'^2}{2\hbar^2}$$

(10.22)

となるので，(10.18)を得る．なお，(10.21)の無次元化の係数 β は(2.68)のボーア半径 a_B を使うと，次のように表せる．

$$\beta = \frac{Z}{a_\mathrm{B}}$$

(10.23)

¶

この例題 10.1 で注目してほしいことは，(10.18)のエネルギー E が，ボーアの導いた水素型原子の基底状態（$n = 1$）のエネルギー E_1 に一致することである（(2.63)を参照）．波動関数の関数形に(10.17)のような物理的要請（解の有限性）を課しただけで導かれたこの結果は，シュレーディンガー方程式の妥当性を強く印象づけるものである．

一方，(10.21)の $\lambda = 0$（つまり，$l = 0$）という結果は，(10.10)から

$$\widehat{\Lambda}\, Y(\theta, \phi) = 0 \tag{10.24}$$

となるので，Y が θ, ϕ に無関係な定数であることを意味する．したがって，水素原子の基底状態の波動関数 $\psi(r, \theta, \phi)$ は r だけの関数で，**球対称な形**をしていることもわかる．

※電子を見出す確率　図 10.2 に描いた体積要素 dV は，面積要素 da と球殻の厚さ dr の積 $da \times dr = (r^2 \sin \theta\, d\theta\, d\phi)(dr)$ に等しい．したがって，電子を dV の中に見出す確率 $P(r, \theta, \phi)$ は，(4.1)の確率密度 $\rho = \psi^* \psi$ を使って次式で与えられる．

$$P(r, \theta, \phi) = \rho\, dV = \psi^* \psi\, dV = \psi^* \psi r^2\, dr \sin \theta\, d\theta\, d\phi \tag{10.25}$$

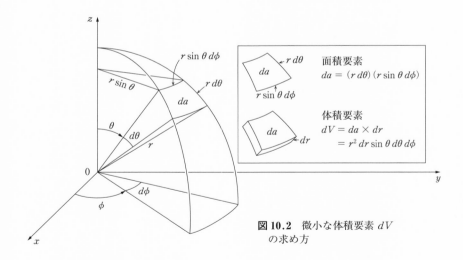

図 10.2 微小な体積要素 dV の求め方

※球殻内の電子を見出す確率　原子核からの距離 r と $r + dr$ との間の球殻内に存在する電子を見出す確率を計算したい場合には，(10.25)を角度 θ, ϕ で積分して，r 方向の確率密度 $D(r)$ を定義すればよい．つまり，r と $r + dr$ の間の球殻内に電子を見出す確率密度 $D(r)$ は

$$D(r)\,dr \equiv \int P(r,\theta,\phi)\,d\theta\,d\phi = \psi^*\psi r^2\,dr \int_0^{2\pi} d\phi \int_0^{\pi} \sin\theta\,d\theta = 4\pi r^2 \psi^*\psi\,dr$$
$$(10.26)$$

から，次式で定義される．この $D(r)$ を**動径分布関数**という．

$$D(r) = 4\pi r^2 \psi^*\psi = 4\pi r^2 |\psi|^2 \tag{10.27}$$

図 10.3 は，(10.17) の波動関数 $\psi = R(r)$ と動径分布関数 $D(r)$ を示したものである．動径分布関数 $D(r)$ は $r = 0$ でゼロになり，$r \to \infty$ で漸近的にゼロに近づくから，厳密にいえば，電子を原子核から任意の距離（0 から ∞ まで）に見出す確率は常に存在する．しかし，その確率が最大になる距離が物理的には重要で，これがボーア半径の量子力学的な解釈を与えるのである（例題 10.2 を参照）．

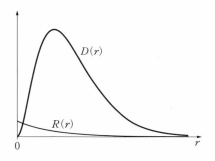

図 10.3 基底状態の波動関数 $R(r)$ と動径分布関数 $D(r)$

［例題 10.2］ **水素原子のボーア半径**

　基底状態の波動関数 $\psi = R(r)$ を (10.17) として，(10.27) の動径分布関数 $D(r)$ が最大になる距離 r_m はボーア半径 a_B ((2.68)) に等しいこと，つまり

$$r_\mathrm{m} = a_\mathrm{B} \tag{10.28}$$

であることを示せ．ただし，$1/\beta = a_\mathrm{B}$ である（(10.23) に $Z = 1$ を代入）．

［解］　動径分布関数 $D(r)$ の値を最大にするときの距離 r は，$D(r)$ を r で微分した導関数をゼロにする r の値 r_m である．(10.17) の $R(r)$ から $D(r) = 4\pi N^2 r^2 e^{-2\beta r}$ となるので，$D(r)$ の微分を計算すると

$$\frac{dD}{dr} = 4\pi N^2 (2re^{-2\beta r} - 2\beta r^2 e^{-2\beta r}) = 8\pi N^2 (1 - \beta r)\,re^{-2\beta r} = 0 \quad (10.29)$$

になる．当然，$re^{-2\beta r} \neq 0$ であるから，$1 - \beta r = 0$ より $r_\mathrm{m} = 1/\beta = a_\mathrm{B}$ を得る． ¶

例題 10.2 は，電子の軌道半径の最も確からしい値が，まさにボーア半径であることを示している．ボーアが導入したボーア半径は，電子があたかも衛星のように 1 つの軌道を運動すると仮定して，古典力学で計算した円軌道の半径であり，直観的に受け入れやすい描像である．

しかし，例題 10.2 からわかるように，ボーア半径は距離 r に存在する電子の確率が最大になる領域として定義される軌道の半径である．この量子力学的

な軌道は，ボーアの描いた古典的な線状の軌道とは全く異なる概念であるにも
かかわらず，完全に一致した事実に注意してほしい（Note 10.1 を参照）.

Note 10.1　**ボーア半径の正しさは偶然か必然か？**　　水素原子内の電子を観測する
場合，量子力学に従えば，確率密度が最大になる領域（球殻）で電子を頻繁に観測する
ことになる．したがって，十分長い時間をかけて電子の観測を繰り返すと，電子が密に
存在する薄い球殻領域がいくつか現れるだろう．この球殻を原子核を含む面で切れば，
その断面は図 10.4 のようになり，見かけ上，ボーアの電子軌道（図 2.14 を参照）と一
致したものになる．図 10.4 の球殻の半径は，例題 6.5 で示したようにエネルギーが最
低値をとる安定状態であるから，古典力学による軌道計算からでも導けたのである．

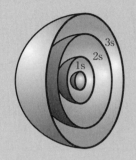

図 10.4　電子が s 状態（$l = 0$）で密に存
在する確率密度の球殻領域のイメージ

　ボーアの電子軌道は電子が衛星のように円軌道上を運動しているとして得られたが，
図 10.4 の軌道は確率密度が最大値を示す軌跡であり，ボーアの円軌道とは全く異質の
ものである．量子力学と古典力学で，ボーア半径が一致したことは偶然のように思うか
もしれないが，基底状態が $l = 0$（s 状態）の球対称性をもっていたために，図 10.4 か
らボーア半径が自然に導けたのである．このような物理的な背景を考えると，ボーア半
径の一致は必然だったといってもよいだろう.

※ 軌道半径 r の期待値　　古典力学的な軌道と量子力学的な軌道の概念の違
いを，電子軌道の平均値 r から考えてみよう.

　いま，水素原子を多数回測定したとすると，測定のたびに電子の位置 r が
確率振幅に従って決まるから，r の値はある範囲に散らばることになる．この
ため，測定値の平均，つまり期待値 $\bar{r}$ が電子の軌道の概念を理解する上で重
要になるので，期待値を計算しよう.

［例題 10.3］　r の期待値

　基底状態の波動関数 $R(r)$ を (10.17) として，r の期待値 $\bar{r}$ が

$$\bar{r} = \frac{3}{2} a_{\mathrm{B}} \tag{10.30}$$

となることを示せ．ただし，$R(r)$ の規格化定数を $N = \sqrt{1/\pi a_{\mathrm{B}}{}^3}$ とする.

[**解**]　期待値は(5.12)を用いて，次式で与えられる．

$$\bar{r} = \int_{\text{全領域}} \psi^* (r\phi)\, dV = \int_0^\infty 4\pi r^2 \psi^* (r\phi)\, dr = 4\pi N^2 \int_0^\infty r^3 e^{-2\beta r}\, dr \quad (10.31)$$

この積分は，公式

$$\int_0^\infty x^n e^{-bx}\, dx = \frac{n!}{b^{n+1}} \qquad (b > 0,\ n = \text{正の整数}) \quad (10.32)$$

で $n = 3$，$b = 2\beta$ とおくと，(10.30)になることがわかる．　　　¶

　例題10.3から，r の期待値はボーア半径 a_B の1.5倍であることがわかったが，例題10.2で動径分布関数 $D(r)$ の値がボーア半径 a_B で最大になることもわかっている．それでは，これら2つの結果は何を意味するのだろうか？

　実は，期待値が $(3/2)a_B$ となる理由は，積分(10.31)による平均化のためである．つまり，$e^{-\beta r}$ で表される波動関数は，電子が無限遠まで存在する確率があることを意味する．そのため，(10.31)の r についての積分には，$r < a_B$ よりも $r > a_B$ の領域の方が，より大きな寄与をするので，平均値が a_B よりも大きな値になる．

　一方，ボーアの提唱した古典力学的な軌道では，広がりという描像はないので，期待値もボーア半径 a_B と同じになる．このように，古典力学的な軌道と量子力学的な軌道は本質的に異なる概念なのである．ちなみに，量子力学では水素型原子の波動関数の空間部分（スピン部分（第12章を参照）を除いたもの）を軌道関数（**オービタル**）とよぶことがある．

　ところで，基底状態の波動関数を(10.17)と仮定してここまで議論してきたが，まともにシュレーディンガー方程式(10.16)を解こうとすると，一体どのような r 依存性をもった解（球対称な解）が得られるのだろうか？　そこで，この問題を次項から考えていこう．

10.2.2　方程式の無次元化と級数法

　シュレーディンガー方程式(10.16)は，物理量（E）やいろいろな物理定数（$m, k_0, \hbar$）を含んでいるので煩雑な形をしている．一般に，方程式を扱いやすく，かつ見通し良くするために，これらの物理量や定数が現れないように，新しい変数で方程式を書き換えるのがよい（このことを**方程式の無次元化**という）．

　いまの場合，係数を

$$\sqrt{-\frac{2mE}{\hbar^2}} = \frac{1}{\alpha}, \qquad \frac{mk_0'}{\hbar^2} = \beta \quad (10.33)$$

とおくのがよい（章末問題 [10.2]）．このとき，(10.16)は次式のようになる．

$$\frac{d^2R}{dr^2} + \frac{2}{r}\frac{dR}{dr} + \left(-\frac{1}{\alpha^2} + \frac{2\beta}{r} - \frac{\lambda}{r^2}\right)R = 0 \tag{10.34}$$

この式が，これから解くべき水素原子のシュレーディンガー方程式で，求める解は $r \to \infty$ で $R \to 0$，$r = 0$ で有限になる波動関数 $R(r)$ である．

❋ **漸 近 解**　　(10.34)は r が非常に大きいところで，$1/r$ や $1/r^2$ の項が定数 $1/\alpha^2$ に対して無視できるから，

$$\frac{d^2R}{dr^2} - \frac{1}{\alpha^2}R = 0 \tag{10.35}$$

のようになる．この解は $R(r) = e^{\pm(1/\alpha)r}$ であるが，$r \to \infty$ で発散してはいけないから，物理的に許される解は

$$R(r) = e^{-(1/\alpha)r} \tag{10.36}$$

である．ここで，指数部分 $(1/\alpha)r$ の変数 r を

$$\frac{\rho}{2} = \frac{1}{\alpha}r \tag{10.37}$$

のような無次元の変数 ρ で置き換えると，シュレーディンガー方程式(10.34)は次式のようになる（章末問題 [10.3]）．

$$\frac{d^2R}{d\rho^2} + \frac{2}{\rho}\frac{dR}{d\rho} + \left(-\frac{1}{4} + \frac{\alpha\beta}{\rho} - \frac{\lambda}{\rho^2}\right)R = 0 \tag{10.38}$$

❋ **厳 密 解**　　シュレーディンガー方程式(10.38)の解を

$$R(\rho) = e^{-\rho/2}f(\rho) \tag{10.39}$$

とおいて（この R を**動径関数**という），(10.38)に代入すると，

$$\frac{d^2f}{d\rho^2} + \left(\frac{2}{\rho} - 1\right)\frac{df}{d\rho} + \left(\frac{\alpha\beta - 1}{\rho} - \frac{\lambda}{\rho^2}\right)f = 0 \tag{10.40}$$

になる．調和振動子の8.1.2項で解説した厳密解と同じ考え方で，$f(\rho)$ に対して

$$f(\rho) = \rho^\gamma(a_0 + a_1\rho + a_2\rho^2 + \cdots) = \rho^\gamma \sum_{\nu=0}^{\infty} a_\nu\rho^\nu = \sum_{\nu=0}^{\infty} a_\nu\rho^{\gamma+\nu} \tag{10.41}$$

のような無限級数の解を仮定して(10.40)に代入すると，次式のようになる．

$$\sum_{\nu=0}^{\infty}\{(\gamma+\nu)(\gamma+\nu+1) - \lambda\}a_\nu\rho^{\gamma+\nu-2} = \sum_{\nu=0}^{\infty}(\gamma+\nu+1-\alpha\beta)a_\nu\rho^{\gamma+\nu-1} \tag{10.42}$$

これは恒等式なので，ρ の次数が同じ項の係数は，両辺で等しくなければならない．最低次の項は $\nu = 0$ のときで，左辺は $\rho^{\gamma-2}$ であるが，右辺は $\rho^{\gamma-1}$ で

ある．そのため，$\rho^{\gamma-2}$ の係数はゼロでなければならないから $\gamma(\gamma+1)-\lambda=0$ である．ここで $\lambda=l(l+1)$ を代入すると，次式になる．

$$\gamma(\gamma+1)-l(l+1)=0 \tag{10.43}$$

これを $(\gamma-l)(\gamma+l+1)=0$ と書き換えると，γ は次の2つの解をもつ．

$$\gamma=l \qquad \text{あるいは} \qquad \gamma=-(l+1) \tag{10.44}$$

このうち，正しい解を与えるのは $\gamma=l$ の方である．もう一方の $\gamma=-(l+1)$ を選ぶと，級数(10.41)は a_0/ρ^{l+1} からはじまるので，$\rho=0$ で発散して物理的な解にならない．したがって，無限級数(10.41)の f は次式になる．

$$f(\rho)=\rho^l \sum_{\nu=0}^{\infty} a_\nu \rho^\nu \tag{10.45}$$

10.3 厳密解はラゲールの多項式

波動関数に対する物理的要請（有限性）から，無限級数(10.45)は有限な級数，つまり多項式でなければならない．この多項式が**ラゲールの多項式**とよばれる特殊関数で，これによって系のエネルギー準位は量子化されることになる．

10.3.1 基底状態の解

例題10.1の結果を踏まえて，まず，$\lambda=0$ $(l=0)$ の場合を考えよう．この場合は(10.44)の $\gamma=l$ から $\gamma=0$ なので，(10.42)は次式のようになる．

$$\sum_{\nu=0}^{\infty} \{\nu(\nu+1)\} a_\nu \rho^{\nu-2} = \sum_{\nu=0}^{\infty} (\nu+1-\alpha\beta) a_\nu \rho^{\nu-1} \tag{10.46}$$

ここで，両辺の ρ が同じ次数をもつ係数を比べたいので，左辺で $\nu=n'+1$，右辺で $\nu=n'$ とおけば，$\rho^{n'-1}$ の係数に対する次の漸化式が求まる．

$$a_{n'+1}=\frac{n'+1-\alpha\beta}{(n'+1)(n'+2)} a_{n'} \tag{10.47}$$

調和振動子の問題を解いたときに現れた漸化式(8.24)と全く同じ方法によって，(10.45)の級数 $f(\rho)$ は ρ が十分に大きいところで $f(\rho)=e^\rho$ のように振る舞うことが示せる．このため，(10.39)の波動関数 $R(\rho)=e^{-\rho/2}f(\rho)$ は $R(\rho)=e^{-\rho/2}e^\rho=e^{\rho/2}$ となるので，$\rho\to\infty$ で無限大になる．したがって，解を任意の ρ に対して有限にするためには，無限級数を多項式に変えなければならない．

そのためには，(10.45)の級数において，最後のゼロでない項を n_r 番目とし，その係数を a_{n_r} とするとき，次の n_r+1 番目の項がゼロ $(a_{n_r+1}=0)$ になるようにすればよい．つまり，(10.47)で $n'=n_r$ とおいた

$$a_{n_r+1} = \frac{n_r + 1 - \alpha\beta}{(n_r + 1)(n_r + 2)} a_{n_r} \tag{10.48}$$

の分子をゼロ $(n_r + 1 - \alpha\beta = 0)$ にすればよいから,

$$\alpha\beta = n_r + 1 \equiv n \qquad (n = 1, 2, 3, 4, \cdots) \tag{10.49}$$

が条件になる（この条件は調和振動子での条件(8.39)に対応する）.

この条件を使うと，ν 番目と $\nu + 1$ 番目の係数に対する漸化式は，(10.47) で $n' = \nu$ とおいた次式になる.

$$a_{\nu+1} = \frac{\nu + 1 - n}{(\nu + 1)(\nu + 2)} a_\nu \tag{10.50}$$

このとき，(10.45)の $f(\rho)$ は

$$f(\rho) = \sum_{\nu=0}^{n_r} a_\nu \rho^\nu = \sum_{\nu=0}^{n-1} a_\nu \rho^\nu \tag{10.51}$$

となり，シュレーディンガー方程式(10.38)の厳密解(10.39)は次式のようになる.

$$R(\rho) = e^{-\rho/2} f(\rho) = e^{-\rho/2} \sum_{\nu=0}^{n-1} a_\nu \rho^\nu \tag{10.52}$$

［例題 10.4］　励起状態の波動関数

係数の漸化式(10.50)を使って，(10.51)の $f(\rho)$ が $n = 2, 3$ の場合は

$$f(\rho) = a_0 + a_1\rho = \frac{a_0}{2}(2 - \rho) \tag{10.53}$$

$$f(\rho) = a_0 + a_1\rho + a_2\rho^2 = \frac{a_0}{6}(6 - 6\rho + \rho^2) \tag{10.54}$$

となることを示せ.

［解］　$n = 2$ の場合は $f(\rho) = a_0 + a_1\rho$ である.　$n = 2$ の漸化式

$$a_{\nu+1} = \frac{\nu - 1}{(\nu + 1)(\nu + 2)} a_\nu \tag{10.55}$$

より，係数 a_1 は次式で与えられるから，(10.53)を得る.

$$a_1 = \frac{0 - 1}{(0 + 1)(0 + 2)} a_0 = -\frac{1}{2} a_0 \tag{10.56}$$

同様に，$n = 3$ の場合は $f(\rho) = a_0 + a_1\rho + a_2\rho^2$ で，$n = 3$ の漸化式

$$a_{\nu+1} = \frac{\nu - 2}{(\nu + 1)(\nu + 2)} a_\nu \tag{10.57}$$

より，係数 a_1, a_2 は次式で与えられるから，(10.54)を得る.

$$a_1 = \frac{0 - 2}{(0 + 1)(0 + 2)} a_0 = -a_0 \tag{10.58}$$

$$a_2 = \frac{1 - 2}{(1 + 1)(1 + 2)} a_1 = -\frac{1}{6} a_1 = \frac{1}{6} a_0 \tag{10.59}$$

¶

ところで，任意の n, Z に対して，2つの独立変数 r と ρ は

$$\frac{\rho}{2} = \frac{\beta}{n}r = \frac{Z}{na_B}r \qquad (10.60)$$

で変換できる．この変換式は $\rho/2 = r/\alpha$ と $\alpha\beta = n$ と $\beta = Z/a_B$ （(10.23)）から導ける．

いま，例題 10.4 で $n = 1$ の場合を考えると，$f(\rho)$ は(10.51)から $f(\rho) = a_0$ になるので，基底状態の波動関数 $R(\rho)$ は(10.52)から次式で与えられる．

$$R(\rho) = Ne^{-\rho/2} = Ne^{-\beta r} \qquad (10.61)$$

ここで，(10.60)で $n = 1$ とおいた $\rho/2 = \beta r$ を使った．この(10.61)は例題 10.1 で仮定した基底状態の波動関数(10.17)と同じものであることに注意してほしい（N は規格化定数）．

※ エネルギー準位　　(10.49)の条件 $\alpha\beta = n$ は，(10.33)の中にエネルギー E が含まれていることから予想できるように，エネルギー準位を与える条件である．実際，$\alpha\beta = n$ と(10.33)から

$$E_n = -\frac{mk_0'^2}{2\hbar^2 n^2} = -\frac{Z^2 mk_0^2}{2\hbar^2 n^2} \qquad (n = 1, 2, 3, \cdots) \qquad (10.62)$$

を得る．ここで，E を E_n と書いた理由は，α を介して E が n の値に依存する（つまり，E は量子化される）からである．

この(10.62)は，ボーアが水素原子モデルで計算したエネルギー(2.63)と完全に一致する．線スペクトルの規則性（例えば，バルマー系列）は実験事実であるから，(10.62)がシュレーディンガー方程式から導けたことは，量子力学の正しさが実証されたことを意味する．

10.3.2　ラゲールの陪多項式

前節で，$l = 0$ の場合を具体的に解いた．$l \neq 0$ の場合も同様な計算で解けるが，それを繰り返しても冗長なだけなので，特殊関数（ラゲールの陪多項式）を使って，もっとスマートに解こう．

まず，(10.45)の $f(\rho)$ の級数部分だけを $L(\rho)$ とおいて，$f(\rho)$ を次のように表す．

$$f(\rho) = \rho^l L(\rho) \qquad (10.63)$$

これをシュレーディンガー方程式(10.40)に代入すると，次式になる．

$$\rho\frac{d^2 L}{d\rho^2} + (2l + 2 - \rho)\frac{dL}{d\rho} + (n - l - 1)L = 0 \qquad (10.64)$$

この $L(\rho)$ に対する微分方程式を，次の**ラゲールの微分方程式**とよばれる

$$\rho \frac{d^2 L_q{}^p}{d\rho^2} + (p + 1 - \rho) \frac{dL_q{}^p}{d\rho} + (q - p)L_q{}^p = 0 \tag{10.65}$$

と比べると，(10.65)の係数部分の p と q を

$$p = 2l + 1, \qquad q = n + l \tag{10.66}$$

とおいたものが，(10.64)と同じ形になることがわかる．

(10.65)の関数 $L_q{}^p$ は**ラゲールの陪多項式**とよばれるもので

$$L_q{}^p(\rho) = \frac{d^p}{d\rho^p} L_q(\rho) \tag{10.67}$$

で定義される多項式である．そして，関数 $L_q(\rho)$ の方は

$$L_q(\rho) = e^\rho \frac{d^q}{d\rho^q} (e^{-\rho}\rho^q) \tag{10.68}$$

で定義される**ラゲールの多項式**である．したがって，(10.64)の L は(10.67)の $L_q{}^p = L_{n+l}^{2l+1}$ であるから，(10.63)の $f(\rho)$ は

$$f(\rho) = \rho^l L(\rho) = \rho^l L_{n+l}^{2l+1}(\rho) \tag{10.69}$$

となる．

定義式(10.68)から，ラゲールの多項式 $L_q(\rho)$ は機械的な計算で順次求まるが，次の漸化式を使うと，もっと効率良く計算できる．

$$L_{q+1}(\rho) - (2q + 1 - \rho)L_q(\rho) + q^2 L_{q-1}(\rho) = 0 \tag{10.70}$$

表 10.1 に，L_0 から L_5 までのラゲールの陪多項式を与えている．

一方，ラゲールの陪多項式 $L_q{}^p$ は，表 10.1 のラゲールの多項式を用いて，表 10.2 のように計算できる．

表 10.1　ラゲールの多項式 $L_q(\rho)$ の例

q	$L_q(\rho)$
0	$L_0(\rho) = 1$
1	$L_1(\rho) = 1 - \rho$
2	$L_2(\rho) = 2 - 4\rho + \rho^2$
3	$L_3(\rho) = 6 - 18\rho + 9\rho^2 - \rho^3$
4	$L_4(\rho) = 24 - 96\rho + 72\rho^2 - 16\rho^3 + \rho^4$
5	$L_5(\rho) = 120 - 600\rho + 680\rho^2 - 200\rho^3 + 25\rho^4 - \rho^5$

表 10.2 ラゲールの陪多項式 L_{n+l}^{2l+1} の例

n	l	$L_q^p(\rho) = L_{n+l}^{2l+1}(\rho)$
1	0	$L_1^1(\rho) = -1$
2	0	$L_2^1(\rho) = -2! \cdot (2 - \rho) = -2(2 - \rho)$
2	1	$L_3^3(\rho) = -3! = -6$
3	0	$L_3^1(\rho) = -3! \cdot \left(3 - 3\rho + \dfrac{1}{2}\rho^2\right) = -3(6 - 6\rho + \rho^2)$
3	1	$L_4^3(\rho) = -4! \cdot (4 - \rho) = -24(4 - \rho)$
3	2	$L_5^5(\rho) = -5! = -120$

10.4 動径方向の振る舞い

動径関数 $R(\rho)$ は ρ だけの関数だから，すべて球対称性をもっている．しかし，$R(\rho)$ は n, l の値に依存して節が生じるので，電子の軌道に一定のパターンが現れる．

10.4.1 動径の波動関数

(10.39)の動径関数 $R(\rho)$ は(10.69)の $f(\rho)$ を用いて

$$R_{nl}(\rho) = -N_{nl} e^{-\rho/2} \rho^l L_{n+l}^{2l+1}(\rho) \tag{10.71}$$

で与えられる．ここで，R は n, l の値に依存するので R_{nl} と記している．ただし，(10.71)の右辺にマイナス符号を付けるのは，R_{nl} を次頁の図 10.5 のように図示するための慣習である．

※ **規格化条件** 波動関数 $\Psi(x, t)$ の規格化条件(4.9)を 3 次元に拡張すると

$$\int_{\text{全領域}} dV \, |\Psi(x, y, z, t)|^2 = \int dx\, dy\, dz\, |\Psi(x, y, z, t)|^2 = 1 \tag{10.72}$$

となる．これを，(10.5)の波動関数 $\phi(r, \theta, \phi) = R(r) Y(\theta, \phi)$ に適用すると

$$1 = \int_{\text{全領域}} |\phi|^2 \, dV = \int |\phi|^2 r^2 \sin\theta \, d\theta \, d\phi \, dr$$

$$= \underbrace{\left(\int_0^\infty |R(r)|^2 r^2 \, dr\right)}_{1} \underbrace{\left(\int_0^\pi \sin\theta \, d\theta \int_0^{2\pi} d\phi \, |Y(\theta, \phi)|^2\right)}_{1} \tag{10.73}$$

のように，r と θ, ϕ についての積分を分離して計算できるので，それぞれの積分が 1 になるように規格化できる．

したがって，波動関数 $R_{nl}(r)$ の規格化定数 N_{nl} は次の規格化条件

$$\int_0^\infty R_{nl}^*(r) R_{nl}(r) r^2 \, dr = 1 \tag{10.74}$$

から

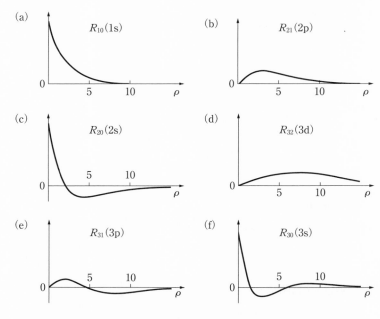

図 10.5　動径関数 $R_{nl}(\rho)$. ただし，図中の R の引数は ρ ではなく nl 状態の記号（表 10.5）である.

$$N_{nl} = \sqrt{\frac{(n-l-1)!}{2n\{(n+l)!\}^3}}\left(\frac{2Z}{na_{\mathrm{B}}}\right)^{3/2} \tag{10.75}$$

のように決まる（章末問題 [10.4]）.

表 10.3　動径関数 $R_{nl}(\rho)$ の例

n	l	$R_{nl}(\rho)$
1	0	$R_{10}(\rho) = -N_{10}e^{-\rho/2}L_1^1 = \left(\dfrac{Z}{a_{\mathrm{B}}}\right)^{3/2}2e^{-\rho/2}$
2	0	$R_{20}(\rho) = -N_{20}e^{-\rho/2}L_2^1 = \dfrac{1}{2\sqrt{2}}\left(\dfrac{Z}{a_{\mathrm{B}}}\right)^{3/2}(2-\rho)e^{-\rho/2}$
2	1	$R_{21}(\rho) = -N_{21}e^{-\rho/2}\rho L_3^3 = \dfrac{1}{2\sqrt{6}}\left(\dfrac{Z}{a_{\mathrm{B}}}\right)^{3/2}\rho e^{-\rho/2}$
3	0	$R_{30}(\rho) = -N_{30}e^{-\rho/2}L_3^1 = \dfrac{1}{9\sqrt{3}}\left(\dfrac{Z}{a_{\mathrm{B}}}\right)^{3/2}(6-6\rho+\rho^2)e^{-\rho/2}$
3	1	$R_{31}(\rho) = -N_{31}e^{-\rho/2}\rho L_4^3 = \dfrac{1}{9\sqrt{6}}\left(\dfrac{Z}{a_{\mathrm{B}}}\right)^{3/2}(4-\rho)\rho e^{-\rho/2}$
3	2	$R_{32}(\rho) = -N_{32}e^{-\rho/2}\rho^2 L_5^5 = \dfrac{1}{9\sqrt{30}}\left(\dfrac{Z}{a_{\mathrm{B}}}\right)^{3/2}\rho^2 e^{-\rho/2}$

表 10.3 に，$n = 1, 2, 3$ の場合の $R_{nl}(\rho)$ を与えている．図 10.5 は，表 10.3 の動径関数 $R_{nl}(\rho)$ を描いたものである．

10.4.2　動径分布関数

動径分布関数は (10.27) の定義式から $D_{nl}(r) = 4\pi r^2 R_{nl}{}^2(r)$ で与えられる．この $D_{nl}(r)$ を変数 ρ で表すために (10.60) を使うと，次式になる（$\rho =$

表 10.4　動径分布関数 $D_{nl}(\rho)$ の例

n	l	$D_{nl}(\rho)$
1	0	$D_{10}(\rho) = \pi\left(\dfrac{Z}{a_{\mathrm{B}}}\right) 4\rho^2 e^{-\rho}$
2	0	$D_{20}(\rho) = \pi\left(\dfrac{Z}{a_{\mathrm{B}}}\right) \dfrac{1}{2} \rho^2 (2 - \rho)^2 e^{-\rho}$
2	1	$D_{21}(\rho) = \pi\left(\dfrac{Z}{a_{\mathrm{B}}}\right) \dfrac{1}{6} \rho^4 e^{-\rho}$
3	0	$D_{30}(\rho) = \pi\left(\dfrac{Z}{a_{\mathrm{B}}}\right) \dfrac{1}{27} \rho^2 (6 - 6\rho + \rho^2)^2 e^{-\rho}$
3	1	$D_{31}(\rho) = \pi\left(\dfrac{Z}{a_{\mathrm{B}}}\right) \dfrac{1}{54} \rho^4 (4 - \rho)^2 e^{-\rho}$
3	2	$D_{32}(\rho) = \pi\left(\dfrac{Z}{a_{\mathrm{B}}}\right) \dfrac{1}{270} \rho^6 e^{-\rho}$

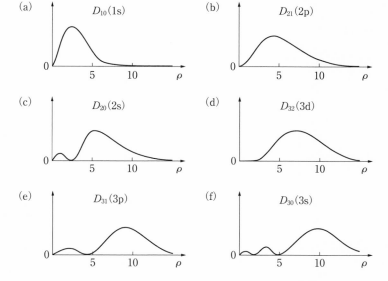

図 10.6　動径分布関数 $D_{nl}(\rho)$．ただし，図中の D の引数は図 10.5 と同じ．

$(2Z/na_B)r)$.

$$D_{nl}(\rho) = \pi \left(\frac{a_B}{Z}\right)^2 n^2 \rho^2 R_{nl}{}^2(\rho) \tag{10.76}$$

表 10.4 に，$n = 1, 2, 3$ の場合の $D_{nl}(\rho)$ を与えている．

　図 10.6 は，表 10.4 の動径分布関数 $D_{nl}(\rho)$ を描いたものである．この図 10.6 からわかるように，動径関数 $R_{nl}(r)$ は $n - l - 1$ 個の節をもっている．ただし，$r = 0$ の点は節とは考えない（なぜなら，$D_{nl}(r) \propto r^2 R_{nl}{}^2(r)$ より $R_{nl}{}^2(r) \neq 0$ でも $r \to 0$ で $D_{nl}(r) = 0$ になるからである）．この節の構造が水素原子の状態関数にどのような影響を与えるかは，10.5.2 項で述べる．

10.5　電子の可視化

　水素原子に対するシュレーディンガー方程式の解は，動径関数 $R(r)$（ラゲールの多項式の解）と角度に関する関数 $Y_l{}^m(\theta, \phi)$（ルジャンドル多項式の解）の積なので，式だけをみてもわかりにくい．ここで，解の可視化を考えてみよう．

10.5.1　電子の軌道

　水素原子に対するシュレーディンガー方程式(10.3)の規格化された波動関数 $\psi(r, \theta, \phi)$ は，動径部分の $R_{nl}(r)$ と角度部分の $Y_l{}^m(\theta, \phi)$ の積

$$\psi_{nlm}(r, \theta, \phi) = R_{nl}(r) Y_l{}^m(\theta, \phi) \tag{10.77}$$

で与えられる（章末問題 [10.5]）．

＊3 つの量子数 n, l, m　　水素原子の波動関数 ψ_{nlm} の添字（n, l, m）は，それぞれ次の量子数に対応している．

- 主量子数 n：　$n = 1, 2, 3, \cdots$
- 方位量子数 l：　$l = 0, 1, 2, \cdots, n - 1$　　　　　　（n 通り）
- 磁気量子数 m：　$m = -l, -l + 1, \cdots, l - 1, l$　　（$2l + 1$ 通り）

　表 10.5 に，$n = 1, 2, 3, 4$ での l の状態名（s, p, d, f）とその縮退度を示す（Note 9.1 を参照）．表 10.5 からわかるように，エネルギー準位 E_n は n^2 重に縮退している．つまり，1 つの主量子数 n が与えられると，エネルギー固有値 E_n が決まり，この E_n に対して，n^2 個の 波動関数（固有関数）ψ_{nlm} が存在する．その理由は次の通りである．

　主量子数 n に対して方位量子数 l は n 通りの値（$l = 0, 1, 2, \cdots, n - 1$）をもち，さらに，1 つの方位量子数 l の値に対して磁気量子数 m は $2l + 1$ 通りの

表 10.5 状態名とその縮退度

n (主量子数)	l (方位量子数)	m (磁気量子数)	状態の縮退度	nl 状態と記号
1	0	0	1	1s
2	0	0	1	2s
2	1	0, ±1	3	2p
3	0	0	1	3s
3	1	0, ±1	3	3p
3	2	0, ±1, ±2	5	3d
4	0	0	1	4s
4	1	0, ±1	3	4p
4	2	0, ±1, ±2	5	4d
4	3	0, ±1, ±2, ±3	7	4f

値をもつ. その結果, 1 個の主量子数 n の値 (つまり E_n) に対する総和は,

$$\sum_{l=0}^{n-1} \sum_{m=-l}^{l} 1 = \sum_{l=0}^{n-1} (2l+1) = 1 + 3 + 5 + \cdots + (2n-1) = n^2 \quad (10.78)$$

となり, n^2 個の異なる固有関数が存在することになる.

Note 10.2 **ボーア軌道からみた量子数 n, l, m の意味**　ボーアモデルは電子の軌道を円軌道に限定したが, 古典力学ではクーロン引力を受けて運動する粒子は一般に楕円軌道を描く (例えば, 万有引力でのケプラーの第 1 法則). 楕円軌道と量子数 n, l, m の関係は次のようになる.

(1) 「楕円の 長半径 $\propto n^2$」より, n は楕円の大きさを表す (ボーアの軌道半径 (2.67) $r_n \propto n^2$).

(2) 「短半径/長半径 $= l(l+1)/n^2$」より, l は楕円の半径比 (扁平度) を表す. $l = n-1$ が円軌道 (不確定性原理のために半径の比は厳密には 1 にならない), $l = 0$ が直線運動に当たる.

(3) m は 3 次元空間内での楕円面の向きを表す. z 軸の正方向から見下ろして, $m = l$ ($m = -l$) は xy 平面内で反時計 (時計) 回りに運動する状態, そして, $m = 0$ は 90° 傾いた平面内で運動する状態に当たる.

10.5.2　電子の波動関数

電子の接球面図で描かれた角度方向の軌道は, 実数関数で表された波動関数であり, 特に, 物理化学などではよく用いられる実用的な軌道である. 表 10.6 は (実数関数の) 波動関数 $\phi_{nlm} = R_{nl}\Theta_l{}^m\Phi_m$ の $n = 3$ までの具体形を示したものである. ただし, 変数 σ は $\rho/2 = \sigma/n$ で定義するので, (10.60) より

表10.6　波動関数（実数関数）$\psi_{nlm} = R_{nl}\Theta_l{}^m\Phi_m$ の例

n	l	m	$\psi_{nlm} = R_{nl}\Theta_l{}^m\Phi_m$	nl 状態と記号
1	0	0	$\dfrac{1}{\sqrt{\pi}}\left(\dfrac{Z}{a_{\mathrm{B}}}\right)^{3/2} e^{-\sigma}$	1s
2	1	1	$\dfrac{1}{4\sqrt{2\pi}}\left(\dfrac{Z}{a_{\mathrm{B}}}\right)^{3/2} \sigma e^{-\sigma/2}\sin\theta\cos\phi$	$2\mathrm{p}_x$
2	1	-1	$\dfrac{1}{4\sqrt{2\pi}}\left(\dfrac{Z}{a_{\mathrm{B}}}\right)^{3/2} \sigma e^{-\sigma/2}\sin\theta\sin\phi$	$2\mathrm{p}_y$
2	1	0	$\dfrac{1}{4\sqrt{2\pi}}\left(\dfrac{Z}{a_{\mathrm{B}}}\right)^{3/2} \sigma e^{-\sigma/2}\cos\theta$	$2\mathrm{p}_z$
2	0	0	$\dfrac{1}{4\sqrt{2\pi}}\left(\dfrac{Z}{a_{\mathrm{B}}}\right)^{3/2}(2-\sigma)e^{-\sigma/2}$	2s
3	2	2	$\dfrac{1}{81\sqrt{2\pi}}\left(\dfrac{Z}{a_{\mathrm{B}}}\right)^{3/2} \sigma^2 e^{-\sigma/3}\sin^2\theta\cos 2\phi$	$3\mathrm{d}_{x^2-y^2}$
3	2	-2	$\dfrac{1}{81\sqrt{2\pi}}\left(\dfrac{Z}{a_{\mathrm{B}}}\right)^{3/2} \sigma^2 e^{-\sigma/3}\sin^2\theta\sin 2\phi$	$3\mathrm{d}_{xy}$
3	2	1	$\dfrac{\sqrt{2}}{81\sqrt{\pi}}\left(\dfrac{Z}{a_{\mathrm{B}}}\right)^{3/2} \sigma^2 e^{-\sigma/3}\sin\theta\cos\theta\cos\phi$	$3\mathrm{d}_{xz}$
3	2	-1	$\dfrac{\sqrt{2}}{81\sqrt{\pi}}\left(\dfrac{Z}{a_{\mathrm{B}}}\right)^{3/2} \sigma^2 e^{-\sigma/3}\sin\theta\cos\theta\sin\phi$	$3\mathrm{d}_{yz}$
3	2	0	$\dfrac{1}{81\sqrt{6\pi}}\left(\dfrac{Z}{a_{\mathrm{B}}}\right)^{3/2} \sigma^2 e^{-\sigma/3}(3\cos^2\theta-1)$	$3\mathrm{d}_{z^2}$
3	1	1	$\dfrac{\sqrt{2}}{81\sqrt{\pi}}\left(\dfrac{Z}{a_{\mathrm{B}}}\right)^{3/2} \sigma(6-\sigma)e^{-\sigma/3}\sin\theta\cos\phi$	$3\mathrm{p}_x$
3	1	-1	$\dfrac{\sqrt{2}}{81\sqrt{\pi}}\left(\dfrac{Z}{a_{\mathrm{B}}}\right)^{3/2} \sigma(6-\sigma)e^{-\sigma/3}\sin\theta\sin\phi$	$3\mathrm{p}_y$
3	1	0	$\dfrac{\sqrt{2}}{81\sqrt{\pi}}\left(\dfrac{Z}{a_{\mathrm{B}}}\right)^{3/2} \sigma(6-\sigma)e^{-\sigma/3}\cos\theta$	$3\mathrm{p}_z$
3	0	0	$\dfrac{1}{81\sqrt{3\pi}}\left(\dfrac{Z}{a_{\mathrm{B}}}\right)^{3/2}(27-18\sigma+2\sigma^2)e^{-\sigma/3}$	3s

$$\sigma = Z\frac{r}{a_{\mathrm{B}}} \tag{10.79}$$

となる.

　3次元空間での，水素原子の波動関数 ψ_{nlm} は，確率密度の濃淡を利用するとイメージしやすい.

　例えば，図10.7 は 1s, 2s 状態のイメージである. 接球面図は角度部分の形状だから，これらはすべて同じ球である. しかし，動径関数 R_{nl} は $n-l-1$ 個の節をもっている（図10.5）. そのため，図10.6のように 1s 状態の D_{10} には節がなく，2s 状態の D_{20} には1個の節 が現れるので図10.7のようになる.

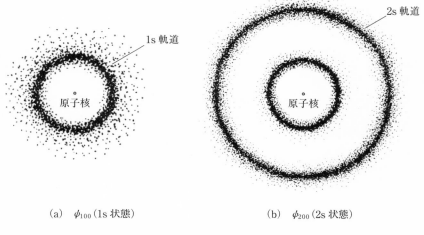

(a)　ϕ_{100}（1s 状態）　　　　　　　　(b)　ϕ_{200}（2s 状態）

図 10.7　水素原子の波動関数 $\phi_{nlm}(r,\theta,\phi)$ の s 状態（$l = 0$）
における確率密度の濃淡のイメージ

❋電子の存在確率は最外殻で最大になる　　　1s 波動関数は，原子核に最も近い球殻で，あたかも原子核を包むボールのようにみえる（図 10.4 を参照）．2s 波動関数は，このボールを含んだ球殻で，その間には明確な節が $r = 2a_B$ の位置にある．2s 状態の水素原子では，1s 状態に比べて原子核から より遠い空間に電子を見出す確率が高くなる（図 10.6 の D_{10} と D_{20} のピークの位置をみよ）．

　同様に，3s 波動関数は 3 個の同心殻から成り，その間に 2 個の節が存在する．3s 状態の水素原子では，原子核から最も外側の殻内に電子を見出す確率が高くなる（章末問題 [10.6]）．

章 末 問 題

[**10.1**]　球対称なポテンシャル $V(r)$

$$V(r) = \begin{cases} 0 & (r < a) \\ \infty & (a \le r) \end{cases} \tag{10.80}$$

で規定される空洞内の粒子（質量 m）の運動は (10.9) のシュレーディンガー方程式で記述できる．方位量子数 l を $l = 0$ として，この粒子のエネルギー E と波動関数 $R(r)$ を求めよ．

[**10.2**]　(10.33) の 2 つのパラメータ α と β の次元を説明せよ．

[**10.3**]　無次元の変数 ρ で表したシュレーディンガー方程式(10.38)を導け.

[**10.4**]　ラゲール陪関数 $L_s{}^m$ に対する次の直交関係

$$\int_0^\infty e^{-\rho}\rho^{m+1} L_s{}^m(\rho) L_{s'}{}^m(\rho)\, d\rho = \frac{(2s-m+1)(s!)^3}{(s-m)!}\delta_{ss'} \tag{10.81}$$

を使って, (10.71)の動径関数 $R(\rho)$ の規格化定数 N_{nl} が(10.75)で与えられることを示せ.

[**10.5**]　位置 $\boldsymbol{r}$ を原点に関して反転 $(\boldsymbol{r} \to -\boldsymbol{r})$ させる演算子 $\widehat{P}$

$$\widehat{P}\phi(\boldsymbol{r}) = \phi(-\boldsymbol{r}) \tag{10.82}$$

を**パリティ演算子**という.

(1)　パリティ演算子の固有値は ± 1 であることを示せ.

(2)　中心力場のパリティ対称性は $(-1)^l$ で決まることを示せ.

[**10.6**]　水素原子の動径関数 $R(\rho) = e^{-\rho/2}f(\rho)$ ((10.39)) に含まれる ρ の多項式

$$f(\rho) = \rho^\gamma(a_0 + a_1\rho + a_2\rho^2 + \cdots) = \rho^\gamma\sum_{\nu=0}^\infty a_\nu\rho^\nu \tag{10.41}$$

において, ρ^γ のベキは $\gamma = l$ であるとする. この場合, 10.3.1 項で説明した方法を使えば, 物理的に許される動径関数 $R(\rho)$ の最低の次数は l で, 最高の次数は $n-1$ になることを説明せよ.

Chapter 11

ディラックのブラ・ケット記法

　量子力学の基本は，「物理状態は重ね合わせ状態である」というアイデアで，これを記述する最適な数学ツールはベクトルである．ディラックは，量子力学的な状態を表すベクトルとして**ケットベクトル**を導入し，それを記号$| \ \rangle$で表現した．また，記号$\langle \ |$で表現される**ブラベクトル**も導入した．例えば，αという物理状態に対するケットベクトルは$|\alpha\rangle$（ケット・アルファ），ブラベクトルは$\langle\alpha|$（ブラ・アルファ）である．

　このようなベクトルが存在する空間が**ヒルベルト空間**という複素数空間で，実数のベクトル空間（つまり，古典力学で普通に使っているユークリッド空間）を複素数にまで拡張したものである．

　ディラックのブラ・ケット記法を用いて，これまでに学んできた量子力学の基本的な諸性質を より一般的な観点から見直すことは，さらなる深い理解につながるだけではなく，将来，量子力学のアドバンストコースを学ぶときにも役立つはずである．

11.1　ベクトルで考える

11.1.1　普通のコインと量子コイン

　普通のコインを使ってコイン投げをして手のひらで受けると，コインは表か裏のどちらかを示す．いま，図 11.1 のように，水平なテーブルの上に不透明な円筒を立てて，その中にコインを投げ入れる実験をする．そして，コインが円筒内で静止する音を聞いた後に，観測者が円筒の中を覗いてテーブル上のコインの

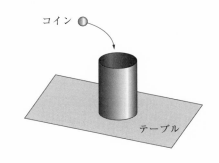

図 11.1　円筒の中にコインを投げ入れる実験

面が表か裏かを調べる．当然，コインのとり得る状態は表か裏の2通りだけであり，これは観測者が（実際に）観測しなくても変わらない事実である（コインが立つような特別な場合は考えない）．

そこで，最終状態が表か裏の2つの状態しか存在しない状況を表現するために，表の状態と裏の状態をそれぞれ

$$表 \longleftrightarrow e_1, \qquad 裏 \longleftrightarrow e_2 \tag{11.1}$$

のようなベクトル e_1 と e_2 に対応させ，図 11.2(a)のように2次元平面内で互いに直交しているとする（ただし，e_1 と e_2 の長さはそれぞれ1とする）．

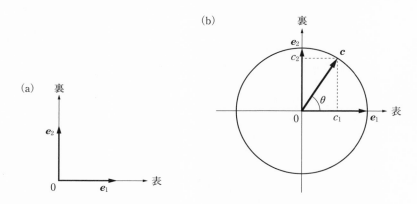

図 11.2　コインの状態
　(a)　"普通のコイン"の表と裏の状態を表す2次元平面内の単位ベクトル e_1 と e_2
　(b)　"量子コイン"の状態ベクトル c は e_1 と e_2 の重ね合わせ状態

対照的に，このコインが量子力学的な振る舞いをする（空想上の）"量子コイン"だとすると，円筒内に投げ入れたコインは観測するまでは表でも裏でもなく，表と裏が重ね合わさった状態になる（このような状態は日常の経験からはイメージできないが）．そのような円筒内のコインの量子状態は，図 11.2(b)のように，ベクトル c で

$$c = c_1 e_1 + c_2 e_2 \tag{11.2}$$

と表すことができる（c の長さは1とする）．ここで，c と e_1 のなす角度を θ とすると，係数は $c_1 = \cos\theta$，$c_2 = \sin\theta$ である．

ベクトル c のように，量子状態（いまはコインの状態）を表すベクトルのことを，一般に**状態ベクトル**という．量子コインの場合，表でも裏でもない状態があらゆる方向（360度）に存在するので，状態の数は無限個である．

Note 11.1　(11.2)のプラス記号（＋）の意味　　(11.2)の ＋ 記号は，算術計算での
プラスの意味でもなければ，コインの状態が同時に表と裏であるという意味でもない．
簡単にいえば，「どちらもが起こる」という重ね合わせ状態の性質を表現したもので，
単純に「または」と思えばよい．つまり，「コインの状態ベクトル c は e_1 であるか，ま
たは e_2 である」という意味である．なお，重ね合わせ状態に使われるマイナス記号（－）
も基本的には同じ意味である．

測定結果 1：普通のコイン　　コインが偽物でなければ，表と裏が出る確
率はどちらも 1/2 である．このコインの状態は，量子力学の用語を使えば，**混
合状態**（あるいは**統計的混合**）とよび，

$$\rho_{混合} = \begin{cases} \dfrac{1}{2} & （表，つまり e_1 のとき） \\[2mm] \dfrac{1}{2} & （裏，つまり e_2 のとき） \end{cases} \tag{11.3}$$

で表す．これは，コインの表か裏を得る確率が 1/2 であることを意味するか
ら，例えば，同一コインを使って，1000 回実験をくり返せば，およそ 500 回
表が出ることになる．しかし，（次の測定結果 2 と比べて）この実験で最も重
要な点は，コインの最終状態（e_1 か e_2）が，コインがテーブルに衝突する<u>前</u>
にすでに（客観的に）確定しているということである．

測定結果 2：量子コイン　　重ね合わせ状態 c の量子コインは，表か裏か
に関して確定した状態をもっていないので，実際に測定する（つまり，観測す
る）までは，コインの状態が e_1 か e_2 であるかは不確定である．では，このよ
うな重ね合わせ状態にある量子コインが，一体どのようにして観測される結果
（表か裏に決まった状態）になるのだろうか？　これが，量子力学の**観測問題**
である．

　観測問題の視点で考えると，投げ上げたコインが着地するテーブル面を，コ
インと相互作用する一種の測定装置だとみなし，コインの最終状態（表か裏）
は，コインがテーブルに<u>衝突した直後</u>に（瞬時に）確定すると考える（コペン
ハーゲン解釈，5.1 節を参照）．このコペンハーゲン解釈に従えば，量子コイ
ンは，テーブル上に静止する直前までは，確定した面をもたないことになる．
この奇妙な非実在論的な考え（客観的に確定した状態は存在しないという考
え）を批判して，アインシュタインは「誰もみていないときには，月は存在し
ないのだろうか？」と述べた（観測の有無とは無関係に「月は常に存在する」

と彼は信じていた）.

　さて，量子コインの表の出る確率 P_1 と裏が出る確率 P_2 は，重ね合わせの係数 (c_1, c_2) の2乗で決まるから，次のようになる.

$$P_1 = c_1^2 = \cos^2\theta, \qquad P_2 = c_2^2 = \sin^2\theta \qquad (11.4)$$

2つの可能性しかないので，全確率はもちろん $P_1 + P_2 = 1$ でなければならないが，(11.4)はそれを満たしている（$\cos^2\theta + \sin^2\theta = 1$）. もし，量子コインが偽物でなければ，$P_1 = P_2 = 1/2$ が期待されるので，この場合も同一コインを使って 1000 回実験を繰り返せば，およそ 500 回が表になる（より一般的にいえば，測定結果は(11.4)の確率に従う）.

　この量子コインのたとえ話は，量子力学の状態ベクトルを図 11.2(b) のようにビジュアルに説明するのには役立つが，気になる点がある. それは，実験結果をみるだけでは，(11.2)と(11.3)の2つの状態を区別することはできないことである. 両者を区別するには，(11.2)の重ね合わせの係数 c_1, c_2 が複素数であることを考慮しなければならないが，このたとえ話では難しい（例えば，コイン投げで，二重スリット実験の干渉に相当する状況を想像できるだろうか）. そこで，この素朴な量子コインの話から一旦離れて，次項から，状態ベクトルに関する正しい理解へと進もう.

11.1.2　古典的状態と基底ベクトル

　前節で解説したように，量子コインの投げ入れ実験をすると，2つの異なった状態，状態1（表）と状態2（裏）が実現する. このように，実験で区別できる独立した状態のことを**古典的状態**という. (11.1)は，このような古典的状態1と2をベクトル e_1 と e_2 で表現したことになる.

　この表現をもっと一般化するために，ディラックが導入した**ケットベクトル**（記号 $|\ \ \rangle$）を次のように対応させよう.

　　　　状態1 ↔ ケットベクトル $|e_1\rangle$,　　状態2 ↔ ケットベクトル $|e_2\rangle$

$$(11.5)$$

　次に，**状態ベクトル**をケットベクトル $|\alpha\rangle$ で表そう（これは(11.2)のベクトル c に対応する）. このケットベクトル $|\alpha\rangle$ を成分で表すには，座標系を決めなければならないが，座標系を規定する単位ベクトルが**基底ベクトル**である. そこで，$|e_1\rangle, |e_2\rangle$ を基底ベクトルとして，図 11.2(a) のように選ぶと，

$$|e_1\rangle = \begin{pmatrix} 1 \\ 0 \end{pmatrix}, \qquad |e_2\rangle = \begin{pmatrix} 0 \\ 1 \end{pmatrix} \qquad (11.6)$$

となる．したがって，状態ベクトル $|\alpha\rangle$ は

$$|\alpha\rangle = \begin{pmatrix} c_1 \\ c_2 \end{pmatrix} = c_1|e_1\rangle + c_2|e_2\rangle \tag{11.7}$$

のように，古典的状態を表すケットベクトル $|e_1\rangle, |e_2\rangle$ の重ね合わせで記述される．ここで係数 c_1, c_2 は複素数で，それぞれ状態ベクトル $|\alpha\rangle$ の基底ベクトル $|e_1\rangle, |e_2\rangle$ 上への射影成分に対応する（例題 11.2 を参照）．

※ ベクトル空間の次元を決めるもの　基底ベクトル（$|e_1\rangle, |e_2\rangle$）の個数は，古典的状態の数（つまり，測定結果として実現する状態の数）に等しい．この事実は，重ね合わせ状態をつくるベクトル空間の次元数を理解する上で重要である．いまの場合，測定結果は 2 つの状態しかないので，2 個の基底ベクトルを考えればよく，状態ベクトルは 2 次元のベクトル平面（図 11.2(a) を参照）で記述できた．

　これから予想できるように，測定結果が N 個の状態であれば，N 個の互いに直交する基底ベクトルが必要になる．そのときは，N 次元複素ベクトル空間を考えることになる．（$N \geq 4$ 次元の空間を思い描くことは難しいかもしれないが，これは別問題である．実のところ，量子力学では N が無限大の複素ベクトル空間が登場する．11.3.2 項の基底ベクトル $|x\rangle$ の説明を参照．）

11.2　ベクトル空間

　古典物理学でベクトルを使うとき，一般的にはユークリッド空間を考えている．これは実数のベクトル空間であるが，量子力学では，これを複素数に拡張した複素数のベクトル空間を考える．

11.2.1　ユークリッド空間

※ 実数のベクトル空間　力学や電磁気学に登場する力 $\boldsymbol{F}$ や電場 $\boldsymbol{E}$ や磁場 $\boldsymbol{B}$ などのベクトルは，一般に，実数値をもつベクトル空間（実数のベクトル空間）で定義されている．

　ベクトルは，座標系のとり方には無関係に，一定の向きと大きさをもった量である．いま，2 つのベクトル $\boldsymbol{u}$ と $\boldsymbol{v}$ があれば，ベクトル同士の積として内積と外積の 2 種類が定義できる．そのうち，内積の方は $\boldsymbol{u}$ と $\boldsymbol{v}$ のなす角度を θ とすると，次式で定義される．

$$\boldsymbol{u} \cdot \boldsymbol{v} = |\boldsymbol{u}||\boldsymbol{v}|\cos\theta \tag{11.8}$$

いま，図 11.3 のような xy 平面を考え，x 軸方向の単位ベクトルを $\boldsymbol{e}_1$，y 軸

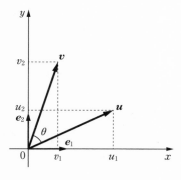

図 11.3 実数のベクトル空間内にある 2 つのベクトル $u = (u_1, u_2)$ と $v = (v_1, v_2)$

方向の単位ベクトルを e_2 とすると，ベクトル u と v は

$$u = u_1 e_1 + u_2 e_2 \tag{11.9}$$

$$v = v_1 e_1 + v_2 e_2 \tag{11.10}$$

で表される．したがって，内積(11.8)は

$$
\begin{aligned}
u \cdot v &= (u_1 e_1 + u_2 e_2) \cdot (v_1 e_1 + v_2 e_2) \\
&= u_1 v_1 e_1 \cdot e_1 + u_1 v_2 e_1 \cdot e_2 + u_2 v_1 e_2 \cdot e_1 + u_2 v_2 e_2 \cdot e_2 \\
&= u_1 v_1 (1) + u_1 v_2 (0) + u_2 v_1 (0) + u_2 v_2 (1) = u_1 v_1 + u_2 v_2
\end{aligned} \tag{11.11}
$$

のように，ベクトルの成分の積で表される．ここで，内積の定義(11.8)より $e_1 \cdot e_1 = e_2 \cdot e_2 = 1$，$e_1 \cdot e_2 = e_2 \cdot e_1 = 0$ であることを使った．

※ ベクトルの行列表現 単位ベクトル e_1, e_2 を 2 次元列ベクトル

$$e_1 = \begin{pmatrix} 1 \\ 0 \end{pmatrix}, \qquad e_2 = \begin{pmatrix} 0 \\ 1 \end{pmatrix} \tag{11.12}$$

で表せば，それらの**転置行列**（元の行列の行と列を入れ替えた行列）$e_1{}^T, e_2{}^T$ は

$$e_1{}^T = (1 \quad 0), \qquad e_2{}^T = (0 \quad 1) \tag{11.13}$$

である．これらを使うと，ベクトル u, v と u^T, v^T は次式で与えられる．

$$u = u_1 \begin{pmatrix} 1 \\ 0 \end{pmatrix} + u_2 \begin{pmatrix} 0 \\ 1 \end{pmatrix} = \begin{pmatrix} u_1 \\ u_2 \end{pmatrix}, \qquad u^T = (u_1 \quad u_2) \tag{11.14}$$

$$v = v_1 \begin{pmatrix} 1 \\ 0 \end{pmatrix} + v_2 \begin{pmatrix} 0 \\ 1 \end{pmatrix} = \begin{pmatrix} v_1 \\ v_2 \end{pmatrix}, \qquad v^T = (v_1 \quad v_2) \tag{11.15}$$

したがって，これらの行列表現から，(11.11)の内積は

$$u_1 v_1 + u_2 v_2 = (u_1 \quad u_2) \begin{pmatrix} v_1 \\ v_2 \end{pmatrix} = u^T v \tag{11.16}$$

と表せることがわかる．

[**例題 11.1**]　ベクトルの分解

次の各問いに答えよ.

(1)　次の単位ベクトル e_1, e_2 の規格直交性を示せ.

$$e_i{}^T e_j = \delta_{ij} \qquad (i, j = 1, 2) \tag{11.17}$$

ただし，規格性は $e_1{}^T e_1 = e_2{}^T e_2 = 1$，直交性は $e_1{}^T e_2 = e_2{}^T e_1 = 0$ を意味する.

(2)　(11.9)のベクトル $u = u_1 e_1 + u_2 e_2$ の係数が

$$u_1 = e_1{}^T u, \qquad u_2 = e_2{}^T u \tag{11.18}$$

で与えられることを，規格直交性(11.17)を使って示せ. したがって，u は

$$u = (e_1{}^T u) e_1 + (e_2{}^T u) e_2 = \sum_{i=1}^{2} (e_i{}^T u) e_i \tag{11.19}$$

と表せる.

(3)　次の恒等式が成り立つことを示せ. ただし，I は単位行列である.

$$I = \sum_{i=1}^{2} (e_i e_i{}^T) \tag{11.20}$$

[**解**]　(1)　規格性 $(e_1{}^T e_1 = 1)$ と直交性 $(e_1{}^T e_2 = 0)$ が成り立つかを調べるために具体的に計算すると，

$$e_1{}^T e_1 = (1 \quad 0)\begin{pmatrix} 1 \\ 0 \end{pmatrix} = 1, \qquad e_1{}^T e_2 = (1 \quad 0)\begin{pmatrix} 0 \\ 1 \end{pmatrix} = 0 \tag{11.21}$$

となり，確かに(11.17)の成り立つことがわかる $(e_1{}^T e_1 = \delta_{11} = 1, \ e_1{}^T e_2 = \delta_{12} = 0)$.

(2)　(11.9)の u と単位ベクトル $e_1{}^T$ の内積をとると，単位ベクトル e_1, e_2 の規格直交性(11.17)から，係数 u_1 が次のように求まる.

$$e_1{}^T u = e_1{}^T (u_1 e_1 + u_2 e_2) = u_1 (e_1{}^T e_1) + u_2 (e_1{}^T e_2) = u_1 (1) + u_2 (0) = u_1 \tag{11.22}$$

同様に，係数 u_2 は $u_2 = e_2{}^T u$ となるので，(11.19)が成り立つことがわかる. なお，係数 u_1 と u_2 はベクトル u を x 軸と y 軸に正射影した成分に当たることに注意してほしい（例題11.2 の(3)を参照）.

(3)　具体的に計算すると

$$e_1 e_1{}^T = \begin{pmatrix} 1 \\ 0 \end{pmatrix}(1 \quad 0) = \begin{pmatrix} 1 & 0 \\ 0 & 0 \end{pmatrix} \tag{11.23}$$

$$e_2 e_2{}^T = \begin{pmatrix} 1 \\ 0 \end{pmatrix}(1 \quad 0) = \begin{pmatrix} 0 & 0 \\ 0 & 1 \end{pmatrix} \tag{11.24}$$

となるので，

$$e_1 e_1{}^T + e_2 e_2{}^T = \begin{pmatrix} 1 & 0 \\ 0 & 1 \end{pmatrix} = I \tag{11.25}$$

のように(11.20)を得る.　　　　　　　　　　　　　　　　　　　　　　¶

なお，例題 11.1 の恒等式(11.20)はブラ・ケット記法で重要な役割を果たす**完全性**（(11.42)や(11.48)）に相当するものである.

11.2.2 ヒルベルト空間

実数のベクトル空間における各要素を複素数に拡張したものが，ヒルベルト空間である．抽象的なので，最も簡単な 2 次元の場合を具体的に考えよう．ヒルベルト空間を 3 次元以上に一般化するのは，ベクトル成分の添字を変えるだけでよいから，2 次元の話が理解できればエッセンスがわかることになる．

❋**ケット空間とケットベクトル**　　まず，任意の**ケットベクトル**（**ケット**ともいう）$|\alpha\rangle$ を次のように，2×1（2 行 1 列の）行列で表す．ただし，c_1, c_2 は複素数である．

$$|\alpha\rangle = \begin{pmatrix} c_1 \\ c_2 \end{pmatrix} \tag{11.26}$$

2 つのケットベクトル $|\alpha\rangle$ と $|\beta\rangle$ を足し合わせると，新しいケット $|\gamma\rangle$ が

$$|\alpha\rangle + |\beta\rangle = |\gamma\rangle \tag{11.27}$$

で与えられる．

❋**$|\alpha\rangle$ と $c\,|\alpha\rangle$ は同じ状態**　　ケットベクトル $|\alpha\rangle$ に複素数 c を掛けると，新しいケットベクトル $c\,|\alpha\rangle$ になるが，物理的な状態は同じである（4.1.2 項の「Ψ と $c\Psi$ は同じ状態」を参照）．つまり，物理状態はケットベクトルの**方向**だけにその属性が対応し，ケットベクトルの長さや符号に意味はない．これは，量子力学的な重ね合わせが，古典力学的な重ね合わせと全く異なることを意味する（4.1.2 項を参照）．なお，複素数 c は単なる数なので，次式のようにケットベクトルにどちら側から掛けてもよい．

$$c\,|\alpha\rangle = |\alpha\rangle c \tag{11.28}$$

❋**ブラ空間とブラベクトル**　　ケット空間と対をなすベクトル空間を**ブラ空間**という（あるいは，ケット空間に**双対な**ベクトル空間という）．ケット空間のケットベクトル $|\alpha\rangle$ に対応した**ブラベクトル** $\langle\alpha|$ がブラ空間に存在する．このようなベクトルを**双対ベクトル**という．そして，(11.28) のケットベクトル $c\,|\alpha\rangle$ に対応するブラベクトルを $c^*\langle\alpha|$ と表すことにする．

2×1 行列で表した (11.26) のケットベクトル $|\alpha\rangle$ に対応するブラベクトル $\langle\alpha|$ は

$$\langle\alpha| = \begin{pmatrix} c_1{}^* & c_2{}^* \end{pmatrix} \tag{11.29}$$

のような，1×2（1 行 2 列の）行列で表される．ただし，アスタリスク $*$ は複素共役を表す（虚数単位 i を $-i$ に変える操作）．

❋**内　積**　　ヒルベルト空間における内積は，ブラ空間からブラベクトル $\langle\beta|$

$$\langle \beta | = (b_1{}^* \quad b_2{}^*) \tag{11.30}$$

を，ケット空間からケットベクトル $|\alpha\rangle$ をもってきて（つまり，$\langle\beta|$ と $|\alpha\rangle$ は 2 つの異なる空間にあるベクトル），それらの積で次のように定義する．

$$内積 = \langle \beta | \alpha \rangle \tag{11.31}$$

ただし，内積の定義を記号通りに表せば $\langle\beta||\alpha\rangle$ であるが，中央の 2 本線は 1 本にして (11.31) のように表すのがルールである．具体的に，(11.31) を成分で表せば，(11.26) の $|\alpha\rangle$ と (11.30) の $\langle\beta|$ より

$$\langle \beta | \alpha \rangle = (b_1{}^* \quad b_2{}^*)\begin{pmatrix} c_1 \\ c_2 \end{pmatrix} = b_1{}^* c_1 + b_2{}^* c_2 \tag{11.32}$$

となる．これからわかるように，内積は単なる複素数になる．なお，$\langle\beta|$ と $|\alpha\rangle$ で内積をつくることを，「$\langle\beta|$ と $|\alpha\rangle$ の**縮約**」ともいう．

(11.32) は $\langle\beta|\alpha\rangle = (b_1 c_1{}^* + b_2 c_2{}^*)^*$ と表せるが，$\langle\alpha|\beta\rangle = c_1{}^* b_1 + c_2{}^* b_2 = b_1 c_1{}^* + b_2 c_2{}^*$ であることに注意すると

$$\langle \beta | \alpha \rangle = \langle \alpha | \beta \rangle^* \tag{11.33}$$

が成り立つ．つまり，$\langle\beta|\alpha\rangle$ と $\langle\alpha|\beta\rangle$ は互いに複素共役である．

❋ **ノルムは正値計量**　　(11.33) から $\langle\alpha|\alpha\rangle$ は次のように実数になる．

$$\langle \alpha | \alpha \rangle = c_1{}^* c_1 + c_2{}^* c_2 = |c_1|^2 + |c_2|^2 \geq 0 \tag{11.34}$$

このように，$\langle\alpha|\alpha\rangle$ はゼロ以上の実数であるから，正値の**ノルム**（ベクトルの長さ）$\||\alpha\rangle\|$ が次のように定義できる．

$$\| |\alpha\rangle \| = \sqrt{\langle \alpha | \alpha \rangle} \tag{11.35}$$

この (11.35) は，量子力学の確率解釈（全確率 = 1）にとって不可欠な条件で，このことを「ノルムは**正値計量**である」という．この正値計量によって，ヒルベルト空間（複素空間）でのノルムが負にならない（つまり，確率が負にならない）ことが保証される．

なお，$|\alpha\rangle$ に対するノルムの記号を $||\alpha\rangle|$ とせず $\||\alpha\rangle\|$ にするのは，絶対値の記号（$|\ \ |$）との誤解を避けるためである．

❋ **ケットベクトル同士の直交状態**　　同じケット空間内にある 2 つのケットベクトル $|\alpha\rangle$ と $|\beta\rangle$ の間に次式が成り立つとき，2 つの状態は直交しているという．

$$\langle \beta | \alpha \rangle = 0 \quad あるいは \quad \langle \alpha | \beta \rangle = 0 \tag{11.36}$$

これは，同じケット空間内にある 2 つのベクトル $|\alpha\rangle, |\beta\rangle$ の間に，重なる要素が全くない状態を表している．なお，この内積に現れるブラベクトル $\langle\ \ |$

は，ケットベクトル $|~~\rangle$ と同じケット空間内のベクトルであることに注意してほしい（内積(11.31)の定義と異なる）．

✴ 外 積　2 つのベクトル（ブラとケット）の掛け算には，内積の他に，$|~~\rangle\langle~~|$ の記号で定義される外積がある．2 次元の場合，(11.26) の $|\alpha\rangle$ と (11.30) の $\langle\beta|$ から次のように 2×2 行列の形に表せる．

$$|\alpha\rangle\langle\beta| = \begin{pmatrix} c_1 \\ c_2 \end{pmatrix}(b_1{}^* \quad b_2{}^*) = \begin{pmatrix} c_1 b_1{}^* & c_1 b_2{}^* \\ c_2 b_1{}^* & c_2 b_2{}^* \end{pmatrix} \tag{11.37}$$

このように，外積は行列になるので，演算子としての役割を担うことになる．

［**例題11.2**］

状態ベクトル $|\alpha\rangle$ は，次の基底ベクトル

$$|e_1\rangle = \begin{pmatrix} 1 \\ 0 \end{pmatrix}, \qquad |e_2\rangle = \begin{pmatrix} 0 \\ 1 \end{pmatrix} \tag{11.6}$$

を用いて

$$|\alpha\rangle = c_1|e_1\rangle + c_2|e_2\rangle \tag{11.7}$$

のように展開できる（図11.4）．次の各問いに答えよ．

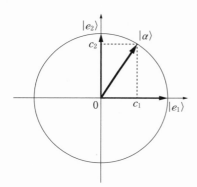

図11.4　2 つの基底ベクトル $|e_1\rangle, |e_2\rangle$ と
状態ベクトル $|\alpha\rangle$

(1)　次式を示せ（これを $|e_i\rangle$ の**規格性**という）．
$$\langle e_1|e_1\rangle = 1, \qquad \langle e_2|e_2\rangle = 1 \tag{11.38}$$

(2)　次式を示せ（これを $|e_i\rangle$ の**直交性**という）．
$$\langle e_1|e_2\rangle = 0, \qquad \langle e_2|e_1\rangle = 0 \tag{11.39}$$

なお，規格性(11.38)と直交性(11.39)はクロネッカーの記号 δ_{ij} を使って
$$\langle e_i|e_j\rangle = \delta_{ij} \tag{11.40}$$

のように一緒に表せる（$\delta_{ii} = 1, \ \delta_{ij} = 0$）．

(3)　(11.7)の係数 c_i は次式で与えられることを示せ．
$$c_1 = \langle e_1|\alpha\rangle, \qquad c_2 = \langle e_2|\alpha\rangle \tag{11.41}$$

この結果から，係数 c_i は状態ベクトル $|\alpha\rangle$ の基底ベクトル $|e_i\rangle$ 上への射影成分であることがわかる．

(4)　次式を示せ．これを $|e_i\rangle$ の**完全性**という．

$$\hat{1} = |e_1\rangle\langle e_1| + |e_2\rangle\langle e_2| = \sum_{i=1}^{2} |e_i\rangle\langle e_i| \tag{11.42}$$

(5)　(11.42)の完全性から

$$|\alpha\rangle = \hat{1}|\alpha\rangle = \sum_{i=1}^{2} |e_i\rangle\langle e_i|\alpha\rangle = c_1|e_1\rangle + c_2|e_2\rangle \tag{11.43}$$

のように，(11.7)が求まることを示せ．

[**解**]　基底ベクトルのケットベクトル $|e_1\rangle$, $|e_2\rangle$ は(11.12)の $\boldsymbol{e}_1$, $\boldsymbol{e}_2$ と同じもので，ブラベクトル $\langle e_1| = (1\ 0)$, $\langle e_2| = (0\ 1)$ は $\boldsymbol{e}_1$, $\boldsymbol{e}_2$ の転置行列 $\boldsymbol{e}_1{}^T$, $\boldsymbol{e}_2{}^T$ と同じものである．そのため，この例題11.2は例題11.1と記号が異なるだけで問題は同じであるから，これを解いても新しいものは何もない．しかし，ブラ・ケット記法の使い方やそれらの便利さを理解する観点からは，教育的な例題であるだろう．各問いに答えるには，以下に示すように具体的に計算するだけでよい．

(1)　$\langle e_1|e_1\rangle = \boldsymbol{e}_1{}^T\boldsymbol{e}_1 = 1$, $\langle e_2|e_2\rangle = \boldsymbol{e}_2{}^T\boldsymbol{e}_2 = 1$ である（(11.21)）．

(2)　$\langle e_1|e_2\rangle = \boldsymbol{e}_1{}^T\boldsymbol{e}_2 = 0$, $\langle e_2|e_1\rangle = \boldsymbol{e}_2{}^T\boldsymbol{e}_1 = 0$ である（(11.21)）．

(3)　例えば，$c_1 = \langle e_1|\alpha\rangle$ を計算すると右辺は $\langle e_1|(c_1|e_1\rangle + c_2|e_2\rangle) = c_1\langle e_1|e_1\rangle + c_2\langle e_1|e_2\rangle = c_1$ のように c_1 となる．これは，(11.18)と同じものである．

(4)　$|e_1\rangle\langle e_1| + |e_2\rangle\langle e_2| = \boldsymbol{e}_1\boldsymbol{e}_1{}^T + \boldsymbol{e}_1\boldsymbol{e}_1{}^T = I$ を得る．これは(11.20)と同じものである．

(5)　具体的に計算すると

$$|\alpha\rangle = |e_1\rangle\langle e_1|\alpha\rangle + |e_2\rangle\langle e_2|\alpha\rangle = |e_1\rangle c_1 + |e_2\rangle c_2 \tag{11.44}$$

となる．c_1, c_2 は単なる数（複素数）なので，(11.43)のようにケット（$|e_1\rangle$, $|e_2\rangle$）の前に移動できる（(11.28)を参照）．　¶

11.3　固有ケットと正規直交完全系

前章まで，量子力学の基本的な概念や計算法などを，波動関数や物理量演算子を使って述べてきた．ここでは，これまで学んできた量子力学の基本的な事項をブラ・ケット記法で扱う方法について解説する．

11.3.1　離散スペクトル

5.2 節で述べたように，量子力学では，オブザーバブル（観測可能な量）は**エルミート演算子**になる．物理量を測定するには，状態に何らかの観測行為をして測定値を得なければならないが，この観測行為を数学的に表現したものが演算子である．

演算子 $\hat{A}$ の固有ケット（つまり，固有関数または固有状態）を $|a_1\rangle$, $|a_2\rangle$, $\cdots$, $|a_N\rangle$，それらの固有値を $a_1, a_2, \cdots, a_N$ とすると，次の固有値方程式

$$\widehat{A}\,|a_i\rangle = a_i|a_i\rangle \qquad (i = 1, 2, 3, \cdots, N) \tag{11.45}$$

が成り立つ．この固有ケットの集合を $\{a_i\}$ と書くことにする．このような離散的な量（とびとびの値をもった量）を **離散スペクトル** という．なお，前節では $N = 2$ の状態ベクトルを考えていたことになる．

異なる固有値に属する固有ケットは互いに直交するので，

$$\langle a_i|a_j\rangle = 0 \tag{11.46}$$

が成り立つ（例題 11.3 を参照）．それぞれの固有ケットが規格化されている（$\langle a_i|a_i\rangle = 1$）とすると，固有ケットの集合 $\{a_i\}$ の **正規直交性** は

$$\langle a_i|a_j\rangle = \delta_{ij} \qquad (\text{正規直交性}) \tag{11.47}$$

で表せる．さらに，固有ケットの集合 $\{a_i\}$ には

$$\hat{1} = \sum_{i=1}^{N} |a_i\rangle\langle a_i| \qquad (\text{完全性}) \tag{11.48}$$

が成り立つ．これを **完全性** という．ここで，**単位演算子** $\hat{1}$（いちハットと読む）は単位行列 I に対応する演算子で，どのようなケットに作用しても，それを変えない **恒等演算子** である．このように固有ケットの集合 $\{|a_i\rangle\}$ は，(11.47) の正規直交性と (11.48) の完全性をもっているから，$\{|a_i\rangle\}$ を **正規直交完全系** という．

例題 11.2 でみたように，<u>任意のケットベクトル $|a\rangle$ は，正規直交完全系を成す固有ケットを基底ベクトルとして展開できる</u>．そこで，いま状態ベクトルをケットベクトル $|\phi(t)\rangle$（ケット・プサイ・ティー）で表すことにすると，$|\phi(t)\rangle$ はこの正規直交完全系の固有ケット $\{|a_i\rangle\}$ を使って

$$|\phi(t)\rangle = \hat{1}\,|\phi(t)\rangle = \sum_{i=1}^{N} |a_i\rangle\langle a_i|\phi(t)\rangle = \sum_{i=1}^{N} \langle a_i|\phi(t)\rangle|a_i\rangle$$

$$= \sum_{i=1}^{N} c_i|a_i\rangle = c_1|a_1\rangle + c_2|a_2\rangle + \cdots + c_N|a_N\rangle \tag{11.49}$$

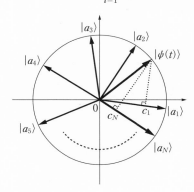

図 11.5 状態ベクトル $|\phi(t)\rangle$ は完全系の
固有ケット $\{|a_i\rangle\}$ で展開できる．

のように展開できる（図 11.5 を参照）. ここで，展開係数 c_i は

$$c_i = \langle a_i | \phi(t) \rangle \tag{11.50}$$

のように，状態ベクトル $|\phi(t)\rangle$ を基底ベクトル $|a_i\rangle$ 上に射影した成分（射影成分）である（(11.41)を参照）.

※ **演算子 $\widehat{A}$ と A 表示**　　このように，正規直交完全系 $\{|a_i\rangle\}$ が基底ベクトルの組（座標系）になるので，物理量演算子 $\widehat{A}$ を選ぶことが座標系を決めることになる. $\widehat{A}$ の固有ケット $|a_i\rangle$ を基底ベクトルとする座標系で，ベクトル成分（射影成分）や行列成分を表すことを **A 表示** という.

例えば，ケット空間を座標固有ケット（位置固有ケット）$\{|x\rangle\}$ の直交系に選ぶと，$\{|x\rangle\}$ が基底ベクトル（基底ケット）になる. これを **x 表示**，あるいは **座標表示** という（11.4.1 項を参照）. 同様に，ケット空間を運動量固有ケット $\{|p\rangle\}$ の直交系に選ぶと，$\{|p\rangle\}$ が基底ベクトル（基底ケット）になる. これを **p 表示**，あるいは **運動量表示** という（11.4.1 項を参照）.

［例題 11.3］　固有ケットの直交性

エルミート演算子 $\widehat{A}$ の固有ケット $|a_i\rangle$ と $|a_j\rangle$ に対する固有値方程式

$$\widehat{A}|a_i\rangle = a_i|a_i\rangle \tag{11.51}$$

$$\widehat{A}|a_j\rangle = a_j|a_j\rangle \tag{11.52}$$

において，固有値 a_i と a_j は異なるものとする $(a_i \neq a_j)$. このとき，次式が成り立つことを示せ.

$$\langle a_j | a_i \rangle = 0 \tag{11.53}$$

［解］ (11.51)とブラ $\langle a_j|$ との内積をとると

$$\langle a_j | \widehat{A} | a_i \rangle = \langle a_j | (a_i | a_i \rangle) = a_i \langle a_j | a_i \rangle \tag{11.54}$$

になる. (11.52)のケット $\widehat{A}|a_j\rangle$ に対するブラは $\langle a_j | \widehat{A}^\dagger$ なので，これと $|a_i\rangle$ の内積をとると次式になる.

$$\langle a_j | \widehat{A}^\dagger | a_i \rangle = (\langle a_j | a_j{}^* \rangle) | a_i \rangle = a_j{}^* \langle a_j | a_i \rangle \tag{11.55}$$

$\widehat{A}$ はエルミート演算子だから $\widehat{A}^\dagger = \widehat{A}$ であり，固有値は実数だから $a_j = a_j{}^*$ である. したがって，(11.54)と(11.55)の左辺は等しくなるので，右辺から

$$(a_i - a_j)\langle a_j | a_i \rangle = 0 \tag{11.56}$$

を得る. $a_i \neq a_j$ であるから(11.53)となり，$|a_i\rangle$ と $|a_j\rangle$ が直交することになる.　　¶

11.3.2　連続スペクトル

離散スペクトルの固有値方程式(11.45)は，連続スペクトルの場合にも拡張できる. 例えば，位置座標 x に対する固有値方程式は次式となる.

$$\bar{x}|x\rangle = x|x\rangle \tag{11.57}$$

(11.57)では，演算子 $\hat{x}$ の固有値 x に対応する固有ケットを x 自身をラベルとして $|x\rangle$（ケット・エックス）と表している．物理的には，$|x\rangle$ は粒子が点 x に局在した状態を表す（粒子の位置を観測すると，必ず点 x に粒子を見出す）．

✳ **(11.57)の導出** x 軸上にある粒子の位置座標 x の値は，実数全体 $-\infty < x < \infty$ にわたる．この粒子の量子力学的な状態を記述する固有値方程式を求めるために，まず，図 11.6 のような長さ L の有限区間を考え，これを N 個の微小区間に分ける．各区間の幅は $d = L/N$ とする．このように，x の範囲を N 個の離散的な値に制限したから，粒子の位置を測定すると，微小区間の1つに必ず存在する．

図 11.6 x 軸上の有限区間（長さ L）を N 等分して，
N 個の微小区間（幅 $d = L/N$）に分割する．

いま，i 番目の微小区間に粒子が存在する状態を $|x_i\rangle$ で表し，オブザーバブルを粒子の位置 x，対応する位置演算子を $\hat{x}$ とすると，離散スペクトルの固有値方程式(11.45)と同じタイプの次の固有値方程式が成り立つ．

$$\hat{x}|x_i\rangle = x_i|x_i\rangle \qquad (i = 1, 2, 3, \cdots, N) \tag{11.58}$$

$|x_i\rangle$ は x の値が x_i に確定した状態なので，$\hat{x}$ の固有状態であり，その固有値が x_i である．各 $|x_i\rangle$ はすべて独立で，正規直交完全系であるから，(11.47)の正規直交性と(11.48)の完全性に相当する次式が成り立つ．

$$\langle x_i|x_j\rangle = \delta_{ij}, \qquad \hat{1} = \sum_{i=1}^{N} |x_i\rangle\langle x_i| \tag{11.59}$$

ここで，位置座標 x_i が連続な実数値 x になるように，$L \to \infty$ と $N \to \infty$ の極限を考えると，位置座標 x_i は x，$|x_i\rangle$ は $|x\rangle$ に変わる．このとき，(11.58)の固有値方程式は(11.57)になる．

✳ **正規直交性** $|x\rangle$ はエルミート演算子 $\hat{x}$ の固有ベクトルだから，固有値 x が異なれば互いに直交する．これは，違う場所に局在する粒子の状態は，互いに独立であることを表している．この $|x\rangle$ の正規直交性はディラックの**デルタ関数**（Note 11.2 を参照）を使って，

$$\langle x'|x\rangle = \delta(x' - x) \qquad (正規直交性) \tag{11.60}$$

で与えられる．デルタ関数 $\delta(x'-x)$ は(11.59)のクロネッカー記号 δ_{ij} を拡張したものである．

Note 11.2　**デルタ関数**　　変数 ξ が，ξ' にピークをもつことを表す関数として

$$\delta(\xi - \xi') = \begin{cases} \infty & (\xi = \xi' \text{ の場合}) \\ 0 & (\xi \neq \xi' \text{ の場合}) \end{cases} \tag{11.61}$$

がディラックの導入したデルタ関数 $\delta(\xi - \xi')$ であり，任意の連続関数 $f(\xi)$ に対して

$$f(\xi) = \int_{-\infty}^{\infty} d\xi' f(\xi') \, \delta(\xi - \xi') \tag{11.62}$$

が成り立つ（図 11.7 を参照）．特に，$f(\xi) = 1$ とすると，(11.62)は

$$\int_{-\infty}^{\infty} d\xi \, \delta(\xi - \xi') = 1 \tag{11.63}$$

となるので，デルタ関数の面積は 1 である．

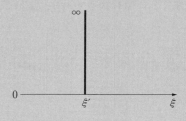

図 11.7　デルタ関数 $\delta(\xi - \xi')$ は，ξ の値が ξ' のときだけ ∞（無限大）の値をもち，それ以外ではゼロ の値をもつ．

デルタ関数に関する積分公式である

$$\int_{-\infty}^{\infty} dp \, e^{ipq} = 2\pi \, \delta(q) \tag{11.64}$$

の具体例として，次式がよく使われる．

$$\int_{-\infty}^{\infty} dk \, e^{ik(x-x')} = 2\pi \, \delta(x - x') \tag{11.65}$$

$$\int_{-\infty}^{\infty} dx \, e^{i(k-k')x} = 2\pi \, \delta(k - k') \tag{11.66}$$

＊完 全 性　　粒子の存在する領域は $-\infty < x < \infty$ で，すべての区間を含むから，この基底ベクトルのセット $|x\rangle$ は完全性を満たす．この完全性は

$$\hat{1} = \int_{-\infty}^{\infty} dx \, |x\rangle\langle x| \qquad (\text{完全性}) \tag{11.67}$$

で与えられる．これは，(11.59)の "離散的な和" $\sum_i$ を "連続変数 x による積分" $\int dx$ に置き換えたものに相当する．

なお，基底ベクトル $|x\rangle$ の数は実数の数だけあるので，連続無限個である（図 11.8 を参照）．これが無限次元のヒルベルト空間に相当する．

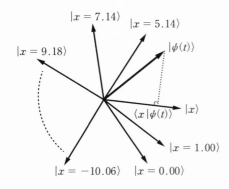

図 11.8 無限次元のヒルベルト空間のイメージ．状態ベクトル $|\phi(t)\rangle$ に対する基底ベクトル $|x\rangle$．例えば，$|x = 9.18\rangle$ は実数 9.18 に対応した基底ベクトルを意味する．$\langle x|\phi(t)\rangle$ は波動関数 $\Psi(x, t)$ に相当する．

✳ 運動量演算子 $\hat{p}$ の固有状態 　運動量の値が p $(-\infty < p < \infty)$ に確定した状態を $|p\rangle$ とすると，$|p\rangle$ は運動量演算子 $\hat{p}$ の固有状態であり，固有値 p をもつ．この場合の固有値方程式は

$$\hat{p}|p\rangle = p|p\rangle \tag{11.68}$$

である．(11.57) の $|x\rangle$ と同じように，$|p\rangle$ は基底ベクトルであるから，集合 $\{|p\rangle\}$ は正規直交完全系になる．したがって，

$$\langle p'|p\rangle = \delta(p' - p) \quad \text{（正規直交性）} \tag{11.69}$$

と，次式が成り立つ．

$$\hat{1} = \int_{-\infty}^{\infty} dp\,|p\rangle\langle p| \quad \text{（完全性）} \tag{11.70}$$

11.4 　状態ベクトルに対する 2 つの表示法

　状態ベクトルは，固有ケットを基底ベクトルとして展開できる．その基底ベクトルの選び方によって，ベクトル成分の表示が変わる．その中で特記すべきことは，x 表示（座標表示）と p 表示（運動量表示）の関係がフーリエ変換とフーリエ逆変換の関係（(11.91) と (11.92) を参照）になっていることである．

11.4.1 　x 表示と p 表示

　状態ベクトル $|\phi(t)\rangle$ を基底ベクトルで展開する場合，単位演算子 $\hat{1}$ を $|\phi(t)\rangle$ に掛けるのが，簡単で見通しの良い方法である．例えば，基底ベクトルが座標固有ケットの集合 $\{|x\rangle\}$ の場合は (11.67) の単位演算子 $\hat{1}$ を利用し，運動量固有ケットの集合 $\{|p\rangle\}$ の場合は (11.70) の単位演算子 $\hat{1}$ を利用する．

　その結果，次のような 2 つの表示が求まる．

$$|\phi(t)\rangle = \hat{1}|\phi(t)\rangle = \begin{cases} \displaystyle\int_{-\infty}^{\infty} dx \, |x\rangle\langle x|\phi(t)\rangle & x \text{ 表示（座標表示）} \\[3mm] \displaystyle\int_{-\infty}^{\infty} dp \, |p\rangle\langle p|\phi(t)\rangle & p \text{ 表示（運動量表示）} \end{cases} \tag{11.71}$$

つまり，x 表示は状態ベクトル $|\phi(t)\rangle$ の x 座標系での成分（射影成分）表示であり，p 表示は $|\phi(t)\rangle$ の p 座標系での成分（射影成分）表示である．

※ **波動関数の定義**　波動力学（第3章の冒頭文と Note 11.4 を参照）で登場した波動関数 $\Psi(x, t)$ と $\Phi(p, t)$ は，(11.71)の射影成分を使って

$$\Psi(x, t) = \langle x|\phi(t)\rangle \qquad (x \text{ 表示での波動関数}) \tag{11.72}$$

$$\Phi(p, t) = \langle p|\phi(t)\rangle \qquad (p \text{ 表示での波動関数}) \tag{11.73}$$

で定義される（図 11.9 を参照）．要するに，第3章で登場した波動関数の実体（正体）は，ミクロな世界での物理的状態ベクトル $|\phi(t)\rangle$ を，ヒルベルト空間内で x 表示や p 表示で表したときの展開係数だったのである．

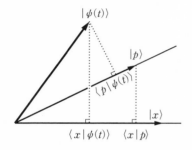

図 11.9　状態ベクトル $|\phi(t)\rangle$ と2種類の基底ベクトル（$|x\rangle$ と $|p\rangle$）との関係．$\langle x|\phi(t)\rangle$ と $\langle p|\phi(t)\rangle$ は，それぞれ波動関数 $\Psi(x, t)$ と $\Phi(p, t)$ に相当する．$\langle x|p\rangle$ は x 表示と p 表示の変換関数を表す．

　このように，波動関数は座標系（例えば，デカルト座標系や球座標系など）で表されるが，状態ベクトルはそのような座標系とは無関係な抽象的な概念であることを忘れないでほしい．

　なお，(11.71)の x 表示と p 表示は，波動関数（(11.72)と(11.73)）を使うと

$$|\phi(t)\rangle = \int_{-\infty}^{\infty} dx \, \Psi(x, t) |x\rangle \qquad (x \text{ 表示}) \tag{11.74}$$

$$|\phi(t)\rangle = \int_{-\infty}^{\infty} dp \, \Phi(p, t) |p\rangle \qquad (p \text{ 表示}) \tag{11.75}$$

のように表せる．

※ **状態ベクトルの規格化条件**　波動関数 $\Psi(x, t)$ は(11.72)で定義された射影成分であるが，この $\Psi(x, t)$ の物理的な意味は（ボルンによる）確率振幅であることを，すでに 4.1.1 節で述べた．そのため，波動関数 $\Psi(x, t)$ は確率振幅であることを前提として話を続けよう．

粒子の状態が $\Psi(x, t)$ で表されるとき，時刻 t でこの粒子の位置を観測すると，点 x に粒子を見出す確率密度 ρ は $\rho = |\Psi(x, t)|^2$ である．したがって，この粒子を x と $x + dx$ の間の微小区間 dx に見出す確率は $\rho\,dx = |\Psi(x, t)|^2 dx$ である．当然，粒子は領域 $-\infty < x < \infty$ のどこかに必ず存在するから，全確率は 1，つまり次式のようになる．

$$\int_{-\infty}^{\infty} dx\, \rho = \int_{-\infty}^{\infty} dx\, \Psi^*(x, t)\,\Psi(x, t) = 1 \tag{11.76}$$

ここで重要なのは，(11.76) が状態ベクトルの規格化条件 $\langle \phi(t) | \phi(t) \rangle = 1$（つまり，ノルム $= 1$）を意味することである．実際，(11.76) の波動関数に (11.72) を代入すると，積分は

$$\int_{-\infty}^{\infty} dx\, \Psi^* \Psi = \int_{-\infty}^{\infty} dx\, \langle \phi | x \rangle \langle x | \phi \rangle$$

$$= \langle \phi | \left(\int_{-\infty}^{\infty} dx\, | x \rangle \langle x | \right) | \phi \rangle = \langle \phi | \phi \rangle \tag{11.77}$$

となるので，$\langle \phi | \phi \rangle = 1$ であることがわかる．

11.4.2 　2つの表示の関係

x 表示と p 表示の関係をみつけるために，(11.75) に $\langle x |$ を掛けた式と (11.74) に $\langle p |$ を掛けた式を，次のようにつくろう．

$$\langle x | \phi(t) \rangle = \int_{-\infty}^{\infty} dp\, \Phi(p, t) \langle x | p \rangle \tag{11.78}$$

$$\langle p | \phi(t) \rangle = \int_{-\infty}^{\infty} dx\, \Psi(x, t) \langle p | x \rangle \tag{11.79}$$

これらの式の左辺を (11.72) と (11.73) で書き換えると，次のようになる．

$$\Psi(x, t) = \int_{-\infty}^{\infty} dp\, \Phi(p, t) \langle x | p \rangle \tag{11.80}$$

$$\Phi(p, t) = \int_{-\infty}^{\infty} dx\, \Psi(x, t) \langle p | x \rangle \tag{11.81}$$

したがって，関数 $\langle x | p \rangle$ と $\langle p | x \rangle$ の振る舞いがわかれば，x 表示と p 表示の関係が明らかになる．

┌─［例題 11.4］　変換関数 $\langle x | p \rangle$ ─────────────

　x 表示と p 表示の相互変換を規定する $\langle x | p \rangle$ を**変換関数**という（図 11.9 を参照）．次の関係式を使って各問いに答えよ．

$$\langle x | \hat{p} = -i\hbar \frac{\partial}{\partial x} \langle x | \tag{11.82}$$

なお，変換関数 $\langle x | p \rangle$ のことを "x 表示での運動量固有状態の波動関数" とよぶこともある（(11.82) の導出は章末問題 [11.1] を参照）．

(1) (11.82)に右から$|p\rangle$を掛けると

$$\langle x|\hat{p}|p\rangle = -i\hbar\frac{\partial}{\partial x}\langle x|p\rangle \tag{11.83}$$

となる。この(11.83)から，変換関数$\langle x|p\rangle$は運動量pをもった平面波

$$\langle x|p\rangle = Ne^{ipx/\hbar} \tag{11.84}$$

で与えられることを示せ。ただし，Nは規格化定数である。

(2) 次の関係式

$$\langle x'|x\rangle = \int dp\,\langle x'|p\rangle\langle p|x\rangle \tag{11.85}$$

を用いて，規格化定数Nは次式となることを示せ。

$$N = \frac{1}{\sqrt{2\pi\hbar}} \tag{11.86}$$

[解]　(1)　固有値方程式$\hat{p}|p\rangle = p|p\rangle$に，左から$\langle x|$を掛けた式$\langle x|\hat{p}|p\rangle = p\langle x|p\rangle$をつくり，この左辺を(11.83)で書き換えると

$$\frac{\partial}{\partial x}\langle x|p\rangle = \frac{ip}{\hbar}\langle x|p\rangle \tag{11.87}$$

を得る。(11.87)は関数$\langle x|p\rangle$に対する1階の微分方程式であるが，ブラ・ケット記号だからわかりにくいかもしれない。そこで，$u_p(x) = \langle x|p\rangle$のように関数$u_p(x)$に置き換えると，(11.87)は

$$\frac{du_p(x)}{dx} = \frac{ip}{\hbar}u_p(x) \tag{11.88}$$

のように，見慣れた微分方程式になる。(11.88)をxで積分して解くと，指数関数の解(11.84)になることがわかる。

(2)　まず，(11.85)の導出を簡単に説明しよう。$\langle x'|x\rangle$は単位演算子$\hat{1}$を使って$\langle x'|x\rangle = \langle x'|\hat{1}|x\rangle$と表せる。この$\hat{1}$を$|p\rangle$の完全性

$$\hat{1} = \int_{-\infty}^{\infty} dp\,|p\rangle\langle p| \tag{11.89}$$

で書き換えると，(11.85)になる。

ところで，(11.85)の右辺は，被積分関数を(11.84)で書き換え，デルタ関数の積分公式(11.65)を使うと（$\langle p|x\rangle = \langle x|p\rangle^*$に注意，(11.33)を参照）

$$(11.85)の右辺 = |N|^2\int dp\,e^{ip(x'-x)/\hbar} = |N|^2\,2\pi\delta\!\left(\frac{x'-x}{\hbar}\right)$$
$$= 2\pi\hbar|N|^2\delta(x'-x) = 2\pi\hbar|N|^2\langle x'|x\rangle \tag{11.90}$$

となる。最右辺は(11.60)の$\langle x'|x\rangle = \delta(x'-x)$で置き換えた。(11.85)の左辺は$\langle x'|x\rangle$であるから，(11.90)は$2\pi\hbar|N|^2 = 1$を意味する。したがって，(11.86)を得る。

¶

変換関数(11.84)を使って，(11.80)と(11.81)を書き換えると，次式のようになる。

$$\Psi(x,t) = \frac{1}{\sqrt{2\pi\hbar}} \int_{-\infty}^{\infty} dp\, e^{ipx/\hbar} \Phi(p,t) \qquad (11.91)$$

$$\Phi(p,t) = \frac{1}{\sqrt{2\pi\hbar}} \int_{-\infty}^{\infty} dx\, e^{-ipx/\hbar} \Psi(x,t) \qquad (11.92)$$

これらの関係は，明らかにフーリエ変換および逆変換と同じものである．

11.5 状態ベクトルの運動方程式

状態ベクトル $|\phi(t)\rangle$ の時間発展を記述する式，すなわち，運動方程式は

$$i\hbar \frac{d}{dt}|\phi(t)\rangle = \widehat{H}|\phi(t)\rangle \qquad (11.93)$$

である．この式の導出には，ユニタリー演算子 $\widehat{U}$（11.5.2 項を参照）を使うのが一般的な方法である．しかし，x 表示の波動関数(11.72)はシュレーディンガー方程式(3.42)に従って時間発展するから，これを利用しても(11.93)は導けるはずである．学んだものは何でも活用するのがよいので，まず（すでに馴染んでいる）シュレーディンガー方程式(3.42)を利用して(11.93)を導こう．その後で，座標系に依存しないユニタリー演算子やユニタリー変換（11.5.2 項を参照）を使って，もう一度(11.93)を一般的に導出しよう．

11.5.1 シュレーディンガー方程式からの導出

時間依存性をもったシュレーディンガー方程式(3.42)の波動関数 $\Psi(x,t)$ を，x 表示の波動関数(11.72)で表すと，(3.42)は

$$i\hbar \frac{\partial \langle x|\phi(t)\rangle}{\partial t} = \widehat{H}\langle x|\phi(t)\rangle \qquad (11.94)$$

となる．これが，(11.93)と一致すればよいから，(11.94)の両辺で

$$(11.94)の左辺 = i\hbar \frac{\partial \langle x|\phi(t)\rangle}{\partial t} = \left\langle x\left|i\hbar \frac{d}{dt}\right|\phi(t)\right\rangle \qquad (11.95)$$

$$(11.94)の右辺 = \widehat{H}\langle x|\phi(t)\rangle = \langle x|\widehat{H}|\phi(t)\rangle \qquad (11.96)$$

が成り立てばよい．なぜなら，(11.95)と(11.96)の右辺を使ってシュレーディンガー方程式(11.94)を書き換えると

$$\langle x|\left(i\hbar \frac{d}{dt}|\phi(t)\rangle - \widehat{H}|\phi(t)\rangle\right) = 0 \qquad (11.97)$$

より，(11.93)と一致するからである（つまり，任意の $\langle x|$ に対して(11.97)が成り立つには，括弧内がゼロでなければならない）．

では，(11.95)と(11.96)は成り立つのだろうか？　$\langle x|$ は t に依存しないか

ら，(11.95)のように $\langle x|$ を偏微分記号の前に移しても問題はない．ここで，常微分に変わるのは，$|\phi(t)\rangle$ が t だけの1変数関数だからである．

一方，(11.96)はハミルトニアン $\widehat{H}$ とブラベクトル $\langle x|$ との演算を具体的に調べなければわからないが，例題11.5の結果を用いると，(11.96)も成り立つことがわかる．

［例題 11.5］ 行列要素

次の各問いに答えよ．

(1) 次式を(11.60)から導け．
$$\langle x'|\hat{x}|x\rangle = x\delta(x'-x) \tag{11.98}$$

(2) 関数 $f(\hat{x})$ をブラケットで挟んだ量 $\langle x'|f|x\rangle$ を（x' 行 x 列の）**行列要素**という．いま，$f(\hat{x})$ が $\hat{x}$ のベキ級数から成る関数である場合，
$$\langle x'|f(\hat{x})|x\rangle = f(x)\delta(x'-x) \tag{11.99}$$
が成り立つことを，(11.98)を利用して示せ．

(3) 次の関係式
$$\langle x|f(\hat{x})|\phi(t)\rangle = f(x)\langle x|\phi(t)\rangle \tag{11.100}$$
を座標固有ケット $\{|x\rangle\}$ の単位演算子 $\hat{1}$ (11.67)と(11.99)を利用して導け．

(4) 次の関係式が成り立つことを，(11.82)を利用して示せ．
$$\langle x|\hat{p}^n|\phi(t)\rangle = \left(-i\hbar\frac{\partial}{\partial x}\right)^n\langle x|\phi(t)\rangle \tag{11.101}$$

［解］ (1) (11.57)に左から $\langle x'|$ を掛けると
$$\langle x'|\hat{x}|x\rangle = \langle x'|(x|x\rangle) = x(\langle x'|x\rangle) = x\langle x'|x\rangle \tag{11.102}$$
となるので，この右辺の $\langle x'|x\rangle$ を(11.60)で書き換えると(11.98)を得る．

(2) 関数 $f(\hat{x})$ は $\hat{x}$ のベキ級数で表されるから，簡単な例をつくって具体的に計算してみよう．例えば，
$$f(\hat{x}) = a\hat{x} + b\hat{x}^2 \tag{11.103}$$
として行列要素を計算すると，
$$\begin{aligned}\langle x'|f(\hat{x})|x\rangle &= \langle x'|a\hat{x}+b\hat{x}^2|x\rangle = a\langle x'|\hat{x}|x\rangle + b\langle x'|\hat{x}^2|x\rangle\\&= a\langle x'|x|x\rangle + b\langle x'|x^2|x\rangle = (ax+bx^2)\langle x'|x\rangle\\&= f(x)\langle x'|x\rangle\end{aligned} \tag{11.104}$$
となるので，確かに(11.99)が成り立つ．ただし，$\langle x'|\hat{x}^2|x\rangle$ は $\langle x'|\hat{x}(\hat{x}|x\rangle) = \langle x'|\hat{x}(x|x\rangle) = x\langle x'|(\hat{x}|x\rangle) = x\langle x'|(x|x\rangle) = x^2\langle x'|x\rangle$ のように計算する．$f(\hat{x})$ が $\hat{x}^n$ のような任意のベキ級数であっても，(11.104)と同様の証明ができるので，(11.99)は成り立つことがわかるだろう．

(3) (11.71)の x 表示の式に，左から $f(\hat{x})$ を掛けると
$$f(\hat{x})|\phi(t)\rangle = \int_{-\infty}^{\infty}dx' f(\hat{x})|x'\rangle\langle x'|\phi(t)\rangle \tag{11.105}$$
を得る．これに左からブラベクトル $\langle x|$ を掛けると

$$\langle x | f(\hat{x}) | \phi(t) \rangle = \int_{-\infty}^{\infty} dx' \langle x | f(\hat{x}) | x' \rangle \langle x' | \phi(t) \rangle \tag{11.106}$$

となる．ここで，右辺の行列要素 $\langle x | f(\hat{x}) | x' \rangle$ に (11.99) を代入すると

$$\langle x | f(\hat{x}) | \phi(t) \rangle = \int_{-\infty}^{\infty} dx' \, f(x) \delta(x' - x) \langle x' | \phi(t) \rangle$$
$$= f(x) \langle x | \phi(t) \rangle \tag{11.107}$$

のように，(11.100) を得る．

(4) (11.82) から

$$\langle x | \hat{p}^n = (\langle x | \hat{p}) \, \hat{p}^{n-1} = \left(-i\hbar \frac{\partial}{\partial x} \right) (\langle x | \hat{p}^{n-1}) = \cdots = \left(-i\hbar \frac{\partial}{\partial x} \right)^n \langle x |$$
$$\tag{11.108}$$

となるので，(11.101) が成り立つことがわかる． ¶

シュレーディンガー方程式 (11.94) のハミルトニアン

$$\hat{H} = \frac{\hat{p}^2}{2m} + V(\hat{x}) \tag{11.109}$$

は，(11.100) で $f(\hat{x}) = V(\hat{x})$ とおき，(11.101) で $n = 2$ とおいた $\hat{p}^2$ の結果を使えば，(11.96) の成り立つことがわかる（章末問題 [11.2]）．

11.5.2 ユニタリー演算子からの導出

ここからは，次式で定義されるユニタリー演算子を使って状態ベクトル $| \phi(t) \rangle$ の運動方程式 (11.93) を導こう．**ユニタリー演算子** $\hat{U}$ の定義は

$$\hat{U}^{\dagger} \hat{U} = \hat{U} \hat{U}^{\dagger} = \hat{1} \tag{11.110}$$

である．

いま，時刻 t_0 での状態ベクトル $| \phi(t_0) \rangle$ が，時刻 t で $| \phi(t) \rangle$ の状態ベクトルになったとしよう．このような状態ベクトルの時間的変化を

$$| \phi(t) \rangle = \hat{U}(t, t_0) | \phi(t_0) \rangle \tag{11.111}$$

で表すことにする．この $\hat{U}(t, t_0)$ が時間発展を決めるユニタリー演算子である．

状態ベクトルのノルム $\| | \phi(t) \rangle \| = \sqrt{\langle \phi(t) | \phi(t) \rangle}$ は，$\langle \phi | \phi \rangle = \langle \phi | \hat{1} | \phi \rangle$ に (11.110) と (11.111) を使うと

$$\langle \phi(t) | \phi(t) \rangle = \langle \phi(t_0) | \hat{U}^{\dagger}(t, t_0) \hat{U}(t, t_0) | \phi(t_0) \rangle$$
$$= \langle \phi(t_0) | \phi(t_0) \rangle \tag{11.112}$$

と表せるので，$\| | \phi(t) \rangle \|$ は $\| | \phi(t_0) \rangle \|$ と同じものになる．つまり，状態ベクトルは時間的に変化してもノルムは変わらないことがわかる．このように，1 対 1 の対応をもったベクトル同士の変換において，特に，ベクトルのノルムを変えない線形な変換のことを**ユニタリー変換**という．

| Note 11.3 | **ベクトルの回転** ユニタリー変換は抽象的で，ベクトルのノルムが変わらないといわれても，イメージをつかみにくい．そこで，具体的にユークリッド空間でのベクトルの回転操作を思い浮かべると，ベクトルの大きさ（ノルム）が回転によって変わらないことは直観的にわかる．このアナロジーを使えば，ユニタリー変換は複素ベクトル空間内でのベクトルの回転操作だとイメージすればよいだろう．|

※ **微小変化から微分方程式へ** 時刻 t の状態 $|\phi(t)\rangle$ から，無限小の時間 δt だけ経過したときの状態 $|\phi(t + \delta t)\rangle$ は，(11.111)を使って次式のように表せる．

$$|\phi(t + \delta t)\rangle = \widehat{U}(t + \delta t, t)|\phi(t)\rangle \tag{11.113}$$

$\delta t \to 0$ のとき，$\widehat{U}(t + \delta t, t) \to \widehat{1}$ となるから，無限小の時間発展に対するユニタリー演算子は

$$\widehat{U}(t + \delta t, t) = \widehat{1} - i \times (\text{エルミート演算子}) \times \delta t \tag{11.114}$$

のようにテイラー展開できるはずである．問題は，このエルミート演算子を決めることである．手掛かりは，この演算子の次元である．(11.114)の右辺の $\widehat{1}$ は無次元だから "（エルミート演算子）$\times \delta t$" も無次元でなければならない．そのため，エルミート演算子の次元は時間 δt の逆数，つまり，振動数(ω)の次元になる．いま，ω に対応した演算子を $\widehat{\omega}$ とすれば，(11.114)は

$$\widehat{U}(t + \delta t, t) = \widehat{1} - i\widehat{\omega}\,\delta t \tag{11.115}$$

の形に表すことができる．

そこで，振動数の次元をもつオブザーバブルが $E = \hbar\omega$ であること，さらに，これに対応するエルミート演算子が $\widehat{H} = \hbar\widehat{\omega}$ になることに注意すると，(11.115)は次のように表せることがわかる．

$$\widehat{U}(t + \delta t, t) = \widehat{1} - i\frac{\widehat{H}}{\hbar}\delta t \tag{11.116}$$

[**例題 11.6**] **時間発展に対するユニタリー演算子**
(11.116)の $\widehat{U}(t + \delta t, t)$ がユニタリー演算子であることを示せ．

[**解**] エルミート共役演算子 $\widehat{U}^\dagger(t + \delta t, t)$ との積をとる（ただし，表記を簡潔にするために，(11.115)の方を使う）．

$$\widehat{U}^\dagger(t + \delta t, t)\,\widehat{U}(t + \delta t, t) = (\widehat{1} + i\widehat{\omega}^\dagger\delta t)(\widehat{1} - i\widehat{\omega}\,\delta t)$$
$$= \widehat{1} - i\widehat{\omega}\,\delta t + i\widehat{\omega}^\dagger\delta t + \widehat{\omega}^\dagger\widehat{\omega}(\delta t)^2 \tag{11.117}$$

の右辺において，$\widehat{\omega}^\dagger = \widehat{\omega}$（エルミート演算子）であることを使うと，右辺は2次の微小量 $(\delta t)^2$ だけになる．したがって，この微小量を無視すると，(11.117)は $\widehat{U}^\dagger\widehat{U} = \widehat{1}$ のユニタリー演算子になることがわかる．¶

　ところで，t_0 から t_2 までの系の時間発展 $\widehat{U}(t_2, t_0)$ は，$t_0 < t_1 < t_2$ のように途中に t_1 を入れて，はじめに t_0 から t_1 までの時間発展 $\widehat{U}(t_1, t_0)$ があり，それに続いて t_1 から t_2 までの時間発展 $\widehat{U}(t_2, t_1)$ があったと考えてもよいから，次のような**時間発展の合成則**が成り立つ（$t_0 < t_1 < t_2$）．

$$\widehat{U}(t_2, t_0) = \widehat{U}(t_2, t_1)\,\widehat{U}(t_1, t_0) \qquad \text{(時間発展の合成則)} \tag{11.118}$$

　時間発展の合成則 (11.118) の時刻を $t_1 = t$，$t_2 = t + \delta t$ とおいて，(11.116) を使うと，

$$\widehat{U}(t + \delta t, t_0) = \widehat{U}(t + \delta t, t)\,\widehat{U}(t, t_0) = \left(\widehat{1} - i\frac{\widehat{H}}{\hbar}\delta t\right)\widehat{U}(t, t_0) \tag{11.119}$$

と表せるので，これから

$$\frac{\widehat{U}(t + \delta t, t_0) - \widehat{U}(t, t_0)}{\delta t} = -i\frac{\widehat{H}}{\hbar}\widehat{U}(t, t_0) \tag{11.120}$$

をつくる．そして，$\delta t \to 0$ の極限をとると，(11.120) の左辺は微分に変わるので，次式を得る．

$$i\hbar \frac{d}{dt}\widehat{U}(t, t_0) = \widehat{H}\,\widehat{U}(t, t_0) \tag{11.121}$$

この (11.121) の両辺に，右から $|\phi(t_0)\rangle$ を掛けると

$$i\hbar \frac{d}{dt}\widehat{U}(t, t_0)|\phi(t_0)\rangle = \widehat{H}\,\widehat{U}(t, t_0)|\phi(t_0)\rangle \tag{11.122}$$

となるので，これを (11.111) で書き換えると (11.93) となることがわかる．

11.5.3 エネルギー固有状態

　(11.121) の解は

$$\widehat{U}(t, t_0) = \exp\left\{-i\frac{\widehat{H}}{\hbar}(t - t_0)\right\} \tag{11.123}$$

である（章末問題 [11.3]）．この (11.123) を使うと，時刻 $t_0 = 0$ での初期状態ベクトル $|\phi(t_0)\rangle$ から時刻 t での状態ベクトル $|\phi(t)\rangle$ は，(11.111) から

$$|\phi(t)\rangle = \widehat{U}(t, 0)|\phi(0)\rangle = \exp\left(-i\frac{\widehat{H}}{\hbar}t\right)|\phi(0)\rangle \tag{11.124}$$

で与えられる．

　いま，ハミルトニアン $\widehat{H}$ のエネルギー固有値を E_n，固有関数（エネルギー固有状態，固有ケット）を $|\phi_n\rangle$ とすると

$$\widehat{H}|\phi_n\rangle = E_n|\phi_n\rangle \tag{11.125}$$

が成り立つ．この固有関数（固有ケット）の集合 $\{|\phi_n\rangle\}$ は規格直交完全系

$$\langle \phi_n | \phi_m \rangle = \delta_{nm}, \qquad \widehat{1} = \sum_{n=1}^{\infty} |\phi_n\rangle\langle\phi_n| \tag{11.126}$$

であるから，任意のケットベクトル $|\psi(t)\rangle$ は

$$|\psi(t)\rangle = \widehat{1}\,|\psi(t)\rangle = \sum_n |\phi_n\rangle\langle\phi_n|\psi(t)\rangle = \sum_n c_n(t)|\phi_n\rangle \tag{11.127}$$

のように展開できる．ここで，係数 $c_n(t)$ は次式で与えられる．

$$c_n(t) = \langle\phi_n|\psi(t)\rangle \tag{11.128}$$

なお，この展開係数 c_n は状態ベクトル $|\psi(t)\rangle$ を基底ベクトル $|\phi_n\rangle$ 上に射影した成分（射影成分）に相当する（11.3.1 項の(11.50)を参照）．

(11.127)で $t = 0$ とおいた

$$|\psi(0)\rangle = \sum_n c_n(0)|\phi_n\rangle \tag{11.129}$$

で，(11.124)の右辺を書き換えると

$$|\psi(t)\rangle = \widehat{U}(t,0)\sum_n c_n(0)|\phi_n\rangle = e^{-i\widehat{H}t/\hbar}\sum_n c_n(0)|\phi_n\rangle \tag{11.130}$$

となる．この右辺の $e^{-i\widehat{H}t/\hbar}$ を $\widehat{H}$ でテイラー展開して(11.125)を使うと，(11.130)は次式のように表せる（章末問題 [11.4]）．

$$|\psi(t)\rangle = \sum_n c_n(0)|\phi_n\rangle\, e^{-iE_n t/\hbar} \tag{11.131}$$

例 11.1　1 個の初期状態　$t = 0$ での初期状態が $|\psi(0)\rangle = |\phi_s\rangle$ のときは，$c_n(0) = \delta_{ns}$ である．したがって，時刻 t での状態ベクトル $|\psi(t)\rangle$ は(11.131)より，

$$|\psi(t)\rangle = \sum_n \delta_{ns}|\phi_n\rangle\, e^{-iE_n t/\hbar} = |\phi_s\rangle\, e^{-iE_s t/\hbar} \tag{11.132}$$

となる．

┌─ **［例題 11.7］　定常状態と非定常状態** ─────────────

オブザーバブル $\widehat{A}$ の期待値

$$\overline{A(t)} = \langle\psi(t)|\widehat{A}|\psi(t)\rangle \tag{11.133}$$

を，状態ベクトルが次のような場合に対して計算せよ．

(1)　1 個のエネルギー固有状態(11.132)である場合

(2)　エネルギー固有状態の重ね合わせの状態(11.131)である場合

└──────────────────────────────────────

［解］　(1)　(11.132)を(11.133)に代入すると

$$\overline{A(t)} = \langle\psi(t)|\widehat{A}|\psi(t)\rangle = \left(e^{iE_s t/\hbar}\langle\phi_s|\right)\widehat{A}\left(|\phi_s\rangle e^{-iE_s t/\hbar}\right) = \langle\phi_s|\widehat{A}|\phi_s\rangle \tag{11.134}$$

となる．$\widehat{A}$ が時間に依存しなければ，期待値 $\overline{A}$ は時間的に一定な**定常状態**での値になる．

(2)　(11.131)を(11.133)に代入すると

$$\overline{A(t)} = \langle\psi(t)|\widehat{A}|\psi(t)\rangle = \left(\sum_m c_m{}^* e^{iE_m t/\hbar}\langle\phi_m|\right)\widehat{A}\left(\sum_n c_n|\phi_n\rangle e^{-iE_n t/\hbar}\right)$$

$$= \sum_m \sum_n c_m{}^* c_n \langle \phi_m | \widehat{A} | \phi_n \rangle \, e^{-i(E_n - E_m)t/\hbar} \qquad (11.135)$$

となるので，期待値 $\overline{A}$ は角振動数 $\omega_{nm} = (E_n - E_m)/\hbar$ で振動する**非定常な状態**になる．これは，重ね合わせの状態(11.131)が，(11.132)のようなエネルギー固有状態ではないからである． ¶

この例題 11.7 の $\widehat{A}$ を，(11.125)のハミルトニアン $\widehat{H}$ であるとしよう．この場合，(1)の(11.134)は

$$\overline{H} = \langle \phi_s | \widehat{H} | \phi_s \rangle = \langle \phi_s | (E_s | \phi_s) \rangle = E_s \langle \phi_s | \phi_s \rangle = E_s \qquad (11.136)$$

となるので，エネルギーが一定値 E_s の定常状態であることがわかる．一方，(2)の(11.135)は $\langle \phi_m | \widehat{H} | \phi_n \rangle = \langle \phi_m | (E_n | \phi_n) \rangle = E_n \langle \phi_m | \phi_n \rangle$ であるから

$$\overline{H} = \sum_{m,n} c_m{}^* c_n E_n \langle \phi_m | \phi_n \rangle \, e^{-i\omega_{nm}t/\hbar} = \sum_{m,n} c_m{}^* c_n E_n \delta_{mn} \, e^{-i\omega_{nm}t/\hbar}$$

$$= \sum_n c_n{}^* c_n E_n = \sum_n |c_n|^2 E_n \qquad (11.137)$$

となる．この結果は 5.4.1 項の(5.39)の確率解釈と完全に一致する（章末問題[11.5]）．

11.6　2つの描像

ミクロな粒子の運動は量子力学で記述されるが，その時間発展の記述方法には 2 種類ある．それらの違いは，背後にある物理的描像の違いによるもので，1 つをシュレーディンガー描像，もう 1 つをハイゼンベルク描像という．もちろん，どちらの描像を使っても，得られる結果は同じである．

11.6.1　シュレーディンガー描像とハイゼンベルク描像

これまで状態ベクトル $|\phi(t)\rangle$ の時間発展は(11.93)で記述してきたが，実は，この式が成立したのは，状態ベクトルを張る空間の基底ベクトル（$|x\rangle, |p\rangle$）や物理量演算子（$\bar{x}, \hat{p}$）などが時間 t に依存しないという前提条件があったからである．このように，「演算子は一定で状態ベクトルが時間変化する」という観点を，**シュレーディンガー描像**という．一方，これとは逆の「状態ベクトルは定ベクトルで，演算子が時間変化する」という観点を，**ハイゼンベルク描像**という．

2 つの描像の関係をオブザーバブル A の期待値

$$\overline{A(t)} = \langle \phi(t) | \widehat{A} | \phi(t) \rangle \qquad \textbf{(11.133)}$$

で，具体的に考えてみよう．(11.133)は「演算子 $\widehat{A}$ は一定で状態ベクトル

$|\phi(t)\rangle$ が時間変化する」という観点だから，シュレーディンガー描像に基づく計算方法である．

そこで，(11.111)の時間発展の演算子 $|\phi(t)\rangle = \widehat{U}(t,t_0)|\phi(t_0)\rangle$ を使って，この(11.133)を

$$\overline{A(t)} = \langle\phi(0)|\,\widehat{U}^{\dagger}(t,0)\,\widehat{A}\,\widehat{U}(t,0)\,|\phi(0)\rangle \tag{11.138}$$

のように書き換えてみよう．ここで，時間によらない状態ベクトルと時間に依存する演算子を

$$\begin{cases} |\phi_{\mathrm{H}}\rangle = |\phi(0)\rangle \\ \widehat{A}_{\mathrm{H}}(t) = \widehat{U}^{\dagger}(t,0)\,\widehat{A}\,\widehat{U}(t,0) \end{cases} \tag{11.139}$$

で定義すると，これらを使って(11.138)は

$$\overline{A(t)} = \langle\phi_{\mathrm{H}}|\,\widehat{A}_{\mathrm{H}}(t)\,|\phi_{\mathrm{H}}\rangle \tag{11.140}$$

と表せる．この(11.140)が，「状態ベクトルは一定な $|\phi_{\mathrm{H}}\rangle$（つまり，初期状態 $|\phi(0)\rangle$ のまま）で，演算子 $\widehat{A}_{\mathrm{H}}(t)$ が時間変化する」というハイゼンベルク描像に基づく計算法である．これと(11.133)の計算方法は，完全に同じものである（(11.133)の $\widehat{A}$ と $|\phi(t)\rangle$ に添字Sはないが，これらはシュレーディンガー描像での量である）．このように，期待値 $\overline{A(t)}$ は描像によらず同じ値になる．

Note 11.4　ディラックの変換理論

$$\overline{A(t)} = \langle\phi(t)|\,\widehat{A}\,|\phi(t)\rangle = \langle\phi(0)|\,\widehat{U}^{\dagger}(t,0)\,\widehat{A}\,\widehat{U}(t,0)\,|\phi(0)\rangle = \langle\phi_{\mathrm{H}}|\,\widehat{A}_{\mathrm{H}}(t)\,|\phi_{\mathrm{H}}\rangle \tag{11.141}$$

は3つの式（(11.133)と(11.138)と(11.140)）をまとめたものである．この(11.141)は，シュレーディンガーの波動力学（1926年）とハイゼンベルクの行列力学（1925年）が同一の結果（行列要素）を与えることを保証する，重要な関係である．(11.141)を**ディラックの変換理論**とよび，これによって2つの描像の同等性が証明された（1927年）．

量子力学の成立過程を端的に述べれば，ド・ブロイの物質波仮説に基づく波動力学とボーアの対応原理に基づく行列力学の同等性をシュレーディンガーが証明し，その後，これら2つの力学を包含する一般的な理論体系をディラックが構築して，現在の量子力学は完成したことになる．

11.6.2　ハイゼンベルク方程式

ハイゼンベルク描像では，オブザーバブルの演算子の時間発展を決める方程式は次式で与えられる．これを**ハイゼンベルク方程式**という．

$$i\hbar\frac{d}{dt}\widehat{A}_{\mathrm{H}}(t) = [\widehat{A}_{\mathrm{H}}(t), \widehat{H}] \tag{11.142}$$

┌─[**例題 11.8**] **ハイゼンベルク方程式**─────────────────────┐

ハイゼンベルク方程式(11.142)を導け.

└───┘

[**解**] (11.139)の $\widehat{A}_H$ を時間で微分すると，次式になる（$d\widehat{A}/dt = 0$ に注意）.

$$\frac{d\widehat{A}_H}{dt} = \frac{d}{dt}(\widehat{U}^\dagger \widehat{A}\widehat{U}) = \left(\frac{d\widehat{U}^\dagger}{dt}\right)(\widehat{A}\widehat{U}) + (\widehat{U}^\dagger \widehat{A})\left(\frac{d\widehat{U}}{dt}\right) \tag{11.143}$$

$\widehat{U}$ の t についての微分は(11.121)から

$$\frac{d\widehat{U}}{dt} = \frac{d}{dt}e^{-i\widehat{H}t/\hbar} = -\frac{i}{\hbar}\widehat{H}e^{-i\widehat{H}t/\hbar} = -\frac{i}{\hbar}\widehat{H}\widehat{U} = -\frac{i}{\hbar}\widehat{U}\widehat{H} \tag{11.144}$$

である（最右辺は $\widehat{H}\widehat{U} = \widehat{U}\widehat{H}$ で書き換えた）. 同様に，$\widehat{U}^\dagger$ の t についての微分は

$$\frac{d\widehat{U}^\dagger}{dt} = \frac{d}{dt}e^{i\widehat{H}t/\hbar} = \frac{i}{\hbar}\widehat{H}e^{i\widehat{H}t/\hbar} = \frac{i}{\hbar}\widehat{H}\widehat{U}^\dagger \tag{11.145}$$

である. したがって，(11.143)は

$$\frac{d\widehat{A}_H}{dt} = \left(\frac{i}{\hbar}\widehat{H}\widehat{U}^\dagger\right)(\widehat{A}\widehat{U}) + (\widehat{U}^\dagger \widehat{A})\left(\frac{-i}{\hbar}\widehat{U}\widehat{H}\right)$$

$$= \frac{i}{\hbar}\widehat{H}(\widehat{U}^\dagger \widehat{A}\widehat{U}) - \frac{i}{\hbar}(\widehat{U}^\dagger \widehat{A}\widehat{U})\widehat{H}$$

$$= \frac{i}{\hbar}\widehat{H}\widehat{A}_H - \frac{i}{\hbar}\widehat{A}_H\widehat{H} = \frac{i}{\hbar}[\widehat{H}, \widehat{A}_H] = -\frac{i}{\hbar}[\widehat{A}_H, \widehat{H}] \tag{11.146}$$

のように，(11.142)のハイゼンベルク方程式になることがわかる. ¶

　ハイゼンベルク方程式(11.142)の形から，演算子 $\widehat{A}_H(t)$ がハミルトニアン $\widehat{H}$ と可換（$[\widehat{A}_H(t), \widehat{H}] = 0$）であると，

$$i\hbar \frac{d}{dt}\widehat{A}_H(t) = [\widehat{A}_H(t), \widehat{H}] = 0 \tag{11.147}$$

より，$\widehat{A}_H(t)$ は時間に依存しない定数になる. したがって，演算子の期待値 $\overline{A(t)}$ も，(11.140)を t で微分するとゼロになるから，時間によらない定数になることがわかる.

　ハイゼンベルク方程式(11.142)は，シュレーディンガー描像におけるシュレーディンガー方程式(11.93)と等価である. つまり，シュレーディンガー方程式を解いて，$|\phi(t)\rangle$ の成分（確率振幅，波動関数）を求めることと，ハイゼンベルク方程式を解いて $\widehat{A}_H(t)$ の行列要素を求めることは，期待値 $\overline{A(t)}$ の計算においては同等である（章末問題 [11.6]）.

　ハイゼンベルクは「物理量を行列で表す」というアイデアから(11.142)の解を求め，行列力学と称される量子力学を確立した. しかし，その難解さや計算の複雑さなどから，シュレーディンガーによる波動力学の方が量子力学のスタ

表11.1　シュレーディンガー表示とハイゼンベルク表示

	シュレーディンガー表示	ハイゼンベルク表示
状態ベクトル $\lvert\phi\rangle$	$i\hbar\dfrac{d}{dt}\lvert\phi(t)\rangle = \widehat{H}\lvert\phi(t)\rangle$	$\lvert\phi_{\mathrm{H}}\rangle$（時間に依存しない）
演算子 $\widehat{A}$	$\widehat{A}$（時間に依存しない）	$i\hbar\dfrac{d}{dt}\widehat{A}_{\mathrm{H}}(t) = [\widehat{A}_{\mathrm{H}}, \widehat{H}]$
物理量の期待値	$\langle\phi(t)\lvert\widehat{A}\rvert\phi(t)\rangle$	$\langle\phi_{\mathrm{H}}\lvert\widehat{A}_{\mathrm{H}}(t)\rvert\phi_{\mathrm{H}}\rangle$

ンダードになっている.

　シュレーディンガー描像による表示（S表示ともいう）と，ハイゼンベルク描像による表示（H表示ともいう）を表11.1にまとめておく. ただし，S表示の $\widehat{A}$ と $\lvert\phi(t)\rangle$ には添字Sを付けていない.

章 末 問 題

[11.1]　運動量演算子 $\widehat{p}$ の定義式として

$$\langle x\lvert\widehat{p}\rvert x'\rangle = -i\hbar\frac{\partial}{\partial x}\delta(x - x') \tag{11.148}$$

を採用すると，任意の状態 $\lvert f\rangle$ に対して，次の関係式が成り立つことを示せ.

$$\langle x\lvert\widehat{p}\rvert f\rangle = -i\hbar\frac{\partial}{\partial x}\langle x\lvert f\rangle \tag{11.149}$$

[11.2]　シュレーディンガー方程式(3.42)を状態ベクトル $\lvert\phi(t)\rangle$ の運動方程式 (11.93)とハミルトニアン $\widehat{H} = \widehat{p}^2/2m + V(\widehat{x})$（(11.109)）から導け.

[11.3]　ユニタリー演算子 $\widehat{U}$ に対する微分方程式 $i\hbar(d\widehat{U}/dt) = \widehat{H}\widehat{U}$（(11.121)）の解は(11.123)であることを示せ.

[11.4]　ハミルトニアン $\widehat{H}$ を含む状態ベクトル

$$\lvert\phi(t)\rangle = e^{-i\widehat{H}t/\hbar}\sum_n c_n(0)\lvert\phi_n\rangle \tag{11.130}$$

は，テイラー展開と固有値方程式(11.125)を使うと次式のように表せることを示せ.

$$\lvert\phi(t)\rangle = \sum_n c_n(0)\lvert\phi_n\rangle e^{-iE_nt/\hbar} \tag{11.131}$$

[11.5]　固有値方程式

$$\widehat{A}\lvert\phi_n\rangle = a_n\lvert\phi_n\rangle \quad (n = 1, 2, 3, \cdots) \tag{11.150}$$

を満たす固有関数 $\lvert\phi_n\rangle$ の重ね合わせによって，状態ベクトル $\lvert\phi(t)\rangle$ が

$$\lvert\phi(t)\rangle = \sum_n c_n\lvert\phi_n\rangle \tag{11.151}$$

で与えられるとき，(11.135)の期待値 $\overline{A(t)}$ は5.4.1項の期待値 $\overline{A}$（(5.39)）と同じ

内容を表すことを説明せよ.

[**11.6**] ハイゼンベルク方程式(11.142)を使って, ハイゼンベルク表示での座標の演算子 $\hat{x}_H$ と運動量の演算子 $\hat{p}_H$ を, 次の(1)と(2)の場合に求めよ. ただし, 時刻 $t = 0$ での $\hat{x}_H(t)$ と $\hat{p}_H(t)$ の初期値は, それぞれ $\hat{x}_H(0) = x$ と $\hat{p}_H(0) = p$ とする. なお, 次の関係式を利用せよ.

$$[\hat{x}_H, \widehat{H}] = i\hbar \frac{\partial \widehat{H}}{\partial \hat{p}_H}, \qquad [\hat{p}_H, \widehat{H}] = -i\hbar \frac{\partial \widehat{H}}{\partial \hat{x}_H} \tag{11.152}$$

(1) 自由粒子のハミルトニアン

$$\widehat{H} = \frac{\hat{p}_H^{\,2}}{2m} \tag{11.153}$$

に対して

$$\hat{x}_H = \frac{p}{m} t + x, \qquad \hat{p}_H = p \tag{11.154}$$

(2) 調和振動子のハミルトニアン

$$\widehat{H} = \frac{\hat{p}_H^{\,2}}{2m} + \frac{m\omega^2 \hat{x}_H^{\,2}}{2} \tag{11.155}$$

に対して

$$\hat{x}_H = x \cos \omega t + \frac{p}{m\omega} \sin \omega t, \qquad \hat{p}_H = p \cos \omega t - m\omega x \sin \omega t \tag{11.156}$$

Chapter 12

スピン

原子を外部磁場の中に置いて，原子から放射されるスペクトルや原子のエネルギー準位などの精密な測定を行うと，軌道角運動量以外の角運動量の存在を強く示唆する現象がいくつもみつかった．そして，シュテルン‐ゲルラッハの実験を説明するために，パウリ（1924年）やゴーズミット‐ウーレンベック（1925年）によって電子スピンの仮説が提唱された．スピンは，普通の空間内の自由度とは異なる"内部空間での自由度"（内部自由度）に起因する量子力学に固有な量であり，スピンの理論的な導出はディラックによる相対論的な波動方程式を用いてなされた（1928年）．

12.1 スピン角運動量

電子が，軌道角運動量 $\boldsymbol{L}$ とは異なる固有の角運動量をもっているというアイデアは，ナトリウムのD線に対する実験やシュテルン‐ゲルラッハの実験などを説明するために生まれた．この固有の角運動量を**スピン**あるいは**スピン角運動量**とよび，$\boldsymbol{S}$ で表す．

スピン $\boldsymbol{S}$ の大きさ $S = |\boldsymbol{S}|$ は，$S = \sqrt{s(s+1)}\,\hbar$ である．実験結果から，電子のスピンは $s = 1/2$ であることがわかっているから，電子スピンの大きさ S は $S = (\sqrt{3}/2)\hbar$ である．スピン $\boldsymbol{S}$ は軌道角運動量 $\boldsymbol{L}$ と同じ形の交換関係 (9.17) を満たす（例題 12.1 を参照）．

$$\hat{\boldsymbol{S}} \times \hat{\boldsymbol{S}} = i\hbar\hat{\boldsymbol{S}} \tag{12.1}$$

12.1.1 シュテルン‐ゲルラッハの実験

中心力の場の中で運動する電子は，角運動量 $\boldsymbol{L}$ をもっている．角運動量 $\boldsymbol{L}$ をもつ電子（電荷 e，質量 m_e）には，必ず

$$\mu = \frac{e}{2m_e} \boldsymbol{L} \tag{12.2}$$

の**磁気モーメント**が現れる（磁気量子数 m と区別するために，質量を m_e と
している）．電子の運動が定常状態の場合，角運動量 $\boldsymbol{L}$ の大きさは一定である．

この電子を磁場 $\boldsymbol{B}$ の中に置くと，位置エネルギー（相互作用エネルギー）

$$V = -\boldsymbol{\mu} \cdot \boldsymbol{B} \tag{12.3}$$

が生じるので，電子には次の力がはたらく．

$$\boldsymbol{F} = -\nabla V = \nabla(\boldsymbol{\mu} \cdot \boldsymbol{B}) \tag{12.4}$$

いま，磁場 $\boldsymbol{B}$ を z 方向にとり，$\boldsymbol{B} = (B_x, B_y, B_z) = (0, 0, B_z)$ とすると，位
置エネルギーは $V = -\mu_z B_z$ となるので，(12.4)は

$$F_z = -\frac{\partial V}{\partial z} = \mu_z \frac{\partial B_z}{\partial z} \tag{12.5}$$

となる（μ_z は磁気モーメント μ の z 成分）．

❋ **均一な磁場** 磁場 $\boldsymbol{B}$ が空間的に一様であれば，$B_z = B$（= 定数）であ
るから，(12.5)の z についての微分はゼロになり，$F_z = 0$ となる．したがっ
て，一様な磁場の場合，電子に力ははたらかない．

❋ **不均一な磁場** 一様でない（不均一）磁場の場合，$B_z = B(z)$ であるか
ら(12.5)より $F_z \neq 0$ となり，電子に力がはたらくことになる．(12.2)から，
μ_z は角運動量の z 成分 L_z と $\mu_z = (e/2m_e)L_z$ でつながっているから，(12.5)は

$$F_z = \mu_z \frac{\partial B}{\partial z} = \frac{e}{2m_e} L_z \frac{\partial B}{\partial z} \tag{12.6}$$

と表せる．そこで，(12.6)の L_z を $\hat{L}_z$ の固有値 $m\hbar$（(9.59)）で置き換えると，
電子にはたらく力の大きさ F_z は

$$F_z = \frac{e}{2m_e} m\hbar \frac{\partial B_z}{\partial z} \equiv \beta m\hbar \frac{\partial B(z)}{\partial z} \qquad (m = 0, \pm 1, \cdots, \pm l) \tag{12.7}$$

のように m の値に依存するから，l が決まれば F_z が確定する．ここで，

$$\beta = \frac{e}{2m_e} = 9.27 \times 10^{-24} \, \text{J/T} = 5.79 \times 10^{-5} \, \text{eV/T} \tag{12.8}$$

を**ボーア磁子**という（T はテスラ（T = Wb/m^2）で，1 万 G（ガウス）を表す）．

したがって，不均一磁場の中を原子流（一方向に運動する中性原子のビーム）
を通すと，磁気量子数 m の値に応じてビームに作用する力が異なるので，ビーム
は $2l + 1$ 本に分かれる．そして，スクリーン上にビームが衝突すると，ビーム
はスクリーン上に $2l + 1$ 本の像をつくる．

　このようなアイデアで，電子の磁気
モーメントを検出する実験を行ったの
がシュテルンとゲルラッハである．実
験の結果，図 12.1 のように，スクリー
ンに上下 2 つに分かれたビーム像が現
れ，$\partial B/\partial z$ の大きさから

$$\mu_z = \pm \beta \hbar \qquad (12.9)$$

であることがわかった．

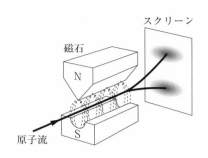

図 12.1 シュテルン‐ゲルラッハの実験

　この結果は，(12.7)で $m = \pm 1$ とし
たものと一致する．そこで，もし $l = 1$ であれば $m = 0$ もあるはずだから，
ビームは 2 本でなく 3 本に分かれなければならない．また，水素原子の基底状
態は $l = 0$ であるから，原子流が基底状態であれば $m = 0$ なので，ビームは
分離しない．

　このように，$l = 1$ と $l = 0$ のどちらも実験結果と矛盾するので，(12.9)は
軌道角運動量以外の角運動量が存在することを示唆している．そして，**スピン**
という概念が生まれたのである．

＊スピンの古典的なイメージ　　スピンという呼称は電子が回転（スピン）し
ているというイメージから来ているが，電子が有限の大きさをもって回転して
いるわけではない．素朴に電子を**古典電子半径**（約 2.8×10^{-15} m）をもった
剛体球であると仮定すると，電子表面の回転速度 v_s は $v_s \approx 171c$ となり，光
速度 c をはるかに超える（章末問題 [12.1]）．この結果は，特殊相対性理論と
完全に矛盾するので，電子のスピンは現実のコマのようなイメージとは全く無
縁な概念であることがわかる．実際，スピンは空間座標とは無関係な変数で指
定される自由度（これを**内部自由度**という）で，量子力学に固有な物理量なの
である．

12.1.2　スピンのブラ・ケット記法

　電子や核子（陽子と中性子の総称）は $s = 1/2$ のスピンをもっている．この
スピンに対して，スピン演算子 $\hat{S} = (\hat{S}_x, \hat{S}_y, \hat{S}_z)$ は次のような 2×2 行列

$$\hat{S}_x = \frac{\hbar}{2}\begin{pmatrix} 0 & 1 \\ 1 & 0 \end{pmatrix}, \qquad \hat{S}_y = \frac{\hbar}{2}\begin{pmatrix} 0 & -i \\ i & 0 \end{pmatrix}, \qquad \hat{S}_z = \frac{\hbar}{2}\begin{pmatrix} 1 & 0 \\ 0 & -1 \end{pmatrix} \quad (12.10)$$

で定義される．スピン状態は状態ベクトルで表現できるので，スピンの記述に
は，第 11 章で述べたブラ・ケット記法が適している．

＊スピン 1/2 の状態　スピン演算子 $\hat{\boldsymbol{S}}$ の 2 乗 $\hat{S}^2$ は，(12.10) を使って計算すると

$$\hat{S}^2 = \hat{S}_x^2 + \hat{S}_y^2 + \hat{S}_z^2 = \frac{3}{4}\hbar^2\begin{pmatrix}1 & 0 \\ 0 & 1\end{pmatrix} = \frac{3}{4}\hbar^2 I = \frac{1}{2}\left(\frac{1}{2}+1\right)\hbar^2 I \quad (12.11)$$

となる（I は単位行列）．スピンの場合にも，角運動量の演算子 $\hat{\boldsymbol{L}}$ の 2 乗 $\hat{L}^2$ の固有値 $L^2 = l(l+1)\hbar^2$（(8.94) を参照）と同じ関係が成り立つので，スピン演算子 $\hat{\boldsymbol{S}}$ の 2 乗 $\hat{S}^2$ の固有値 $S^2 = s(s+1)\hbar^2$ と (12.11) より，$s = 1/2$ であることがわかる．

　スピン演算子には，角運動量のように“運動量のモーメント”といった時空間の物理量に対応するものがなく，ただ交換関係があるだけなので，スピン磁気量子数 m を座標にするような空間を考えなければならない．そのため，スピン状態をケットベクトルを使って

$$|\chi\rangle = \begin{pmatrix}a \\ b\end{pmatrix} \quad (ただし，|a|^2 + |b|^2 = 1) \quad (12.12)$$

のように表す．この $|\chi\rangle$ を 2 成分の**スピノール**という．

＊$\hat{S}_z$ の固有状態　$\hat{S}_z$ の固有状態には，固有値 $m\hbar = \pm(1/2)\hbar$ の 2 つの状態がある．その内，固有値 $m\hbar = (1/2)\hbar$ の方を**上向きスピン**とよぶ．この上向きスピンを表す固有スピノールは

$$|\chi_\uparrow\rangle = |\uparrow\rangle = \begin{pmatrix}1 \\ 0\end{pmatrix} = \left|\frac{1}{2}, \frac{1}{2}\right\rangle = |s, m\rangle \quad (12.13)$$

のように，いくつかの表し方がある．ただし，誤解のおそれがなければ $|1/2, 1/2\rangle = |s, m\rangle$ は $|1/2\rangle = |m\rangle$ と s の部分を略し，次のように表してよい．

$$|\uparrow\rangle = \left|\frac{1}{2}\right\rangle \quad (12.14)$$

　一方，固有値 $m\hbar = -(1/2)\hbar$ の方を**下向きスピン**とよび，これを表す固有スピノールは

$$|\chi_\downarrow\rangle = |\downarrow\rangle = \begin{pmatrix}0 \\ 1\end{pmatrix} = \left|\frac{1}{2}, -\frac{1}{2}\right\rangle \quad あるいは \quad |\downarrow\rangle = \left|-\frac{1}{2}\right\rangle \quad (12.15)$$

のように表現する．なお，ケットベクトルに対応したブラベクトルは

$$\left\langle\frac{1}{2}\right| = (1 \quad 0), \qquad \left\langle-\frac{1}{2}\right| = (0 \quad 1) \quad (12.16)$$

のような行ベクトルになる．

　固有スピノール（$|1/2\rangle$ と $|-1/2\rangle$）の正規直交性は，(12.14)～(12.16) の

ブラ・ケット記法を使うと，

$$\begin{cases} \left\langle \dfrac{1}{2} \middle| \dfrac{1}{2} \right\rangle = 1, & \left\langle -\dfrac{1}{2} \middle| -\dfrac{1}{2} \right\rangle = 1 \\[3mm] \left\langle \dfrac{1}{2} \middle| -\dfrac{1}{2} \right\rangle = 0, & \left\langle -\dfrac{1}{2} \middle| \dfrac{1}{2} \right\rangle = 0 \end{cases} \tag{12.17}$$

のように，コンパクトに表現できる．この表現は，$|1/2\rangle$ を $|a_1\rangle$, $|-1/2\rangle$ を $|a_2\rangle$ とおくと，(11.47) の正規直交性 $\langle a_i | a_j \rangle = \delta_{ij}$ と同じものである．したがって，固有スピノールに対して (11.48) の完全性は

$$\hat{1} = \left| \frac{1}{2} \right\rangle \left\langle \frac{1}{2} \right| + \left| -\frac{1}{2} \right\rangle \left\langle -\frac{1}{2} \right| \tag{12.18}$$

と表せる．要するに，固有スピノール（$|1/2\rangle$ と $|-1/2\rangle$）は正規直交完全系を成すベクトルである．

※ スピン 1/2 の昇降演算子　　昇降演算子 $\hat{S}_\pm$ をスピンの状態 $|s, m\rangle$ に作用させると

$$\hat{S}_+ |s, m\rangle = \hbar \sqrt{(s - m)(s + m + 1)} \, |s, m + 1\rangle \tag{12.19}$$

$$\hat{S}_- |s, m\rangle = \hbar \sqrt{(s + m)(s - m + 1)} \, |s, m - 1\rangle \tag{12.20}$$

のように，磁気量子数 m が 1 だけ変化した状態 $|s, m \pm 1\rangle$ に変わる（章末問題 [12.2]）．具体的に，$s = 1/2$ の場合を計算すると，次の結果を得る．

$$\begin{cases} \hat{S}_+ \left| \dfrac{1}{2}, \dfrac{1}{2} \right\rangle = 0\hbar \left| \dfrac{1}{2}, \dfrac{3}{2} \right\rangle = 0, & \hat{S}_+ \left| \dfrac{1}{2}, -\dfrac{1}{2} \right\rangle = \hbar \left| \dfrac{1}{2}, \dfrac{1}{2} \right\rangle \\[3mm] \hat{S}_- \left| \dfrac{1}{2}, \dfrac{1}{2} \right\rangle = \hbar \left| \dfrac{1}{2}, -\dfrac{1}{2} \right\rangle, & \hat{S}_- \left| \dfrac{1}{2}, -\dfrac{1}{2} \right\rangle = 0\hbar \left| \dfrac{1}{2}, -\dfrac{3}{2} \right\rangle = 0 \end{cases} \tag{12.21}$$

なお，昇降演算子 $\hat{S}_\pm$ は，$\hat{S}_\pm = \hat{S}_x \pm i\hat{S}_y$ に (12.10) を使うと

$$\hat{S}_+ = \hbar \begin{pmatrix} 0 & 1 \\ 0 & 0 \end{pmatrix}, \qquad \hat{S}_- = \hbar \begin{pmatrix} 0 & 0 \\ 1 & 0 \end{pmatrix} \tag{12.22}$$

のように表せる．実際，$\hat{S}_+ |1/2, 1/2\rangle$ を計算してると，

$$\hat{S}_+ \left| \frac{1}{2}, \frac{1}{2} \right\rangle = \hbar \begin{pmatrix} 0 & 1 \\ 0 & 0 \end{pmatrix} \begin{pmatrix} 1 \\ 0 \end{pmatrix} = \hbar \begin{pmatrix} 0 \\ 0 \end{pmatrix} \tag{12.23}$$

となるので，(12.21) の $\hat{S}_+ |1/2, 1/2\rangle = 0$ が確認できる．

[例題 12.1] **スピンの非可換な交換関係**
　　次のような非可換な交換関係が成り立つことを示せ．
$$[\hat{S}_x, \hat{S}_y] = i\hbar \hat{S}_z, \qquad [\hat{S}_y, \hat{S}_z] = i\hbar \hat{S}_x, \qquad [\hat{S}_z, \hat{S}_x] = i\hbar \hat{S}_y \tag{12.24}$$
ちなみに，$\hat{S}_x$ と $\hat{S}_y$ は昇降演算子 (12.22) を使って，次のように表せる．

$$\widehat{S}_x = \frac{1}{2}(\widehat{S}_+ + \widehat{S}_-), \qquad \widehat{S}_y = \frac{1}{2i}(\widehat{S}_+ - \widehat{S}_-) \tag{12.25}$$

[解]　具体的に，(12.24)の1番目の交換関係 $[\widehat{S}_x, \widehat{S}_y] = i\hbar\widehat{S}_z$ を計算してみよう．$\widehat{S}_x$ と $\widehat{S}_y$ に行列表示 (12.10) を代入すると

$$\begin{cases} \widehat{S}_x\widehat{S}_y = \dfrac{\hbar}{2}\begin{pmatrix} 0 & 1 \\ 1 & 0 \end{pmatrix} \times \dfrac{\hbar}{2}\begin{pmatrix} 0 & -i \\ i & 0 \end{pmatrix} = \dfrac{\hbar^2}{4}\begin{pmatrix} i & 0 \\ 0 & -i \end{pmatrix} \\[3mm] \widehat{S}_y\widehat{S}_x = \dfrac{\hbar}{2}\begin{pmatrix} 0 & -i \\ i & 0 \end{pmatrix} \times \dfrac{\hbar}{2}\begin{pmatrix} 0 & 1 \\ 1 & 0 \end{pmatrix} = \dfrac{\hbar^2}{4}\begin{pmatrix} -i & 0 \\ 0 & i \end{pmatrix} \end{cases} \tag{12.26}$$

を得る．これらより

$$[\widehat{S}_x, \widehat{S}_y] = \widehat{S}_x\widehat{S}_y - \widehat{S}_y\widehat{S}_x = \frac{\hbar^2}{2}\begin{pmatrix} i & 0 \\ 0 & -i \end{pmatrix} = i\hbar\widehat{S}_z \tag{12.27}$$

となるので，(12.24)の1番目の交換関係が成り立つことがわかる．同様の計算をすれば，残りの2つの交換関係も導くことができる．　　　　　　　　　　　¶

ところで，$\widehat{S}^2$ と $\widehat{S}_x, \widehat{S}_y, \widehat{S}_z$ の間には**可換な交換関係**

$$[\widehat{S}^2, \widehat{S}_x] = 0, \qquad [\widehat{S}^2, \widehat{S}_y] = 0, \qquad [\widehat{S}^2, \widehat{S}_z] = 0 \tag{12.28}$$

も成り立つので，(12.24)の非可換な交換関係と合わせて考えると，3成分 $(\widehat{S}_x, \widehat{S}_y, \widehat{S}_z)$ の内の1つと $\widehat{S}^2$ は同時固有関数をもち得ることがわかる（5.6.2 項と9.1.2項を参照）．実際，$\widehat{S}_z$ を成分に選ぶと，(12.14)と(12.15)の固有関数 $|\pm 1/2\rangle$ は，確かに $\widehat{S}^2$ の固有関数でもあることが容易に確認できる（つまり，$\widehat{S}^2|\pm 1/2\rangle = (3/4)\hbar^2|\pm 1/2\rangle$ が成り立つ）．

※**パウリ行列**　　これは，スピンを記述するためにパウリが導入した次の3つの行列である．

$$\sigma_x = \hbar\begin{pmatrix} 0 & 1 \\ 1 & 0 \end{pmatrix}, \qquad \sigma_y = \hbar\begin{pmatrix} 0 & -i \\ i & 0 \end{pmatrix}, \qquad \sigma_z = \hbar\begin{pmatrix} 1 & 0 \\ 0 & -1 \end{pmatrix} \tag{12.29}$$

これらはすべて，(12.10)の $\widehat{S}_x, \widehat{S}_y, \widehat{S}_z$ を2倍したものである．

パウリ行列は，次のような性質をもっている（ただし，表示をみやすくするため，添字 x, y, z を $1, 2, 3$ とする）．

(1)　パウリ行列の2乗は単位行列 I に等しい．

$$\sigma_1{}^2 = \sigma_2{}^2 = \sigma_3{}^2 = \hbar^2 I \tag{12.30}$$

(2)　相異なるパウリ行列同士の積は，次の関係を満たす．

$$\sigma_1\sigma_2 = -\sigma_2\sigma_1 = i\hbar\sigma_3, \qquad \sigma_2\sigma_3 = -\sigma_3\sigma_2 = i\hbar\sigma_1, \qquad \sigma_3\sigma_1 = -\sigma_1\sigma_3 = i\hbar\sigma_2 \tag{12.31}$$

(3) 交換関係

$$[\sigma_j, \sigma_k] = \sigma_j\sigma_k - \sigma_k\sigma_j = 2i\hbar\sum_{l=1}^{3}\varepsilon_{jkl}\sigma_l \qquad (j, k, l = 1, 2, 3) \qquad (12.32)$$

ただし，ε_{jkl} は添字 jkl の順列によって ± 1 の値をとるもので，$\varepsilon_{123} = \varepsilon_{231} = \varepsilon_{312} = 1$，$\varepsilon_{213} = \varepsilon_{321} = \varepsilon_{132} = -1$ である．

(4) 反交換関係

$$\{\sigma_j, \sigma_k\} = \sigma_j\sigma_k + \sigma_k\sigma_j = 2\hbar\delta_{jk}I \qquad (12.33)$$

例えば，$\sigma_x\sigma_y + \sigma_y\sigma_x = 0$ である．

12.2 スピン状態の表し方

　スピンは，抽象的な"内部自由度の空間"で定義される量子力学に固有な量であり，普通の3次元空間内で定義される軌道角運動量ではないから，具体的なイメージをもちにくい．この節では，このようなスピンの方向や量子化軸などの決め方を解説する．

12.2.1 スピンの方向

　スピンの向きを表す単位ベクトル $\boldsymbol{n}$ は図 12.2 のように

$$\boldsymbol{n} = (n_x, n_y, n_z) = (\sin\theta\cos\phi, \sin\theta\sin\phi, \cos\theta) \qquad (12.34)$$

で与えられる．例えば，z 軸方向の単位ベクトルは (12.34) で $\theta = 0$ とおいた $\boldsymbol{n} = (0, 0, 1)$ であり，x 軸方向の単位ベクトルは (12.34) で $\theta = \pi/2$，$\phi = 0$ とおいた $\boldsymbol{n} = (1, 0, 0)$ である．

　したがって，この単位ベクトルを使うと，向き $\boldsymbol{n}$ をもったスピンは，固有値を $\lambda\hbar$ とすると，固有スピノール $|\chi\rangle$ の固有値方程式

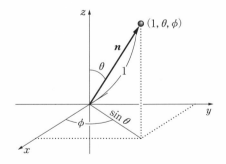

図 12.2 スピンの向きを示す単位ベクトル $\boldsymbol{n}$

$$(\boldsymbol{n}\cdot\widehat{\boldsymbol{S}})|\chi\rangle = \lambda\hbar\,|\chi\rangle \qquad (12.35)$$

で決まる．これを解くと，$\lambda = 1/2$（固有値 $(1/2)\hbar$）に対して，固有スピノール $|\chi\rangle$ を $|\chi_+(\theta, \phi)\rangle$ と表せば，次式を得る（例題 12.2 を参照）．

$$|\chi_+(\theta, \phi)\rangle = \begin{pmatrix} \cos\dfrac{\theta}{2} \\ \sin\dfrac{\theta}{2}\,e^{i\phi} \end{pmatrix} \tag{12.36}$$

一方，$\lambda = -1/2$（固有値 $-(1/2)\hbar$）に対して，固有スピノール $|\chi\rangle$ を $|\chi_-(\theta, \phi)\rangle$ と表せば，次式を得る．

$$|\chi_-(\theta, \phi)\rangle = \begin{pmatrix} -\sin\dfrac{\theta}{2}\,e^{-i\phi} \\ \cos\dfrac{\theta}{2} \end{pmatrix} \tag{12.37}$$

──［例題 12.2］　スピノールの固有値方程式──────────

　(12.36) の $|\chi_+(\theta, \phi)\rangle$ と (12.37) の $|\chi_-(\theta, \phi)\rangle$ を導け．

[解]　単位ベクトル $\boldsymbol{n}$ と $\widehat{\boldsymbol{S}}$ の内積は

$$\boldsymbol{n}\cdot\widehat{\boldsymbol{S}} = n_x\widehat{S}_x + n_y\widehat{S}_y + n_z\widehat{S}_z = \frac{\hbar}{2}\begin{pmatrix} \cos\theta & \sin\theta\,e^{-i\phi} \\ \sin\theta\,e^{i\phi} & -\cos\theta \end{pmatrix} \tag{12.38}$$

であるから，(12.12) の固有スピノール $|\chi\rangle$ を使うと，固有値方程式 (12.35) は

$$\frac{\hbar}{2}\begin{pmatrix} \cos\theta & \sin\theta\,e^{-i\phi} \\ \sin\theta\,e^{i\phi} & -\cos\theta \end{pmatrix}\begin{pmatrix} a \\ b \end{pmatrix} = \lambda\hbar\begin{pmatrix} a \\ b \end{pmatrix} \tag{12.39}$$

となる．(12.39) が $a = b = 0$ 以外の解をもつための条件は，次の**永年方程式**とよばれる行列式

$$\begin{vmatrix} \dfrac{1}{2}\cos\theta - \lambda & \dfrac{1}{2}\sin\theta\,e^{-i\phi} \\ \dfrac{1}{2}\sin\theta\,e^{i\phi} & -\dfrac{1}{2}\cos\theta - \lambda \end{vmatrix} = 0 \tag{12.40}$$

が成り立つことである．これを解くと，2 つの固有値

$$\lambda_\pm = \pm\frac{1}{2} \tag{12.41}$$

を得る．a と b は 2×1 行列の固有値方程式 (12.39) の 1 行目の次式

$$\left(\frac{1}{2}\cos\theta - \lambda\right)a + \frac{1}{2}\sin\theta\,e^{-i\phi}b = 0 \tag{12.42}$$

から求まるので，$\lambda = \lambda_+$ の場合は次のように決まる．

$$b = \frac{1 - \cos\theta}{\sin\theta\,e^{-i\phi}}a = \frac{\sin\dfrac{\theta}{2}}{\cos\dfrac{\theta}{2}}\,e^{i\phi}\,a \tag{12.43}$$

　a の値は，規格化条件（$\langle\chi_+|\chi_+\rangle = |a|^2 + |b|^2 = 1$）を使って

$$\langle\chi_+|\chi_+\rangle = |a|^2 + \left(\frac{\sin\dfrac{\theta}{2}}{\cos\dfrac{\theta}{2}}\right)^2|a|^2 = \frac{|a|^2}{\cos^2\dfrac{\theta}{2}} = 1 \tag{12.44}$$

から，次のように決まる.

$$a = e^{i\delta} \cos \frac{\theta}{2} \qquad (\delta \text{ は任意の位相}) \qquad (12.45)$$

これから，b の値は $b = \sin(\theta/2)e^{i\phi}e^{i\delta}$ となる．ただし，位相 δ は，実際にスピノールを使って期待値などを計算するときには何も影響しないので，はじめから $\delta = 0$ とおいても構わない．そうすると，(12.36)になる．同様な計算によって，$\lambda = \lambda_-$ の場合は(12.37)になることが示せる． ¶

(12.36)の固有スピノール $|\chi_+(\theta, \phi)\rangle$ を使って，スピンの成分の期待値を計算してみると，$\hat{\boldsymbol{S}}$ の3成分 $(\hat{S}_x, \hat{S}_y, \hat{S}_z)$ の期待値 $\bar{S}_x, \bar{S}_y, \bar{S}_z$ は

$$\bar{S}_x(\theta, \phi) = \frac{\hbar}{2} \sin \theta \cos \phi, \qquad \bar{S}_y(\theta, \phi) = \frac{\hbar}{2} \sin \theta \sin \phi, \qquad \bar{S}_z(\theta) = \frac{\hbar}{2} \cos \theta$$
$$(12.46)$$

となる（章末問題 [12.3]）．これらの期待値が正しい結果を与えているかをチェックするために，角度 θ, ϕ の値を具体的にいくつか代入してみよう．

- z 軸方向の期待値（正の向きは $\theta = 0$, 負の向きは $\theta = \pi$）：

  (12.46)より，$\bar{S}_z(0) = \dfrac{\hbar}{2}, \quad \bar{S}_z(\pi) = -\dfrac{\hbar}{2}$

- x 軸（$\theta = \pi/2$）方向の期待値（正の向きは $\phi = 0$, 負の向きは $\phi = \pi$）：

  (12.46)より，$\bar{S}_x\left(\dfrac{\pi}{2}, 0\right) = \dfrac{\hbar}{2}, \quad \bar{S}_x\left(\dfrac{\pi}{2}, \pi\right) = -\dfrac{\hbar}{2}$

- y 軸（$\theta = \pi/2$）方向の期待値（正の向きは $\phi = \pi/2$, 負の向きは $\phi = -\pi/2$）：

  (12.46)より，$\bar{S}_y\left(\dfrac{\pi}{2}, \dfrac{\pi}{2}\right) = \dfrac{\hbar}{2}, \quad \bar{S}_x\left(\dfrac{\pi}{2}, -\dfrac{\pi}{2}\right) = -\dfrac{\hbar}{2}$

以上の結果から，確かに，(12.36)のスピノール $|\chi_+(\theta, \phi)\rangle$ は各軸に沿った状態を正しく表していることがわかる．

12.2.2 スピンの量子化軸

※ スピノール $|\chi_+(\theta, \phi)\rangle$ と z 方向の固有スピノール $|\pm 1/2\rangle$ との関係

(12.36)の $\boldsymbol{n}$ 方向のスピノール $|\chi_+(\theta, \phi)\rangle$ は

$$|\chi_+(\theta, \phi)\rangle = \begin{pmatrix} \cos \dfrac{\theta}{2} \\ \sin \dfrac{\theta}{2} \, e^{i\phi} \end{pmatrix} = \cos \frac{\theta}{2} \begin{pmatrix} 1 \\ 0 \end{pmatrix} + \sin \frac{\theta}{2} \, e^{i\phi} \begin{pmatrix} 0 \\ 1 \end{pmatrix}$$

$$= \cos\frac{\theta}{2}\left|\frac{1}{2}\right\rangle + \sin\frac{\theta}{2}\,e^{i\phi}\left|-\frac{1}{2}\right\rangle \tag{12.47}$$

のように，$\hat{S}_z$ の固有スピノール $|\uparrow\rangle, |\downarrow\rangle$ （(12.14)と(12.15)）を使って表すことができる．つまり，任意の向き $\boldsymbol{n}$ に傾いているスピノール状態 $|\chi_+(\theta,\phi)\rangle$ は $|\uparrow\rangle, |\downarrow\rangle$ を基底ベクトルとして，それらの線形結合（重ね合わせ）で表現されている．

例えば，シュテルン－ゲルラッハの実験（図12.1）で磁場を掛けて，磁場の方向のスピンを測定するとしよう．仮に，磁場の方向を z 方向と決めれば，スピンの z 成分を観測することになる．この場合，z 軸の正方向を向く確率 $P_\uparrow = |\langle\uparrow|\chi_+(\theta,\phi)\rangle|^2$ と z 軸の負方向を向く確率 $P_\downarrow = |\langle\downarrow|\chi_+(\theta,\phi)\rangle|^2$ は

$$P_\uparrow = \left|\left\langle\frac{1}{2}\Big|\chi_+(\theta,\phi)\right\rangle\right|^2 = \cos^2\frac{\theta}{2}, \qquad P_\downarrow = \left|\left\langle-\frac{1}{2}\Big|\chi_+(\theta,\phi)\right\rangle\right|^2 = \sin^2\frac{\theta}{2} \tag{12.48}$$

となる．

一般に，物理量 A の期待値 $\overline{A}$ は，(5.39)で与えられる（5.4 節を参照）．$\hat{L}_z$ の固有値は $m\hbar$ で，いまの場合，固有値 $+\hbar/2$ の確率 $P_\uparrow$ と固有値 $-\hbar/2$ の確率 $P_\downarrow$ から，$\overline{S_z}$ は

$$\overline{S_z} = \left(+\frac{\hbar}{2}\right)P_\uparrow + \left(-\frac{\hbar}{2}\right)P_\downarrow = \frac{\hbar}{2}\cos^2\frac{\theta}{2} - \frac{\hbar}{2}\sin^2\frac{\theta}{2} = \frac{\hbar}{2}\cos\theta \tag{12.49}$$

となる．この結果は，確かに(12.46)の $\overline{S_z}$ に一致している．

すでに 12.1.2 項で解説したように，状態 $|1/2\rangle$，$|-1/2\rangle$ は $\hat{S}^2$ と $\hat{S}_z$ の同時固有状態（同時固有関数）である．そして，これらは(12.17)と(12.18)で示したように正規直交完全系を成しており，$\hat{S}_z$ の行列表示は対角行列である．このような状況を量子化軸は z 軸であるという．ここで z 軸が量子化軸になった理由は，磁場の向きを z 軸の正方向に決めてシュテルン－ゲルラッハの実験を行ったからである．

当然，空間には特別な方向も向きも存在しないから，x 軸や y 軸を量子化軸にとってもよいはずである．そこで，x 軸を量子化軸にとった場合のスピノールを調べてみよう．

※ x 軸を量子化軸にとった場合の $\hat{S}_x$ の固有状態　　この場合，x の正方向と負方向のスピノールは，(12.47)の $|\chi_+(\theta,\phi)\rangle$ で $\theta = \pm\pi/2$，$\phi = 0$ とおいたも

のになる．$\phi = 0$ より $\overline{S_y} = 0$ であるから，この状態はスピンが x 軸の正と負の方向を向いた状態である．このとき，スピノールは(12.47)から

$$\left| \chi_+ \left(\frac{\pi}{2}, 0 \right) \right\rangle = \frac{1}{\sqrt{2}} \binom{1}{1} = \frac{1}{\sqrt{2}} \left| \frac{1}{2} \right\rangle + \frac{1}{\sqrt{2}} \left| -\frac{1}{2} \right\rangle \tag{12.50}$$

$$\left| \chi_+ \left(-\frac{\pi}{2}, 0 \right) \right\rangle = \frac{1}{\sqrt{2}} \binom{1}{-1} = \frac{1}{\sqrt{2}} \left| \frac{1}{2} \right\rangle - \frac{1}{\sqrt{2}} \left| -\frac{1}{2} \right\rangle \tag{12.51}$$

である．例えば，$|\chi_+(\pi/2, 0)\rangle$ は，z 軸の正方向の状態 $|1/2\rangle$ と負方向の状態 $|-1/2\rangle$ が同じ重みで重ね合わさった状態であることがわかる．

これらは当然，固有値方程式

$$\hat{S}_x \left| \chi_+ \left(\pm \frac{\pi}{2}, 0 \right) \right\rangle = \pm \frac{\hbar}{2} \left| \chi_+ \left(\pm \frac{\pi}{2}, 0 \right) \right\rangle \tag{12.52}$$

を満たしている．つまり，スピノール $|\chi_+(\pm\pi/2, 0)\rangle$ は演算子 $\hat{S}_x$ の固有状態（固有関数）であり，x 軸が量子化軸になったことを意味する．そして，この固有スピノールも正規直交完全系（$\langle \chi_+(\pm\pi/2, 0)|\chi_+(\pm\pi/2, 0)\rangle = 1$ の正規性と $\langle \chi_+(\pm\pi/2, 0)|\chi_+(\mp\pi/2, 0)\rangle = 0$ の直交性）であるから，$\hat{S}_x$ は対角行列になるはずである（例題 12.3 を参照）．

［例題 12.3］　$\hat{S}_x$ の対角化

　線形代数で学ぶように，固有値方程式 $A\boldsymbol{V} = \lambda\boldsymbol{V}$ において，2 次の正方行列 A の 1 次独立な固有ベクトル $\boldsymbol{v}_1, \boldsymbol{v}_2$ を並べてつくった行列 $P = (\boldsymbol{v}_1 \, \boldsymbol{v}_2)$ と，この逆行列 P^{-1} を使えば，行列 A を次のように対角化できる．

$$P^{-1}AP = \begin{pmatrix} \lambda_1 & 0 \\ 0 & \lambda_2 \end{pmatrix} \tag{12.53}$$

　2 つの固有ベクトル（(12.50)と(12.51)）から行列 P と P^{-1} をつくり，$\hat{S}_x$ が次の対角行列になることを示せ．

$$\frac{\hbar}{2} \begin{pmatrix} 1 & 0 \\ 0 & -1 \end{pmatrix} \tag{12.54}$$

［**解**］　いまの場合，P と P^{-1} は次のようになる．

$$\begin{cases} P = \left(\left| \chi_+ \left(\dfrac{\pi}{2}, 0 \right) \right\rangle \;\; \left| \chi_+ \left(-\dfrac{\pi}{2}, 0 \right) \right\rangle \right) = \dfrac{1}{\sqrt{2}} \begin{pmatrix} 1 & 1 \\ 1 & -1 \end{pmatrix} \\[4mm] P^{-1} = \dfrac{1}{|P|} \begin{pmatrix} C_{11} & C_{21} \\ C_{12} & C_{22} \end{pmatrix} = \dfrac{1}{\sqrt{2}} \begin{pmatrix} 1 & 1 \\ 1 & -1 \end{pmatrix} \end{cases} \tag{12.55}$$

ただし，C_{ij} は行列 P の成分 a_{ij} に対する**余因子**で，$|P|$ は P の行列式である（$|P| = -1$）．(12.55)を使って，(12.53)を $A = \hat{S}_x$ に対して計算すると

$$P^{-1}\hat{S}_x P = \frac{\hbar}{2} \begin{pmatrix} 1 & 0 \\ 0 & -1 \end{pmatrix} \tag{12.56}$$

となることがわかる. ¶

　以上の説明からわかるように，量子化軸に対してどの軸を選んでも固有値は同じであり，固有スピノールも等価な振る舞いをする．したがって，量子化軸は，実験の方法や計算のしやすさなどを考慮して決めればよいことになる（章末問題 [12.4]）.

12.3　ラーモア歳差運動

　ミクロな粒子がスピンをもっている場合，外部磁場によってトルクが生じる．トルクを受けると，スピンは磁場の方向を軸としてコマのように歳差運動する．この回転運動の角周波数を**ラーモア周波数**という．ラーモア歳差運動は，核磁気共鳴（NMR），電子スピン共鳴（EPR），強磁性共鳴（FMR）などの諸現象の原理である．磁場中では，ラーモア周波数を**共鳴周波数**とよぶ.

　スピンと磁場との相互作用は，次の演算子 $\widehat{H}$ で記述される．ただし，電磁気学では磁場の強さを $\boldsymbol{H}$ で表すが，ハミルトニアンの文字 H との混同を避けるために，ここでは磁場の強さを $\boldsymbol{H}_\mathrm{M}$ と表すことにする.

$$\widehat{H} = -g\beta\widehat{\boldsymbol{S}}\cdot\boldsymbol{H}_\mathrm{M} \tag{12.57}$$

この相互作用を**ゼーマン相互作用**とよぶ．係数の g は **g 因子**とよばれる定数で，β は (12.8) のボーア磁子である.

　いま，磁場の強さ $\boldsymbol{H}_\mathrm{M}$ の方向を z 軸に選ぶと，$\boldsymbol{H}_\mathrm{M} = (0, 0, H_\mathrm{M})$ と表せるので，(12.57) は次式になる.

$$\widehat{H} = -g\beta H_\mathrm{M}\widehat{S}_z \tag{12.58}$$

この $\widehat{H}$ を，$\widehat{S}_z$ の固有状態（$|1/2\rangle$ と $|-1/2\rangle$）に作用させると（$\widehat{S}_z|\pm 1/2\rangle = \pm(\hbar/2)|\pm 1/2\rangle$ より）次式を得る.

$$\widehat{H}\left|\frac{1}{2}\right\rangle = -g\beta H_\mathrm{M}\widehat{S}_z\left|\frac{1}{2}\right\rangle = -g\beta H_\mathrm{M}\frac{\hbar}{2}\left|\frac{1}{2}\right\rangle \tag{12.59}$$

$$\widehat{H}\left|-\frac{1}{2}\right\rangle = -g\beta H_\mathrm{M}\widehat{S}_z\left|-\frac{1}{2}\right\rangle = g\beta H_\mathrm{M}\frac{\hbar}{2}\left|-\frac{1}{2}\right\rangle \tag{12.60}$$

　固有状態 $|\pm 1/2\rangle$ に対する運動方程式は，(11.93) より

$$i\hbar\frac{d}{dt}\left|\pm\frac{1}{2}, t\right\rangle = \widehat{H}\left|\pm\frac{1}{2}, t\right\rangle \tag{12.61}$$

となるから，(12.59) と (12.60) を代入して計算すると，次のような結果を得る.

$$\left|\frac{1}{2},t\right\rangle = e^{i\varphi(t)}\left|\frac{1}{2}\right\rangle, \quad \left|-\frac{1}{2},t\right\rangle = e^{-i\varphi(t)}\left|-\frac{1}{2}\right\rangle \quad \left(\varphi(t) \equiv \frac{g\beta H_M t}{2}\right)$$

$$(12.62)$$

ただし，時刻 $t=0$ での初期状態を $|1/2\rangle$ と $|-1/2\rangle$ とした．

この結果は，はじめに $|1/2\rangle$（あるいは $|-1/2\rangle$）であれば，時間が経っても変化するのは位相だけで，状態は，はじめの $|1/2\rangle$（あるいは $|-1/2\rangle$）のままであることを示している．

傾いたスピンの運動　　図 12.2 のように，角度 θ,ϕ だけ傾いたスピン状態 $|\chi_+(\theta,\phi)\rangle$ に時間依存性をもたせた状態を $|\chi_+(\theta,\phi),t\rangle$ と表せば，(12.47)から

$$|\chi_+(\theta,\phi),t\rangle = \cos\frac{\theta}{2}\left|\frac{1}{2},t\right\rangle + \sin\frac{\theta}{2}e^{i\phi}\left|-\frac{1}{2},t\right\rangle \qquad (12.63)$$

が成り立つ．これに(12.62)を代入すると，$|\chi_+(\theta,\phi),t\rangle$ は次式で与えられる．

$$|\chi_+(\theta,\phi),t\rangle = \cos\frac{\theta}{2}e^{i\varphi(t)}\left|\frac{1}{2}\right\rangle + \sin\frac{\theta}{2}e^{i\{\phi-\varphi(t)\}}\left|-\frac{1}{2}\right\rangle = \begin{pmatrix}\cos\frac{\theta}{2}e^{i\varphi(t)}\\\sin\frac{\theta}{2}e^{i\{\phi-\varphi(t)\}}\end{pmatrix}$$

$$(12.64)$$

［例題 12.4］　スピン状態の時間発展

スピノールの時間発展が(12.64)で表されている場合，時刻 t での $\hat{S}_x, \hat{S}_y, \hat{S}_z$ の期待値は次式で与えられることを示せ．

$$\overline{S_x} = \frac{\hbar}{2}\sin\theta\cos\{2\varphi(t)-\phi\}, \quad \overline{S_y} = \frac{\hbar}{2}\sin\theta\sin\{2\varphi(t)-\phi\}, \quad \overline{S_z} = \frac{\hbar}{2}\cos\theta$$

$$(12.65)$$

［解］　$\hat{S}_x$ の期待値 $\overline{S_x} = \langle\chi_+(\theta,\phi),t|\hat{S}_x|\chi_+(\theta,\phi),t\rangle$ に(12.64)を代入すると

$$\overline{S_x} = \begin{pmatrix}\cos\frac{\theta}{2}e^{-i\varphi(t)} & \sin\frac{\theta}{2}e^{-i\{\phi-\varphi(t)\}}\end{pmatrix}\frac{\hbar}{2}\begin{pmatrix}0&1\\1&0\end{pmatrix}\begin{pmatrix}\cos\frac{\theta}{2}e^{i\varphi(t)}\\\sin\frac{\theta}{2}e^{i\{\phi-\varphi(t)\}}\end{pmatrix}$$

$$= \left(\hbar\sin\frac{\theta}{2}\cos\frac{\theta}{2}\right)\frac{1}{2}\left[e^{i\{2\varphi(t)-\phi\}}+e^{-i\{2\varphi(t)-\phi\}}\right]$$

$$= \frac{\hbar}{2}\sin\theta\cos\{2\varphi(t)-\phi\} \qquad (12.66)$$

となる．同様な計算によって，$\overline{S_y}$ と $\overline{S_z}$ も求まる．　　¶

(12.65)の期待値 $\overline{S_x}$ と $\overline{S_y}$ から，次のような量を定義しよう．

$$\overline{S_x} + i\overline{S_y} = \frac{\hbar}{2}\sin\theta\,e^{i\{2\varphi(t)-\phi\}} \qquad (12.67)$$

これは，スピン S の xy 平面上での射影
成分 $\sqrt{\overline{S_x}^2 + \overline{S_y}^2}$ $(= (\hbar/2)\sin\theta)$ が，一
定の速さで反時計回りに回っている状態
を表している．一方，$\overline{S_z}$ は t に依存せ
ず，一定である．したがって，スピン S
自体は図 12.3 のように z 軸の周りを一
定の速さで回転することになる．これを
磁場中での**スピンのラーモア歳差運動**と
いう．重力場の中で回転しているコマの

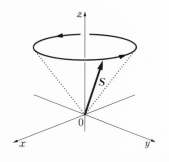

図 12.3　スピン S のラーモア歳差運動

回転軸が傾くと，回転軸を傾けたままコマが図 12.3 のように回るのと同じ現
象である．

12.4　2 個の電子系とパウリ原理

　スピン 1/2 $(s = 1/2)$ をもった 2 個のミクロな粒子があるとしよう．具体的
には，粒子として電子を想定するが，陽子や中性子などの核子でもよい．粒子
1 と粒子 2 の固有状態をそれぞれ $|m_1\rangle, |m_2\rangle$ とすると，2 粒子状態は

$$|m_1\rangle \otimes |m_2\rangle \tag{12.68}$$

のように表すことができる．ここで記号 $\otimes$ は**直積**（ちょくせき）という記号で，粒子 1 のス
ピン演算子 $\hat{S}_1^2, \hat{S}_{1z}$ は $|m_1\rangle$ に，粒子 2 のスピン演算子 $\hat{S}_2^2, \hat{S}_{2z}$ は $|m_2\rangle$ に作用
するように指示するものである．

　スピン 1/2 の電子の場合，(12.68)を具体的に表せば次のようになる．

$$\left|\frac{1}{2}\right\rangle \otimes \left|\frac{1}{2}\right\rangle, \quad \left|\frac{1}{2}\right\rangle \otimes \left|-\frac{1}{2}\right\rangle, \quad \left|-\frac{1}{2}\right\rangle \otimes \left|\frac{1}{2}\right\rangle, \quad \left|-\frac{1}{2}\right\rangle \otimes \left|-\frac{1}{2}\right\rangle$$
$$\tag{12.69}$$

あるいは，(12.14)の $|\uparrow\rangle$ と(12.15)の $|\downarrow\rangle$ を使って次のように表せる．

$$|\uparrow\rangle \otimes |\uparrow\rangle, \quad |\uparrow\rangle \otimes |\downarrow\rangle, \quad |\downarrow\rangle \otimes |\uparrow\rangle, \quad |\downarrow\rangle \otimes |\downarrow\rangle \tag{12.70}$$

ただし，(12.69)と(12.70)は記号 $\otimes$ を省いて，次のように表す場合もある．

$$\begin{cases} \left|\frac{1}{2}\right\rangle\left|\frac{1}{2}\right\rangle = |\uparrow\rangle|\uparrow\rangle, & \left|\frac{1}{2}\right\rangle\left|-\frac{1}{2}\right\rangle = |\uparrow\rangle|\downarrow\rangle \\ \left|-\frac{1}{2}\right\rangle\left|\frac{1}{2}\right\rangle = |\downarrow\rangle|\uparrow\rangle, & \left|-\frac{1}{2}\right\rangle\left|-\frac{1}{2}\right\rangle = |\downarrow\rangle|\downarrow\rangle \end{cases} \tag{12.71}$$

┌─ ［例題 12.5］　**直積** ─────────────────────────────┐

　2粒子系の全スピン角運動量の演算子を
$$\hat{\boldsymbol{S}} = \hat{\boldsymbol{S}}_1 + \hat{\boldsymbol{S}}_2 \tag{12.72}$$
で定義する．(12.72)の z 成分
$$\hat{S}_z = \hat{S}_{1z} + \hat{S}_{2z} \tag{12.73}$$
に対して，次式が成り立つことを示せ．
$$\hat{S}_z \,|m_1\rangle \otimes |m_2\rangle = (m_1 + m_2)\hbar\,|m_1\rangle \otimes |m_2\rangle \tag{12.74}$$
ただし，$\hat{S}_{1z}\,|m_1\rangle = m_1\hbar\,|m_1\rangle$, $\hat{S}_{2z}\,|m_2\rangle = m_2\hbar\,|m_2\rangle$ である．

└──┘

　［**解**］　(12.74)の左辺に(12.73)を代入してから，直積の定義に従って演算すると
$$(\hat{S}_{1z} + \hat{S}_{2z})\,|m_1\rangle \otimes |m_2\rangle = (\hat{S}_{1z}\,|m_1\rangle) \otimes |m_2\rangle + |m_1\rangle \otimes (\hat{S}_{2z}\,|m_2\rangle)$$
$$= m_1\hbar\,|m_1\rangle \otimes |m_2\rangle + m_2\hbar\,|m_1\rangle \otimes |m_2\rangle \tag{12.75}$$
となるので，(12.74)を得る．この結果から，$\hat{S}_z$ の固有値は $(m_1 + m_2)\hbar$ であることがわかる．　　　　　　　　　　　　　　　　　　　　　　　　　　¶

＊**パウリの原理**　　全固有関数 $\varPsi$ を，空間座標の波動関数 $u(\boldsymbol{r})$ とスピノール $|\varphi\rangle$ の積で定義する．この $\varPsi$ は，粒子の同一性のために，粒子の交換に対して対称 S（Symmetry）になる場合（$\varPsi_\mathrm{S}$）と，反対称 A（Asymmetry）になる場合（$\varPsi_\mathrm{A}$）がある．

　整数値のスピンをもつ粒子（例えば，光子）を**ボース粒子（ボソン）**という．ボース粒子の全固有関数は対称 $\varPsi_\mathrm{S}$ である．一方，電子のように半整数値のスピンをもつ粒子を**フェルミ粒子（フェルミオン）**という．このフェルミ粒子の場合，

　　「2個以上のフェルミ粒子は，同一の量子状態を占めることはできない」
という**パウリの原理**（あるいは**パウリの排他原理**という）が存在する．

　このため，2電子系の全固有関数 $\varPsi$ は反対称関数 $\varPsi_\mathrm{A}$ でなければならないので，許される状態は
$$\varPsi_\mathrm{A}^{(1)} = u_\mathrm{A}(\boldsymbol{r})\,|\varphi_\mathrm{S}\rangle, \qquad \varPsi_\mathrm{A}^{(2)} = u_\mathrm{S}(\boldsymbol{r})\,|\varphi_\mathrm{A}\rangle \tag{12.76}$$
の2つの組み合わせだけである（$u_\mathrm{A}(\boldsymbol{r}) = -u_\mathrm{A}(-\boldsymbol{r})$, $u_\mathrm{S}(\boldsymbol{r}) = u_\mathrm{S}(-\boldsymbol{r})$）．なお，ボース粒子にはパウリの原理がはたらかないので，同一の量子状態にボース粒子は何個でも存在できる（章末問題 [12.5]）．

＊**1重項と3重項**　　具体的に，規格化されたスピノール（$|\uparrow\rangle, |\downarrow\rangle$）を使って対称なスピノール $|\varphi_\mathrm{S}\rangle$ をつくれば
$$|\varphi_\mathrm{S}^{(1)}\rangle = |\uparrow\rangle\,|\uparrow\rangle \tag{12.77}$$

$$|\varphi_S{}^{(2)}\rangle = \frac{1}{\sqrt{2}}\left(|\uparrow\rangle|\downarrow\rangle + |\downarrow\rangle|\uparrow\rangle\right) \tag{12.78}$$

$$|\varphi_S{}^{(3)}\rangle = |\downarrow\rangle|\downarrow\rangle \tag{12.79}$$

のような 3 つの状態を得る．(12.74) を使って，(12.77)～(12.79) の固有値 $m\hbar$ を求めると，$m = 1, 0, -1$ である．これらの固有値は，スピン 1/2 ($s = 1/2$) の 2 個の粒子から，スピン 1 ($s = 1$) の 3 つの状態が合成されたことを意味する．この 3 つの状態を **3 重項**（あるいは**トリプレット**）という．

　一方，反対称なスピノール $|\varphi_A\rangle$ は

$$|\varphi_A\rangle = \frac{1}{\sqrt{2}}\left(|\uparrow\rangle|\downarrow\rangle - |\downarrow\rangle|\uparrow\rangle\right) \tag{12.80}$$

で，(12.74) から固有値 $m\hbar$ は $m = 0$ である．これは，合成スピンがゼロ ($s = 0$) の状態をつくっていることを意味する．この状態を **1 重項**（あるいは**シングレット**）という（章末問題 [12.6]）．

　なお，(12.79) や (12.80) に現れる和や差の記号は，重ね合わせの状態を示すもので，「または」を意味する（Note 11.1 を参照）．

　ここで考えた 2 電子系のスピン状態は，原子核物理学や素粒子物理学，そして，物性物理学などで重要な役割を担う．さらに，量子力学の根幹に関わる**量子エンタングルメント**（**量子もつれ**）現象に対しても重要な役割を果たす（第 14 章を参照）．

章 末 問 題

[**12.1**]　電子（質量 m）を半径 a の剛体球であると仮定して，球の中心を通る軸の周りを角速度 ω でコマのように回転しているとしよう．

(1)　剛体球の表面の速さを v_s とすると，角運動量の大きさ S は次式で与えられることを示せ．

$$S = \frac{2}{5}\,mv_s a \tag{12.81}$$

(2)　剛体球の半径 a を古典電子半径

$$a_0 = \frac{e^2}{4\pi\varepsilon_0 mc^2} \tag{12.82}$$

に等しくとり ($a = a_0$)，$S = \hbar/2$ を仮定する（c は光速度）．古典電子半径の値を $a_0 = 2.8 \times 10^{-15}\,\mathrm{m}$ として v_s を計算すると，v_s の値は

$$v_\mathrm{s} = 171c \tag{12.83}$$

となることを，(12.81)から示せ．ただし，次の**微細構造定数**の値を用いよ．

$$\frac{e^2}{4\pi\varepsilon_0\hbar c} = \frac{1}{137} \tag{12.84}$$

[**12.2**]　スピンの昇降演算子 $\hat{S}_\pm$ の公式(12.19)を，$\hat{S}_+|s,m\rangle = C|s,m+1\rangle$ と仮定して係数 C の具体的な形を導け．なお，次の関係式を利用せよ．

$$\hat{S}^2 = \hat{S}_-\hat{S}_+ + \hat{S}_z{}^2 + \hbar\hat{S}_z = \hat{S}_+\hat{S}_- + \hat{S}_z{}^2 - \hbar\hat{S}_z \tag{12.85}$$

$$\hat{S}^2|s,m\rangle = s(s+1)\hbar^2|s,m\rangle, \qquad \hat{S}_z|s,m\rangle = m\hbar|s,m\rangle \tag{12.86}$$

$$[\hat{S}_+, \hat{S}_z] = -\hbar\hat{S}_+, \qquad [\hat{S}_-, \hat{S}_z] = \hbar\hat{S}_- \tag{12.87}$$

[**12.3**]　スピンの期待値 $\overline{S}_x, \overline{S}_y, \overline{S}_z$ ((12.46)) を導け．

[**12.4**]　$\hat{S}_y$ の固有状態は次式で与えられる（この証明は解法の中で示す）．

$$\left|\chi_+\left(\frac{\pi}{2}, \frac{\pi}{2}\right)\right\rangle = \frac{1}{\sqrt{2}}\binom{1}{i} = \frac{1}{\sqrt{2}}\left|\frac{1}{2}\right\rangle + \frac{i}{\sqrt{2}}\left|-\frac{1}{2}\right\rangle \tag{12.88}$$

$$\left|\chi_+\left(\frac{\pi}{2}, -\frac{\pi}{2}\right)\right\rangle = \frac{1}{\sqrt{2}}\binom{1}{-i} = \frac{1}{\sqrt{2}}\left|\frac{1}{2}\right\rangle - \frac{i}{\sqrt{2}}\left|-\frac{1}{2}\right\rangle \tag{12.89}$$

これらを使って，$\hat{S}_y$ も(12.54)の $\hat{S}_x$ や(12.10)の $\hat{S}_z$ と同じ対角行列になることを例題12.3にならって示せ．

[**12.5**]　幅 a の無限に深い量子井戸に束縛された粒子（質量 m）のエネルギー固有値は $E_n = n^2h^2/8ma^2 (n=1,2,\cdots)$ である ((4.31)，例題4.1を参照)．いま，N 個の同種粒子がこの量子井戸の中に入っているものとする．

(1)　粒子がボース粒子の場合，基底状態のエネルギー E を求めよ．

(2)　粒子がフェルミ粒子の場合，基底状態のエネルギー E を求めよ．ただし，粒子の数 N は十分大きいものとする．

(3)　フェルミ粒子の場合，占有される最も高い準位のエネルギーを**フェルミ・エネルギー**という．フェルミ・エネルギー E_F を求めよ．

[**12.6**]　2個の電子（電子1と電子2）から成る電子系に対して，電子1のスピン $\boldsymbol{\sigma}^{(1)}$ が単位ベクトル $\boldsymbol{a}$ の方向のスピン成分をもつ状態と，電子2のスピン $\boldsymbol{\sigma}^{(2)}$ が単位ベクトル $\boldsymbol{b}$ の方向のスピン成分をもつ状態を，同時に検出する実験を考えたい．そのためには，それぞれのスピン成分が演算子 $O^{(1)} = \boldsymbol{a}\cdot\boldsymbol{\sigma}^{(1)}$ と $O^{(2)} = \boldsymbol{b}\cdot\boldsymbol{\sigma}^{(2)}$ で選別できることを利用して，次のような**相関** S を定義して測定すればよい（図14.1を参照）．

$$S(\boldsymbol{a}, \boldsymbol{b}) = \langle\varphi|O^{(1)}O^{(2)}|\varphi\rangle \tag{12.90}$$

ここで，ケットベクトル $|\varphi\rangle$ は(12.80)のシングレット状態 $|\varphi_\mathrm{A}\rangle$ を表す．単位ベクトル $\boldsymbol{a}, \boldsymbol{b}$ の成分を $\boldsymbol{a} = (a_x, a_z)$，$\boldsymbol{b} = (b_x, b_z)$ とすると，(12.90)は

$$S(\boldsymbol{a}, \boldsymbol{b}) = -(a_x b_x + a_z b_z)\,\hbar^2 = -(\boldsymbol{a}\cdot\boldsymbol{b})\,\hbar^2 \tag{12.91}$$

になることを示せ．

Chapter 13

摂 動 論

　　これまでに，特定のポテンシャル（第 7 章のポテンシャル問題，第 8 章の調和振動子，第 10 章の中心力場）に対して，シュレーディンガー方程式を厳密に解いてきたが，このように解ける問題は少ない．そのため，量子力学を実際に応用するには，シュレーディンガー方程式を近似的に解く方法が必要になる．多くの場合，知りたい情報は，着目している系に外部から小さな擾乱（摂動）が入ったときの系の変化で，これを計算する方法が摂動論である．摂動論は，摂動がないときの定常状態におけるシュレーディンガー方程式が解けていなければならない．そこで，具体的な計算方法をここで解説しよう．

13.1　時間を含まない摂動（縮退なし）

　　エネルギー固有値が縮退していない定常状態の系は，厳密に解けていると仮定する．この系に，小さな摂動が加えられたとき，その影響を厳密解の重ね合わせ（線形結合）を利用して評価しようというのが基本的なアイデアである．

13.1.1　基本的な考え方

　　系は定常状態であるとして，系の時間発展は考えないことにする．そして，摂動を受けた系のハミルトニアンは

$$\hat{H} = \hat{H}_0 + \lambda \hat{H}' \tag{13.1}$$

のように，2 つの項（$\hat{H}_0$ と $\lambda \hat{H}'$）の和で表せるものとする．この $\hat{H}_0$ を**無摂動系のハミルトニアン**とよぶ．一方，$\lambda \hat{H}'$ は**摂動項**で，$\hat{H}_0$ に比べて十分小さいものとする．係数 λ は摂動の大きさをコントロールするパラメータで，無次元の小さな値である．

　　無摂動系 $\hat{H}_0$ に対する固有値方程式

$$\hat{H}_0 \psi^{(0)} = E^{(0)} \psi^{(0)} \tag{13.2}$$

の固有値 $E^{(0)}$ と固有関数 $\phi^{(0)}$ が正確に求まっているとき，(13.1)の摂動系 $\widehat{H}$ に対する固有値方程式

$$(\widehat{H}_0 + \lambda \widehat{H}')\,\phi = E\phi \tag{13.3}$$

の固有値 E と固有関数 ϕ を近似的に求める方法を考える．

(13.3)の ϕ は，$\lambda \to 0$ の極限で $\widehat{H}_0$ の $E^{(0)}$ と $\phi^{(0)}$ に一致するから，ここでは，この極限で $\widehat{H}_0$ の<u>ある特定の状態 n の固有値 $E_n^{(0)}$，固有関数 $\phi_n^{(0)}$ に近づく解</u>を求めることにする．つまり，$\lambda \to 0$ の極限で，(13.3)は

$$\widehat{H}_0 \psi_n^{(0)} = E_n^{(0)} \psi_n^{(0)} \tag{13.4}$$

に一致すると仮定する．

無摂動系(13.2)の固有関数 $\phi^{(0)}$ は正規直交完全系なので，この完全性により，(13.3)の摂動系の ϕ は固有関数 $\phi_1^{(0)}, \phi_2^{(0)}, \phi_3^{(0)}, \cdots$ の集合 $\{\phi_m^{(0)}\}$ で

$$\phi = \sum_m C_m \phi_m^{(0)} \tag{13.5}$$

のように展開できる．この(13.5)を固有値方程式(13.3)に代入した次式

$$(\widehat{H}_0 + \lambda \widehat{H}')\sum_l C_l \phi_l^{(0)} = E\sum_l C_l \phi_l^{(0)} \tag{13.6}$$

が，いまから解くべきシュレーディンガー方程式である．ただし，これから示す計算の都合上，ϕ の添字を l に変えたが，(13.5)の添字 m はダミーだから，n（これは(13.4)で指定したので，固定された文字）以外の文字なら何を使ってもよいことに注意してほしい．

このシュレーディンガー方程式(13.6)から，展開係数 C_l の具体的な形を求めれば，(13.5)から摂動系の ϕ が決まる．したがって，当面の問題は，展開係数 C_l の満たすべき方程式を(13.6)からつくることである．

［例題 13.1］　**展開係数 C_l の方程式**

シュレーディンガー方程式(13.6)から，展開係数を決める次の式を導け．

$$E_m^{(0)} C_m + \lambda \sum_l H'_{ml} C_l = E C_m \tag{13.7}$$

ただし，H'_{ml} は次式で定義される量である．

$$H'_{ml} = \int \phi_m^{(0)*}\,\widehat{H}'\,\phi_l^{(0)}\,dx \tag{13.8}$$

［**解**］　(13.6)の左辺は，その1番目の項を $\widehat{H}_0 \phi_l^{(0)} = E_l^{(0)} \phi_l^{(0)}$ で書き換えると

$$左辺 = \sum_l C_l E_l^{(0)} \phi_l^{(0)} + \lambda \widehat{H}' \sum_l C_l \phi_l^{(0)} \tag{13.9}$$

となるので，(13.6)は次式のように表せる．

$$\sum_l C_l E_l^{(0)} \phi_l^{(0)} + \lambda \widehat{H}' \sum_l C_l \phi_l^{(0)} = E \sum_l C_l \phi_l^{(0)} \tag{13.10}$$

(13.10)から展開係数 C_l に関する方程式を得るために，(13.10)の両辺に左側から $\psi_m^{(0)*}$ を掛けて，座標 x で両辺を積分し，固有関数の規格直交性

$$\int \psi_m^{(0)*} \psi_l^{(0)} \, dx = \delta_{ml} \tag{13.11}$$

を使うと，(13.10)は

$$E_m^{(0)} C_m + \lambda \sum_l C_l \int \psi_m^{(0)*} \widehat{H}' \psi_l^{(0)} \, dx = E C_m \tag{13.12}$$

となる（章末問題 [13.1]）．この式の積分項を H'_{ml} ((13.8)) とおくと，(13.12)は (13.7)になる． ¶

展開係数 C_m とエネルギー固有値 E は，共にパラメータ λ に依存するから，λ のテイラー展開を使って

$$C_m = C_m(\lambda) = C_m^{(0)} + \lambda C_m^{(1)} + \lambda^2 C_m^{(2)} + \cdots \tag{13.13}$$

$$E = E(\lambda) = E^{(0)} + \lambda E^{(1)} + \lambda^2 E^{(2)} + \cdots \tag{13.14}$$

のように表すことにする．

このように C_m と E をテイラー展開すると，(13.7)を使って，0 次の量 $C_m^{(0)}$，$E^{(0)}$ の値から，1 次の量 $C_m^{(1)}, E^{(1)}$ の値を求め，次に，それらの値を用いて 2 次の量 $C_m^{(2)}, E^{(2)}$ の値を順々に求めていくことができる．このような計算法の理論体系を**摂動論**という．この計算法を理解するために，具体的に，2 次までの摂動を扱ってみよう．

13.1.2 2次までの摂動の計算

パラメータ λ の 3 次（λ^3）以上の項をゼロにおいた(13.13)の C_m と(13.14) の E を，展開係数 C_l の方程式(13.7)に代入すると，(13.7)は次のようになる．

$$E_m^{(0)}\{C_m^{(0)} + \lambda C_m^{(1)} + \lambda^2 C_m^{(2)}\} + \lambda \sum_l H'_{ml}\{C_l^{(0)} + \lambda C_l^{(1)} + \lambda^2 C_l^{(2)}\}$$

$$= \{E^{(0)} + \lambda E^{(1)} + \lambda^2 E^{(2)}\}\{C_m^{(0)} + \lambda C_m^{(1)} + \lambda^2 C_m^{(2)}\} \tag{13.15}$$

この式を恒等的に成り立たせるには，両辺における λ の 0 次（$\lambda^0 = 1$），1 次 （$\lambda^1 = \lambda$），2 次（λ^2）の係数がそれぞれ等しい，という条件を課せばよい．このとき，波動関数 ψ は(13.5)と(13.13)から次式で決まる．

$$\psi = \sum_m \{C_m^{(0)} + \lambda C_m^{(1)} + \lambda^2 C_m^{(2)}\} \psi_m^{(0)} \tag{13.16}$$

0 次 の 項 (13.15)から 0 次（λ^0）の項をとり出すと

$$E_m^{(0)} C_m^{(0)} = E^{(0)} C_m^{(0)} \tag{13.17}$$

となる．一方，波動関数 ψ は(13.16)から

$$\psi = \sum_m C_m^{(0)} \psi_m^{(0)} \tag{13.18}$$

となる．これら 2 つの式は，(13.3) で $\lambda \to 0$ の場合に当たるので，(13.4) の $\hat{H}_0 \phi_n^{(0)} = E_n^{(0)} \phi_n^{(0)}$ と一致しなければならない．そのためには，(13.17) で $m = n$ とおいた

$$E^{(0)} = E_n^{(0)} \tag{13.19}$$

が成り立つ必要がある（この段階では $C_n^{(0)}$ は決まらない）．

一方，(13.18) を

$$\phi = C_n^{(0)} \phi_n^{(0)} + \sum_{m \neq n} C_m^{(0)} \phi_m^{(0)} \tag{13.20}$$

のように表した式が $\phi = \phi_n^{(0)}$ と一致するには，$C_n^{(0)} = 1$，$C_m^{(0)} = 0$ $(m \neq n)$ でなければならない．したがって，0 次の係数 $C_m^{(0)}$ は次式で与えられる．

$$C_m^{(0)} = \delta_{mn} \tag{13.21}$$

1 次の項　(13.15) から 1 次（λ）の項をとり出すと

$$E_m^{(0)} C_m^{(1)} + \sum_l H'_{ml} C_l^{(0)} = E^{(0)} C_m^{(1)} + E^{(1)} C_m^{(0)} \tag{13.22}$$

となる．この (13.22) を $m = n$ の場合と $m \neq n$ の場合に分けて計算しよう．

まず，<u>$m = n$ の場合</u>，(13.22) は

$$E_n^{(0)} C_n^{(1)} + H'_{nn} C_n^{(0)} + \sum_{l \neq n} H'_{nl} C_l^{(0)} = E^{(0)} C_n^{(1)} + E^{(1)} C_n^{(0)} \tag{13.23}$$

となるが，(13.19) の $E^{(0)} = E_n^{(0)}$ と (13.21) の $C_m^{(0)} = \delta_{mn}$ より

$$E^{(1)} = H'_{nn} \qquad (m = n \text{ の場合}) \tag{13.24}$$

を得る（この段階では $C_n^{(1)}$ と $C_m^{(1)}$ $(m \neq n)$ は決まらない）．(13.24) より，1 次の摂動を受けたエネルギー固有値は次式となる．

$$E = E^{(0)} + \lambda E^{(1)} = E_n^{(0)} + \lambda H'_{nn} \tag{13.25}$$

この (13.25) は，無摂動系（$\lambda = 0$）のときのエネルギー固有値 $E_n^{(0)}$ が，1 次の摂動により $\lambda H'_{nn}$ だけ変化することを意味する．このエネルギー $E^{(1)}$ を **1 次摂動**という．

次に，<u>$m \neq n$ の場合</u>，(13.22) は（$\sum_l$ を $l = n$ と $l \neq n$ に分けると）

$$E_m^{(0)} C_m^{(1)} + H'_{mn} C_n^{(0)} + \sum_{l \neq n} H'_{ml} C_l^{(0)} = E^{(0)} C_m^{(1)} + E^{(1)} C_m^{(0)} \tag{13.26}$$

となるが，$E^{(0)} = E_n^{(0)}$ と $C_l^{(0)} = \delta_{ln}$（つまり，$C_n^{(0)} = 1$ と $C_m^{(0)} = 0$ と $l \neq n$ のときの $C_l^{(0)} = 0$）より

$$C_m^{(1)} = \frac{H'_{mn}}{E_n^{(0)} - E_m^{(0)}} \qquad (m \neq n \text{ の場合}) \tag{13.27}$$

を得る．（この段階でも $C_n^{(1)}$ は決まらない．答えは (13.29)．）

一方，波動関数 ϕ は(13.16)と 0 次の結果から

$$\phi = \phi_n^{(0)} + \lambda \sum_m C_m^{(1)} \phi_m^{(0)} = \phi_n^{(0)} + \lambda C_n^{(1)} \phi_n^{(0)} + \lambda \sum_{m \neq n} C_m^{(1)} \phi_m^{(0)} \quad (13.28)$$

と表せるが，$C_n^{(1)}$ は規格化条件から

$$C_n^{(1)} = 0 \quad (13.29)$$

とおける（例題 13.2 を参照）．したがって，1 次までの波動関数 ϕ は

$$\phi = \phi_n^{(0)} + \sum_{m \neq n} C_m^{(1)} \phi_m^{(0)} = \phi_n^{(0)} + \sum_{m \neq n} \frac{H'_{mn}}{E_n^{(0)} - E_m^{(0)}} \phi_m^{(0)} \quad (13.30)$$

で与えられる．

─[例題 13.2] **展開係数の値**─

波動関数 ϕ に対する次の規格化条件を使って，(13.29)を示せ．

$$\int \phi^* \phi \, dx = 1 \quad (13.31)$$

[**解**] 1 次までの波動関数(13.28)を次のように表す．

$$\phi = \phi_n^{(0)} + \lambda C_n^{(1)} \phi_n^{(0)} + \lambda S_1, \qquad S_1 = \sum_{m \neq n} C_m^{(1)} \phi_m^{(0)} \quad (13.32)$$

これを(13.31)に代入すると，次式を得る（ただし，λ^2 の項は無視する）．

$$C_n^{(1)} + C_n^{*(1)} + \int (S_1^* \phi_n^{(0)} + \phi_n^{*(0)} S_1) \, dx = 0 \quad (13.33)$$

この式が成り立つには，「1, 2 項目の和 = 0」（つまり，$C_n^{(1)} + C_n^{*(1)} = 0$）と「3 項目の積分 = 0」でなければならないが，固有関数の直交性より「積分 = 0」は満たされている（章末問題 [13.2] の解を参照）．一方，「和 = 0」より $C_n^{(1)}$ は純虚数であることがわかる．そこで，$C_n^{(1)} = i\gamma$（γ は実数）とおくと，(13.32)の ϕ は

$$\phi = \phi_n^{(0)} + i\lambda\gamma \phi_n^{(0)} + \lambda S_1 = \phi_n^{(0)}(1 + i\lambda\gamma) + \lambda S_1 \approx \phi_n^{(0)} e^{i\lambda\gamma} + \lambda S_1 \quad (13.34)$$

のように変形できる（λ は微小量）．

ここで，固有関数の位相因子 $i\lambda\gamma$ は物理的な意味をもたないことを考えると，はじめから $\gamma = 0$ とおいても一般性を失わない．したがって，(13.29)を得る．　　¶

2 次の項　(13.15)から，2 次（λ^2）の項をとり出すと

$$E_m^{(0)} C_m^{(2)} + \sum_l H'_{ml} C_l^{(1)} = E^{(0)} C_m^{(2)} + E^{(1)} C_m^{(1)} + E^{(2)} C_m^{(0)} \quad (13.35)$$

となる．1 次の計算と同じように，$m = n$ の場合と $m \neq n$ の場合に分けて，(13.35)をそれぞれ計算しよう．

まず，$\underline{m = n}$ の場合，(13.35)は

$$E_n^{(0)} C_n^{(2)} + H'_{nn} C_n^{(1)} + \sum_{l \neq n} H'_{nl} C_l^{(1)} = E^{(0)} C_n^{(2)} + E^{(1)} C_n^{(1)} + E^{(2)} C_n^{(0)}$$

$$(13.36)$$

となるので，これまでの結果（$E^{(0)} = E_n^{(0)}$ と $C_n^{(0)} = 1$ と $C_n^{(1)} = 0$）を使うと，(13.36)は

$$E^{(2)} = \sum_{l \neq n} H'_{nl} C_l^{(1)} = \sum_{l \neq n} \frac{H'_{nl} H'_{ln}}{E_n^{(0)} - E_l^{(0)}} \quad (m = n \text{ の場合}) \qquad (13.37)$$

となる．ただし，$C_l^{(1)}$ は(13.27)を使った．(13.37)より，2次までの摂動を受けたエネルギー E は次式になる．このエネルギー $E^{(2)}$ を **2次摂動** という．

$$E = E^{(0)} + \lambda E^{(1)} + \lambda^2 E^{(2)} = E_n^{(0)} + \lambda H'_{nn} + \lambda^2 \sum_{l \neq n} \frac{H'_{nl} H'_{ln}}{E_n^{(0)} - E_l^{(0)}}$$

$$(13.38)$$

ここで興味深いのは，$E_n^{(0)}$ が最低のエネルギー状態（基底状態）であれば，2次摂動は常に負になり，E が図 13.1 のようになることである．なぜなら，λ^2 の分母は負（$E_n^{(0)} - E_l^{(0)} < 0$），分子は正（$H'_{nl} H'_{ln} > 0$）で $E^{(2)} < 0$ になるからである．

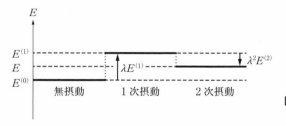

図 13.1 $E_n^{(0)}$ に対する 1 次摂動
$E^{(1)}$ と 2 次摂動 $E^{(2)}$ の寄与

次に，<u>$m \neq n$ の場合</u>，(13.35)は $C_m^{(0)} = 0$ に注意すると

$$E_m^{(0)} C_m^{(2)} + \sum_{l \neq n} H'_{ml} C_l^{(1)} = E_n^{(0)} C_m^{(2)} + E^{(1)} C_m^{(1)} \qquad (13.39)$$

となるので，

$$C_m^{(2)} = \frac{1}{E_n^{(0)} - E_m^{(0)}} \left\{ \sum_{l \neq n} H'_{ml} C_l^{(1)} - E^{(1)} C_m^{(1)} \right\} \quad (m \neq n \text{ の場合})$$

$$= \frac{1}{E_n^{(0)} - E_m^{(0)}} \left\{ \sum_{l \neq n} \frac{H'_{ml} H'_{ln}}{E_n^{(0)} - E_l^{(0)}} - \frac{H'_{nn} H'_{mn}}{E_n^{(0)} - E_m^{(0)}} \right\} \qquad (13.40)$$

を得る（この段階では $C_n^{(2)}$ は決まらない）．

一方，展開係数 $C_n^{(2)}$ は，波動関数の規格化条件から

$$C_n^{(2)} = -\frac{1}{2} \sum_{m \neq n} |C_m^{(1)}|^2 = -\frac{1}{2} \sum_{m \neq n} \frac{|H'_{mn}|^2}{\{E_n^{(0)} - E_m^{(0)}\}^2} \qquad (13.41)$$

のように決まる（章末問題 [13.2]）．

━[例題 13.3]　縮退がない調和振動子━━━━━

無摂動状態での調和振動子のポテンシャル $V_0(x)$ は，(8.2)と(8.4)より

$$V_0(x) = \frac{1}{2}m\omega^2 x^2 \qquad (13.42)$$

であり，固有値 $E_n^{(0)}$ と固有関数 $u_n(x)$ は(8.7)の E_n と(8.8)の $\phi_n(\xi)$ より，それぞれ

$$E_n^{(0)} = \left(n + \frac{1}{2}\right)\hbar\omega \qquad (n = 0, 1, 2, \cdots) \qquad (13.43)$$

$$\phi_n^{(0)}(\xi) = N_n H_n(\xi) e^{-\xi^2/2} \qquad \left(\xi = \alpha x, \ \alpha = \sqrt{\frac{m\omega}{\hbar}}\right) \qquad (13.44)$$

で与えられる．この系に，次の摂動を加える．

$$\widehat{H}' = ax^2 \qquad (13.45)$$

(1)　1次摂動 $E^{(1)}$ ((13.24)) が次式で与えられることを示せ．

$$E^{(1)} = \left(n + \frac{1}{2}\right)\frac{a\hbar}{m\omega} \qquad (13.46)$$

(2)　振動子の全エネルギー $V(x)$ が

$$V(x) = V_0(x) + \widehat{H}' = \frac{1}{2}m\omega^2 x^2 + ax^2 = \frac{1}{2}m\omega^2\left(1 + \frac{2a}{m\omega^2}\right)x^2 \quad (13.47)$$

であることを用いて，(13.46)が妥当な結果であることを示せ．

[解]　(1)　この系には縮退がないので，1次摂動のエネルギー $E^{(1)}$ は(13.8)の行列要素 H'_{nn} に(13.45)を代入した次式から求めることができる．

$$H'_{nn} = \int \phi_n^{(0)*}(\xi)(ax^2)\,\phi_n^{(0)}(\xi)\,d\xi = \frac{a}{\alpha^2}\int \phi_n^{(0)*}(\xi)\xi^2\phi_n^{(0)}(\xi)\,d\xi \qquad (13.48)$$

この計算には H_n の漸化式(8.51)を使うのが便利である．まず，H_n の添字を $n \pm 1$ に変えたものを次のようにつくる．

$$\begin{cases} 2zH_n(\xi) = 2nH_{n-1}(\xi) + H_{n+1}(\xi) \\ 2zH_{n-1}(\xi) = 2(n-1)H_{n-2}(\xi) + H_n(\xi) \\ 2zH_{n+1}(\xi) = 2(n+1)H_n(\xi) + H_{n+2}(\xi) \end{cases} \qquad (13.49)$$

2番目と3番目の式で，1番目の式の右辺を書き換えると

$$z^2 H_n(\xi) = n(n-1)H_{n-2}(\xi) + \left(n + \frac{1}{2}\right)H_n(\xi) + \frac{1}{4}H_{n+2}(\xi) \qquad (13.50)$$

となるので，(13.44)から次式を得る．ここで，A_1, A_2 は定数である．

$$\xi^2 \phi_n^{(0)}(\xi) = A_1 \phi_{n-2}^{(0)}(\xi) + \left(n + \frac{1}{2}\right)\phi_n^{(0)}(\xi) + A_2 \phi_{n+2}^{(0)}(\xi) \qquad (13.51)$$

(13.51)を(13.48)に代入し，規格直交性 $\int \phi_n^{(0)*}(\xi)\phi_m^{(0)}(\xi)\,d\xi = \delta_{nm}$ ((8.50)を参照) を使うと，H'_{nn} は

$$H'_{nn} = \frac{a}{\alpha^2}\int \phi_n^{(0)*}(\xi)\xi^2\phi_n^{(0)}(\xi)\,d\xi = \left(n + \frac{1}{2}\right)\frac{a}{\alpha^2} \qquad (13.52)$$

となるので，(13.46)を得る．

(2)　振動子の全エネルギー(13.47)から

$$\omega' = \omega\sqrt{1 + \frac{2a}{m\omega^2}} \tag{13.53}$$

を定義すると，これに対応するエネルギー固有値は

$$E = \left(n + \frac{1}{2}\right)\hbar\omega' \tag{13.54}$$

となる．ここで，$2a/m\omega^2 \ll 1$ とすると，(13.54)は

$$E = \left(n + \frac{1}{2}\right)\hbar\omega\left(1 + \frac{a}{m\omega^2} + \cdots\right)$$

$$= \left(n + \frac{1}{2}\right)\hbar\omega + \left(n + \frac{1}{2}\right)\frac{a\hbar}{m\omega} + \cdots = E_n^{(0)} + E_n^{(1)} + \cdots \tag{13.55}$$

のように展開できる．そこで，a について1次のエネルギー変化量 $E_n^{(1)}$ までをとれば，これは(13.46)と完全に一致する．したがって，1次摂動のエネルギー計算の正しさがわかる．　　　　　　　　　　　　　　　　　　　　　　　　　　　　　　　　¶

13.2　時間を含まない摂動（縮退あり）

エネルギー固有値が縮退している状態に摂動を加えると，縮退がとけることがある．このような問題に対しては前節の方法は使えないので，新たな摂動法を使う必要がある．縮退がとける現象は実験で確認できるので，量子力学の検証という観点からも，縮退のある場合の摂動論は重要である．

13.2.1　2重縮退の場合

縮退がある場合の摂動論はいささか複雑なので，具体的に，2重縮退のある系に1次摂動がはたらくという比較的簡単な状況を考えてみよう．

無摂動系のハミルトニアン $\widehat{H}_0$ は2重に縮退していると仮定して，同じエネルギー固有値 $E_n^{(0)}$ をもった2つの固有関数 $\phi_{n1}^{(0)}$ と $\phi_{n2}^{(0)}$ があるとする．それぞれのシュレーディンガー方程式は

$$\widehat{H}_0\,\phi_{n1}^{(0)} = E_n^{(0)}\,\phi_{n1}^{(0)} \tag{13.56}$$

$$\widehat{H}_0\,\phi_{n2}^{(0)} = E_n^{(0)}\,\phi_{n2}^{(0)} \tag{13.57}$$

で与えられる．このような2重縮退のため，無摂動系の波動関数 $\phi_n^{(0)}$ は

$$\phi_n^{(0)} = C_{n1}\phi_{n1}^{(0)} + C_{n2}\phi_{n2}^{(0)} \tag{13.58}$$

のように，$\phi_{n1}^{(0)}$ と $\phi_{n2}^{(0)}$ の任意の重ね合わせ状態になる．ここで，C_{n1}, C_{n2} は展開係数である．したがって，(13.58)の $\phi_n^{(0)}$ はシュレーディンガー方程式

$$\widehat{H}_0\,\phi_n^{(0)} = E_n^{(0)}\,\phi_n^{(0)} \tag{13.59}$$

の解（固有関数）になる．

一方，摂動系のシュレーディンガー方程式は

$$(\widehat{H}_0 + \lambda\widehat{H}')\psi_n = E_n\psi_n \tag{13.60}$$

であり，波動関数 ψ_n は

$$\psi_n = C_{n1}(\lambda)\psi_{n1}^{(0)} + C_{n2}(\lambda)\psi_{n2}^{(0)} \tag{13.61}$$

で与えられるとする．ここで，展開係数 $C_{n1}(\lambda), C_{n2}(\lambda)$ を λ の 1 次までのベキで

$$C_{n1}(\lambda) = C_{n1}^{(0)} + \lambda C_{n1}^{(1)}, \qquad C_{n2}(\lambda) = C_{n2}^{(0)} + \lambda C_{n2}^{(1)} \tag{13.62}$$

のようにテイラー展開すると，(13.61)は次式になる．

$$\psi_n = \{C_{n1}^{(0)} + \lambda C_{n1}^{(1)}\}\psi_{n1}^{(0)} + \{C_{n2}^{(0)} + \lambda C_{n2}^{(1)}\}\psi_{n2}^{(0)} \tag{13.63}$$

同様に，1 次摂動のエネルギー固有値 E_n も λ の 1 次までのベキで

$$E_n = E_n^{(0)} + \lambda E_n^{(1)} \tag{13.64}$$

のようにテイラー展開する．この E_n と (13.63) の ψ_n，2 つの固有値方程式（(13.56)と(13.57)）を使うと，λ の 0 次は消え，1 次だけが残って摂動系のシュレーディンガー方程式(13.60)は次式のようになる．

$$C_{n1}^{(0)}\widehat{H}'\psi_{n1}^{(0)} + C_{n2}^{(0)}\widehat{H}'\psi_{n2}^{(0)} = C_{n1}^{(0)}E_n^{(1)}\psi_{n1}^{(0)} + C_{n2}^{(0)}E_n^{(1)}\psi_{n2}^{(0)} \tag{13.65}$$

次に，(13.65)の両辺に左から $\psi_{n1}^{(0)*}$ を掛けたものと，$\psi_{n2}^{(0)*}$ を掛けたものをつくり，それぞれを x で積分すると

$$C_{n1}^{(0)}H'_{n1,n1} + C_{n2}^{(0)}H'_{n1,n2} = C_{n1}^{(0)}E_n^{(1)} \tag{13.66}$$

$$C_{n1}^{(0)}H'_{n2,n1} + C_{n2}^{(0)}H'_{n2,n2} = C_{n2}^{(0)}E_n^{(1)} \tag{13.67}$$

を得る（右辺は規格直交性のため 1 項のみ残る）．ただし，$H'_{nl,nm}$ は次式で定義する．

$$H'_{nl,nm} = \int \psi_{nl}^{(0)*}\widehat{H}'\psi_{nm}^{(0)}\,dx \tag{13.68}$$

行列を使って(13.66)と(13.67)を表すと，次式になる．

$$\begin{pmatrix} H'_{n1,n1} & H'_{n1,n2} \\ H'_{n2,n1} & H'_{n2,n2} \end{pmatrix}\begin{pmatrix} C_{n1}^{(0)} \\ C_{n2}^{(0)} \end{pmatrix} = E_n^{(1)}\begin{pmatrix} C_{n1}^{(0)} \\ C_{n2}^{(0)} \end{pmatrix} \tag{13.69}$$

これは，2 行 2 列の固有値，固有ベクトルを求める問題と同じものである．2 つの係数 $C_{n1}^{(0)}$ と $C_{n2}^{(0)}$ が常にゼロになるような無意味な解を避けるには，次の永年方程式

$$\begin{vmatrix} H'_{n1,n1} - E_n^{(1)} & H'_{n1,n2} \\ H'_{n2,n1} & H'_{n2,n2} - E_n^{(1)} \end{vmatrix} = 0 \tag{13.70}$$

が成り立てばよい．この(13.70)を解くと

$$E_n^{(1)} = \frac{1}{2}\left\{ H'_{n1,n1} + H'_{n2,n2} \pm \sqrt{(H'_{n1,n1} - H'_{n2,n2})^2 + 4\,|H'_{n1,n2}|^2} \right\}$$
(13.71)

のように，1 次摂動のエネルギー固有値が 2 つ求まる．

　したがって，具体的に摂動 $\hat{H}'$ を与えて，行列要素 $H'_{n1,n1}$, $H'_{n2,n2}$, $H'_{n1,n2}$, $H'_{n2,n1}$ を計算すれば，異なる 2 個のエネルギー固有値がわかることになる．

［例題 13.4］　縮退したエネルギー固有値の分離

　$H'_{n1,n1} = H'_{n2,n2} = u$, $H'_{n1,n2} = H'_{n2,n1} = v$ とするとき，1 次摂動のエネルギー固有値は次の 2 つの値 $E_\pm$ となることを示せ．

$$E_\pm = E_n^{(0)} + \lambda(u \pm v)$$
(13.72)

　［解］　$H'_{n1,n1} = H'_{n2,n2} = u$, $H'_{n1,n2} = H'_{n2,n1} = v$ を (13.71) に代入すると

$$E_n^{(1)} = u \pm v$$
(13.73)

となる．したがって，1 次摂動のエネルギー固有値

$$E_n = E_n^{(0)} + \lambda E_n^{(1)}$$
(13.74)

に (13.73) を代入し，$E_n = E_\pm$ とおけば (13.72) となる．

　要するに，2 重縮退していたエネルギー $E_n^{(0)}$ が図 13.2 のように E_+ と E_- をもった状態に分離したことになる．

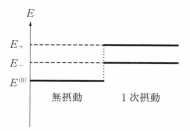

図 13.2　2 重縮退のエネルギー $E^{(0)}$ の 1 次摂動による分離　¶

　一般に，縮退したエネルギー固有値が分離することを，摂動によって**縮退がとける**という（章末問題 [13.3]）．

13.2.2　N 重縮退の場合

　無摂動系のエネルギー固有値が N 重に縮退しているとき，波動関数は N 個の波動関数の重ね合わせになっている．そこで，エネルギー固有値 $E_n^{(0)}$ をもつ N 個の縮退した波動関数 $\phi_{n1}^{(0)}, \phi_{n2}^{(0)}, \cdots, \phi_{nN}^{(0)}$ を $\phi_{nm}^{(0)}$ $(m = 1, 2, \cdots, N)$ で表すことにすると，無摂動系の波動関数とシュレーディンガー方程式は，それぞれ

$$\phi_n^{(0)} = \sum_{m=1}^{N} C_{nm}\phi_{nm}^{(0)}$$
(13.75)

$$\widehat{H}_0 \psi_{nm}^{(0)} = E_n^{(0)} \psi_{nm}^{(0)} \tag{13.76}$$

で与えられる.

　一方,1次摂動の波動関数とシュレーディンガー方程式は ($C_{nm} = C_{nm}^{(0)} + \lambda C_{nm}^{(1)}$),それぞれ

$$\psi_n = \sum_{m=1}^{N} \{C_{nm}^{(0)} + \lambda C_{nm}^{(1)}\} \psi_{nm}^{(0)} \tag{13.77}$$

$$(\widehat{H}_0 + \lambda \widehat{H}') \psi_n = \{E_n^{(0)} + \lambda E_n^{(1)}\} \psi_n \tag{13.78}$$

で与えられる.(13.77)の ψ_n を(13.78)に代入し,λ の1次項までを残すと

$$\sum_{m=1}^{N} C_{nm}^{(0)} \widehat{H}' \psi_{nm}^{(0)} = E_n^{(1)} \sum_{m=1}^{N} C_{nm}^{(0)} \psi_{nm}^{(0)} \tag{13.79}$$

を得る($\widehat{H}_0$ の掛かる項はすべて恒等的に消える).

　ここで,(13.79)の両辺に左から $\psi_{nl}^{(0)*}$ を掛けて座標 x で積分すると,次の結果を得る.ただし,$H'_{nl,nm}$ は(13.68)と同じ定義である.

$$\sum_{m=1}^{N} C_{nm}^{(0)} H'_{nl,nm} = E_n^{(1)} C_{nl}^{(0)} \tag{13.80}$$

　具体的に,(13.80)を成分で表すと

$$\begin{cases} C_{n1}^{(0)} H'_{n1,n1} + C_{n2}^{(0)} H'_{n1,n2} + \cdots + C_{nN}^{(0)} H'_{n1,nN} = C_{n1}^{(0)} E_n^{(1)} \\ C_{n1}^{(0)} H'_{n2,n1} + C_{n2}^{(0)} H'_{n2,n2} + \cdots + C_{nN}^{(0)} H'_{n2,nN} = C_{n2}^{(0)} E_n^{(1)} \\ \qquad\qquad\qquad\qquad\qquad\qquad\qquad\qquad \vdots \\ C_{n1}^{(0)} H'_{nN,n1} + C_{n2}^{(0)} H'_{nN,n2} + \cdots + C_{nN}^{(0)} H'_{nN,nN} = C_{nN}^{(0)} E_n^{(1)} \end{cases} \tag{13.81}$$

のようになる.これらを行列で表すと,次式になる.

$$\begin{pmatrix} H'_{n1,n1} & H'_{n1,n2} & \cdots & H'_{n1,nN} \\ H'_{n2,n1} & H'_{n2,n2} & \cdots & H'_{n2,nN} \\ \vdots & \vdots & \ddots & \vdots \\ H'_{nN,n1} & H'_{nN,n2} & \cdots & H'_{nN,nN} \end{pmatrix} \begin{pmatrix} C_{n1}^{(0)} \\ C_{n2}^{(0)} \\ \vdots \\ C_{nN}^{(0)} \end{pmatrix} = E_n^{(1)} \begin{pmatrix} C_{n1}^{(0)} \\ C_{n2}^{(0)} \\ \vdots \\ C_{nN}^{(0)} \end{pmatrix} \tag{13.82}$$

これは,N 行 N 列の固有値,固有ベクトルを求める問題と同じものである.係数 $C_{n1}, C_{n2}, \cdots, C_{nN}$ が同時にゼロであってはならないので,次の永年方程式

$$\begin{vmatrix} H'_{n1,n1} - E_n^{(1)} & H'_{n1,n2} & \cdots & H'_{n1,nN} \\ H'_{n2,n1} & H'_{n2,n2} - E_n^{(1)} & \cdots & H'_{n2,nN} \\ \vdots & \vdots & \ddots & \vdots \\ H'_{nN,n1} & H'_{nN,n2} & \cdots & H'_{nN,nN} - E_n^{(1)} \end{vmatrix} = 0 \tag{13.83}$$

が成り立たなければならない.

　要するに,縮退のある場合の1次摂動のエネルギー固有値を求める計算は,$H'_{nl,nm}$ を行列要素とする N 行 N 列の固有値問題に他ならない.

[例題 13.5]　シュタルク効果

x 軸方向の電場 E_x を水素原子にかけて，次の摂動を加える．

$$\hat{H}' = eE_x \hat{x} \tag{13.84}$$

このときの 1 次摂動 $E^{(1)}$ を，縮退している 4 つの軌道 $(2s, 2p_x, 2p_y, 2p_z)$ に対して求めよ．なお，これらの波動関数は次の通りである（表 9.3 を参照）．

$$\phi_{2s} = \frac{1}{\sqrt{4\pi}}, \quad \phi_{2p_x} = \sqrt{\frac{3}{4\pi}}\frac{x}{r}, \quad \phi_{2p_y} = \sqrt{\frac{3}{4\pi}}\frac{y}{r}, \quad \phi_{2p_z} = \sqrt{\frac{3}{4\pi}}\frac{z}{r} \tag{13.85}$$

ただし，行列要素 $H'_{nl, nm}$ の値を v とする．

[解]　(13.68)の行列要素 $H'_{nl, nm}$ がゼロでない値をもつのは，被積分関数が偶関数の場合である．$\hat{H}' = eE_x \hat{x}$ と偶関数 x^2 がつくれるのは，ϕ_{2s} と ϕ_{2p_x} の組み合わせだけなので，行列要素 $H'_{nl, nm}$ の値が v だから，$H'_{2s, 2p_x} = H'_{2p_x, 2s} = v$ と表せる．これ以外の組み合わせは $H'_{nl, nm} = 0$ である．

この場合の永年方程式(13.83)は 4 行 4 列の行列式で

$$\begin{vmatrix} -E & v & 0 & 0 \\ v & -E & 0 & 0 \\ 0 & 0 & -E & 0 \\ 0 & 0 & 0 & -E \end{vmatrix} = E^4 - v^2 E^2 = E^2(E^2 - v^2) = 0 \tag{13.86}$$

となるので，$E^2 = 0$ と $E^2 = v^2$ が解である．

したがって，エネルギー固有値は 4 個あり，それらは $E = \pm v$ と 2 個の $E = 0$ である．この結果を図 13.3 に示す．

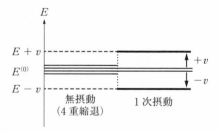

図 13.3　4 重縮退のエネルギー $E^{(0)}$ の
シュタルク効果による分離

¶

13.3　時間を含む摂動

定常状態の系に時間的に変動する摂動を加えると，系の全エネルギーは変化するので，系は非定常な状態になる．その結果，例えば，異なるエネルギー準位間で光の吸収や放出が起こる．

13.3.1　基本的な考え方

無摂動系のハミルトニアン $\hat{H}_0$ に，時間に依存する摂動 $\hat{H}'(t)$ を加えたとき，

系の波動関数 $\Psi(x, t)$ の時間発展はシュレーディンガー方程式

$$i\hbar \frac{\partial \Psi(x, t)}{\partial t} = \{\hat{H}_0 + \lambda \hat{H}'(t)\} \Psi(x, t) \tag{13.87}$$

で決まる（(3.42)を参照）．ただし，$t \leq 0$ で $\hat{H}'(t) = 0$ とする．

これを解くために，$\lambda \to 0$ の極限（つまり，$\hat{H}' = 0$）で，(13.87)の Ψ は無摂動系のシュレーディンガー方程式

$$i\hbar \frac{\partial \Psi_n^{(0)}(x, t)}{\partial t} = \hat{H}_0 \Psi_n^{(0)}(x, t) \tag{13.88}$$

の固有関数 $\Psi_n^{(0)}$ に一致すると仮定し，固有関数 $\Psi_n^{(0)}$ の固有値を $E_n^{(0)}$ とすると次式が成り立つ．

$$\hat{H}_0 \Psi_n^{(0)}(x, t) = E_n^{(0)} \Psi_n^{(0)}(x, t) \tag{13.89}$$

そこで，(13.88)の右辺を(13.89)の右辺で置き換えて，方程式を解く（積分する）と

$$\Psi_n^{(0)}(x, t) = \phi_n^{(0)}(x) e^{-iE_n^{(0)}t/\hbar} \tag{13.90}$$

のように，固有関数 $\Psi_n^{(0)}$ が決まる．

この固有関数の集合 $\{\Psi_n^{(0)}\}$ は正規直交完全系なので，(13.87)の $\Psi(x, t)$ は

$$\Psi(x, t) = \sum_l C_l(\lambda, t) \Psi_l^{(0)}(x, t) = \sum_l C_l(\lambda, t) \phi_l^{(0)}(x) e^{-iE_l^{(0)}t/\hbar} \tag{13.91}$$

のように展開できる．ここで，強調しておきたいのは，(13.91)の展開係数 C_l に t 依存性があることで，<u>ここが解法のポイント</u>になる．

つまり，無摂動系は固有関数 $\Psi_l^{(0)}(x, t)$ で記述される定常状態であるが，摂動 $\hat{H}'(t)$ が加わると系の状態は時間的に変化する．その<u>時間変化の情報を展開係数 $C_l^{(k)}(t)$ にすべて含ませる</u>という考え方で解くのである．

(13.91)を摂動系のシュレーディンガー方程式(13.87)に代入して整理すると次式を得る（章末問題 [13.4]）．

$$i\hbar \sum_l \frac{dC_l(t)}{dt} \phi_l^{(0)} e^{-iE_l^{(0)}t/\hbar} = \lambda \sum_l C_l \hat{H}'(t) \phi_l^{(0)} e^{-iE_l^{(0)}t/\hbar} \tag{13.92}$$

この(13.92)が，展開係数 C_l の時間発展を表す式である．

［例題 13.6］ 展開係数 $C_m(t)$ の方程式

(13.92)から $C_m(t)$ の時間発展を記述する次の方程式を導け．

$$\frac{dC_m(t)}{dt} = \lambda \frac{1}{i\hbar} \sum_l C_l H'_{ml}(t) e^{i\omega_{ml}t} \tag{13.93}$$

ただし，ω_{ml} は状態 m, l 間のエネルギー差に関係した角振動数である．

$$\omega_{ml} = \frac{E_m^{(0)} - E_l^{(0)}}{\hbar} \tag{13.94}$$

［解］ (13.92)から係数 $\dot{C}_l$ をとり出すために，(13.92)の両辺に左から $\psi_m^{(0)*}$ を掛けて，x で積分する．

$$\sum_l \dot{C}_l \left(\int \psi_m^{(0)*} \psi_l^{(0)} dx \right) e^{-iE_l^{(0)}t/\hbar} = \frac{\lambda}{i\hbar} \sum_l C_l \left(\int \psi_m^{(0)*} \widehat{H}'(t) \psi_l^{(0)} dx \right) e^{-iE_l^{(0)}t/\hbar} \tag{13.95}$$

この左辺の括弧内の積分は，規格直交性(5.74)より δ_{ml} である．したがって，$l = m$ の項だけが残るから

$$\dot{C}_m e^{-iE_m^{(0)}t/\hbar} = \frac{\lambda}{i\hbar} \sum_l C_l \left(\int \psi_m^{(0)*} \widehat{H}'(t) \psi_l^{(0)} dx \right) e^{-iE_l^{(0)}t/\hbar} \tag{13.96}$$

となる．ここで，

$$H'_{ml}(t) = \int \psi_m^{(0)*} \widehat{H}'(t) \psi_l^{(0)} dx \tag{13.97}$$

とおくと，(13.96)は次式になる．

$$\dot{C}_m e^{-iE_m^{(0)}t/\hbar} = \frac{\lambda}{i\hbar} \sum_l C_l H'_{ml}(t) e^{-iE_l^{(0)}t/\hbar} \tag{13.98}$$

この左辺の指数関数を右側に移せば，(13.93)となる．　　　　　　　　　　　¶

　例題 13.6 で求めた展開係数 $C_m(t)$ の方程式(13.93)を解いて，係数 $C_m(t)$ を求めれば，(13.91)の波動関数 $\Psi(x, t)$ が決まることになる．

❋ **展開係数 $C_m(t)$ の方程式(13.93)の解き方**　　展開係数 $C_l(\lambda, t)$ の λ 依存性は，次のような λ のベキによるテイラー展開で与えられるとする（13.1.1 項の(13.13)を参照）．

$$C_l(\lambda, t) = C_l^{(0)}(t) + \lambda C_l^{(1)}(t) + \lambda^2 C_l^{(2)}(t) + \cdots = \sum_{k=0} \lambda^k C_l^{(k)}(t) \tag{13.99}$$

展開係数 C_m の方程式(13.93)に(13.99)の $C_l(\lambda, t)$ を代入し，λ のベキごとに分けて書くと

$$S_0 + \lambda S_1 + \lambda^2 S_2 + \cdots = 0 \tag{13.100}$$

のような式を得る．この式が任意の次数の λ に対して常に成り立つためには，$S_0, S_1, S_2, \cdots$ がすべてゼロでなければならない．

　例えば，0 次から 2 次までの $S_0 = 0$，$S_1 = 0$，$S_2 = 0$ を求めると

$$\dot{C}_m^{(0)} = 0 \tag{13.101}$$

$$\dot{C}_m^{(1)} = \frac{1}{i\hbar} \sum_l C_l^{(0)} H'_{ml}(t) e^{i\omega_{ml}t} \tag{13.102}$$

$$\dot{C}_m^{(2)} = \frac{1}{i\hbar} \sum_l C_l^{(1)} H'_{ml}(t) e^{i\omega_{ml}t} \tag{13.103}$$

のようになる．そこで，展開係数 $C_m^{(0)}$ と $C_m^{(1)}$ を具体的に計算してみよう．

0 次の計算　パラメータが $\lambda = 0$（無摂動系）のとき，(13.99) は $C_l(0, t) = C_l^{(0)}(t)$ であるから，(13.91) は $\Psi(x, t) = \sum_l C_l^{(0)}(t) \Psi_l^{(0)}(x, t)$ となる．これが無摂動系の波動関数 $\Psi_n^{(0)}(x, t)$ に一致するから，$C_n^{(0)}(t) = 1$ と $C_l^{(0)}(t) = 0$ $(l \neq n)$ でなければならない．つまり，係数 $C_l^{(0)}$ は次式で与えられる．

$$C_l^{(0)}(t) = \delta_{ln} \tag{13.104}$$

1 次の計算　展開係数 $C_m^{(1)}$ に対する微分方程式 (13.102) は，右辺の係数 $C_l^{(0)}$ に初期条件 (13.104) を代入すると $l = n$ だけが残るので $(C_n^{(0)} = 1)$

$$\dot{C}_m^{(1)} = \frac{1}{i\hbar} H'_{mn}(t) e^{i\omega_{mn}t} \tag{13.105}$$

となる．係数 $C_m^{(1)}$ は，(13.105) の両辺を時間 t で定積分すれば求まる．つまり，

$$左辺 = \int_0^t \frac{dC_m^{(1)}(t')}{dt'} dt' = \int_{C_m^{(1)}(0)}^{C_m^{(1)}(t)} dC_m^{(1)} = C_m^{(1)}(t) - C_m^{(1)}(0) \tag{13.106}$$

$$右辺 = \frac{1}{i\hbar} \int_0^t \widehat{H}'_{mn}(t') e^{i\omega_{mn}t'} dt' \tag{13.107}$$

より

$$C_m^{(1)}(t) = \frac{1}{i\hbar} \int_0^t H'_{mn}(t') e^{i\omega_{mn}t'} dt' \tag{13.108}$$

を得る．ここで，$C_m^{(1)}(0) = 0$ とおいた．なぜなら，時刻 $t = 0$ で摂動はまだ加わっていないので，高次の係数 $C_l^{(k)}(0)$ $(k \geq 1)$ はすべてゼロでなければならないからである．

したがって，摂動項 $\widehat{H}'(x, t)$ を具体的に与えれば，(13.97) の $H'_{ml}(t)$ が決まるので，(13.108) から展開係数 $C_m^{(1)}(t)$ を求めることができる（章末問題 [13.5]）．

13.3.2　遷移確率とボーアの量子論

時刻 $t \leq 0$ では摂動がないので，系は波動関数 $\Psi_n^{(0)}$ で表される定常状態（これを**始状態** n という）である．時刻 $t > 0$ で摂動 $H'(t)$ が加わると，時刻 t での波動関数 $\Psi_m^{(0)}(x, t)$ の係数 $C_m^{(1)}(t)$ が (13.97) の $H'_{ml}(t)$ と (13.108) から求まる．

この係数 $C_m^{(1)}(t)$ がゼロでなければ，始状態 n が摂動 $H'(t)$ を受けて他の定常状態 m（これを**終状態** m という）になる確率があることを意味する．したがって，係数の 2 乗 $|C_m^{(1)}(t)|^2$ が時刻 t で粒子を定常状態 m に見出す確率になるので，この $|C_m^{(1)}(t)|^2$ を状態 n から状態 m への**遷移確率**という．

＊**電気双極子遷移**　原子に外部から電場 $E(r, t)$ をかけると，電場の方向に

原子内の電子は電気双極子モーメント $\boldsymbol{\mu} = -e\boldsymbol{r}$ を生じる（$e > 0$）．電子の大きさに比べて，光（電磁波）の波長は非常に大きいから，電子にはたらく電場 $\boldsymbol{E}(\boldsymbol{r}, t)$ は空間的に一様であるとみなしてよい．そこで，$\boldsymbol{E}(\boldsymbol{r}, t) = \boldsymbol{E}_0$ とすると，角振動数 ω の光は次の正弦波で表せる．

$$\boldsymbol{E}(\boldsymbol{r}, t) = \boldsymbol{E}_0 \cos \omega t \tag{13.109}$$

この場合，電子の電気双極子と電場との相互作用は

$$H'(t) = \boldsymbol{\mu} \cdot \boldsymbol{E} = -e\boldsymbol{r} \cdot \boldsymbol{E}_0 \cos \omega t = Q \cos \omega t \qquad (Q = -e\boldsymbol{r} \cdot \boldsymbol{E}_0) \tag{13.110}$$

で表される．この $H'(t)$ が，電子にはたらく摂動である．

［例題 13.7］ 遷移確率

電気双極子遷移の摂動は，(13.110)の

$$\widehat{H}'(t) = \widehat{Q} \cos \omega t \qquad (\widehat{Q} = -e\widehat{\boldsymbol{r}} \cdot \widehat{\boldsymbol{E}}_0) \tag{13.111}$$

であるとして，次の各問いに答えよ．

(1) 1次の展開係数 $C_m^{(1)}(t)$ が

$$C_m^{(1)}(t) = -\frac{Q_{mn}}{\hbar} \left\{ \frac{e^{i(\omega_{mn}-\omega)t} - 1}{\omega_{mn} - \omega} + \frac{e^{i(\omega_{mn}+\omega)t} - 1}{\omega_{mn} + \omega} \right\} \tag{13.112}$$

になることを示せ．ここで，Q_{mn} は

$$Q_{mn} = \frac{1}{2} \int \phi_m^{(0)*} \widehat{Q} \phi_n^{(0)} \, dx \tag{13.113}$$

で定義される**遷移行列要素**で，状態 n から状態 m への遷移確率に関係した量である．ω_{mn} は(13.94)で定義した角振動数である（$\omega_{mn} = \{E_m^{(0)} - E_n^{(0)}\}/\hbar$）．

(2) 遷移確率が次式となることを確認せよ．

$$|C_m^{(1)}(t)|^2 = \frac{|Q_{mn}|^2}{\hbar^2} \left\{ \frac{4 \sin^2\left(\frac{1}{2}\omega_{mn}^- t\right)}{(\omega_{mn}^-)^2} + \frac{4 \sin^2\left(\frac{1}{2}\omega_{mn}^+ t\right)}{(\omega_{mn}^+)^2} \right.$$
$$\left. - \frac{8}{\omega_{mn}^- \omega_{mn}^+} \sin\left(\frac{1}{2}\omega_{mn}^- t\right) \sin\left(\frac{1}{2}\omega_{mn}^+ t\right) \cos \omega t \right\} \tag{13.114}$$

そして，$|C_m^{(1)}(t)|^2$ の特徴を述べよ．ただし，$\omega_{mn}^\pm$ は次式のようになる．

$$\omega_{mn}^\pm = \omega_{mn} \pm \omega \tag{13.115}$$

［解］ (1) $\cos \omega t = (e^{i\omega t} + e^{-i\omega t})/2$ で(13.110)の右辺を

$$H'(t) = \frac{Q}{2}(e^{-i\omega t} + e^{i\omega t}) \tag{13.116}$$

と書き換えてから，(13.97)に代入すると

$$H'_{ml}(t) = \int \phi_m^{(0)*} \frac{Q}{2}(e^{-i\omega t} + e^{i\omega t}) \phi_l^{(0)} \, dx = Q_{ml}(e^{-i\omega t} + e^{i\omega t}) \tag{13.117}$$

を得る．これを(13.108)に代入して

$$C_m^{(1)}(t) = \frac{Q_{mn}}{i\hbar} \int_0^t (e^{-i\omega t'} + e^{i\omega t'}) e^{i\omega_{mn} t'} dt' \tag{13.118}$$

を計算すれば，(13.112)となる．

(2) (13.112)の絶対値の2乗を，オイラーの公式などを使って計算すると，(13.114)になることがわかる．右辺の3つの項のうち，遷移確率 $|C_m^{(1)}(t)|^2$ に大きな寄与を与えるのは，分母に $(\omega_{mn}^{\pm})^2$ をもった1番目と2番目の2つの項である．なぜならば，$\omega = \omega_{mn}$ か $\omega = -\omega_{mn}$ の場合に $|C_m^{(1)}(t)|^2$ は非常に大きな値になるからである．　　　　　　　　　　　　　　　　　　　　　　　　　　¶

　　例題13.7の結果を使うと，光の吸収・放出のメカニズムが理解できることを次に示そう．

※ 光 の 吸 収

始状態 n が光を吸収して終状態 m に遷移する場合は，$E_m^{(0)} > E_n^{(0)}$ である．$\omega_{mn} > 0$ より，遷移確率には(13.114)の1番目の項が効くから

$$|C_m^{(1)}(t)|^2 = 4 \frac{|Q_{mn}|^2}{\hbar^2} \frac{\sin^2\left\{\frac{1}{2}(\omega_{mn} - \omega)t\right\}}{(\omega_{mn} - \omega)^2} \tag{13.119}$$

が，時刻 t で終状態 m に粒子を見出す確率になる．

　　単位時間当たりの状態 n から状態 m への遷移確率 $|C_m^{(1)}(t)|^2/t$ に対して，十分に時間が経ったときの遷移確率を $P_{n \to m}$ で表すと，$P_{n \to m}$ は(13.119)から

$$P_{n \to m} \equiv \lim_{t \to \infty} \frac{|C_m^{(1)}(t)|^2}{t} = \frac{2\pi |Q_{mn}|^2}{\hbar} \delta(E_m^{(0)} - E_n^{(0)} - \hbar\omega) \tag{13.120}$$

で与えられることがわかる（章末問題 [13.6]）．

　　(13.120)の δ 関数から，遷移が起こるのは，光のエネルギーが

$$\hbar\omega = E_m^{(0)} - E_n^{(0)} = \hbar\omega_{mn} \tag{13.121}$$

を満たすとき，つまり，光子（$\hbar\omega$）が系の固有エネルギーの差（$E_m^{(0)} - E_n^{(0)}$）に等しい値をもつ場合だけであることがわかる．このように，(13.121)はエネルギー保存則を表している（図 2.13(a)を参照）．

※ 光 の 放 出

始状態 n が光を放出して終状態 m に遷移する場合は，$E_m^{(0)} < E_n^{(0)}$ である．$\omega_{mn} < 0$ より，遷移確率には(13.114)の2番目の項が効くから

$$|C_m^{(1)}(t)|^2 = 4 \frac{|Q_{mn}|^2}{\hbar^2} \frac{\sin^2\left\{\frac{1}{2}(\omega_{mn} + \omega)t\right\}}{(\omega_{mn} + \omega)^2} \tag{13.122}$$

が，時刻 t で終状態 m に粒子を見出す確率になる．

　　光の吸収の場合と同じ計算をすると，十分に時間が経ったときの単位時間当

たりの状態 n から状態 m への遷移確率 $P_{n \to m}$ は(13.122)から

$$P_{n \to m} \equiv \lim_{t \to \infty} \frac{|C_m^{(1)}(t)|^2}{t} = \frac{2\pi |Q_{mn}|^2}{\hbar} \delta(E_m^{(0)} - E_n^{(0)} + \hbar\omega) \quad (13.123)$$

で与えられる.

(13.123)の δ 関数から, 遷移が起こるのは, 光のエネルギーが

$$\hbar\omega = E_n^{(0)} - E_m^{(0)} = -\hbar\omega_{mn} \tag{13.124}$$

を満たすときである. この現象を**誘導放出**という（図2.13(b)を参照).

以上の計算から, 始状態 n から終状態 m への遷移は $\hbar\omega = \pm\hbar\omega_{mn}$ という関係を満たす状態の間だけで起こることがわかる.（13.120)と(13.123)の δ 関数, いい換えれば,（13.121)と(13.124)の関係式は, "ボーアの振動数条件"（(2.59)と(2.60)）と完全に一致する.

このように, 例題 13.7 は前期量子論で重要な役割を果たした "ボーアの振動数条件" の背後にあった物理の本質を教えてくれる興味深い演習である（2.4.1 項を参照).

＊ フェルミの黄金則　　(13.114)の遷移確率 $|C_m^{(1)}(t)|^2$ から導いた "単位時間当たりの遷移確率" $P_{n \to m}$ は,（13.120)と(13.123)から

$$P_{n \to m} = \frac{2\pi |Q_{mn}|^2}{\hbar} \{\delta(E_m^{(0)} - E_n^{(0)} - \hbar\omega) + \delta(E_m^{(0)} - E_n^{(0)} + \hbar\omega)\}$$

$$\tag{13.125}$$

のように表せる. デルタ関数はエネルギー保存則を意味するので, 外場（光子）と原子との間のエネルギー収支を示していることになる. この(13.125)を**フェルミの黄金則**という. この公式は, 多くの問題に適用されて, 量子力学の有効性を確認する上で非常に役立った式である.

章 末 問 題

[**13.1**]　展開係数 C_l の方程式(13.7)の導出において, 最後のステップで現れた式(13.12)を導け.

[**13.2**]　波動関数の規格化条件(13.31)から,（13.41)の展開係数 $C_n^{(2)}$ を導け.

[**13.3**]　スピン 1 $(s = 1)$ の粒子を考える.

(1)　ハミルトニアン $\hat{H}$ が $\hat{H} = \varepsilon \hat{S}_z^2$ $(\varepsilon > 0)$ であるとき, スピンはどのようなエネルギー分離を示すか説明せよ.

(2) この系に，外部から z 方向に強さ C の一様な静磁場 $\boldsymbol{H}_{\text{ext}} = (0, 0, C)$ をかける．スピンのもつ磁気モーメントは $-g\mu_{\text{B}}\widehat{\boldsymbol{S}}$ であるから，磁場との相互作用は次のハミルトニアン

$$\widehat{H}' = g\mu_{\text{B}} \widehat{\boldsymbol{S}} \cdot \boldsymbol{H}_{\text{ext}} = g\mu_{\text{B}} C \widehat{S}_z \tag{13.126}$$

で表される．このとき，(1)で求めたスピン状態のエネルギーは，磁場の強さ C の関数としてどのように振る舞うかを説明せよ．

[**13.4**] 展開係数 C_l の時間発展を記述する式(13.92)を導け．

[**13.5**] 1s 基底状態の水素原子に，摂動 H' として強さ C の電場を z 方向に時間 τ だけかけた．摂動

$$\widehat{H}' = eC\widehat{z} = eCr\cos\theta \tag{13.127}$$

を切った後に，この水素原子が 2p_z 励起状態に遷移する確率振幅は，(13.108)で $m = 2$, $n = 1$ とおいた

$$C_2^{(1)}(\tau) = \frac{1}{i\hbar} \int_0^\tau H'_{21}(t') e^{i\omega_{21}t'} dt' \tag{13.128}$$

で与えられる．(13.128)から，時刻 τ での $1\text{s} \to 2\text{p}_z$ 遷移確率は

$$|C_2^{(1)}(\tau)|^2 = \frac{2^{23}}{3^{12}} \frac{e^2 C^2 m^2 a_{\text{B}}^6}{\hbar^4} \sin^2\left(\frac{3\hbar}{16ma_{\text{B}}^2}\tau\right) \tag{13.129}$$

であることを示せ．ただし，水素原子の 1s 状態の波動関数 $\psi_{100}(r, \theta, \phi)$ と 2p_z 励起状態の波動関数 $\psi_{210}(r, \theta, \phi)$ は，表 10.6 で $Z = 1$ とおいた式で与えられる．

[**13.6**] (13.120)の遷移確率 $P_{n\to m}$ を導け．ヒント： **デルタ関数** $\delta(a)$ の定義式

$$\frac{1}{\pi} \lim_{t\to\infty} \frac{\sin^2 at}{a^2 t} = \delta(a) \tag{13.130}$$

$$\delta(ax) = \frac{1}{a}\delta(x) \qquad (a > 0) \tag{13.131}$$

を使え．

Chapter 14

量子力学の検証と応用

　　　量子力学は様々な仮説や解釈や要請の積み重ねによって築かれてきた.
　　前期量子論の時代から量子力学誕生の頃に提案された"不思議な仮説"
　　はどれも難解であったが,　科学技術の進歩によってそれらの多くが検証
できるようになってきた.

14.1　量子もつれ状態（量子エンタングルメント）

　アインシュタインは,「自然の事象が本質的に確率的である」ことを主張す
る量子力学の基本的な考え方を受け入れることができず,　**EPR パラドックス**
とよばれる思考実験を提唱した (1935 年).　これは量子力学の観測問題であり,
「神はサイコロを振らない」と信じ,　かつ「誰もみていないときでも,　月は存
在するはずだ」と,　信奉する素朴実在論を比喩的に語っていたアインシュタイン
が,　コペンハーゲン解釈の第一人者ボーアに突きつけた難問であった.

　一方で,　シュレーディンガーは EPR パラドックスに基づいて,　2 つの粒子
の重ね合わせにおいて"**量子もつれ（量子エンタングルメント）**"という奇妙
な状態が生じることを指摘した.

14.1.1　粒子ペアの量子もつれ状態

　いま,　図 14.1 のようにスピン 1/2 の電子 1 と電子 2 のペアが,「合成スピン
＝ 0」の状態で粒子源から生成され,　互いに反対方向（y 軸方向）に遠ざかっ
ているとしよう.

　合成スピンがゼロのペアのスピン状態は,　12.4 節で示した,　スピン 1/2 の
2 個の電子から成る系の 1 重項状態（シングレット状態）と同じなので,

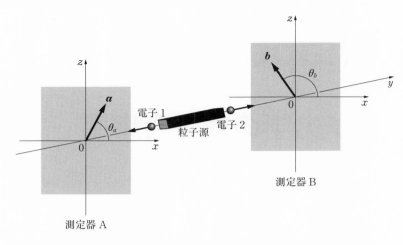

図 14.1 電子ペアの量子もつれ状態とスピン相関の測定実験

$$|\varphi\rangle = \frac{1}{\sqrt{2}}\left(|\!\uparrow_1\rangle \otimes |\!\downarrow_2\rangle - |\!\downarrow_1\rangle \otimes |\!\uparrow_2\rangle\right) = \frac{1}{\sqrt{2}}\left(|\!\uparrow_1\rangle|\!\downarrow_2\rangle - |\!\downarrow_1\rangle|\!\uparrow_2\rangle\right)$$

(14.1)

と表せる．これは，2個の電子が $|\!\uparrow_1\rangle|\!\downarrow_2\rangle$ の状態と $|\!\downarrow_1\rangle|\!\uparrow_2\rangle$ の状態の重ね合わせ状態に，それぞれ（の振幅が $1/\sqrt{2}$ のため）50％の確率で存在することを意味する．そのため，(14.1)の状態を測定すれば，重ね合わせ状態は $|\!\uparrow_1\rangle|\!\downarrow_2\rangle$ か $|\!\downarrow_1\rangle|\!\uparrow_2\rangle$ のどちらかに確定する．

ここで，電子1の測定結果だけに着目すれば，スピンは $|\!\uparrow\rangle$ 状態と $|\!\downarrow\rangle$ 状態にランダムに現れることになる．同様に，電子2の測定結果だけに着目すれば，スピンは $|\!\downarrow\rangle$ 状態と $|\!\uparrow\rangle$ 状態にランダムに現れることになる．

しかし，これら2つの電子の測定結果を付き合わせると，一方が $|\!\uparrow\rangle$（$|\!\downarrow\rangle$）であれば他方は必ず $|\!\downarrow\rangle$（$|\!\uparrow\rangle$）になることがわかる．つまり，観測により一方の状態が確定すると，もう一方の電子の状態も一瞬で自動的に決まるから，この現象は2つの電子の間に強い相関があることを意味する．しかし，2つの電子がどれだけ離れていても瞬時に起こるから，この現象は局所的な相関ではない．

このような**非局所的な相関**をもつれ状態にある2電子（もっと一般的に2つの粒子）系を，**量子もつれ状態**という．(14.1)のように，量子もつれ状態では，2つの粒子の状態はそれぞれの状態の単純な積で表すことはできない（Note

14.1 を参照）．特に，(14.1) の 1 重項（シングレット）の状態を **EPR 状態**という．

Note 14.1 **分離可能な系** 一般に，2 粒子の波動関数の積が

$$|\Psi\rangle = \frac{1}{\sqrt{2}}\left(|\uparrow_1\rangle + |\downarrow_1\rangle\right) \otimes \frac{1}{\sqrt{2}}\left(|\uparrow_2\rangle + |\downarrow_2\rangle\right) \tag{14.2}$$

のように，粒子 1 と粒子 2 で分離（因子化）して表せるとき，**分離可能な系**という．このような系では，量子もつれ状態（量子エンタングルメント）は生じない．

14.1.2 電子スピンの相関

量子もつれ状態にある 2 電子系のスピンを実際に測定した場合，どのような相関が期待されるだろうか？ それを調べるため，次のような実験を考えてみよう．図 14.1 のように y 軸上の離れた 2 ヶ所に測定器 A と測定器 B をセットし，それぞれの z 軸から θ_a, θ_b だけ傾けた軸方向での粒子スピンを測定する．

それぞれの軸方向の単位ベクトルを $\boldsymbol{a}, \boldsymbol{b}$ とし，その方向に沿ったスピン成分を検出するために $O^{(1)} = \boldsymbol{a} \cdot \boldsymbol{\sigma}^{(1)}$, $O^{(2)} = \boldsymbol{b} \cdot \boldsymbol{\sigma}^{(2)}$ のような内積をつくると，状態 $|\varphi\rangle$ のもとでのスピン 1 と 2 の相関 $C(\boldsymbol{a}, \boldsymbol{b})$ は

$$C(\boldsymbol{a}, \boldsymbol{b}) \equiv \frac{1}{\hbar^2}\langle\varphi|O^{(1)}O^{(2)}|\varphi\rangle = -\boldsymbol{a}\cdot\boldsymbol{b} = -\cos(\theta_b - \theta_a) \tag{14.3}$$

となる（章末問題 [12.6] の (12.90) と (12.91) の $S(\boldsymbol{a}, \boldsymbol{b})$ を $\hbar^2 C(\boldsymbol{a}, \boldsymbol{b})$ とおいたものである）．例えば，$\theta_b = \theta_a$ の場合，(14.3) から $C = -1$ となり，完全な負の相関になる．この結果は，測定器 A の値が $+1$ (-1) であれば，測定器 B の値は -1 $(+1)$ になることを表しており，(14.1) のもつれ状態であることと完全に一致する．

☀ **組み合わせた相関の値** いま，測定器 A の設定を $\boldsymbol{a}, \boldsymbol{a}'$ の 2 通りに，測定器 B の設定を $\boldsymbol{b}, \boldsymbol{b}'$ の 2 通りに選択できるようにして，それぞれの場合の相関を測定する．そして，それらの測定結果を組み合わせて

$$\bar{C} = |C(\boldsymbol{a}, \boldsymbol{b}) - C(\boldsymbol{a}, \boldsymbol{b}')| + |C(\boldsymbol{a}', \boldsymbol{b}) + C(\boldsymbol{a}', \boldsymbol{b}')| \tag{14.4}$$

のような相関 $\bar{C}$ を定義する．（この定義はベルが与えた．14.2.2 項を参照．）

相関 $\bar{C}$ の大きさは，具体的な角度を (14.4) に代入すれば求まる．例えば，$\theta_a = 0$, $\theta_b = \theta_a + \pi/4$, $\theta_a' = \theta_b + \pi/4$, $\theta_b' = \theta_a' + \pi/4$（つまり，$\theta_a = 0$, $\theta_b = \pi/4$, $\theta_a' = 2\pi/4$, $\theta_b' = 3\pi/4$）とおいてみよう．この場合，

$$C(\boldsymbol{a}, \boldsymbol{b}) = \cos(\theta_b - \theta_a) = \cos(\pi/4), \quad C(\boldsymbol{a}, \boldsymbol{b}') = \cos(\theta_b' - \theta_a) = \cos(3\pi/4)$$

$$C(\boldsymbol{a}', \boldsymbol{b}) = \cos(\theta_b - \theta_a') = \cos(-\pi/4), \quad C(\boldsymbol{a}', \boldsymbol{b}') = \cos(\theta_b' - \theta_a') = \cos(\pi/4)$$

であるから，(14.4)は

$$\bar{C} = \left| \cos\frac{\pi}{4} - \cos\frac{3\pi}{4} \right| + \left| \cos\frac{\pi}{4} + \cos\frac{\pi}{4} \right| = 2\sqrt{2} \approx 2.8 \quad (14.5)$$

となる．この相関 $\bar{C}$ はもつれ状態を仮定して計算したものだから，<u>相関 $\bar{C}$ の値 $2\sqrt{2}$ は量子力学の妥当性をチェックする上で極めて重要な意味をもっている</u>．

しかしながら，量子もつれ状態での相関 $\bar{C}$ の計算(14.4)は，非局所的な相関に基づくから，2つの粒子の間で互いの情報が超光速で伝わっていることになる．これは相対性理論に矛盾する．そのため，アインシュタインは次に述べるような "EPR パラドックス" を提示した．

14.2 EPR パラドックス

アインシュタインは，自然界にある相互作用は**局所的**であり，情報や信号が一瞬で伝わるような遠隔作用（これが非局所的な作用である）的な現象はないと考えていた．そのため，重ね合わせ状態（量子もつれ状態）を拠り所にする量子力学は "完全な理論" ではないと主張した．そして，量子力学の不完全性を示すパラドックスを，アインシュタインはポドルスキーとローゼンと共に1935 年に提唱した（彼ら3名の頭文字をとって **EPR パラドックス**と称する）．

14.2.1 実在の要素

ここでは，電子の代わりに光子を使って説明する．その理由は，量子もつれ状態の研究が量子光学という分野でなされており，電子のスピン状態よりも2光子の偏光状態を使って調べる方が現実に即しているからである．

そこで，2個の光子1と光子2（つまり，光子ペア）が偏光している状態を考えよう．光子1が水平方向（H：Horizontal）と垂直方向（V：Vertical）に偏光している状態をそれぞれケットベクトル $|H_1\rangle, |V_1\rangle$ とする．同様に，光子2が水平方向（H）と垂直方向（V）に偏光している状態をそれぞれケットベクトル $|H_2\rangle, |V_2\rangle$ とする．

いま，量子もつれ状態を次のように設定しよう．

$$|\Psi\rangle = \frac{1}{\sqrt{2}}\left(|H_1\rangle \otimes |V_2\rangle + |V_1\rangle \otimes |H_2\rangle\right) = \frac{1}{\sqrt{2}}\left(|H_1\rangle|V_2\rangle + |V_1\rangle|H_2\rangle\right)$$

$$(14.6)$$

このような2個の光子の量子もつれ状態(14.6)は，偏光装置を使ってつくることができる．いま，図 14.2 のように，光源から互いに反対方向に放出された

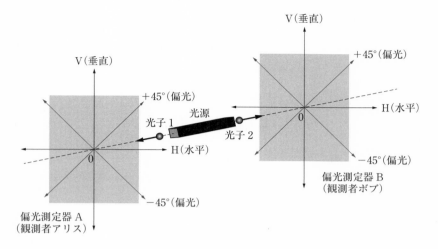

図 14.2　光子ペアを用いた EPR パラドックスの実証実験

　光子 1 と光子 2 が (14.6) のもつれた状態のまま，2 人の観測者に向かうように
する．（名前をアリスとボブとする．これらの名前は量子エンタングルメント
に関わる現象を扱うときによく使われる．）2 人は空間的に遠く離れているの
で，2 人の行う測定は互いに影響し合わないとする．

　これから，次のような 2 種類の測定を考えよう．

（1）　H/V 偏光状態の測定　　まず，アリスが H/V 装置（光子を H か V
に偏光する装置）を使って，光子 1 の偏光を測定して $|H_1\rangle$ 状態を得たとする．
このとき，もつれ状態 $|\Psi\rangle$ は一瞬で（つまり，非局所的な相互作用で）

$$|\Psi\rangle \xrightarrow{\text{アリスの光子は}|H\rangle} |V_2\rangle \tag{14.7}$$

のように，ボブの光子は $|V_2\rangle$ に収縮する（波動関数の収縮）．

　そこで，仮にボブが H/V 測定をしたとすれば（実際に行わなくてもよい
が），偏光が V であることを確認できるはずであるから，V という確定した値
が（測定しなくても）存在することになる．アインシュタインらは，このよう
な確定値のことを**実在の要素**と名付けたので，光子 2 の $|V_2\rangle$ 状態は "実在の
要素" である．つまり，ある観測を行ったとき，必ずある値が得られるような
状態があれば，その値（実在の要素）に対応する実体があると，アインシュタ
インらは考えた．

（2）　±45° 偏光状態の測定　　一方，アリスが光子 1 に対して偏光装置

で ±45° の偏光状態を測定したとする．光子が +45° 方向と −45° 方向に偏光している状態をそれぞれ $|D\rangle, |\bar{D}\rangle$ とすると，状態 $|H\rangle$ と $|V\rangle$ は

$$|H\rangle = \frac{1}{\sqrt{2}}\left(|D\rangle + |\bar{D}\rangle\right), \qquad |V\rangle = \frac{1}{\sqrt{2}}\left(|D\rangle - |\bar{D}\rangle\right) \qquad (14.8)$$

と表せるので，(14.6)の光子状態を

$$|\varPsi\rangle = \frac{1}{\sqrt{2}}\left(|D_1\rangle|D_2\rangle - |\bar{D}_1\rangle|\bar{D}_2\rangle\right) \qquad (14.9)$$

のように，±45° 偏光状態で表すことができる．

　そこで，アリスが光子1を測定して +45° 偏光状態 $|D_1\rangle$ を見出すならば，

$$|\varPsi\rangle \xrightarrow{\text{アリスの光子は}|D\rangle} |D_2\rangle \qquad (14.10)$$

のように，$|\varPsi\rangle$ は $|D_2\rangle$ に収縮する．このため，ボブの光子は $|D_2\rangle$ 状態になるので，+ 45° 偏光も "実在の要素" になる．

＊パラドックスはどこ？　　"実在の要素" とは確定値のことであるから，その検証のために誰かが実験を行うか否かにかかわらず，常に存在すべき値である．アリスによる2種類の測定（(1)と(2)）により，$|V_2\rangle$ と $|D_2\rangle$ は互いに独立な量であるから，共に "実在の要素" である．

　一方，量子力学によれば，$|D_2\rangle$ と $|V_2\rangle$ は次のように表せる．

$$|D_2\rangle = \frac{1}{\sqrt{2}}\left(|H_2\rangle + |V_2\rangle\right), \qquad |V_2\rangle = \frac{1}{\sqrt{2}}\left(|D_2\rangle - |\bar{D}_2\rangle\right) \qquad (14.11)$$

つまり，$|D_2\rangle$ は $|H_2\rangle$ と $|V_2\rangle$ の重ね合わせ状態なので，H/V 偏光の不確定状態である．同様に，$|V_2\rangle$ は $|D_2\rangle$ と $|\bar{D}_2\rangle$ の重ね合わせ状態なので，±45° 偏光の不確定状態である．そのため，$|D_2\rangle$ と $|V_2\rangle$ は互いに依存する．したがって，$|V_2\rangle$ と $|D_2\rangle$ は独立ではないから "実在の要素" ではない．これが **EPR パラドックス** である．

　このパラドックスは，光子1に対する測定が光子2の状態に瞬時に影響を及ぼす，一種の遠隔作用から生じたものである．遠隔作用は非局所的な性質をもっているので，因果律や局所性を破る深刻な問題を含んでいる．局所実在論の立場をとっていたアインシュタインらは "実在の要素" という作業仮説に基づいて，量子力学のもつれ状態（重ね合わせ状態）が矛盾した結論（EPR パラドックス）へ導くことを示し，量子力学の不完全性を指摘した．

＊隠れた変数　　アインシュタインやド・ブロイ，シュレーディンガーたちのような量子力学の構築に重要な寄与をした人々は，確率的な性質をもつ現状の

量子力学には懐疑的で，完全な量子力学であれば，物理量はすべて決定論的に決まるべきだと考えていた．そして，量子力学の確率的な性質は見かけだけのもので，そのような性質は実験でまだ発見されていない**隠れた変数**によって生じている，というアイデアをもっていた．

つまり，完全な量子力学では，この隠れた変数を介して，1 対 1 の因果関係が成り立ち，物理量は確定値をもつ．しかし，現状の量子力学では，この隠れた変数が考慮されていないために，物理量の値が確率的になると考えた．

このようなアイデアを巧みに定量化して，現状の量子力学と隠れた変数の理論（から期待される量子力学）との違いを正しく評価できる方法として，ベルは局所性と因果性に直結した相関を使って，**ベルの不等式**を提唱した．

14.2.2 ベルの不等式

隠れた変数の理論が正しければ成立する不等式を，相関の組み合わせを利用してベルが導いた（1964 年）．この不等式を検証すれば，EPR パラドックスに決着がつく．結論を先に述べておくと，実験の結果，ベルの不等式は成り立たない（不等式は破れている）ことがわかり，"隠れた変数"や"局所実在性"に基づく（"完全な量子力学"に必須と思われた条件を含んだ）理論は否定され，"現在の量子力学"が成り立つことが実証された（14.3.1 項を参照）．

＊局所的な相互作用   隠れた変数の立場から，14.1.2 項で扱った(14.3)の相関 $C(\boldsymbol{a}, \boldsymbol{b})$ を計算してみよう．2 つの粒子のスピン相関が，隠れた変数によって現れるものだとすると，2 粒子の間には共通のパラメータ（隠れた変数）が存在することになる．そして，この共通のパラメータを λ とすると，粒子線源からペアで発生した 2 つの電子は λ の情報をもって測定器 1 と測定器 2 に向かうはずである．

測定器 1 での電子 1 の $\boldsymbol{a}$ 方向のスピン成分は，電子 2 のスピンの向き $\boldsymbol{b}$ とは無関係で，この $\boldsymbol{a}$ と λ だけで決まるから，スピン成分を $O_1(\boldsymbol{a}, \lambda)$ と表すことにする（つまり，O_1 は $\boldsymbol{a}$ と λ の関数であると仮定する）．同様に，測定器 2 での粒子 2 の $\boldsymbol{b}$ 方向のスピン成分は，$\boldsymbol{a}$ とは無関係で，$\boldsymbol{b}$ と λ だけで決まるので $O_2(\boldsymbol{b}, \lambda)$ と表す．ここで強調しておきたいことは，（現状の量子力学に基づく）もつれ状態での相関（(14.3)）の $O^{(1)}, O^{(2)}$ は $\boldsymbol{a}, \boldsymbol{b}$ の絡み合った（$\boldsymbol{a}, \boldsymbol{b}$ 両方に依存した）状態になっているのに対して，隠れた変数の立場では $\boldsymbol{a}$ と $\boldsymbol{b}$ が独立しているということである．

設定パラメータ $\boldsymbol{a}$ と $\boldsymbol{b}$ が互いに影響を及ぼすことなく自由に選べるように

するために，パラメータ λ はいろいろな値をとる必要がある．そこで，λ の確率分布 $\rho(\lambda)$ を仮定して，測定値の相関 $C(\boldsymbol{a}, \boldsymbol{b})$ を

$$C(\boldsymbol{a}, \boldsymbol{b}) = \int O_1(\boldsymbol{a}, \lambda)\, O_2(\boldsymbol{b}, \lambda)\, \rho(\lambda)\, d\lambda \qquad (14.12)$$

で定義する．つまり，<u>相関 $C(\boldsymbol{a}, \boldsymbol{b})$ は変数 λ に関する平均操作から導かれると考えるのである</u>．

確率分布 $\rho(\lambda)$ に関しては，全確率は 1 であるから，次の条件が付く．

$$\int \rho(\lambda)\, d\lambda = 1 \qquad (14.13)$$

一方，スピン成分 O_1 と O_2 の値に関しては，それらは同符号または異符号で，大きさは 1 だから，次の条件が付く．

$$|O_1| = 1, \qquad |O_2| = 1 \qquad (14.14)$$

❊ 組み合わせた相関 $\bar{C}$ の値　(14.12)の相関 $C(\boldsymbol{a}, \boldsymbol{b})$ を使って，(14.4)の組み合わせた相関 $\bar{C}$ を計算してみよう．(14.4)の 1 番目の項は

$$\begin{aligned}
|C(\boldsymbol{a}, \boldsymbol{b}) - C(\boldsymbol{a}, \boldsymbol{b}')| &= \left| \int O_1(\boldsymbol{a}, \lambda)\, O_2(\boldsymbol{b}, \lambda)\, \rho(\lambda)\, d\lambda \right. \\
&\qquad \left. - O_1(\boldsymbol{a}, \lambda)\, O_2(\boldsymbol{b}', \lambda)\, \rho(\lambda)\, d\lambda \right| \\
&= \int |O_1(\boldsymbol{a}, \lambda)\{O_2(\boldsymbol{b}, \lambda) - O_2(\boldsymbol{b}', \lambda)\}|\, \rho(\lambda)\, d\lambda \\
&\leq \int |O_2(\boldsymbol{b}, \lambda) - O_2(\boldsymbol{b}', \lambda)|\, \rho(\lambda)\, d\lambda \qquad (14.15)
\end{aligned}$$

となる．最終行への移行は，(14.14)の $|O_1| = 1$ を用いた．同様に，(14.4)の 2 番目の項を計算すると，次の不等式になる．

$$|C(\boldsymbol{a}', \boldsymbol{b}) + C(\boldsymbol{a}', \boldsymbol{b}')| \leq \int |O_2(\boldsymbol{b}, \lambda) + O_2(\boldsymbol{b}', \lambda)|\, \rho(\lambda)\, d\lambda \qquad (14.16)$$

これらの結果から，(14.4)の相関 $\bar{C}$ は次の不等式になる．

$$\bar{C} \leq \int (|O_2(\boldsymbol{b}, \lambda) - O_2(\boldsymbol{b}', \lambda)| + |O_2(\boldsymbol{b}, \lambda) + O_2(\boldsymbol{b}', \lambda)|)\, \rho(\lambda)\, d\lambda \qquad (14.17)$$

ここで，$O_2(\boldsymbol{b}, \lambda)$ と $O_2(\boldsymbol{b}', \lambda)$ は同符号または異符号のいずれかであること，そして(14.14)を考慮すると，(14.17)の被積分関数の括弧内は

$$|O_2(\boldsymbol{b}, \lambda) - O_2(\boldsymbol{b}', \lambda)| + |O_2(\boldsymbol{b}, \lambda) + O_2(\boldsymbol{b}', \lambda)| = 2 \qquad (14.18)$$

となる．この結果，(14.17)は

$$\bar{C} \leq 2 \qquad (14.19)$$

という不等式になる．これが**ベルの不等式**とよばれるもので，因果律を前提とした局所的な理論（つまり，遠隔作用を含まない理論）が満たさなければならない関係である．

14.3　EPR 相関と量子情報科学

ベルの不等式の検証から，"EPR パラドックス"はパラドックスではなく，量子力学に内在する固有の相関（EPR 相関）であることがわかった．今日，**量子情報科学**（QIS：Quantum Information Science）の分野において，EPR 相関は「量子テレポーテーション」，「量子コンピュータ」，「量子暗号」などの最先端の技術の理論的な基礎となっている．

14.3.1　ベルの不等式の破れ

ベルの不等式 (14.19) は，"隠れた変数理論"が満たすべき相関 $\bar{C}$ の上限が 2 であることを教えている．一方，量子力学で相関 $\bar{C}$ を計算すると，もつれ状態のために $\bar{C}$ が 2 よりも大きくなり，ベルの不等式が成り立たなくなる場合がある．実際，(14.5) の $\bar{C} = 2\sqrt{2} \approx 2.8$ のように，ベルの不等式の上限を大きく破る場合がある．したがって，ベルの不等式を実験で調べれば，量子力学と局所的な隠れた変数理論に基づく量子論の正否を検証できることになる．

ベルの不等式の検証は，ここで説明したスピンではなく，光子のペアの偏向の相関を測定して行われた．そして，この不等式が実際には破れていることを，アスペ，グレンジャー，ロージャーたちのグループが実証した（1982 年）．ベルの不等式を破る実験は非常に難しく，実験結果の解釈を局所実在論的な理論でも可能にする"抜け穴"があった．そのため，不等式を使わずに隠れた変数の理論を反証できる方法として，グリーンバーガー，ホーン，ツァイリンガーたちが 3 個以上の粒子のもつれ状態（これを，彼ら 3 名の頭文字をとって **GHZ 状態**という）を使う方法を提唱した（1989 年）．さらに，ハーディー‐ヨルダンの方法（不等式のないベルの定理）なども提案された（1994 年）．

複数のグループによる実験から，測定値がベルの不等式の上限値（2）を標準偏差の 45 倍から 100 倍程度も破っていることがわかり，量子力学の正しさが確証された．そして，アインシュタインの"局所性"の概念と"実在の要素"（つまり，実在論）は放棄せざるを得なくなった．いい換えれば，量子力学は局所的でも因果的でもない理論であることが実証されたことになる．

＊**EPR 相関**　アインシュタインらによる"EPR パラドックス"の提唱によ

って，量子力学の理解が深まった．そして，"EPR パラドックス"の検証から次のことが明らかになった．

> 「もつれ状態にある原子のスピン状態は，測定されるまでは
> (14.1)のような重ね合わせ状態のままで，確定したスピン状態で
> はない．しかし，一方の粒子の状態を測定した瞬間に，それとは
> 空間的に離れたもう一方の粒子の状態も確定する」

という**非局所的な相関**が存在する．

このような非局所的相関の存在は，"EPR パラドックス"が実はパラドックスではなかったことを意味するので，現在では，この相関は **EPR 相関**とよばれている．EPR 相関をもった系は，量子情報を処理する上で重要な役割を果たす．その具体例として，次項で，空想力や想像力を駆り立てる"量子テレポーテーション"について解説しよう．

14.3.2 量子テレポーテーション

量子もつれ状態という EPR 相関を利用して，未知の量子状態を遠隔地に転送する操作を**量子テレポーテーション**という．ここで（誤解のないように）強調しておきたいことは，<u>転送されるのは粒子の状態だけであり，粒子自体が転送されるわけではない</u>ということである．図 14.3 は，量子テレポーテーションの基本構成を示したものである．

量子テレポーテーションの具体的な計算手順を説明しよう．

(1)　「未知の光子 X」の状態 $|\varPsi\rangle_X$ を次のように与える．

$$|\varPsi\rangle_X = \alpha |H\rangle_X + \beta |V\rangle_X = \begin{pmatrix} \alpha \\ \beta \end{pmatrix} \tag{14.20}$$

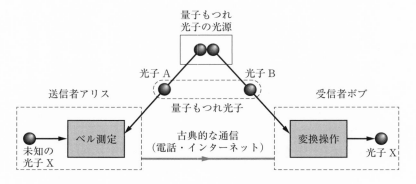

図 14.3　量子テレポーテーションの基本構成

この状態をアリス（送信者）からボブ（受信者）に転送（テレポート）することを考えよう（(14.20)では，(11.6)の基底ベクトル $|e_1\rangle, |e_2\rangle$ を $|e_1\rangle = |\mathrm{H}\rangle_\mathrm{X}$ と $|e_2\rangle = |\mathrm{V}\rangle_\mathrm{X}$ に対応させている）．この転送実験において，アリスは $|\Psi\rangle_\mathrm{X}$ の情報（つまり，係数 α, β の値）を全く知らないものとする．

(2)　光源から発生した 2 光子もつれ状態（もつれ光子）を

$$|\Psi\rangle_\mathrm{AB} = \frac{1}{\sqrt{2}} \left(|\mathrm{H}\rangle_\mathrm{A} |\mathrm{V}\rangle_\mathrm{B} - |\mathrm{V}\rangle_\mathrm{A} |\mathrm{H}\rangle_\mathrm{B} \right) \tag{14.21}$$

とする．これは，1 つの光子が H（水平）方向に，もう 1 つの光子が V（垂直）方向に偏光している状態の重ね合わせ（量子もつれ状態）である．

(3)　転送したい光子 X の状態 $|\Psi\rangle_\mathrm{X}$ と 2 光子もつれ状態 $|\Psi\rangle_\mathrm{AB}$ を合わせた状態を $|\Psi\rangle_\mathrm{XAB}$ で表すと，$|\Psi\rangle_\mathrm{XAB}$ は 2 つの状態の直積（$|\Psi\rangle_\mathrm{X} \otimes |\Psi\rangle_\mathrm{AB}$）なので

$$|\Psi\rangle_\mathrm{XAB} = |\Psi\rangle_\mathrm{X} \otimes |\Psi\rangle_\mathrm{AB} = |\Psi\rangle_\mathrm{X} |\Psi\rangle_\mathrm{AB}$$

$$= \frac{1}{\sqrt{2}} \left(\alpha |\mathrm{H}\rangle_\mathrm{X} |\mathrm{H}\rangle_\mathrm{A} |\mathrm{V}\rangle_\mathrm{B} - \alpha |\mathrm{H}\rangle_\mathrm{X} |\mathrm{V}\rangle_\mathrm{A} |\mathrm{H}\rangle_\mathrm{B} \right)$$

$$+ \frac{1}{\sqrt{2}} \left(\beta |\mathrm{V}\rangle_\mathrm{X} |\mathrm{H}\rangle_\mathrm{A} |\mathrm{V}\rangle_\mathrm{B} - \beta |\mathrm{V}\rangle_\mathrm{X} |\mathrm{V}\rangle_\mathrm{A} |\mathrm{H}\rangle_\mathrm{B} \right) \tag{14.22}$$

と表せる．このとき，アリスの手元には 2 個の光子（光子 A とテレポートしたい未知の状態の光子 X）があり，ボブの手元には光子 B がある．

(4)　ここで，**ベル状態**とよばれる 4 つの量子状態 $|\Phi_1\rangle, |\Phi_2\rangle, |\Phi_3\rangle, |\Phi_4\rangle$ を光子 X の状態（$|\mathrm{V}\rangle_\mathrm{X}$ と $|\mathrm{H}\rangle_\mathrm{X}$）と光子 A の状態（$|\mathrm{H}\rangle_\mathrm{A}$ と $|\mathrm{V}\rangle_\mathrm{A}$）を用いて，

$$|\Phi_1\rangle = \frac{1}{\sqrt{2}} \left(|\mathrm{V}\rangle_\mathrm{X} |\mathrm{H}\rangle_\mathrm{A} - |\mathrm{H}\rangle_\mathrm{X} |\mathrm{V}\rangle_\mathrm{A} \right) \tag{14.23}$$

$$|\Phi_2\rangle = \frac{1}{\sqrt{2}} \left(|\mathrm{V}\rangle_\mathrm{X} |\mathrm{H}\rangle_\mathrm{A} + |\mathrm{H}\rangle_\mathrm{X} |\mathrm{V}\rangle_\mathrm{A} \right) \tag{14.24}$$

$$|\Phi_3\rangle = \frac{1}{\sqrt{2}} \left(|\mathrm{H}\rangle_\mathrm{X} |\mathrm{H}\rangle_\mathrm{A} - |\mathrm{V}\rangle_\mathrm{X} |\mathrm{V}\rangle_\mathrm{A} \right) \tag{14.25}$$

$$|\Phi_4\rangle = \frac{1}{\sqrt{2}} \left(|\mathrm{H}\rangle_\mathrm{X} |\mathrm{H}\rangle_\mathrm{A} + |\mathrm{V}\rangle_\mathrm{X} |\mathrm{V}\rangle_\mathrm{A} \right) \tag{14.26}$$

のように定義すると，これらを使って，アリスの手元にある 2 光子状態は次式のように表せる．

$$|\mathrm{V}\rangle_\mathrm{X} |\mathrm{H}\rangle_\mathrm{A} = \frac{1}{\sqrt{2}} \left(|\Phi_1\rangle + |\Phi_2\rangle \right) \tag{14.27}$$

$$|\mathrm{H}\rangle_\mathrm{X} |\mathrm{V}\rangle_\mathrm{A} = \frac{1}{\sqrt{2}} \left(|\Phi_2\rangle - |\Phi_1\rangle \right) \tag{14.28}$$

$$|\mathrm{H}\rangle_\mathrm{X} |\mathrm{H}\rangle_\mathrm{A} = \frac{1}{\sqrt{2}} \left(|\varPhi_3\rangle + |\varPhi_4\rangle \right) \tag{14.29}$$

$$|\mathrm{V}\rangle_\mathrm{X} |\mathrm{V}\rangle_\mathrm{A} = \frac{1}{\sqrt{2}} \left(|\varPhi_3\rangle - |\varPhi_4\rangle \right) \tag{14.30}$$

任意の 2 粒子（A, X）の偏光状態が(14.27)〜(14.30)のように，4 つのベル状態の線形結合で表現できるのは，ベル状態（(14.23)〜(14.26)）が正規直交完全系のためである．

(5)　ベル状態で表したアリスの 2 光子（A, X）のもつれ状態(14.27)〜(14.30)を用いて，(14.22)の状態 $|\varPsi\rangle_\mathrm{XAB}$ を書き換えると

$$|\varPsi\rangle_\mathrm{XAB} = \frac{1}{\sqrt{2}} \big[|\varPhi_1\rangle (\alpha |\mathrm{H}\rangle_\mathrm{B} + \beta |\mathrm{V}\rangle_\mathrm{B}) + |\varPhi_2\rangle (-\alpha |\mathrm{H}\rangle_\mathrm{B} + \beta |\mathrm{V}\rangle_\mathrm{B})$$
$$+ |\varPhi_3\rangle (\alpha |\mathrm{V}\rangle_\mathrm{B} + \beta |\mathrm{H}\rangle_\mathrm{B}) + |\varPhi_4\rangle (\alpha |\mathrm{V}\rangle_\mathrm{B} - \beta |\mathrm{H}\rangle_\mathrm{B}) \big] \tag{14.31}$$

のように，ベル状態の 2 光子（A, X）と光子 B との量子もつれ状態になる．

(6)　観測対象が(14.23)〜(14.26)の 4 つのベル状態のうちのどれであるかを決める測定のことを，**ベル測定**という．測定すると，状態は重ね合わせ状態から確定状態に変化するので，4 つのベル状態の 1 つが確定する．そのとき，もつれ状態にあったボブの光子 B も，特定の状態に確定することになる．

(7)　アリスが 2 光子（X, A）のベル測定をした後で，ボブの方の光子 B を光子 X に変えるには，一般に**変換操作**が必要になる．ただし，変換操作がいらないのは，アリスがベル測定して $|\varPhi_1\rangle$ を観測した場合である．この場合，ボブの光子は $\alpha |\mathrm{H}\rangle_\mathrm{B} + \beta |\mathrm{V}\rangle_\mathrm{B}$ の状態に（EPR 相関のため）確定するはずなので，アリスがボブに電話で状態 $|\varPhi_1\rangle$ を検出したことを知らせるだけで，ボブは自分の光子が転送元の光子 X の状態 $|\varPsi\rangle_\mathrm{X}$ (14.20)になっていることを知る（Note 14.2 を参照）．もちろん，ボブのもっている光子自体はオリジナルの光子 X と同じものではないが，係数 α, β がオリジナルの状態と同じなのである．

　一般的には，アリスがベル測定をするとき，(14.31)の $|\varPsi\rangle_\mathrm{XAB}$ からわかるように，4 つの状態 $|\varPhi_1\rangle, |\varPhi_2\rangle, |\varPhi_3\rangle, |\varPhi_4\rangle$ のいずれかを得るチャンスは 1/4 である．そのため，$|\varPhi_1\rangle$ 以外のものを観測すると，ボブの光子 B は光子 X とは一致しない．しかし，このような場合でも，アリスがボブにどれが検出されたかを知らせれば，(14.31)の 4 つの状態のうち，どれが光子 B に実現したかをボブは（次に述べるような）変換操作によって知ることができる．

　(14.31)の 4 つの状態は互いにユニタリー変換 U で結ばれているので，例え

ば，検出された状態が $|\Phi_2\rangle$ である場合

$$U\left(-\alpha\,|H\rangle_B + \beta\,|V\rangle_B\right) = \begin{pmatrix} -1 & 0 \\ 0 & 1 \end{pmatrix}\begin{pmatrix} -\alpha \\ \beta \end{pmatrix} = \begin{pmatrix} \alpha \\ \beta \end{pmatrix} \qquad (14.32)$$

のようにユニタリー変換すれば，ボブは光子 B を (14.20) の $|\Psi\rangle_X$ に変換できる．

　このような変換操作は，光学装置を使えば，偏光軸の回転や対称操作などで実行できるので，光子 B の状態を光子 X と同じ状態に変えることは可能である．要するに，アリスの手元にあった光子 X と同じ量子状態が，EPR 相関を利用して，ボブの手元の光子 B で再現されることになる．

> **Note 14.2　古典的な通信**　　古典的な通信手段である電話を用いて伝える情報は，未知の光子 X の状態 $|\Psi\rangle_X = \alpha\,|H\rangle_X + \beta\,|V\rangle_X$ には無関係なので（つまり，通信内容には α と β が含まれていないので），電話から光子 X の情報が漏れることはない．さらに，通信の途中で盗聴のような操作が入ると，量子もつれ状態が変化するので，盗聴の有無が判別できる．このため，"量子暗号" の技術にも量子テレポーテーションは利用されている．

　量子テレポーテーションは EPR 相関による非局所的な遠隔作用なので，アインシュタインの特殊相対性理論と両立するのか疑問に思うかもしれない．しかし，ボブはアリスの測定結果を，電話やインターネットのような光速度を超えることのできない古典的な通信で得なければならないから，情報の伝達スピードは常に光速度よりも遅くなる．したがって，量子テレポーテーションは特殊相対性理論と矛盾しないことがわかる．

　量子力学の理学的応用や工学的応用は，EPR 相関のような奇妙なエンタングルメントをベースにして，多様な方向に広がっていくだろう．アインシュタイン，ド・ブロイ，シュレーディンガーたちに不完全だと批判された「（コペンハーゲン解釈に則った）現在の量子力学」の本当の姿はみつかるのか？　それは，紛れもなく難解なミステリーである．しかし，このような量子力学の将来像に対する謎とは一線を画して，量子力学への突破口となった「ド・ブロイのシンプルな式（$\lambda = h/p$）の背後にある自然法則とは何だろう？」という問いかけも，プランク定数 h や虚数 i の実体に迫るロマン溢れるミステリーであるかもしれない．

さらに勉強する人のために

　本書は量子力学の基礎的な内容を扱っているので，さらに広く深く量子力学を学ぶために役立つと思われるものを少し挙げておく．なお，本書の執筆においても，下記の書物からいろいろと学び，参考にさせて頂いたことを付記しておく．

　（1）　江沢　洋 著：「量子力学（Ⅰ），（Ⅱ）」（裳華房）
　（2）　小形正男 著：「裳華房テキストシリーズ－物理学　量子力学」（裳華房）
　（3）　猪木慶治，川合　光 共著：「基礎量子力学」（岩波書店）
　いずれも，丁寧な記述で標準的な本である．
　（4）　朝永振一郎 著：「量子力学（Ⅰ），（Ⅱ）」（みすず書房）
　量子力学誕生の歴史の詳細な説明（Ⅰ）の後，シュレーディンガー方程式などの真打ちがやっと登場（Ⅱ）するほどゆったりした本で，英語版も有名な名著である．
　（5）　シュポルスキー 著，玉木英彦，細谷資明，井田幸次郎，松平　升 共訳：「原子物理学Ⅰ，Ⅱ」（東京図書）
　原子物理学の3巻から成る古典的な名著で，ⅠとⅡでは，量子力学の構築過程における重要な実験や仮説・理論などの詳細が，平明な言葉と初等的な数式だけを用いて解説されている．
　（6）　J. J. サクライ 著，桜井明夫 訳：「現代の量子力学（上）」（吉岡書店）
　（7）　松居哲生 著：「量子力学基礎」（共立出版）
　上記2冊には，量子力学の様々な基礎的概念がブラ・ケット記法で解説されている．特に，（7）は，この記法が量子力学の必須の数学ツールであることをわかりやすく丁寧に解説した好著で，本書の執筆において多くの示唆や教示を得たことを重ねて付記しておきたい．
　（8）　マッカリー，サイモン 共著，千原秀昭，江口太郎，齋藤一弥 訳：「物理化学 ―分子論的アプローチ―」（東京化学同人）
　（9）　伊藤治彦 著：「先端技術の量子力学」（講談社）
　上記2冊には，量子力学の様々な応用（量子化学分野やテクノロジー分野）が懇切丁寧に，わかりやすく解説されている．
　（10）　小出昭一郎，水野幸夫 共著：「基礎物理学選書17　量子力学演習（新装版）」（裳華房）
　（11）　小谷正雄，梅沢博臣 編：「大学演習 量子力学」（裳華房）
　（12）　後藤憲一，西山敏之，山本邦夫，望月和子，神吉　健，興地斐男 共編：「詳解 理論応用 量子力学演習」（共立出版）
　量子力学のスキルを習得するには，演習問題をたくさん解くことが大切である．上記3冊には，基礎から応用までの問題が多数あるので，学習レベルに応じてトライ

してほしい.

　(13)　クリスファー C. ジェリー，キンバリー M. ブルーノ　共著，河辺哲次 訳：
「量子論の果てなき境界」(共立出版)

　量子物理学の本質的なアイデアを実証した主要な実験，量子情報科学への応用，
そして，量子哲学などを多角的に解説した本で，現代の量子力学的世界像を理解す
る助けになる.

章末問題の解答

第 2 章

[**2.1**]　(1)　エネルギー E をもつ熱平衡状態における振動子はボルツマン分布 $e^{-E/kT}$ に従うので，運動量 p と位置座標 q を座標軸にとった微小領域 $dp\,dq$ の中にエネルギー E の振動子が存在する確率は次式で与えられる（**マクスウェル‐ボルツマンの分布則**）．

$$Ne^{-E/kT}\,dp\,dq \quad \cdots ①$$

ただし，式の表現を簡素にするため，k_B を k とおいている．N は規格化定数で

$$N^{-1} = \int e^{-E/kT}\,dp\,dq \quad \cdots ②$$

のように全確率が 1 になるように定めるから，①は

$$\frac{e^{-E/kT}\,dp\,dq}{\displaystyle\int e^{-E/kT}\,dp\,dq} \quad \cdots ③$$

と表せる．エネルギー E は p と q だけの関数であることに注意すれば，E が $E \sim E + dE$ の間にある確率は，p, q が $p \sim p + dp$，$q \sim q + dq$ の間にある確率と同じである．したがって，③から振動子の平均エネルギー $\langle E \rangle$ は k を k_B と書き換えれば(2.15)となる．

(2)　振動子の全エネルギー E の内，運動エネルギーを ap^2 ($a = 1/2m$)，ポテンシャルエネルギーを bq^2 ($b = \alpha/2$) とおくと，(2.15)は

$$\langle E \rangle = \frac{\displaystyle\int_0^\infty (ap^2 + bq^2)e^{-(ap^2+bq^2)/kT}\,dp\,dq}{\displaystyle\int_0^\infty e^{-(ap^2+bq^2)/kT}\,dp\,dq} = \frac{B\displaystyle\int_0^\infty ap^2 e^{-ap^2/kT}\,dp + A\int_0^\infty bq^2 e^{-bq^2/kT}\,dq}{AB} \quad \cdots ④$$

のように表される．ただし，A と B は次式で定義する．

$$A = \int_0^\infty e^{-ap^2/kT}\,dp, \qquad B = \int_0^\infty e^{-bq^2/kT}\,dq \quad \cdots ⑤$$

次に，④の分子の運動エネルギーに対する積分の被積分関数が

$$ap^2 e^{-ap^2/kT} = -\frac{kT}{2}p\frac{d}{dp}e^{-ap^2/kT} = -\frac{kT}{2}\left(\frac{d}{dp}pe^{-ap^2/kT} - e^{-ap^2/kT}\right) \quad \cdots ⑥$$

と表せることに注意して部分積分すると，次式になる．

$$\int_0^\infty ap^2 e^{-ap^2/kT}\,dp = -\frac{kT}{2}\int_0^\infty p\frac{d}{dp}e^{-ap^2/kT}\,dp$$

$$= -\frac{kT}{2}\left[pe^{-ap^2/kT}\right]_0^\infty + \frac{kT}{2}\int_0^\infty e^{-ap^2/kT}\,dp = \frac{kT}{2}A \quad \cdots ⑦$$

同様の計算から，④の分子のポテンシャルエネルギーに対する積分は $(kT/2)B$ になることがわかる．したがって，④は $\langle E \rangle = \{B(kT/2)A + A(kT/2)B\}/AB = (kT + kT)/2 = kT$ となるので，k を k_B と書き換えれば(2.16)を得る．

[**2.2**]　(2.23)を解くには，まず(2.23)を

$$\frac{d\varepsilon}{\varepsilon^2 + \gamma\nu\varepsilon} = -d\beta \quad \cdots ①$$

と表してから，次の積分

$$\int_{\varepsilon(0)}^{\varepsilon(\beta)} \frac{d\varepsilon}{\varepsilon^2 + \gamma\nu\varepsilon} = -\int_0^\beta d\beta \quad \cdots ②$$

を計算すればよい．そこで，①の左辺の分母を

$$\frac{1}{\varepsilon^2 + \gamma\nu\varepsilon} = \frac{1}{\gamma\nu}\left(\frac{1}{\varepsilon} - \frac{1}{\varepsilon + \gamma\nu}\right) \quad \cdots ③$$

と変形して，②を書き換えると，次の定積分になる．

$$\int_{\varepsilon(0)}^{\varepsilon(\beta)}\left(\frac{d\varepsilon}{\varepsilon} - \frac{d\varepsilon}{\varepsilon + \gamma\nu}\right) = -\int_0^\beta \gamma\nu \, d\beta \quad \cdots ④$$

④の左辺は

$$\ln\varepsilon - \ln(\varepsilon + \gamma\nu)\Big|_{\varepsilon(0)}^{\varepsilon(\beta)} = \ln\frac{\varepsilon}{\varepsilon + \gamma\nu}\Big|_{\varepsilon(0)}^{\varepsilon(\beta)} = \frac{\varepsilon(\beta)}{\varepsilon(\beta) + \gamma\nu}\frac{\varepsilon(0) + \gamma\nu}{\varepsilon(0)} = \frac{\varepsilon(\beta)}{\varepsilon(\beta) + \gamma\nu}\frac{1}{A} \quad \cdots ⑤$$

である（$A = \varepsilon(0)/\{\varepsilon(0) + \gamma\nu\}$）．一方，④の右辺は $-\gamma\nu\beta$ であるから，④は

$$\varepsilon(\beta) = \frac{A\gamma\nu}{e^{\gamma\nu\beta} - A} \quad \cdots ⑥$$

となる．定数 A は，初期条件（$\beta \to 0$ で $\varepsilon(0) = 1/\beta$）から決める．そのためには，⑥の分母の指数関数を $e^{\gamma\nu\beta} \approx 1 + \gamma\nu\beta$ と展開して，⑥を次のように表す．

$$\frac{1}{\beta} = \frac{A\gamma\nu}{1 + \gamma\nu\beta - A} \quad \cdots ⑦$$

⑦から $A = 1$ を得るので，(2.24)が成り立つことがわかる．

[2.3]　(1)　振動数 $\nu = c/\lambda = (3 \times 10^8)/(1 \times 10^{-3}) = 3 \times 10^{11}\,\mathrm{s}^{-1}$ より，光子のエネルギー $E = h\nu$ は次のようになる．

$$E(\mathrm{eV}) = h\nu[\mathrm{J}]\frac{1\,\mathrm{eV}}{1.6 \times 10^{-19}\,\mathrm{J}} = \frac{(6.6 \times 10^{-34}\,\mathrm{J\,s}) \cdot (3 \times 10^{11}\,\mathrm{s}^{-1})}{1.6 \times 10^{-19}\,\mathrm{J/eV}} = 1.2 \times 10^{-3}\,\mathrm{eV}$$

(2)　1周期 $T = 1/\nu$ の間に放出するエネルギーを R とすると，$R[\mathrm{J}] = P[\mathrm{W}]\,T[\mathrm{s}] = P[\mathrm{J/s}]/\nu[\mathrm{s}^{-1}]$ であるから，この $R[\mathrm{J}]$ を光子1個のもつエネルギー $h\nu[\mathrm{J}]$ で割ると，1周期の間に放射される光子の数 N になる．したがって，次の結果を得る．

$$N = \frac{R}{h\nu} = \frac{P}{(h\nu)\nu} = \frac{500 \times 10^3\,\mathrm{W}}{(6.6 \times 10^{-34}\,\mathrm{J\,s}) \cdot (3 \times 10^{11}\,\mathrm{s}^{-1}) \cdot (3 \times 10^{11}\,\mathrm{s}^{-1})}$$
$$= 8.4 \times 10^{15}\,個$$

[2.4]
$$\lambda_{p\mathrm{C}} = \frac{h}{m_{p\mathrm{C}}} = \frac{h}{1836 m_{e\mathrm{C}}} = \frac{\lambda_{e\mathrm{C}}}{1836} = \frac{2.4 \times 10^{-12}\,\mathrm{m}}{1836} = 1.3 \times 10^{-15}\,\mathrm{m}$$

$$\lambda_{\pi\mathrm{C}} = \frac{h}{m_{\pi\mathrm{C}}} = \frac{h}{273 m_{e\mathrm{C}}} = \frac{\lambda_{e\mathrm{C}}}{273} = \frac{2.4 \times 10^{-12}\,\mathrm{m}}{273} = 8.8 \times 10^{-15}\,\mathrm{m}$$

[2.5]　いま水素原子内の電子が，原点に固定された陽子の周りで半径 r の円運動をしているとする．このとき，陽子と電子の間にはクーロン力がはたらいているので，ニュートンの運動方程式は次式になる．

$$m\alpha = \frac{e^2}{4\pi\varepsilon_0}\frac{1}{r^2} \quad \cdots ①$$

①の α で，(2.73)の右辺を次のように書き換える．

$$\frac{dE(t)}{dt} = -K_1 K_2 \frac{1}{r^4} \quad \left(K_2 = \left(\frac{e^2}{4\pi\varepsilon_0 m}\right)^2\right) \quad \cdots ②$$

②は，軌道半径 r のときの電子のエネルギー $E(r)$ が単位時間に失うエネルギーを表す式になる．電子のエネルギー消失と共に半径 r も減少していくので，軌道半径 r は時間の関数

$r(t)$ である．したがって，②の左辺の時間微分は次式で表される（微分のチェインルール）．

$$\frac{dE(t)}{dt} = \frac{dE(r(t))}{dt} = \frac{dE(r)}{dr}\frac{dr(t)}{dt} \quad \cdots ③$$

③より dE/dr がわかれば，電子の軌道半径の時間依存性 dr/dt を求めることができる．

速さ v で半径 r の円運動している電子のエネルギー $E(r)$ は，(2.53)で $Z=1$ とおいた

$$E(r) = -\frac{e^2}{8\pi\varepsilon_0}\frac{1}{r} \quad \cdots ④$$

であるから，これを r で微分すれば次式を得る．

$$\frac{dE(r)}{dr} = K_3\frac{1}{r^2} \quad \left(K_3 = \frac{e^2}{8\pi\varepsilon_0}\right) \quad \cdots ⑤$$

したがって，②と⑤を使うと，③より次式を得る．

$$\frac{dr(t)}{dt} = \frac{dE(t)/dt}{dE(r(t))/dr} = -K\frac{1}{r^2} \quad \left(K = \frac{K_1K_2}{K_3}\right) \quad \cdots ⑥$$

ここで，ある時刻に電子の軌道半径が a であったとしよう．そして，この電子が電磁波を放射しながらエネルギーを失い，時間 τ の後に半径がゼロになったとすれば，⑥の定積分

$$\int_a^0 r^2\,dr = -K\int_0^\tau dt \quad \left(K = \frac{4}{3}\frac{\mu_0}{4\pi}\frac{1}{4\pi\varepsilon_0}\frac{e^4}{c m^2}\right) \quad \cdots ⑦$$

から，$\tau = a^3/3K$ を得るので，(2.57)になることがわかる．

[**2.6**] (1) e, m, ε_0 の組み合わせで長さの次元 [L] をつくるには，$[m^\alpha e^\beta \varepsilon_0^\gamma] = [L]$ を満たす指数 α, β, γ の組が存在し，つまり，次の次元解析の式に解がなければならない．

$$[M^\alpha Q^\beta (M^{-1}L^{-3}T^2Q^2)^\gamma] = [L] \quad \cdots ①$$

①の M, L, T, Q それぞれの指数から，次の結果を得る．

$$\alpha - \gamma = 0, \quad -3\gamma = 1, \quad 2\gamma = 0, \quad \beta + 2\gamma = 0 \quad \cdots ②$$

$\alpha = \beta = \gamma = 0$ 以外に解はないから，長さの次元をつくることはできない．

(2) e, m, ε_0 に光速度 c を加えて，$[m^\alpha e^\beta \varepsilon_0^\gamma c^\delta] = [L]$ を満たす指数 $\alpha, \beta, \gamma, \delta$ を次元解析の式

$$[M^\alpha Q^\beta (M^{-1}L^{-3}T^2Q^2)^\gamma (LT^{-1})^\delta] = [L] \quad \cdots ③$$

から求めると，$\alpha = -1$, $\beta = 2$, $\gamma = -1$, $\delta = -2$ を得る．長さの次元をもつ組み合わせは次式のように一意的であり，その値も決まる．

$$\frac{e^2}{mc^2\varepsilon_0} = \frac{(1.6\times10^{-19}\,\text{C})^2}{(9.1\times10^{-31}\,\text{kg})(3.0\times10^8\,\text{m/s})^2(8.9\times10^{-12}\,\text{C}^2/\text{Nm}^2)} \approx 3.5\times10^{-14}\,\text{m}$$

この値は原子の大きさ（10^{-9} m）に比べると，小さすぎることがわかる．

(3) e, m, ε_0 にプランク定数 h を加えて，$[m^\alpha e^\beta \varepsilon_0^\gamma h^\delta] = [L]$ を満たす指数 $\alpha, \beta, \gamma, \delta$ を次元解析の式

$$[M^\alpha Q^\beta (M^{-1}L^{-3}T^2Q^2)^\gamma (ML^2T^{-1})^\delta] = [L] \quad \cdots ④$$

から求めると，$\alpha = -1$, $\beta = -2$, $\gamma = 1$, $\delta = 2$ となるから，

$$\frac{\varepsilon_0 h^2}{me^2} = \frac{(8.9\times10^{-12}\,\text{C}^2/\text{Nm}^2)(6.6\times10^{-34}\,\text{J s})^2}{(9.1\times10^{-31}\,\text{kg})(1.6\times10^{-19}\,\text{C})^2} \approx 1.7\times10^{-10}\,\text{m} \quad \cdots ⑤$$

を得る．この値は原子の大きさに近い値である．実際，⑤は(2.68)のボーア半径 a_B と係数が異なる（$h^2 \to (1/\pi)h^2$）だけで，本質的にボーア半径に相当する．したがって，(2)の結果と比べるとわかるように，プランク定数の存在が原子の大きさを保証しているのである．

第 3 章

[**3.1**]　運動エネルギーを K とすると，$K = p^2/2m$ より $p = \sqrt{2mK}$，一方，$K = (3/2)k_{\mathrm{B}}T$ であるから，$p = \sqrt{3k_{\mathrm{B}}Tm}$ である．したがって，ド・ブロイ波長 $\lambda = h/p$ の値は次のようになる．

$$\lambda = \frac{h}{\sqrt{3k_{\mathrm{B}}Tm}} = \frac{6.6 \times 10^{-34}\,\mathrm{J\,s}}{\sqrt{3(1.38 \times 10^{-23}\,\mathrm{J/K})(1\,\mathrm{K})(4 \times 1.66 \times 10^{-27}\,\mathrm{kg})}} \approx 1.3 \times 10^{-9}\,\mathrm{m}$$

[**3.2**]　ブラッグの反射の式(3.59)に d_1, n, θ の数値を代入すると，次の結果を得る（$\sin 50° = 0.766$）．

$$\lambda_i = \frac{d_1}{n}\sin\theta = \frac{2.15 \times 10^{-10}\,\mathrm{m}}{1}\sin 50° \approx 1.65 \times 10^{-10}\,\mathrm{m} \quad \cdots ①$$

一方，$E = 54\,\mathrm{eV} = (54\,\mathrm{eV}) \times (1.6 \times 10^{-19}\,\mathrm{J/eV}) = 86.4 \times 10^{-19}\,\mathrm{J}$ をもつ電子のド・ブロイ波長 λ は次のようになり，①とほぼ一致することがわかる．

$$\lambda = \frac{h}{\sqrt{2mE}} = \frac{6.63 \times 10^{-34}\,\mathrm{J\,s}}{\sqrt{2(9.11 \times 10^{-31}\,\mathrm{kg})(86.4 \times 10^{-19}\,\mathrm{J})}} \approx 1.67 \times 10^{-10}\,\mathrm{m} \quad \cdots ②$$

[**3.3**]　進行波と後退波を重ね合わせた平面波（C, A は振幅）

$$u(x, t) = Ce^{i(kx-\omega t)} + Ae^{i(kx+\omega t)} \quad \cdots ①$$

を波動方程式(3.24)に代入すると

$$左辺 = i^2(\omega)^2 u = -\omega^2 u, \qquad 右辺 = v^2(ik)^2 u = -v^2 k^2 u \quad \cdots ②$$

を得る．②より $\omega^2 = v^2 k^2$ となるので，(3.25)を得る．

[**3.4**]　分散式に波の変位 $u(x, t)$ を掛けた式 $\omega u = aku - bk^3 u$ をつくり，これに(3.27)を代入すると次式となる．したがって，①より波動方程式(3.60)を得る．

$$\left(i\frac{\partial}{\partial t}\right)u = a\left(-i\frac{\partial}{\partial x}\right)u - b\left(-i\frac{\partial}{\partial x}\right)^3 u \quad \cdots ①$$

[**3.5**]　変数分離形 $\Psi(x, t) = \phi(x)f(t)$ に対して，(3.49)の左辺は t だけの関数，右辺は $\hat{H}$ が t にも依存するから x と t の関数である．そのため，両辺を定数におくことができないから，(3.42)は変数分離できず，解けない．

[**3.6**]　(3.61)の Ψ を(3.43)に代入して，次のように実部と虚部に分けて整理する．

$$虚部　\rightarrow　\frac{\partial u(x, t)}{\partial t} = \frac{1}{\hbar}\left\{-\frac{\hbar^2}{2m}\frac{\partial^2}{\partial x^2} + V(x)\right\}v(x, t) \quad \cdots ①$$

$$実部　\rightarrow　\frac{\partial v(x, t)}{\partial t} = -\frac{1}{\hbar}\left\{-\frac{\hbar^2}{2m}\frac{\partial^2}{\partial x^2} + V(x)\right\}u(x, t) \quad \cdots ②$$

もし Ψ が実数であるならば，$v = 0$ である．$v = 0$ の場合，①の左辺から u は t に依存しない x だけの関数になる．一方，②の左辺はゼロであるから，②の右辺も常にゼロ（$u = 0$）になる．したがって，Ψ が実数であれば，$v = 0$ と $u = 0$ でなければならないから $\Psi = 0$ となり，Ψ は実数ではあり得ない．

第 4 章

[**4.1**]　波動関数 $\Psi = N\Phi$ を(4.9)に代入すると

$$\int_{全領域} |N\Phi(x, t)|^2\,dx = |N|^2 \int_{全領域} |\Phi(x, t)|^2\,dx = 1$$

となるので，積分が発散せず有限な値をもてば，定数 N を(4.10)で表すことができる．

[**4.2**]　<u>$E = 0$ の場合</u>，シュレーディンガー方程式(4.24)とその解は

$$\frac{d^2\phi(x)}{dx^2} = 0 \quad \rightarrow \quad \phi(x) = Ax + B \quad \cdots ①$$

である．境界条件 $\phi(0) = 0$ より $B = 0$，境界条件 $\phi(a) = 0$ から $Aa = 0$ なので $A = 0$ である．したがって，$\phi = 0$ となる．一方，<u>$E(= -|E|) < 0$ の場合</u>，パラメータ k を $k = \sqrt{2m(-|E|)}/\hbar = \sqrt{-1}\sqrt{2m|E|}/\hbar = ik'$ とおくと，(4.24) の解は (4.25) より

$$\phi(x) = Ae^{-k'x} + Be^{k'x} \quad \cdots ②$$

となる．境界条件 $\phi(0) = 0$ より $A + B = 0$，境界条件 $\phi(a) = 0$ より $Ae^{-k'a} + Be^{k'a} = 0$ であるから，$B(e^{k'a} - e^{-k'a}) = 2B \sinh k'a = 0$ を得る．これは $B = 0$ を意味するから，$A = 0$ である．したがって，この場合も $\phi = 0$ となる．

[**4.3**]　(4.29) の波動関数 $\phi_n(x)$ の確率密度を $\rho_n(x)$ とすると，$\rho_n(x) = \phi_n^2(x) = (2/a)\sin^2 k_n x$ である．粒子を x と $x + dx$ の間の微小区間 dx に見出す確率 $P(x)$ は $\rho_n(x)dx$ であるから，N 回測定を行うと，微小区間 dx で測定される粒子の個数 $W(x)$ は次式で与えられる．

$$W(x) = N\rho_n(x) = N\frac{2}{a}\sin^2 k_n x \quad \left(k_n = \frac{n\pi}{a}\right) \quad \cdots ①$$

位置 $\bar{x}_n$ は「$d\rho_n/dx = \rho_n' = 0$ と $d^2\rho_n/dx^2 = \rho_n'' < 0$」の 2 条件を満たす場所であるから

$$\rho_n'(x)\Big|_{x=\bar{x}_n} = \frac{2k_n}{a}\sin 2k_n\bar{x}_n = 0 \quad \cdots ②, \qquad \rho_n''(x)\Big|_{x=\bar{x}_n} = \frac{4k_n^2}{a}\cos 2k_n\bar{x}_n < 0 \quad \cdots ③$$

が条件式になる．②は $2k_n\bar{x}_n = m\pi$ $(m = 0, 1, 2, \cdots)$ を意味するから

$$\bar{x}_n = \frac{m\pi}{2k_n} = \frac{m}{2n}a \quad \cdots ④$$

である．④より③のコサインは $\cos 2k_n\bar{x}_n = \cos m\pi$ となるので，③の負の条件から m は奇数であることがわかる．一方，$0 < \bar{x}_n < a$ であるから，④より

$$0 < m < 2n \quad \cdots ⑤$$

を得る．$n = 1$ のとき，⑤より $m = 1$ の 1 個だけだから，$\bar{x}_1 = (1/2)a$ である．同様に，$n = 20$ のとき，⑤より $m = 1, 3, 5, \cdots, 37, 39$ の 20 個だから，$\bar{x}_{20} = (1/40)a, (3/40)a, \cdots, (39/40)a$ である．

[**4.4**]　一般に，任意の関数 $f(x), g(x)$ に対して次式が成り立つ．

$$\frac{d}{dx}(f'g - fg') = f''g - fg'' \quad \cdots ①$$

そこで，$f = \phi_m{}^*$，$g = \phi_n$ とおいて，①の両辺を 0 から a まで x で積分すると次式になる．

$$[\phi_m{}^{*\prime}\phi_n - \phi_m{}^*\phi_n']_0^a = \int_0^a dx\,\{\phi_m{}^{*\prime\prime}\phi_n - \phi_m{}^*\phi_n''\} \quad \cdots ②$$

左辺は境界条件 (4.21) によりゼロなので，右辺にシュレーディンガー方程式 (4.20) を使うと

$$0 = -\frac{2m}{\hbar^2}(E_m - E_n)\int_0^a dx\,\phi_m{}^*(x)\,\phi_n(x) \quad \cdots ③$$

となる．もし $E_m \neq E_n$ であれば，右辺の積分はゼロでなければならない．したがって，異なるエネルギー固有値に属する固有関数は直交することになる．

[**4.5**]　運動量の不確定さ Δp は $p = \hbar k$ から $\Delta p = \hbar\Delta k$ であり，波数の不確定さ Δk は (4.34) の $ka = n\pi$ から $a\Delta k = \pi\Delta n$ で与えられる．ここで，Δn は $n + 1$ と n との差だから，$\Delta n = (n + 1) - n = 1$ である．したがって，

$$\Delta k = \frac{\pi\Delta n}{a} = \frac{\pi}{a} \quad \rightarrow \quad \Delta p = \hbar\Delta k = \frac{h}{2\pi}\frac{\pi}{a} = \frac{h}{2a} \quad \cdots ①$$

のように，Δp が決まる．この Δp によって生じるエネルギー E を計算すると

$$E = \frac{(\Delta p)^2}{2m} = \frac{1}{2m}\left(\frac{h}{2a}\right)^2 = \frac{h^2}{8ma^2} \quad \cdots ②$$

となり，(4.42)のゼロ点エネルギー E_1 と一致する．

[**4.6**]　(2.62)の積分は，粒子の軌道に沿って1周にわたるから，この軌道の全長は $2a$ である．また，エネルギー E をもつ自由粒子（質量 m）の運動量 p は，座標 x によらず一定である．以上より，(2.62)は

$$\oint p\,dq = p\oint dq = p \times 2a = nh \quad \cdots ①$$

と表せるので，次式を得る．

$$p^2 = \frac{n^2h^2}{4a^2} \quad \cdots ②$$

②の左辺に $p = \sqrt{2mE}$ を代入すると，(4.31)になる（ただし，$E = E_n$ とおく）．

第 5 章

[**5.1**]　(1)　例題5.1の $|\Psi|^2 = \Psi^*\Psi = |C|^2$ は x によらないから，粒子の位置を測定すると，みつかる確率はどこも同じである．このため，位置の不確定さは無限大になり，粒子の位置は測定できない（前提2）．

(2)　$\hat{H}\Psi = i\hbar(\partial\Psi/\partial t) = E\Psi$ を計算すると $E = \hbar\omega = p^2/2m = \hbar^2k^2/2m$ となる（(3.33)を参照）．したがって，粒子のエネルギーを測定すると確定値 $E = \hbar^2k^2/2m$ を必ず得ることになる（前提5）．

[**5.2**]　分散 σ^2 の平方根 $\sqrt{\sigma^2}$ を**標準偏差**というが，この標準偏差 σ は平均値の周りでの測定値のばらつき具合を示す指標となる量で，どのような測定にも含まれる"不確かさ"の大きさを表す量である．標準偏差 σ_x と σ_p は，(5.15)と(5.26)から

$$\sigma_x = \sqrt{\frac{a^2}{12} - \frac{a^2}{2n^2\pi^2}}, \qquad \sigma_p = \frac{n\pi\hbar}{a} \quad \cdots ①$$

で与えられる．これらの積をとると，次の不等式が成り立つ．

$$\sigma_x\sigma_p = \frac{\hbar}{2}\sqrt{\frac{1}{3}n^2\pi^2 - 2} > \frac{\hbar}{2} \quad \cdots ②$$

なぜならば，平方根の値は常に1より大きいからである（$\pi^2/3 - 2 = 1.29$）．明らかに，②の関係は"ハイゼンベルクの不確定性原理"(4.43)と矛盾していない．

[**5.3**]　(1)　$u(x) = \cos 2x$ を $\hat{A}$ に演算すると

$$\hat{A}u = \left(-\frac{d^2}{dx^2}\right)\cos 2x = 4\cos 2x \quad \cdots ①$$

となり，固有値方程式(4.41)と同じ形になるから，u は固有関数で固有値は 4 である．この三角関数 u は x の値によらず連続で有限（発散しない）なので，物理的に意味のある固有関数である．

(2)　関数 $v(x) = \cosh 2x$ を $\hat{A}$ に演算すると

$$\hat{A}v = \left(-\frac{d^2}{dx^2}\right)\cosh 2x = -4\cosh 2x \quad \cdots ②$$

となるので，v は固有関数で固有値は -4 である．しかし，この v は双曲線余弦関数

$$\cosh 2x = \frac{1}{2}(e^{2x} + e^{-2x}) \quad \cdots ③$$

だから，$x \to \pm\infty$ で無限大になり，物理的には意味のない固有関数である．

[**5.4**]　系のエネルギーに対応した物理量演算子はハミルトニアン $\widehat{H}$ で，量子井戸の中の粒子を扱うからポテンシャルエネルギーを $V = 0$ とおく．エネルギーの期待値 $\overline{H} = \overline{E}$ は次式で与えられる（$k_n a = n\pi$）．

$$\overline{E} = \int_0^a \psi_n{}^* (\widehat{H}\psi_n) \, dx = \frac{2}{a} \int_0^a \sin k_n x \left[\left(-\frac{\hbar^2}{2m} \frac{\partial^2}{\partial x^2} \right) \sin k_n x \right] dx$$

$$= \frac{\hbar^2}{2m} \frac{2}{a} (k_n)^2 \int_0^a \sin^2 k_n x \, dx = \frac{\hbar^2 k_n{}^2}{2m} \quad \cdots ①$$

ただし，

$$\int_0^a \sin^2 k_n x \, dx = \int_0^a \frac{1}{2} (1 - \cos 2k_n x) \, dx = \frac{a}{2}$$

を使った．同様に，$\overline{E^2}$ を計算すると

$$\overline{E^2} = \int_0^a \psi_n{}^* (\widehat{H}^2 \psi_n) \, dx = \int_0^a \psi_n{}^* \widehat{H} \, (\widehat{H}\psi_n) \, dx$$

$$= \frac{2}{a} \int_0^a \sin k_n x \left(-\frac{\hbar^2}{2m} \frac{\partial^2}{\partial x^2} \right) \left[\left(-\frac{\hbar^2}{2m} \frac{\partial^2}{\partial x^2} \right) \sin k_n x \right] dx$$

$$= \frac{\hbar^4}{4m^2} \frac{2}{a} \int_0^a \sin k_n x \left[\left(\frac{\partial^4}{\partial x^4} \right) \sin k_n x \right] dx$$

$$= \frac{\hbar^4}{4m^2} \frac{2}{a} (k_n)^4 \int_0^a \sin^2 k_n x \, dx = \frac{\hbar^4 k_n{}^4}{4m^2} = (\overline{E})^2 \quad \cdots ②$$

となる．したがって，分散 $\sigma_E{}^2$ は $\sigma_E{}^2 = \overline{E^2} - (\overline{E})^2 = (\overline{E})^2 - (\overline{E})^2 = 0$ のようにゼロになるから，量子井戸の中の粒子のエネルギーは $E_1, E_2, \cdots$ の値だけが観測されることになる．

[**5.5**]　エルミート演算子の定義 (5.60) から，演算子 $\widehat{F}$ と $\widehat{G}$ の間には次式が成り立つ．

$$\int u^* \widehat{F} (\widehat{G}v) \, dx = \int (\widehat{F}u)^* (\widehat{G}v) \, dx = \int (\widehat{G}\widehat{F}u)^* v \, dx \quad \cdots ①$$

ここで，演算子 $\widehat{F}$ と $\widehat{G}$ は可換，つまり，$\widehat{F}\widehat{G} = \widehat{G}\widehat{F}$ であることを使うと，①の最右辺は

$$\int (\widehat{G}\widehat{F}u)^* v \, dx = \int (\widehat{F}\widehat{G}u)^* v \, dx \quad \cdots ②$$

と表せる．したがって，「①の最左辺 ＝ ②の右辺」とおくと

$$\int u^* (\widehat{F}\widehat{G}v) \, dx = \int (\widehat{F}\widehat{G}u)^* v \, dx \quad \cdots ③$$

となり，$\widehat{F}\widehat{G}$ はエルミート演算子であることがわかる．ちなみに，例題 5.7 の (3) のエルミート演算子（$-\partial^2/\partial x^2$）はエルミート演算子 $-i(\partial/\partial x)$ の 2 つの積で，本問の具体例になる．

[**5.6**]　(5.93) の右辺に (5.92) を代入すると

$$(g, g) = \int dx \, \{(i\widehat{p}_x \alpha + \widehat{x})\phi\}^* (i\widehat{p}_x \alpha + \widehat{x})\phi = \int dx \, \psi^* (-i\widehat{p}_x \alpha + \widehat{x}) (i\widehat{p}_x \alpha + \widehat{x})\phi$$

$$= (\phi, \widehat{p}_x{}^2 \phi) \alpha^2 + i(\phi, (\widehat{x}\widehat{p} - \widehat{p}\widehat{x})\phi)\alpha + (\phi, \widehat{x}^2 \phi) \quad \cdots ①$$

になる（2 番目から 3 番目の移行は $\widehat{x}$ と $\widehat{p}_x$ のエルミート性を使った）．交換関係 (5.86) より α の 1 次の項は $i(\phi, (i\hbar)\phi)\alpha = -\hbar(\phi, \phi)\alpha = -\hbar\alpha$ となるので，(5.93) と①から次式を得る．

$$(g, g) = \overline{p^2} \alpha^2 - \hbar\alpha + \overline{x^2} \geq 0 \quad \cdots ②$$

任意の実数 α に対して②でなければならないから，判別式は常に負である．したがって，次式が成り立つ．

$$\hbar^2 - 4\overline{p^2}\,\overline{x^2} \leq 0 \quad \cdots ③$$

x と p の不確定さ Δx と Δp は，それぞれ $\Delta x = \sqrt{\overline{x^2} - \overline{x}^2}$ と $\Delta p = \sqrt{\overline{p^2} - \overline{p}^2}$ で与えられるが，期待値 $\overline{x}$ と $\overline{p}$ は共にゼロにとれる．なぜなら，「$\overline{x}=0$」は座標系の原点をずらして $\overline{x}=0$ にとればよく，また，座標系を速さ $\overline{p}_x/m$ で運動させれば $\overline{p}=0$ とできるからである．したがって，(5.92) の $\phi(x)$ を $\overline{x}=0$, $\overline{p}=0$ の（規格化された）波動関数であると仮定しても一般性を失うことはないから，$\Delta x = \sqrt{\overline{x^2}}$, $\Delta p = \sqrt{\overline{p^2}}$ と③から，(4.43) が導かれる．

第 6 章

[**6.1**] (5.12) の期待値 $\overline{A}$ を時間で微分すると

$$\frac{d}{dt}\overline{A} = \int dx \left(\frac{\partial \Psi^*}{\partial t} \widehat{A} \Psi + \Psi^* \frac{\partial \widehat{A}}{\partial t} \Psi + \Psi^* \widehat{A} \frac{\partial \Psi}{\partial t} \right)$$

となる．この右辺をシュレーディンガー方程式 (3.42) で書き換えると

$$\text{右辺} = \int dx \left(\frac{-1}{i\hbar} \Psi^* \widehat{H} \widehat{A} \Psi + \Psi^* \frac{\partial \widehat{A}}{\partial t} \Psi + \frac{1}{i\hbar} \Psi^* \widehat{A} \widehat{H} \Psi \right)$$

$$= \frac{1}{i\hbar} \int dx \, \Psi^* [\widehat{A}, \widehat{H}] \Psi + \int dx \, \Psi^* \frac{\partial \widehat{A}}{\partial t} \Psi$$

と表せるので，(6.70) を得る．

[**6.2**] $\widehat{\boldsymbol{r}}$ は時間に依存しないから，(6.70) は次式になる．

$$\frac{d}{dt}\overline{\boldsymbol{r}} = \frac{1}{i\hbar}\overline{[\widehat{\boldsymbol{r}}, \widehat{H}]} \quad \cdots ①$$

①の交換子に $\widehat{H}$ を代入し，$[\widehat{\boldsymbol{r}}, V(\widehat{\boldsymbol{r}})]=0$ と $[\widehat{\boldsymbol{r}}, \widehat{\boldsymbol{p}}^2]=2i\hbar\widehat{\boldsymbol{p}}$（この証明は略）を使うと

$$[\widehat{\boldsymbol{r}}, \widehat{H}] = \frac{1}{2m}[\widehat{\boldsymbol{r}}, \widehat{\boldsymbol{p}}^2] + [\widehat{\boldsymbol{r}}, V(\widehat{\boldsymbol{r}})] = \frac{1}{2m}[\widehat{\boldsymbol{r}}, \widehat{\boldsymbol{p}}^2] = \frac{1}{2m}2i\hbar\widehat{\boldsymbol{p}} = \frac{i\hbar}{m}\widehat{\boldsymbol{p}} \quad \cdots ②$$

となるので，(6.71) を得る．同様に，$\widehat{\boldsymbol{p}}$ は時間に依存しないから，(6.70) は次式になる．

$$\frac{d}{dt}\overline{\boldsymbol{p}} = \frac{1}{i\hbar}\overline{[\widehat{\boldsymbol{p}}, \widehat{H}]} \quad \cdots ③$$

③の交換子に $\widehat{H}$ を代入し，$[\widehat{\boldsymbol{p}}, \widehat{\boldsymbol{p}}^2]=0$ と $[\widehat{\boldsymbol{p}}, V(\widehat{\boldsymbol{r}})]=-i\hbar\nabla V(\widehat{\boldsymbol{r}})$ を使うと

$$[\widehat{\boldsymbol{p}}, \widehat{H}] = \frac{1}{2m}[\widehat{\boldsymbol{p}}, \widehat{\boldsymbol{p}}^2] + [\widehat{\boldsymbol{p}}, V(\widehat{\boldsymbol{r}})] = [\widehat{\boldsymbol{p}}, V(\widehat{\boldsymbol{r}})] = -i\hbar\nabla V(\widehat{\boldsymbol{r}}) \quad \cdots ④$$

となるので，(6.72) を得る．

[**6.3**] ガウス積分の公式を使って，次のように計算すると，(6.48) を得る．

$$\overline{p^2} = \int \phi^* \left(\frac{\hbar}{i} \frac{d}{dx} \right)^2 \phi \, dx = \frac{-\hbar^2}{\sqrt{\pi}\sigma} \int dx \, e^{-x^2/2\sigma^2 - ik_0 x} \frac{d^2}{dx^2} e^{-x^2/2\sigma^2 + ik_0 x}$$

$$= \frac{-\hbar^2}{\sqrt{\pi}\sigma} \int dx \, e^{-x^2/2\sigma^2 - ik_0 x} \left(-\frac{1}{\sigma^2} + \frac{x^2}{\sigma^4} - \frac{2ik_0 x}{\sigma^2} - k_0^2 \right) e^{-x^2/2\sigma^2 + ik_0 x}$$

$$= \frac{-\hbar^2}{\sqrt{\pi}\sigma} \int dx \left(-\frac{1}{\sigma^2} + \frac{x^2}{\sigma^4} - k_0^2 \right) e^{-x^2/\sigma^2}$$

$$= \frac{-\hbar^2}{\sqrt{\pi}\sigma} \left(-\frac{\sqrt{\pi}}{2\sigma} - \sqrt{\pi}\sigma k_0^2 \right) = \frac{\hbar^2}{2\sigma^2} + \hbar^2 k_0^2 = \frac{\hbar^2}{2\sigma^2} + p_0^2$$

ただし，$-2ik_0 x/\sigma^2$ は x の奇関数なのでガウス積分はゼロになることに注意せよ．

[**6.4**] 速さ v の粒子（質量 m）の運動量は $p = mv$ だから，粒子のエネルギーの不確定さ ΔE は

$$\Delta E = \Delta\left(\frac{p^2}{2m} \right) = \frac{p\,\Delta p}{m} \quad \cdots ①$$

である．一方，観測している間に，粒子は Δx だけ移動したとすると，それに要する時間は

$$\Delta t = \frac{\Delta x}{v} = \frac{m \Delta x}{mv} = \frac{m \Delta x}{p} \quad \cdots ②$$

である．ΔE と Δt の積は①と②から

$$\Delta E \, \Delta t = \frac{p \, \Delta p}{m} \frac{m \, \Delta x}{p} = \Delta x \, \Delta p \geq \frac{\hbar}{2}$$

のように (6.73) となる（ただし，(4.43) の $\Delta x \, \Delta p \geq \hbar/2$ を使う）．

[6.5] (6.59) の波動関数 $\Psi(x, t)$ を $a = \sigma^2/2$，$b = c_2 t = (\hbar/2m)t$ とおいて

$$\Psi(x, t) = \frac{K}{\sqrt{a + ib}} \exp\left[\frac{-(x - c_1 t)^2}{4(a + ib)}\right] e^{i(k_0 x - \omega_0 t)} \qquad \left(K = \sqrt{\frac{\sigma}{2\pi\sqrt{\pi}}}\sqrt{\pi}\right) \quad \cdots ①$$

と表すと，$|\Psi|^2$ は次式になる（$z = x - c_1 t$）．

$$|\Psi|^2 = \Psi^* \Psi = \frac{K^2}{\sqrt{a - ib}\sqrt{a + ib}} \exp\left[\frac{-z^2}{4}\left(\frac{1}{a - ib} + \frac{1}{a + ib}\right)\right] \quad \cdots ②$$

ここで，$(a - ib)(a + ib) = a^2 + b^2 = (\sigma^2/4)(\sigma^2 + \hbar^2 t^2/m^2\sigma^2)$ と $1/(a - ib) + 1/(a + ib)$ $= 2a/(a^2 + b^2) = \{4/(\sigma^2 + \hbar^2 t^2/m^2\sigma^2)\}$ を②に代入すると，(6.66) を得る．

[6.6] 不確定性原理より，Δp の大きさは

$$\Delta p = \frac{\hbar}{2\Delta x} = \frac{1.05 \times 10^{-34} \, \mathrm{Js}}{2(1.0 \times 10^{-3} \, \mathrm{m})} \approx 5.25 \times 10^{-32} \, \mathrm{kg\,m/s} \quad \cdots ①$$

である．したがって，Δx と Δp は互いにこの程度の精度で決まる．電子の質量は $m = 9.11 \times 10^{-31} \, \mathrm{kg}$ だから，速さの不確定さ Δv は次のようになる．

$$\Delta v = \frac{\Delta p}{m} = \frac{5.25 \times 10^{-32} \, \mathrm{kg\,m/s}}{9.11 \times 10^{-31} \, \mathrm{kg}} \approx 5.8 \times 10^{-2} \, \mathrm{m/s} \quad \cdots ②$$

第 7 章

[7.1] (1) $\quad i\psi^* \dfrac{d\psi}{dx} = i(A^* e^{-ikx} + B^* e^{ikx})(ikA e^{ikx} - ikB e^{-ikx})$

$$= i^2 k(|A|^2 - |B|^2) + i^2 k(AB^* e^{2ikx} - A^* B e^{-2ikx}) \quad \cdots ①$$

であるから，(7.15) のフラックス $J(x)$ は次式のようになる（$\hbar k/m = v > 0$）．

$$J(x) = -\frac{\hbar}{m} \mathrm{Re}\left(i\psi^* \frac{d\psi}{dx}\right) \frac{\hbar k}{m}(|A|^2 - |B|^2) = |A|^2 v - |B|^2 v \quad \cdots ②$$

最右辺の第 1 項は右向きの進行波（$+|A|^2 v > 0$）による流れ，第 2 項は左向きの進行波（$-|B|^2 v < 0$）による流れを表す．なお，①の干渉項 $i^2 k(AB^* e^{2ikx} - A^* B e^{-2ikx})$ の括弧内は複素共役量の差で純虚数，つまり $AB^* e^{2ikx} - (AB^* e^{2ikx})^* = 2i \, \mathrm{Im}(AB^* e^{2ikx})$ となるので，$J(x)$ に寄与しない．

(2) フラックス $J(x)$ を (7.15) から計算すると次のようになる．

$$J(x) = -\frac{\hbar}{m} \mathrm{Re}\left(i\psi^* \frac{d\psi}{dx}\right) = -\frac{\hbar}{m} \mathrm{Re}\left[i|A|^2 (iku^2 + uu')\right]$$

$$= -\frac{\hbar}{m} |A|^2 \mathrm{Re}(-ku^2 + iuu') = \frac{\hbar k}{m} |A|^2 u^2 \quad \cdots ③$$

[7.2] $x = 0$ と $x = a$ での境界条件 (7.61) と (7.62) は

$$A_1 + B_1 = A_2 + B_2, \qquad A_1 - B_1 = \frac{\beta}{i\alpha}(A_2 - B_2) \quad \cdots ①$$

$$A_2 e^{\beta a} + B_2 e^{-\beta a} = A_3 e^{i\alpha a}, \qquad A_2 e^{\beta a} - B_2 e^{-\beta a} = \frac{i\alpha}{\beta} A_3 e^{i\alpha a} \quad \cdots ②$$

と表せる．A_1, B_1, A_3 の関係を知りたいので，①と②から A_2, B_2 を消去すればよい．そこで，②から A_2 と B_2 を求めると，次式を得る．

$$A_2 = \frac{\beta + i\alpha}{2\beta} A_3 e^{i\alpha a - \beta a}, \qquad B_2 = \frac{\beta - i\alpha}{2\beta} A_3 e^{i\alpha a + \beta a} \quad \cdots ③$$

③の A_2, B_2 を①に代入し，$X = B_1/A_1$，$Y = A_3/A_1$ とおけば，①は次式のように表せる．

$$1 + X = \left[(\beta + i\alpha)e^{-\beta a} + (\beta - i\alpha)e^{\beta a} \right] \frac{e^{i\alpha a}}{2\beta} Y \equiv P(\alpha, \beta) Y \quad \cdots ④$$

$$1 - X = \frac{\beta}{i\alpha} \left[(\beta + i\alpha)e^{-\beta a} - (\beta - i\alpha)e^{\beta a} \right] \frac{e^{i\alpha a}}{2\beta} Y \equiv \frac{\beta}{i\alpha} Q(\alpha, \beta) Y \quad \cdots ⑤$$

ここで，④と⑤の右辺を簡潔に表すために $P(\alpha, \beta), Q(\alpha, \beta)$ という量を定義した．このようにコンパクトに表すと，以下の計算が煩雑にならず，計算ミスも防ぐことができる．④と⑤から，X と Y は

$$X = \frac{P - (\beta/i\alpha)Q}{P + (\beta/i\alpha)Q}, \qquad Y = \frac{2}{P + (\beta/i\alpha)Q} \quad \cdots ⑥$$

となる．⑥の X の分子と分母を計算すると，次のようになるから，(7.63)を得る．

$$P - \frac{\beta}{i\alpha} Q = \frac{e^{i\alpha a}}{2i\alpha\beta} (\alpha^2 + \beta^2)(e^{\beta a} - e^{-\beta a}) \quad \cdots ⑦$$

$$P + \frac{\beta}{i\alpha} Q = -\frac{e^{i\alpha a}}{2i\alpha\beta} \left[(\alpha - i\beta)^2 e^{-\beta a} - (\alpha + i\beta)^2 e^{\beta a} \right] \quad \cdots ⑧$$

[**7.3**]　(1)　(7.68)の分母にある項 $V_0^2 \sinh^2 \beta a / 4E(V_0 - E)$ を $E \to V_0$ の極限で近似する．そのために，$\theta = \beta a$ とおくと，$V_0 - E$ は(7.28)より $V_0 - E = \hbar^2\theta^2/2ma^2$ となるので

$$\frac{V_0^2 \sinh^2 \theta}{4E(V_0 - E)} = \frac{V_0^2}{4E} \frac{2ma^2}{\hbar^2\theta^2} \sinh^2 \theta \approx \frac{V_0^2}{4E} \frac{2ma^2}{\hbar^2\theta^2} \left(\theta + \frac{\theta^3}{6} \right)^2 = \frac{V_0^2}{4E} \frac{2ma^2}{\hbar^2} \left(1 + \frac{\theta^2}{6} \right)^2 \quad \cdots ①$$

を得る．ここで，$V_0 = E$ とおくと $\theta = 0$ なので，①の最右辺は $2mV_0a^2/4\hbar^2 = g^2/4$ となる．①の結果を透過率(7.68)と反射率(7.69)に代入すると，(7.99)を得る．

(2)　T と R の和を計算すると

$$T + R = \frac{1}{1 + g^2/4} + \frac{1}{1 + 4/g^2} = \frac{(1 + 4/g^2) + (1 + g^2/4)}{(1 + g^2/4)(1 + 4/g^2)}$$

$$= \frac{2 + 4/g^2 + g^2/4}{2 + 4/g^2 + g^2/4} = 1 \quad \cdots ②$$

のように，(7.100)になることがわかる．なお，(7.99)から，$E = V_0$ のときにも $T < 1$，$R < 1$ となるので，ポテンシャルの壁から散乱されることがわかる．注意してほしいことは，(7.68)と(7.69)に直接 $E = V_0$ を代入すると $T = 0$，$R = 1$ となって，(7.99)とは異なる（誤った）結果になることである．そのため，$E \to V_0$ のように極限をとる計算は，慎重にしなければならない．

[**7.4**]　$\sinh \theta$ は $\theta \gg 1$ のとき $\sinh \theta = e^\theta/2$ と近似できる（$\theta = \beta a$）．$e^\theta \gg 1$ であるから，透過率(7.68)の分母にある 1 は無視できる．したがって，$\sinh^2 \theta = e^{2\theta}/4 = e^{2\beta a}/4$ を使って分母を書き換えると，(7.70)を得る．

[**7.5**]　(7.28)の β の値は

$$\beta = \frac{\sqrt{2m(V_0 - E)}}{\hbar} = \frac{\sqrt{2 \cdot \dfrac{0.51 \times 10^6 \, \text{eV}}{(3 \times 10^8 \, \text{m/s})^2} (4 - 1) \, \text{eV}}}{1.055 \times 10^{-34} \, \text{J s}} = \frac{\sqrt{\dfrac{1.02}{3}}}{1.055} \times 10^{29} \frac{\text{eV/(m/s)}}{\text{J s}}$$

$$= \frac{\sqrt{\frac{1.02}{3}}}{1.055} \times 10^{29} \times \frac{1.6 \times 10^{-19}\,\mathrm{J/(m/s)}}{\mathrm{J\,s}} = 0.879 \times 10^{10}\,\mathrm{m}^{-1}$$

である（4番目の等号に移るときに $1\,\mathrm{eV} = 1.6 \times 10^{-19}\,\mathrm{J}$ を使った）．$a = 1\,\text{Å} = 10^{-10}\,\mathrm{m}$ より $\beta a = 0.88$ となるので，$\beta a \gg 1$ を満たさない．そのため，(7.70) の近似式は使えないので (7.68) の厳密な式を使わなければならない．$\sinh \beta a = \sinh 0.88 = 0.998$ より $\sinh^2 \beta a = 0.996$ である．一方，$V_0^2/4E(V_0 - E) = 4/3$ であるから，透過率は (7.68) から $T = 1/\{1 + (4/3) \times 0.998\} = 0.429$ となる．この値は大きいから，トンネル現象が観測されることになる．

　[**7.6**]　(1)　$x = -a$ での境界条件「$\phi_1(-a) = \phi_2(-a)$ と $\phi_1'(-a) = \phi_2'(-a)$」から次式を得る．

$$-A_2 \sin \alpha a + B_2 \cos \alpha a = A_1 e^{-\beta a} \quad \cdots ①$$

$$\alpha A_2 \cos \alpha a + \alpha B_2 \sin \alpha a = \beta A_1 e^{-\beta a} \quad \cdots ②$$

同様に，$x = a$ での境界条件「$\phi_2(a) = \phi_3(a)$ と $\phi_2'(a) = \phi_3'(a)$」から次式を得る．

$$A_2 \sin \alpha a + B_2 \cos \alpha a = B_3 e^{-\beta a} \quad \cdots ③$$

$$\alpha A_2 \cos \alpha a - \alpha B_2 \sin \alpha a = -\beta B_3 e^{-\beta a} \quad \cdots ④$$

4つの振幅 A_2, B_2, A_1, B_3 に対して4つの式があるので，4つの振幅はすべて求まる．例えば，次のように2つの式の差や和を利用して振幅を決めることができる．

　2つの式の差 (③ − ①) と2つの式の和 (② + ④) より，それぞれ次式を得る．

$$2A_2 \sin \alpha a = (B_3 - A_1) e^{-\beta a}, \qquad 2\alpha A_2 \cos \alpha a = -\beta(B_3 - A_1) e^{-\beta a} \quad \cdots ⑤$$

同様に，和 (③ + ①) と差 (② − ④) より，それぞれ次式を得る．

$$2B_2 \cos \alpha a = (B_3 + A_1) e^{-\beta a}, \qquad 2\alpha B_2 \sin \alpha a = \beta(B_3 + A_1) e^{-\beta a} \quad \cdots ⑥$$

以上の結果のうち，⑤から，$A_2 \neq 0$ で $B_3 - A_1 \neq 0$ であれば (7.102) が求まる．同様に，⑥から，$B_2 \neq 0$ で $B_3 + A_1 \neq 0$ であれば (7.103) が求まる．

　(2)　もし $A_2 \neq 0$, $B_2 \neq 0$ ならば，(7.102) と (7.103) から

$$(\tan \alpha a)^2 = -1 \quad \cdots ⑦$$

となるので，α は実数ではあり得ない．これは，α を実数とした前提と矛盾するから，(i) と (ii) の2つの場合しか物理的な解は存在しないことになる．

　(3)　(i)　$A_2 = 0$, $B_2 \neq 0$ の場合，(7.86) の波動関数 ϕ_2 は $\phi_2 = B_2 \cos \alpha x$ で y 軸に関して対称な関数（つまり，偶関数）になる．

　(ii)　$A_2 \neq 0$, $B_2 = 0$ の場合，(7.86) の波動関数 ϕ_2 は $\phi_2 = A_2 \sin \alpha x$ で y 軸に関して反対称な関数（つまり，奇関数）になる．

　(4)　(i) の偶パリティの固有関数と (ii) の奇パリティの固有関数に対応したエネルギーは，超越方程式 (7.103) と (7.102) から，次のようにして求めることができる．

　まず，パラメータ α と β ((7.28)) をそれぞれ2乗して足し合わせると

$$\alpha^2 + \beta^2 = \frac{2mV_0}{\hbar^2} \quad \cdots ⑧$$

となるので，この両辺に a^2 を掛けてから (7.106) で書き換えると，(7.109) を得る．(7.109) は「半径 $= \sqrt{2mV_0 a^2/\hbar^2}$」の円の方程式だから，この円と (7.107) の曲線との交点が (i) の偶パリティでの値になる．同様に，この円と (7.108) の曲線との交点が (ii) の奇パリティでの値になる．この交点の値を ξ_i, η_i とする（$i = 1, 2, \cdots$）．

　一方，粒子のエネルギー E は，(7.28)から $E = \alpha^2\hbar^2/2m = (\hbar^2/2ma^2)\xi^2 = (h^2/8ma^2)\xi^2$ で与えられる．これに交点 ξ_i を代入すると，(i)と(ii)に対応したエネルギー E_i として(7.110)が決まる．

第 8 章

　[**8.1**]　(1)　一般解(8.4)に，$x(0) = x_0$ と $v(0) = \dot{x}(0) = 0$ を課すと，定数 A, θ は $A = x_0$, $\theta = 0$ となるので，次式を得る．

$$x(t) = x_0 \cos \omega t, \qquad v(t) = \frac{dx}{dt} = -\omega x_0 \sin \omega t \quad \cdots ①$$

ここで $p = mv$ とおいて，①を(8.5)の全エネルギー E に代入すると(8.96)を得る．

　(2)　振動子が x と $x + dx$ との微小区間 dx に存在する時間を dt とすると，1周期 T の間に振動子は dx 区間を右向きに dt 時間，左向きに dt 時間掛けて通過（往復）する．それぞれの通過時間は dt なので，それらの合計 $2\,dt$ を1周期の時間 T で割った値が，1周期の間に粒子が dx 区間に存在した確率 $\rho_{\mathrm{C}}(x)\,dx$ になる．したがって，次式が成り立つ．

$$\rho_{\mathrm{C}}(x)\,dx = 2\frac{dt}{T} \quad \cdots ②$$

ここで，②の右辺を周期 $T = 2\pi/\omega$, $dt = dx/v$ で書き換え，①の $v(t)$ を代入すると，確率は

$$\rho_{\mathrm{C}}(x)\,dx = 2\frac{dx/v}{2\pi/\omega} = \frac{\omega\,dx}{\pi v} = -\frac{dx}{\pi x_0 \sin \omega t} \quad \cdots ③$$

となる．また，①から $\sin \omega t$ は

$$\sin \omega t = \pm\sqrt{1 - \cos^2 \omega t} = \pm\sqrt{1 - \left(\frac{x}{x_0}\right)^2} \quad \cdots ④$$

と表せる．確率は常に正であるから，ρ_{C} の符号がプラスになるように④の符号を選ぶと，③と④から(8.97)が求まる．

　[**8.2**]　m の次元は $[m] = \mathrm{M}$, ω の次元は $[\omega] = \mathrm{T}^{-1}$, そして h の次元は(2.35)より $[h] = \mathrm{ML}^2\mathrm{T}^{-1}$ である．それらを(8.8)の $\alpha = \sqrt{m\omega/\hbar}$ に代入すると，次のように α の次元は"長さの逆数"であることがわかる．

$$[\alpha] = \sqrt{\frac{[m][\omega]}{[\hbar]}} = \sqrt{\frac{\mathrm{MT}^{-1}}{\mathrm{ML}^2\mathrm{T}^{-1}}} = \sqrt{\frac{1}{\mathrm{L}^2}} = \frac{1}{\mathrm{L}}$$

　[**8.3**]　$\phi_n(x)$ の規格化条件(4.9)を $\phi_n(\xi)$ で書き換えると（$\xi = \alpha x$）

$$1 = \int \phi_n{}^*(x)\phi_n(x)\,dx = \int \phi_n{}^*(\xi)\phi_n(\xi)\,\frac{d\xi}{\alpha} \quad \cdots ①$$

である．①の右辺に(8.8)の $\phi_n(\xi)$ を代入し，エルミート多項式の直交性(8.50)を使うと

$$1 = \frac{|N_n|^2}{\alpha}\int H_n{}^*(\xi)\,H_n(\xi)\,e^{-\xi^2}\,d\xi = \frac{|N_n|^2}{\alpha}2^n n!\sqrt{\pi} \quad \cdots ②$$

となる（$H_n{}^* = H_n$）．②から N_n を求めると(8.49)を得る．

　[**8.4**]　(8.99)の両辺の g に，母関数(8.98)の最右辺の式を代入すると，次式になる．

$$(8.99)の左辺 = \sum_{n=1}^{\infty} H_n(\xi)\frac{t^{n-1}}{(n-1)!} = \sum_{n=0}^{\infty} H_{n+1}(\xi)\frac{t^n}{n!} \quad \cdots ①$$

$$(8.99)の右辺 = 2\xi\sum_{n=0}^{\infty} H_n(\xi)\frac{t^n}{n!} - 2\sum_{n=0}^{\infty} H_n(\xi)\frac{t^{n+1}}{n!} \quad \cdots ②$$

ただし，①の2番目から3番目の式変形では n を $n + 1$ と置き換えた．②の右辺の第2項

は，次のように n を $n-1$ で書き換えて変形すると

$$②の右辺の第2項 = -2\sum_{n-1=0}^{\infty} H_{n-1}\frac{t^{(n-1)+1}}{(n-1)!} = -2\sum_{n=1}^{\infty} H_{n-1}\frac{t^n}{(n-1)!}$$

$$= -2\sum_{n=1}^{\infty} H_{n-1}\frac{nt^n}{n(n-1)!} = -2\sum_{n=1}^{\infty} nH_{n-1}\frac{t^n}{n!} \quad \cdots③$$

となるので，①と③の $t^n/n!$ の係数を等しくおけば，漸化式(8.51)を得る．

[8.5] ϕ_0 の係数を A_0，ϕ_1 の係数を A_1 とすると，ϕ_0 と ϕ_1 はそれぞれ $\phi_0(\xi) = A_0 e^{-\xi^2/2}$，$\psi_1(\xi) = A_1\xi e^{-\xi^2/2}$ と表せる．このとき，それぞれの確率密度は $\rho_0(\xi) = |\phi_0|^2 = |A_0|^2 e^{-\xi^2}$，$\rho_1(\xi) = |\psi_1|^2 = |A_1|^2\xi^2 e^{-\xi^2}$ である．位置 x_0 は $d\rho_0/d\xi = |A_0|^2(-2\xi)e^{-\xi^2} = 0$ となる ξ の値 $\xi_0(= \alpha x_0)$ で決まるから，$\xi_0 = \alpha x_0 = 0$ より $x_0 = 0$ である．同様に計算すれば，位置 x_1 は $d\rho_1/d\xi = |A_1|^2(2\xi)(1-\xi^2)e^{-\xi^2} = 0$ となる ξ の値 $\xi_1(= \alpha x_1)$ で決まる．つまり，$1-\xi_1^2 = 1-(\alpha x_1)^2 = 0$ より $x_1 = \pm 1/\alpha$ である．

[8.6] (1) r 方向の単位ベクトルの定義は $\boldsymbol{e}_r = \boldsymbol{r}/r$ であるから，(8.100)から(8.101)を得る．$\boldsymbol{e}_\theta$ は $\boldsymbol{e}_r$ を θ 方向に $+\pi/2$ だけ回転させたものであるから，(8.102)は $\boldsymbol{e}_\theta(\theta, \phi) = \boldsymbol{e}_r(\theta + \pi/2, \phi)$ から求まる．一方，$\boldsymbol{e}_\phi$ は xy 平面に射影した $\boldsymbol{e}_r(\theta = \pi/2, \phi)$ を ϕ 方向に $+\pi/2$ だけ回転させたものだから，(8.103)は $\boldsymbol{e}_\phi(\theta, \phi) = \boldsymbol{e}_r(\theta = \pi/2, \phi + \pi/2)$ から求まる．

(2) (8.104)のナブラの表式を簡潔にするために，(8.104)において $a(r) = 1/r$，$b(r, \theta) = 1/(r\sin\theta)$ とおくと，ラプラシアン(8.76)は次の内積から求まる（ただし，$a = a(r)$，$b = b(r)$ である）．

$$\Delta = \boldsymbol{\nabla}\cdot\boldsymbol{\nabla} = \left(\boldsymbol{e}_r\frac{\partial}{\partial r} + \boldsymbol{e}_\theta a\frac{\partial}{\partial\theta} + \boldsymbol{e}_\phi b\frac{\partial}{\partial\phi}\right)\cdot\left(\boldsymbol{e}_r\frac{\partial}{\partial r} + \boldsymbol{e}_\theta a\frac{\partial}{\partial\theta} + \boldsymbol{e}_\phi b\frac{\partial}{\partial\phi}\right)$$

$$= \left(\boldsymbol{e}_r\frac{\partial}{\partial r}\right)\cdot\left(\boldsymbol{e}_r\frac{\partial}{\partial r} + \boldsymbol{e}_\theta a\frac{\partial}{\partial\theta} + \boldsymbol{e}_\phi b\frac{\partial}{\partial\phi}\right) \quad \cdots①$$

$$+ \left(\boldsymbol{e}_\theta a\frac{\partial}{\partial\theta}\right)\cdot\left(\boldsymbol{e}_r\frac{\partial}{\partial r} + \boldsymbol{e}_\theta a\frac{\partial}{\partial\theta} + \boldsymbol{e}_\phi b\frac{\partial}{\partial\phi}\right) \quad \cdots②$$

$$+ \left(\boldsymbol{e}_\phi b\frac{\partial}{\partial\phi}\right)\cdot\left(\boldsymbol{e}_r\frac{\partial}{\partial r} + \boldsymbol{e}_\theta a\frac{\partial}{\partial\theta} + \boldsymbol{e}_\phi b\frac{\partial}{\partial\phi}\right) \quad \cdots③$$

単位ベクトルの微分は(8.101)〜(8.103)を使えば，右の表のようになる．

この表と規格化条件（$\boldsymbol{e}_r\cdot\boldsymbol{e}_r = \boldsymbol{e}_\theta\cdot\boldsymbol{e}_\theta = \boldsymbol{e}_\phi\cdot\boldsymbol{e}_\phi = 1$）および，直交条件（$\boldsymbol{e}_r\cdot\boldsymbol{e}_\theta = 0$，$\boldsymbol{e}_r\cdot\boldsymbol{e}_\phi = 0$，$\boldsymbol{e}_\theta\cdot\boldsymbol{e}_\phi = 0$）と（$\boldsymbol{e}_r\cdot\partial\boldsymbol{e}_r/\partial r = 0$，$\boldsymbol{e}_\theta\cdot\partial\boldsymbol{e}_\theta/\partial\theta = 0$，$\boldsymbol{e}_\phi\cdot\partial\boldsymbol{e}_\phi/\partial\phi = 0$）を使うと，①〜③はそれぞれ次のようになる（コメント：$\boldsymbol{e}_r\cdot\partial\boldsymbol{e}_r/\partial r = 0$ は $\boldsymbol{e}_r\cdot\boldsymbol{e}_r = 1$ の両辺を r で微分，$\boldsymbol{e}_\theta\cdot\partial\boldsymbol{e}_\theta/\partial\theta = 0$ は $\boldsymbol{e}_\theta\cdot\boldsymbol{e}_\theta = 1$ の両辺を θ で微分すれば導ける）．

単位ベクトルの微分

	$\boldsymbol{e}_r$	$\boldsymbol{e}_\theta$	$\boldsymbol{e}_\phi$
$\dfrac{\partial}{\partial r}$	0	0	0
$\dfrac{\partial}{\partial\theta}$	$\boldsymbol{e}_\theta$	$-\boldsymbol{e}_r$	0
$\dfrac{\partial}{\partial\phi}$	$\boldsymbol{e}_\phi\sin\theta$	$\boldsymbol{e}_\phi\cos\theta$	$-\boldsymbol{i}\cos\phi - \boldsymbol{j}\sin\phi$

$$① = \left\{\left(\boldsymbol{e}_r\cdot\frac{\partial\boldsymbol{e}_r}{\partial r}\right)\frac{\partial}{\partial r} + (\boldsymbol{e}_r\cdot\boldsymbol{e}_r)\frac{\partial^2}{\partial r^2}\right\} + \left\{\left(\boldsymbol{e}_r\cdot\frac{\partial\boldsymbol{e}_\theta}{\partial r}\right)a\frac{\partial}{\partial\theta} + (\boldsymbol{e}_r\cdot\boldsymbol{e}_\theta)\frac{\partial}{\partial r}\left(a\frac{\partial}{\partial\theta}\right)\right\}$$

$$+ \left\{\left(\boldsymbol{e}_r\cdot\frac{\partial\boldsymbol{e}_\phi}{\partial r}\right)b\frac{\partial}{\partial\phi} + (\boldsymbol{e}_r\cdot\boldsymbol{e}_\phi)\frac{\partial}{\partial r}\left(b\frac{\partial}{\partial\phi}\right)\right\} = \frac{\partial^2}{\partial r^2} \quad \cdots④$$

$$② = \left\{\left(\boldsymbol{e}_\theta\cdot\frac{\partial\boldsymbol{e}_r}{\partial\theta}\right)a\frac{\partial}{\partial r} + (\boldsymbol{e}_\theta\cdot\boldsymbol{e}_r)a\frac{\partial^2}{\partial\theta\,\partial r}\right\} + \left\{\left(\boldsymbol{e}_\theta\cdot\frac{\partial\boldsymbol{e}_\theta}{\partial\theta}\right)a^2\frac{\partial}{\partial\theta} + (\boldsymbol{e}_\theta\cdot\boldsymbol{e}_\theta)a^2\frac{\partial^2}{\partial\theta^2}\right\}$$

$$+ \left[\left(\boldsymbol{e}_\theta \cdot \frac{\partial \boldsymbol{e}_\phi}{\partial \theta} \right) ab \frac{\partial}{\partial \phi} + (\boldsymbol{e}_\theta \cdot \boldsymbol{e}_\phi) a \frac{\partial}{\partial \theta} \left(b \frac{\partial}{\partial \phi} \right) \right] = (\boldsymbol{e}_\theta \cdot \boldsymbol{e}_\theta) a \frac{\partial}{\partial r} + (\boldsymbol{e}_\theta \cdot \boldsymbol{e}_\theta) a^2 \frac{\partial^2}{\partial \theta^2}$$

$$= a \frac{\partial}{\partial r} + a^2 \frac{\partial^2}{\partial \theta^2} = \frac{1}{r} \frac{\partial}{\partial r} + \frac{1}{r^2} \frac{\partial^2}{\partial \theta^2} \quad \cdots ⑤$$

$$③ = \left\{ \left(\boldsymbol{e}_\phi \cdot \frac{\partial \boldsymbol{e}_r}{\partial \phi} \right) b \frac{\partial}{\partial r} + (\boldsymbol{e}_\phi \cdot \boldsymbol{e}_r) b \frac{\partial^2}{\partial \phi \partial r} \right\} + \left\{ \left(\boldsymbol{e}_\phi \cdot \frac{\partial \boldsymbol{e}_\theta}{\partial \phi} \right) ba \frac{\partial}{\partial \theta} + (\boldsymbol{e}_\phi \cdot \boldsymbol{e}_\theta) b \frac{\partial}{\partial \phi} \left(a \frac{\partial}{\partial \theta} \right) \right\}$$

$$+ \left\{ \left(\boldsymbol{e}_\phi \cdot \frac{\partial \boldsymbol{e}_\phi}{\partial \phi} \right) b^2 \frac{\partial}{\partial \phi} + (\boldsymbol{e}_\phi \cdot \boldsymbol{e}_\phi) b \frac{\partial}{\partial \phi} \left(b \frac{\partial}{\partial \phi} \right) \right\}$$

$$= (\boldsymbol{e}_\phi \cdot \boldsymbol{e}_\phi \sin \theta) b \frac{\partial}{\partial r} + (\boldsymbol{e}_\phi \cdot \boldsymbol{e}_\phi \cos \theta) ba \frac{\partial}{\partial \theta} + (\boldsymbol{e}_\phi \cdot \boldsymbol{e}_\phi) b \frac{\partial}{\partial \phi} \left(b \frac{\partial}{\partial \phi} \right)$$

$$= b(\sin \theta) \frac{\partial}{\partial r} + b(\cos \theta) a \frac{\partial}{\partial \theta} + b^2 \frac{\partial^2}{\partial \phi^2} = \frac{1}{r} \frac{\partial}{\partial r} + \frac{1}{r^2} \frac{\cos \theta}{\sin \theta} \frac{\partial}{\partial \theta} + \frac{1}{r^2 \sin^2 \theta} \frac{\partial^2}{\partial \phi^2} \quad \cdots ⑥$$

④ + ⑤ + ⑥ より，ラプラシアン(8.76)を得る．このように，(8.104)を利用すれば，<u>極座標表示のラプラシアンの導出は簡単に初等的にできる</u>ことがわかる．

第 9 章

[9.1] 1番目の関係式を導くが，他の交換関係も同様な計算で導ける．

$$[\hat{L}^2, \hat{L}_x] = [\hat{L}_x^2 + \hat{L}_y^2 + \hat{L}_z^2, \hat{L}_x] = [\hat{L}_y^2, \hat{L}_x] + [\hat{L}_z^2, \hat{L}_x] \quad \cdots ①$$

と表してから，①の最右辺の1番目の交換関係を次のように計算する．

$$[\hat{L}_y^2, \hat{L}_x] = \hat{L}_y^2 \hat{L}_x - \hat{L}_x \hat{L}_y^2 = \hat{L}_y(\hat{L}_y \hat{L}_x - \hat{L}_x \hat{L}_y) + (\hat{L}_y \hat{L}_x - \hat{L}_x \hat{L}_y) \hat{L}_y$$
$$= \hat{L}_y [\hat{L}_y, \hat{L}_x] + [\hat{L}_y, \hat{L}_x] \hat{L}_y = -i\hbar \hat{L}_y \hat{L}_z - i\hbar \hat{L}_z \hat{L}_y \quad \cdots ②$$

ここで，最右辺に移るとき $[\hat{L}_y, \hat{L}_x] = -i\hbar \hat{L}_z$ を使った．②と同様な計算を行えば，①の最右辺の2番目の交換関係は次式になる．

$$[\hat{L}_z^2, \hat{L}_x] = \hat{L}_z [\hat{L}_z, \hat{L}_x] + [\hat{L}_z, \hat{L}_x] \hat{L}_z = i\hbar \hat{L}_z \hat{L}_y + i\hbar \hat{L}_y \hat{L}_z \quad \cdots ③$$

②と③を足すとゼロになるから，①は $[\hat{L}^2, \hat{L}_x] = 0$ となることがわかる．

[9.2] 1番目の関係式を導くが，他の交換関係も同様な計算で導ける．(9.3)と(9.4)より

$$\frac{\hat{L}_x \hat{L}_y}{(-i\hbar)^2} = \left\{ \left(y \frac{\partial}{\partial z} - z \frac{\partial}{\partial y} \right) \left(z \frac{\partial}{\partial x} - x \frac{\partial}{\partial z} \right) \right\}$$

$$= \left\{ y \frac{\partial}{\partial z} \left(z \frac{\partial}{\partial x} - x \frac{\partial}{\partial z} \right) - z \frac{\partial}{\partial y} \left(z \frac{\partial}{\partial x} - x \frac{\partial}{\partial z} \right) \right\}$$

$$= \left\{ y \left(\frac{\partial}{\partial z} z \right) \frac{\partial}{\partial x} + yz \frac{\partial^2}{\partial z \partial x} - yx \frac{\partial^2}{\partial z^2} - z^2 \frac{\partial^2}{\partial y \partial x} + zx \frac{\partial^2}{\partial y \partial z} \right\} \quad \cdots ①$$

$$\frac{\hat{L}_y \hat{L}_x}{(-i\hbar)^2} = \left(z \frac{\partial}{\partial x} - x \frac{\partial}{\partial z} \right) \left(y \frac{\partial}{\partial z} - z \frac{\partial}{\partial y} \right)$$

$$= \left\{ z \frac{\partial}{\partial x} \left(y \frac{\partial}{\partial z} - z \frac{\partial}{\partial y} \right) - x \frac{\partial}{\partial z} \left(y \frac{\partial}{\partial z} - z \frac{\partial}{\partial y} \right) \right\}$$

$$= \left\{ zy \frac{\partial^2}{\partial x \partial z} - z^2 \frac{\partial^2}{\partial x \partial y} - xy \frac{\partial^2}{\partial z^2} + x \left(\frac{\partial}{\partial z} z \right) \frac{\partial}{\partial y} + xz \frac{\partial^2}{\partial z \partial y} \right\} \quad \cdots ②$$

を得る．①から②を引くと，次式になる．

$$\frac{1}{(-i\hbar)^2} (\hat{L}_x \hat{L}_y - \hat{L}_y \hat{L}_x) = y \left(\frac{\partial}{\partial z} z \right) \frac{\partial}{\partial x} - x \left(\frac{\partial}{\partial z} z \right) \frac{\partial}{\partial y} = y \frac{\partial}{\partial x} - x \frac{\partial}{\partial y} \quad \cdots ③$$

③の最右辺は $(1/i\hbar) \hat{L}_z$ ((9.5)) となるから，③は $[\hat{L}_x, \hat{L}_y] = i\hbar \hat{L}_z$ である．

[9.3] $l = 3$ と(9.34)から，u_3 は10個の多項式の和

$$u_3 = a\xi^3 + b\eta^3 + cz^3 + d\xi^2\eta + e\xi^2 z + f\eta^2\xi + g\eta^2 z + h\xi\eta z + i\xi z^2 + j\eta z^2 \quad \cdots ①$$

となる．これをラプラス方程式(9.33)に代入すると，次の3つの条件が付く．

$$2h + 3c = 0, \qquad 4d + i = 0, \qquad 4f + j = 0 \quad \cdots ②$$

②の3つの条件式に含まれない係数 a, b, e, g は4つの独立な多項式の係数になるから，残りの6つの係数が②の条件から3つの独立な多項式をつくることになる．つまり，①の10個の項の内，7個が独立な多項式になる．したがって，②を①に代入すると(9.103)の7個が独立な解であることがわかる．

[**9.4**]
$$\int_0^{2\pi} \Phi_m{}^*(\phi)\,\Phi_{m'}(\phi)\,d\phi = \frac{1}{2\pi}\int_0^{2\pi} e^{i(m'-m)\phi}\,d\phi \quad \cdots ①$$

において，$m' = m$ のときは $e^{i(m'-m)\phi} = 1$ より積分は 2π となるので，定積分は $1/2\pi \times 2\pi = 1$ である．一方，$m' \neq m$ のときは，①の定積分は次のように，ゼロになる．

$$\int_0^{2\pi} \Phi_m{}^*(\phi)\,\Phi_{m'}(\phi)\,d\phi = \frac{1}{2\pi i}\frac{e^{i(m'-m)\phi}}{m'-m}\bigg|_0^{2\pi} = \frac{1-1}{2\pi i(m'-m)} = 0 \quad \cdots ②$$

[**9.5**]　公式(9.104)は，(9.97)の $Y_l{}^m(\theta, \phi)$ の中に，ϕ が $e^{im\phi}$ の形で含まれているから，次のように簡単に導ける．

$$\widehat{L}_z Y_l{}^m = -i\hbar\frac{\partial}{\partial\phi} Y_l{}^m = -i\hbar(im) Y_l{}^m = m\hbar Y_l{}^m \quad \cdots ①$$

次に，公式(9.105)の導出を行う．まず，昇降演算子で

$$\begin{aligned}\widehat{L}_+\widehat{L}_- &= (\widehat{L}_x + i\widehat{L}_y)(\widehat{L}_x - i\widehat{L}_y) = \widehat{L}_x{}^2 + \widehat{L}_y{}^2 - i(\widehat{L}_x\widehat{L}_y - \widehat{L}_y\widehat{L}_x) \\ &= \widehat{L}_x{}^2 + \widehat{L}_y{}^2 - i(i\hbar\widehat{L}_z) = \widehat{L}_x{}^2 + \widehat{L}_y{}^2 + \hbar\widehat{L}_z \quad \cdots ②\end{aligned}$$

をつくって，$\widehat{L}^2$ を次のように書き換える．

$$\widehat{L}^2 = (\widehat{L}_x{}^2 + \widehat{L}_y{}^2) + \widehat{L}_z{}^2 = (\widehat{L}_+\widehat{L}_- - \hbar\widehat{L}_z) + \widehat{L}_z{}^2 \quad \cdots ③$$

この③から $\widehat{L}^2 Y_l{}^m$ をつくると，(9.106)から

$$\begin{aligned}\widehat{L}^2 Y_l{}^m &= (\widehat{L}_+\widehat{L}_- + \widehat{L}_z{}^2 - \hbar\widehat{L}_z) Y_l{}^m = \widehat{L}_+(\widehat{L}_- Y_l{}^m) + (\widehat{L}_z{}^2 - \hbar\widehat{L}_z) Y_l{}^m \\ &= \widehat{L}_+\hbar\sqrt{(l+m)(l-m+1)}\, Y_l{}^{m-1} + \widehat{L}_z{}^2 Y_l{}^m - \hbar\widehat{L}_z Y_l{}^m \\ &= \hbar\sqrt{(l+m)(l-m+1)}\,\widehat{L}_+ Y_l{}^{m-1} + \hbar^2 m^2 Y_l{}^m - \hbar^2 m Y_l{}^m \quad \cdots ④\end{aligned}$$

となる．ここで，(9.106)から導ける

$$\begin{aligned}\widehat{L}_+ Y_l{}^{m-1} &= \hbar\sqrt{[l-(m-1)][l+(m-1)+1]}\, Y_l{}^{(m-1)+1} \\ &= \hbar\sqrt{(l-m+1)(l+m)}\, Y_l{}^m \quad \cdots ⑤\end{aligned}$$

を④に代入すると，次のように(9.105)を得ることができる．

$$\widehat{L}^2 Y_l{}^m = \hbar^2(l+m)(l-m+1) Y_l{}^m + \hbar^2(m^2 - m) Y_l{}^m = l(l+1)\hbar^2 Y_l{}^m$$

[**9.6**]　(9.106)から，$\widehat{L}_+ Y_l{}^l = 0$ であるから次式が成り立つ．

$$\widehat{L}_+ Y_l{}^l = \hbar e^{i\phi}\Big(\frac{\partial Y_l{}^l}{\partial\theta} + i\cot\theta\frac{\partial Y_l{}^l}{\partial\phi}\Big) = 0 \quad \cdots ①$$

ここで，(9.104)から $\widehat{L}_z Y_l{}^l = l\hbar Y_l{}^l$ であるから，$\partial Y_l{}^l/\partial\phi$ は(9.8)の $\widehat{L}_z$ を使って次式で表せる．

$$L_z Y_l{}^l = -i\hbar\frac{\partial Y_l{}^l}{\partial\phi} = l\hbar Y_l{}^l \quad \rightarrow \quad \frac{\partial Y_l{}^l}{\partial\phi} = il Y_l{}^l \quad \cdots ②$$

この②を使って，①の2項目を書き換えると

$$\widehat{L}_+ Y_l{}^l = \hbar e^{i\phi}\Big(\frac{\partial Y_l{}^l}{\partial\theta} - l\cot\theta Y_l{}^l\Big) = 0 \quad \rightarrow \quad \frac{\partial\Theta_l{}^l}{\partial\theta} = (l\cot\theta)\,\Theta_l{}^l \quad \cdots ③$$

のように，θ に関する微分方程式を得る（$Y_l{}^l = \Theta_l{}^l \Phi_l$, $\Phi_l = e^{\pm il\phi}$）．この③を解くと，$\Theta_l{}^l = A \sin^l \theta$ より(9.99)を得る（A は任意定数）．

第 10 章

[10.1] $r < a$ で，波動関数 $R(r)$ に対するシュレーディンガー方程式(10.9)は $k^2 = 2mE/\hbar^2$ とおくと

$$\frac{d^2R}{dr^2} + \frac{2}{r}\frac{dR}{dr} - \frac{l(l+1)}{r^2} + k^2R = 0 \quad \cdots ①$$

であるから，$l = 0$ のとき①は次式になる．

$$\frac{d^2R}{dr^2} + \frac{2}{r}\frac{dR}{dr} + k^2R = 0 \quad \cdots ②$$

ここで，$kr = \rho$ とおくと，②は

$$\frac{d^2R}{d\rho^2} + \frac{2}{\rho}\frac{dR}{d\rho} + R = 0 \quad \cdots ③$$

となる．③の両辺に ρ を掛けると

$$\rho\frac{d^2R}{d\rho^2} + 2\frac{dR}{d\rho} + \rho R = 0 \quad \cdots ④$$

となる．ここで

$$\frac{d^2(\rho R)}{d\rho^2} = \rho\frac{d^2R}{d\rho^2} + 2\frac{dR}{d\rho} \quad \cdots ⑤$$

に注意すると，④は

$$\frac{d^2(\rho R)}{d\rho^2} + \rho R = 0 \quad \cdots ⑥$$

と表せる．⑥の一般解は $\rho R = A \sin \rho + B \cos \rho$ である（A, B は積分定数）．①の解として物理的に許されるものは，$r = 0$ で有限でなければならないから

$$R(r) = A\frac{\sin \rho}{\rho} = A\frac{\sin kr}{kr} \quad \cdots ⑦$$

が求める解になる．⑦に境界条件 $R(a) = 0$ を課すと，$\sin ka = 0$ より $ka = n\pi$（$n = \pm 1, \pm 2, \cdots$）という条件が k につく（$k_n = n\pi/a$）．したがって，エネルギー E は量子化されるので，$E = E_n$ と表せば，エネルギー E_n は次式で与えられる．

$$E_n = \frac{\hbar^2 k_n^2}{2m} = \frac{\hbar^2 n^2 \pi^2}{2ma^2} \quad \cdots ⑧$$

[10.2] シュレーディンガー方程式(10.16)を

$$\frac{d^2R}{dr^2} + \frac{2}{r}\frac{dR}{dr} + \frac{2mE}{\hbar^2}R + \frac{2mk_0'}{\hbar^2 r}R - \frac{\lambda}{r^2}R = 0 \quad \cdots ①$$

のように書き換えると，d^2R/dr^2 や $(\lambda/r^2)R$ の形から，方程式の次元は $[R]/[L^2]$ であることがわかる．ただし，r は長さの次元 $[L]$ をもち，波動関数 R の次元は $[R]$ とする．したがって，$2mE/\hbar^2$ の次元は $1/[L^2]$，$2mk_0'/\hbar^2$ の次元は $1/[L]$ である．なお，ポテンシャル $V(r)$ は $r \to \infty$ で $V(r) = 0$ になるから，束縛状態のエネルギー E は $E < 0$ である．そのため，次元 $[L]$ をもつ定数 α を $\sqrt{-2mE}/\hbar = 1/\alpha$ で定義している．一方，次元 $1/[L]$ をもつ $2mk_0'/\hbar^2$ は，後の計算でシュレーディンガー方程式(10.16)が簡潔な形になるように，$mk_0'/\hbar^2$ を定数 β（(10.21)）で定義している．

[**10.3**] $\dfrac{d}{dr} = \dfrac{d}{d\rho}\dfrac{d\rho}{dr} = \dfrac{2}{\alpha}\dfrac{d}{d\rho}$, $\qquad \dfrac{d^2}{dr^2} = \dfrac{d}{dr}\left(\dfrac{d}{dr}\right) = \left(\dfrac{2}{\alpha}\dfrac{d}{d\rho}\right)\left(\dfrac{2}{\alpha}\dfrac{d}{d\rho}\right) = \dfrac{4}{\alpha^2}\dfrac{d^2}{d\rho^2}$

を使って(10.34)を書き換えると，シュレーディンガー方程式(10.38)になる.

[**10.4**] 規格化条件(10.74)の変数 r を(10.60)を使って変数 ρ で書き換える. $C = na_B/2Z$ とおくと，$r = C\rho$ と表せるので，(10.74)は次式になる.

$$C^3 \int_0^\infty R_{nl}{}^*(\rho)\, R_{nl}(\rho)\, \rho^2\, d\rho = 1 \quad \cdots ①$$

(10.71) の $R_{nl}(\rho) = -N_{nl}e^{-\rho/2}\rho^l L_{n+l}^{2l+1}(\rho)$ を①に代入して，(10.81)の直交関係を使うと $(m = 2l + 1,\ s = s' = n + l)$

$$1 = N_{nl}^2 C^3 \int_0^\infty e^{-\rho}\rho^{2l}[L_{n+l}^{2l+1}(\rho)]^2\, \rho^2\, d\rho = N_{nl}^2 C^3 \dfrac{2n[(n+l)!]^3}{(n-l-1)!} \quad \cdots ②$$

となる．②から N_{nl} をとり出せば，(10.75)を得る.

[**10.5**] (1) 固有値を c とすると，$\widehat{P}$ の固有値方程式は

$$\widehat{P}\phi(\boldsymbol{r}) = c\phi(\boldsymbol{r}) \quad \cdots ①$$

である．この①の両辺に，左から $\widehat{P}$ を作用させると

左辺 $= \widehat{P}(\widehat{P}\phi(\boldsymbol{r})) = \widehat{P}\phi(-\boldsymbol{r}) = \phi(\boldsymbol{r})$, $\qquad$ 右辺 $= \widehat{P}(c\phi(\boldsymbol{r})) = c\widehat{P}\phi(\boldsymbol{r}) = c^2\phi(\boldsymbol{r}) \quad \cdots ②$

となる．ただし，左辺の式変形には(10.82)を使った．②から $\phi(\boldsymbol{r}) = c^2\phi(\boldsymbol{r})$ が成り立つので，$c^2 = 1$ を得る．したがって，固有値 c は ± 1 である.

(2) 球面調和関数 $Y_l^m(\theta, \phi)$ で，パリティ対称性は $P_l^{|m|}(\cos\theta)e^{im\phi}$ の部分に現れる．パリティ変換 $(r, \theta, \phi) \rightarrow (r, \pi - \theta, \phi + \pi)$ を行うと，$P_l^{|m|}$ は $l - |m|$ 次の多項式であるから

$$P_l^{|m|}(\cos(\pi - \theta)) = P_l^{|m|}(-\cos\theta) = (-1)^{l-|m|}P_l^{|m|}(\cos\theta) \quad \cdots ③$$

また，$e^{im(\phi+\pi)} = (-1)^m e^{im\phi}$ である．したがって，球面調和関数は $((-1)^{l-|m|+m} = (-1)^l$ に注意)

$$Y_l^m(\pi - \theta, \phi + \pi) = (-1)^l Y_l^m(\theta, \phi) \quad \cdots ④$$

のように変換するので，パリティ対称性は $(-1)^l$ となる．動径 r はパリティ変換によって変化しないから，中心力場のパリティ対称性は球面調和関数のパリティ対称性 $(-1)^l$ で決まることになる.

[**10.6**] $\gamma = l$ の場合，(10.42)は

$$\sum_{\nu=0}^\infty \{(l+\nu)(l+\nu+1) - l(l+1)\}a_\nu\rho^{\nu-2} = \sum_{\nu=0}^\infty (l+\nu+1-\alpha\beta)a_\nu\rho^{\nu-1} \quad \cdots ①$$

となるので，係数に対する漸化式は

$$a_{n'+1} = \dfrac{l+n'+1-\alpha\beta}{(n'+1)(2l+n'+2)}a_{n'} \quad \cdots ②$$

である（n' の説明は本文の(10.47)を参照）．①の無限級数を有限な多項式にするには，②の右辺の分子が $n' = n_r$ のときにゼロ $(l + n_r + 1 - \alpha\beta = 0)$ になればよいから

$$\alpha\beta = l + n_r + 1 \equiv n \qquad (n = 1, 2, 3, 4, \cdots) \quad \cdots ③$$

という条件式を得る．その結果，無限級数(10.41)は次のような多項式になる.

$$f(\rho) = \rho^l \sum_{\nu=0}^{n_r} a_\nu\rho^\nu = a_0\rho^l + a_1\rho^{l+1} + \cdots + a_{n_r}\rho^{l+n_r} \quad \cdots ④$$

④から ρ の最低の次数は l，最高の次数は $l + n_r$ であることがわかる．ここで③に注意すると，$l + n_r = n - 1$ である．したがって，ρ の最高の次数は $n - 1$ になる (ρ^{n-1})．ちなみに，①〜④で $l = 0$ とおけば，10.3.1項の結果を再現できるので，①〜④は正しい計算結果

であることが確認できる.

第 11 章

[**11.1**]　(11.149)の左辺を完全性(11.67)を使って,次のように書き換える.

$$左辺 = \langle x|\hat{p}\hat{1}|f\rangle = \left\langle x\left|\hat{p}\left(\int_{-\infty}^{\infty}dx'|x'\rangle\langle x'|\right)\right|f\right\rangle = \int_{-\infty}^{\infty}dx'\langle x|\hat{p}|x'\rangle\langle x'|f\rangle \quad\cdots\text{①}$$

ただし,$\langle x||f\rangle$ は $\langle x|f\rangle$ と書く約束である（(11.31)の説明を参照）.①の右辺に(11.148)を代入すると（表式を簡潔にするために $\langle x'|f\rangle = f(x')$ とおく）

$$\int_{-\infty}^{\infty}dx'(-i\hbar)\frac{\partial}{\partial x}\delta(x-x')f(x') = (-i\hbar)\frac{\partial}{\partial x}\int_{-\infty}^{\infty}dx'\,\delta(x-x')f(x')$$

$$= (-i\hbar)\frac{\partial}{\partial x}f(x) \quad\cdots\text{②}$$

となる.ただし,②の1番目から2番目の式に移るとき,x の微分と x' の積分の順序を交換した（変数 x と x' は独立なので順番を変えても問題はない）.$f(x)=\langle x|f\rangle$ なので,②の最右辺は(11.149)の右辺に一致するから(11.149)を得る.

[**11.2**]　状態ベクトル $|\phi(t)\rangle$ の運動方程式(11.93)に左側から $\langle x|$ を掛けた方程式 $i\hbar(d/dt)\langle x|\phi(t)\rangle = \langle x|\hat{H}|\phi(t)\rangle$ に,(11.109)のハミルトニアン $\hat{H}$ を代入すると次式になる.

$$i\hbar\frac{d}{dt}\langle x|\phi(t)\rangle = \left\langle x\left|\frac{\hat{p}^2}{2m}+V(\hat{x})\right|\phi(t)\right\rangle = \frac{1}{2m}\langle x|\hat{p}^2|\phi(t)\rangle + \langle x|V(\hat{x})|\phi(t)\rangle \quad\cdots\text{①}$$

①の最右辺の第1項は,(11.101)で $n=2$ とおいた

$$\frac{1}{2m}\langle x|\hat{p}^2|\phi(t)\rangle = \frac{1}{2m}\left(-i\hbar\frac{\partial}{\partial x}\right)^2\langle x|\phi(t)\rangle = -\frac{\hbar^2}{2m}\frac{\partial^2\langle x|\phi(t)\rangle}{\partial x^2} \quad\cdots\text{②}$$

であり,第2項は(11.100)で $f(\hat{x})=V(\hat{x})$ とおいた次式になる.

$$\langle x|V(\hat{x})|\phi(t)\rangle = V(x)\langle x|\phi(t)\rangle \quad\cdots\text{③}$$

波動関数 $\Psi(x,t)$ は $\langle x|\phi(t)\rangle = \Psi(x,t)$ で定義されるから,①はシュレーディンガー方程式(3.43)となり,(3.42)に一致する.

[**11.3**]　(11.121)を

$$\frac{1}{\hat{U}(t,t_0)}\frac{d\hat{U}(t,t_0)}{dt} = -\frac{i}{\hbar}\hat{H} \quad\cdots\text{①}$$

のように変形してから,両辺を時間 t で積分する.①の左辺の積分は

$$①の左辺の積分 = \int_{t_0}^{t}dt'\frac{1}{\hat{U}(t',t_0)}\frac{d\hat{U}(t',t_0)}{dt'} = \int_{\hat{U}(t_0,t_0)}^{\hat{U}(t,t_0)}\frac{d\hat{U}'}{\hat{U}'} = \log\frac{\hat{U}(t,t_0)}{\hat{U}(t_0,t_0)} \quad\cdots\text{②}$$

となる.一方,①の右辺の積分は,$\hat{H}$ が時間に陽によらないことに注意すれば

$$①の右辺の積分 = -\int_{t_0}^{t}dt'\frac{i}{\hbar}\hat{H} = -\frac{i}{\hbar}\hat{H}\int_{t_0}^{t}dt' = -\frac{i}{\hbar}\hat{H}[t']_{t_0}^{t} = -\frac{i}{\hbar}\hat{H}(t-t_0) \quad\cdots\text{③}$$

となる.② = ③,および $\hat{U}(t_0,t_0)=\hat{1}$ より,(11.123)を得る.

[**11.4**]　演算子 $\hat{H}$ が指数関数 $e^{-i(\hat{H}/\hbar)t}$ の中に入っており,このままでは計算できないので,次式のようにテイラー展開する（$e^x = 1+x+(1/2!)x^2+\cdots$）.

$$e^{-i(\hat{H}/\hbar)t} = 1+\left(-i\frac{\hat{H}}{\hbar}t\right)+\frac{1}{2!}\left(-i\frac{\hat{H}}{\hbar}t\right)^2+\cdots = \sum_{m=0}^{\infty}\frac{1}{m!}\left(-i\frac{\hat{H}}{\hbar}t\right)^m \quad\cdots\text{①}$$

①を利用して(11.130)を変形し,(11.125)を使うと,次のようになる.

$$|\phi(t)\rangle = \sum_{m}^{\infty}\frac{1}{m!}\left(-i\frac{\hat{H}}{\hbar}t\right)^m\sum_{n}c_n(0)|\phi_n\rangle = \sum_{n}c_n(0)\sum_{m}^{\infty}\frac{1}{m!}\left(-\frac{it}{\hbar}\right)^m\hat{H}^m|\phi_n\rangle$$

$$= \sum_n c_n(0) \sum_m^\infty \frac{1}{m!}\left(-\frac{it}{\hbar}\right)^m E_n{}^m |\phi_n\rangle = \sum_n c_n(0) \sum_m^\infty \frac{1}{m!}\left(-\frac{iE_n t}{\hbar}\right)^m |\phi_n\rangle \quad \cdots②$$

ここで再び，②の右辺のテイラー展開を指数関数で

$$\sum_m^\infty \frac{1}{m!}\left(-i\frac{E_n t}{\hbar}\right)^m = \exp\left(-i\frac{E_n}{\hbar}t\right) \quad \cdots③$$

とまとめると，(11.131)になる.

[**11.5**] (11.135)の期待値

$$\overline{A(t)} = \langle\psi(t)|\hat{A}|\psi(t)\rangle = \sum_m\sum_n c_m{}^* c_n \langle\phi_m|\hat{A}|\phi_n\rangle e^{-i(E_n-E_m)t/\hbar} \quad \cdots①$$

に(11.150)を代入すると，次式を得る.

$$\overline{A(t)} = \sum_m\sum_n c_m{}^* c_n \langle\phi_m|a_n|\phi_n\rangle e^{-i(E_n-E_m)t/\hbar} = \sum_m\sum_n a_n c_m{}^* c_n \langle\phi_m|\phi_n\rangle e^{-i(E_n-E_m)t/\hbar}$$
$$= \sum_m\sum_n a_n c_m{}^* c_n \delta_{mn} e^{-i(E_n-E_m)t/\hbar} = \sum_n a_n |c_n|^2 \quad \cdots②$$

(5.39)の $\overline{A}$ において，固有値方程式(5.30)が(11.150)に対応し，(5.37)の波動関数 Ψ が(11.151)に対応する．したがって，②の最右辺 $\sum_n a_n|c_n|^2$ は，(5.39)の $\sum_{i=1}^\infty a_i|c_i|^2$ と同じものであることがわかる.

[**11.6**] (1) ハミルトニアン(11.153)をハイゼンベルク方程式(11.142)に代入し，(11.152)を使うと次式を得る.

$$\frac{d}{dt}\hat{x}_H(t) = \frac{1}{i\hbar}[\hat{x}_H, \hat{H}] = \frac{1}{i\hbar}i\hbar\frac{\partial\hat{H}}{\partial\hat{p}_H} = \frac{\partial\hat{H}}{\partial\hat{p}_H} = \frac{\hat{p}_H}{m} \quad \cdots①$$

$$\frac{d}{dt}\hat{p}_H(t) = \frac{1}{i\hbar}[\hat{p}_H(t), \hat{H}] = \frac{1}{i\hbar}\left(-i\hbar\frac{\partial\hat{H}}{\partial\hat{x}_H}\right) = -\frac{\partial\hat{H}}{\partial\hat{x}_H} = 0 \quad \cdots②$$

①から $\hat{x}_H = (\hat{p}_H/m)t + C_1$，②から $\hat{p}_H = C_2$ である（C_1, C_2 は定数）．$t=0$ で $\hat{x}_H = x$，$\hat{p}_H = p$ だから，(11.154)を得る.

(2) ハミルトニアン(11.155)をハイゼンベルク方程式(11.142)に代入すると，(1)の①は同じで，②が次式のようになる.

$$\frac{d}{dt}\hat{p}_H(t) = -\frac{\partial\hat{H}}{\partial\hat{x}_H} = -m\omega^2\hat{x}_H \quad \cdots③$$

①を t で微分して③を代入すると，連立方程式 $d^2\hat{x}_H/dt^2 = (1/m)d\hat{p}_H/dt = -\omega^2\hat{x}_H$ となるので，これを解くと

$$\hat{x}_H = D_1\cos\omega t + D_2\sin\omega t \quad \cdots④$$

となる（D_1, D_2 は定数）．④と①より，$\hat{p}_H$ は

$$\hat{p}_H = m\omega D_2\cos\omega t - m\omega D_1\sin\omega t \quad \cdots⑤$$

となる．$t=0$ で $\hat{x}_H = x$，$\hat{p}_H = p$ であるから，$D_1 = x$，$D_2 = p/m\omega$ となり，(11.156)を得る.

第 12 章

[**12.1**] (1) 電子の微小部分の質量 dm は，図10.2のような体積要素 dV と剛体球の密度 $\rho(= m/V = m/(4/3)\pi a^3)$ の積で与えられる（$dm = \rho dV$）．体積要素は $dV = r^2 dr \sin\theta\, d\theta\, d\phi$ である．回転軸から dV までの距離を d_0 とすると，$d_0 = r\sin\theta$ だから，dV の回転速度 v は $v = d_0\omega = (r\sin\theta)\omega$ である．質量 dm の運動量 dp は $dp = dm\, v = (\rho\, dV)(r\sin\theta)\omega$ である．したがって，中心軸周りでの質量 dm のもつ角運動量 dl は，$dl =$

$d_0\,dp = (r\sin\theta)\,dp = (r\sin\theta)\,(\rho\,dV)\,(r\sin\theta)\,\omega = \omega\rho r^4\,dr\sin^3\theta\,d\theta\,d\phi$ である.

剛体球の全角運動量の大きさ S は，微小質量 dm の角運動量 dl を剛体球全体にわたって次のように積分すれば求まる.

$$S = \int dl = \omega\rho\int_0^a r^4\,dr\int_0^\pi \sin^3\theta\,d\theta\int_0^{2\pi} d\phi = 2\pi\omega\rho\int_0^a r^4\,dr\int_0^\pi \sin^3\theta\,d\theta = \frac{2}{5}ma^2\omega \quad \cdots\text{①}$$

したがって，①の右辺を $v_s = a\omega$ で書き換えると (12.81) になる.

(2)　(12.81) より，速さは $v_s = (5/2)S/ma$ であるから，これに $a = a_0$, $S = \hbar/2$ と微細構造定数 (12.84) を代入すると

$$v_s = \frac{5}{2}\frac{S}{ma_0} = \frac{5}{2}\frac{\hbar/2}{me^2/4\pi\varepsilon_0 mc^2} = \frac{5}{4}\left(\frac{4\pi\varepsilon_0\hbar c^2}{e^2}\right) = \frac{5}{4}\left(\frac{4\pi\varepsilon_0\hbar c}{e^2}\right)c = \frac{5}{4}(137)c = 171c \quad \cdots\text{②}$$

のように (12.83) となる. ②は光速度より大きいので，特殊相対性理論と矛盾する. このため，スピンは電子の自転による角運動量であると解釈することはできない. ディラックによる電子の相対論的量子力学によって，スピンの正体は明らかにされ，スピンのもつ**磁気モーメント m** は $m = (e/2m)(L + 2S)$ であることが証明されている.

[**12.2**]　$\widehat{S}_+|s,m\rangle$ に左から $\widehat{S}_z$ を作用させた量 $\widehat{S}_z\widehat{S}_+|s,m\rangle$ は，(12.87) の交換関係 $([\widehat{S}_+,\widehat{S}_z] = -\hbar\widehat{S}_+$，つまり $\widehat{S}_+\widehat{S}_z - \widehat{S}_z\widehat{S}_+ = -\hbar\widehat{S}_+)$ と (12.86) を利用すると

$$\widehat{S}_z\widehat{S}_+|s,m\rangle = (\widehat{S}_+\widehat{S}_z + \hbar\widehat{S}_+)|s,m\rangle = (m+1)\hbar\widehat{S}_+|s,m\rangle \quad \cdots\text{①}$$

と表せる. ①は固有関数 $\widehat{S}_+|s,m\rangle$ の固有値が $(m+1)\hbar$ になることを示しているから，$\widehat{S}_+|s,m\rangle$ が $|s,m+1\rangle$ に比例することを意味する. そのため，比例係数を C とおいて

$$\widehat{S}_+|s,m\rangle = C|s,m+1\rangle \quad \cdots\text{②}$$

の形を仮定することができる. ②のエルミート共役は $\langle s,m|\widehat{S}_- = \langle s,m+1|C^*$ であるから，ノルムを計算すると，$\langle s,m+1|s,m+1\rangle = 1$ より

$$\langle s,m|\widehat{S}_-\widehat{S}_+|s,m\rangle = |C|^2\langle s,m+1|s,m+1\rangle = |C|^2 \quad \cdots\text{③}$$

を得る. ③の左辺は (12.85) を使うと

$$\langle s,m|\widehat{S}_-\widehat{S}_+|s,m\rangle = \langle s,m|\widehat{S}^2 - \widehat{S}_z^2 - \hbar\widehat{S}_z|s,m\rangle = [s(s+1) - m^2 - m]\hbar^2$$
$$= (s-m)(s+m+1)\hbar^2 \quad \cdots\text{④}$$

となるので，③と④から $|C|^2 = (s-m)(s+m+1)\hbar^2$ であることがわかる. したがって，$C = \sqrt{(s-m)(s+m+1)}\,\hbar$ となり，(12.19) を得る. ちなみに，(12.20) の導出は $\widehat{S}_-|s,m\rangle = C|s,m-1\rangle$ を仮定して，同様の計算をすればよい.

[**12.3**]　期待値 $\overline{S}_x$ は (12.10) の $\widehat{S}_x$ と (12.36) のスピノール $|\chi_+(\theta,\phi)\rangle$ を使って

$$\overline{S}_x = \langle\chi_+|\widehat{S}_x|\chi_+\rangle = \begin{pmatrix} \cos\dfrac{\theta}{2} & \sin\dfrac{\theta}{2}e^{-i\phi} \end{pmatrix}\frac{\hbar}{2}\begin{pmatrix} 0 & 1 \\ 1 & 0 \end{pmatrix}\begin{pmatrix} \cos\dfrac{\theta}{2} \\ \sin\dfrac{\theta}{2}e^{i\phi} \end{pmatrix}$$

$$= \frac{\hbar}{2}(e^{i\phi} + e^{-i\phi})\cos\frac{\theta}{2}\sin\frac{\theta}{2} = (\hbar\cos\phi)\left(\cos\frac{\theta}{2}\right)\left(\sin\frac{\theta}{2}\right) = \frac{\hbar}{2}\sin\theta\cos\phi \quad \cdots\text{①}$$

のように求まる. $\widehat{S}_y, \widehat{S}_z$ の期待値 $\overline{S}_y, \overline{S}_z$ も①と同様な計算をすると

$$\overline{S}_y = \langle\chi_+|\widehat{S}_y|\chi_+\rangle = \begin{pmatrix} \cos\dfrac{\theta}{2} & \sin\dfrac{\theta}{2}e^{-i\phi} \end{pmatrix}\frac{\hbar}{2}\begin{pmatrix} 0 & -i \\ i & 0 \end{pmatrix}\begin{pmatrix} \cos\dfrac{\theta}{2} \\ \sin\dfrac{\theta}{2}e^{i\phi} \end{pmatrix}$$

$$= \frac{\hbar}{2i}(e^{i\phi} - e^{-i\phi})\cos\frac{\theta}{2}\sin\frac{\theta}{2} = \frac{\hbar}{2}\sin\theta\sin\phi \quad \cdots\text{②}$$

$$\overline{S}_z = \langle \chi_+ | \widehat{S}_z | \chi_+ \rangle = \begin{pmatrix} \cos\dfrac{\theta}{2} & \sin\dfrac{\theta}{2}\,e^{-i\phi} \end{pmatrix} \dfrac{\hbar}{2} \begin{pmatrix} 1 & 0 \\ 0 & -1 \end{pmatrix} \begin{pmatrix} \cos\dfrac{\theta}{2} \\ \sin\dfrac{\theta}{2}\,e^{i\phi} \end{pmatrix}$$

$$= \dfrac{\hbar}{2}\left(\cos^2\dfrac{\theta}{2} - \sin^2\dfrac{\theta}{2}\right) = \dfrac{\hbar}{2}\cos\theta \quad \cdots ③$$

のように求まる.

[**12.4**] (12.88)と(12.89)の証明:y の正方向のスピノールは,(12.47)で $\theta = \pi/2$,$\phi = +\pi/2$ とおいた式である. 一方,y の負方向のスピノールは,(12.47)で $\theta = \pi/2$,$\phi = -\pi/2$ とおいた式である. いまの場合,$\theta = \pi/2$, $\phi = \pm\pi/2$ で $\overline{S_x} = 0$, $\overline{S_z} = 0$ だから,スピン状態は y 軸に沿ったものだけである. したがって,これらの固有値方程式は

$$\widehat{S}_y \left| \chi_+\left(\dfrac{\pi}{2}, \dfrac{\pi}{2}\right) \right\rangle = \dfrac{\hbar}{2} \left| \chi_+\left(\dfrac{\pi}{2}, \dfrac{\pi}{2}\right) \right\rangle, \qquad \widehat{S}_y \left| \chi_+\left(\dfrac{\pi}{2}, -\dfrac{\pi}{2}\right) \right\rangle = -\dfrac{\hbar}{2} \left| \chi_+\left(\dfrac{\pi}{2}, -\dfrac{\pi}{2}\right) \right\rangle \quad \cdots ①$$

のように表せるので,$\widehat{S}_y$ の固有状態は(12.88)と(12.89)であることがわかる (証明終).

そこで(12.88)と(12.89)を正規直交基底として,例題 12.3 と同じような計算をする. (12.88)と(12.89)の固有ベクトルでつくった行列 P と,その逆行列 P^{-1} は

$$P = \left(\left| \chi_+\left(\dfrac{\pi}{2}, \dfrac{\pi}{2}\right) \right\rangle \quad \left| \chi_+\left(\dfrac{\pi}{2}, -\dfrac{\pi}{2}\right) \right\rangle \right) = \dfrac{1}{\sqrt{2}} \begin{pmatrix} 1 & 1 \\ i & -i \end{pmatrix} \quad \cdots ②$$

$$P^{-1} = \dfrac{1}{|P|} \begin{pmatrix} C_{11} & C_{21} \\ C_{12} & C_{22} \end{pmatrix} = \dfrac{i}{\sqrt{2}} \begin{pmatrix} -i & -1 \\ -i & 1 \end{pmatrix} = \dfrac{1}{\sqrt{2}} \begin{pmatrix} 1 & -i \\ 1 & i \end{pmatrix} \quad \cdots ③$$

である. ②と③を使って,$P^{-1}\widehat{S}_y P$ を計算すると,次のように $\widehat{S}_y$ は対角化される.

$$P^{-1}\widehat{S}_y P = P^{-1}\dfrac{\hbar}{2} \begin{pmatrix} 0 & -i \\ i & 0 \end{pmatrix} P = \dfrac{\hbar}{2} \begin{pmatrix} 1 & 0 \\ 0 & -1 \end{pmatrix} \quad \cdots ④$$

したがって,y 軸が量子化軸になることがわかる.

[**12.5**] (1) 1個の粒子のもつ基底状態のエネルギーは E_1 である. N 個のボース粒子は,すべて同じエネルギー準位 E_1 を占めることができるので $E = NE_1 = Nh^2/8ma^2$ である.

(2) フェルミ粒子の場合,エネルギー準位 E_n には最大 2 個の粒子しか入らない. そのため,E_1 から $E_{N/2}$ までを占める粒子のもつエネルギー E は

$$E = \sum_{n=1}^{N/2} E_n = \sum_{n=1}^{N/2} \dfrac{n^2 h^2}{8ma^2} \quad \cdots ①$$

となる. N は十分大きいから,最高準位を 1 個占めるか 2 個占めるかは問題ではないので,①の和を積分に置き換えた次式によって,エネルギーが決まる.

$$E = \int_1^{N/2} \dfrac{n^2 h^2}{8ma^2}\,dn = \dfrac{h^2}{8ma^2} \int_1^{N/2} n^2\,dn = \dfrac{h^2}{8ma^2}\left[\dfrac{1}{3}\left(\dfrac{N}{2}\right)^3 - \dfrac{1}{3}(1)^3\right] \approx \dfrac{N^2 h^2}{192ma^2} \quad \cdots ②$$

(3) ①のエネルギー準位 E_n の式において,n を $n = N/2$ とおくと,フェルミ・エネルギーは $E_F = N^2 h^2/32ma^2$ になる.

[**12.6**] (12.90)の右辺に(12.80)の $|\varphi\rangle$ を代入すると,(12.90)は

$$S(\boldsymbol{a}, \boldsymbol{b}) = \left(\dfrac{1}{\sqrt{2}}\right)^2 (\langle\uparrow_1|\langle\downarrow_2| - \langle\downarrow_1|\langle\uparrow_2|)\, O^{(1)}O^{(2)} (|\uparrow_1\rangle|\downarrow_2\rangle - |\downarrow_1\rangle|\uparrow_2\rangle)$$

$$= \dfrac{1}{2}[\langle\uparrow_1|\langle\downarrow_2|O^{(1)}O^{(2)}|\uparrow_1\rangle|\downarrow_2\rangle - \langle\downarrow_1|\langle\uparrow_2|O^{(1)}O^{(2)}|\uparrow_1\rangle|\downarrow_2\rangle$$
$$- \langle\uparrow_1|\langle\downarrow_2|O^{(1)}O^{(2)}|\downarrow_1\rangle|\uparrow_2\rangle + \langle\downarrow_1|\langle\uparrow_2|O^{(1)}O^{(2)}|\downarrow_1\rangle|\uparrow_2\rangle] \quad \cdots ①$$

となるが，式を簡潔に表現するために，例えば，右辺の 1 番目の直積を

$$\langle\uparrow_1|\langle\downarrow_2|O^{(1)}O^{(2)}|\uparrow_1\rangle|\downarrow_2\rangle = \langle\uparrow_1|O^{(1)}|\uparrow_1\rangle\langle\downarrow_2|O^{(2)}|\downarrow_2\rangle \equiv O^{(1)}_{\mathrm{uu}}O^{(2)}_{\mathrm{dd}} \quad \cdots②$$

の記号で表す（添字 u は上向き (up) の矢印 ↑，添字 d は下向き (down) の矢印 ↓ の意味）．このような記号を使うと，①は次のようにコンパクトに表せる．

$$2S(\boldsymbol{a},\boldsymbol{b}) = O^{(1)}_{\mathrm{uu}}O^{(2)}_{\mathrm{dd}} - O^{(1)}_{\mathrm{du}}O^{(2)}_{\mathrm{ud}} - O^{(1)}_{\mathrm{ud}}O^{(2)}_{\mathrm{du}} + O^{(1)}_{\mathrm{dd}}O^{(2)}_{\mathrm{uu}} \quad \cdots③$$

ここで，$O^{(1)} = \boldsymbol{a}\cdot\boldsymbol{\sigma} = a_x\sigma_x + a_z\sigma_z$ より，$O^{(1)}_{\mathrm{uu}} = \langle\uparrow_1|O^{(1)}|\uparrow_1\rangle$ は

$$O^{(1)}_{\mathrm{uu}} = \langle\uparrow_1|a_x\sigma_x|\uparrow_1\rangle + \langle\uparrow_1|a_z\sigma_z|\uparrow_1\rangle = a_x\langle\uparrow_1|\sigma_x|\uparrow_1\rangle + a_z\langle\uparrow_1|\sigma_z|\uparrow_1\rangle \quad \cdots④$$

のように表せる．$\sigma_z|\uparrow_1\rangle = \hbar|\uparrow_1\rangle$，$\sigma_x|\uparrow_1\rangle = \hbar|\downarrow_1\rangle$ であるから，④は

$$O^{(1)}_{\mathrm{uu}} = a_z\langle\uparrow_1|\sigma_z|\uparrow_1\rangle = a_z\langle\uparrow_1|\hbar|\uparrow_1\rangle = a_z\hbar\langle\uparrow_1|\uparrow_1\rangle = a_z\hbar \quad \cdots⑤$$

となる（$\langle\uparrow_1|\downarrow_1\rangle = 0$）．同様に，$O^{(1)}_{\mathrm{du}} = \langle\downarrow_1|O^{(1)}|\uparrow_1\rangle$ は

$$O^{(1)}_{\mathrm{du}} = \langle\downarrow_1|a_x\sigma_x|\uparrow_1\rangle + \langle\downarrow_1|a_z\sigma_z|\uparrow_1\rangle = a_x\langle\downarrow_1|\sigma_x|\uparrow_1\rangle + a_z\langle\downarrow_1|\sigma_z|\uparrow_1\rangle$$
$$= a_x\hbar\langle\downarrow_1|\downarrow_1\rangle + a_z\hbar\langle\downarrow_1|\uparrow_1\rangle = a_x\hbar\langle\downarrow_1|\downarrow_1\rangle = a_x\hbar \quad \cdots⑥$$

のように表せる（$\langle\downarrow_1|\uparrow_1\rangle = 0$）．同様な計算によって，③のすべての項が次のように決まる．

$$\begin{cases} O^{(1)}_{\mathrm{uu}} = a_z\hbar, & O^{(1)}_{\mathrm{du}} = a_x\hbar, & O^{(1)}_{\mathrm{ud}} = a_x\hbar, & O^{(1)}_{\mathrm{dd}} = -a_z\hbar \\ O^{(2)}_{\mathrm{uu}} = b_z\hbar, & O^{(2)}_{\mathrm{du}} = b_x\hbar, & O^{(2)}_{\mathrm{ud}} = b_x\hbar, & O^{(2)}_{\mathrm{dd}} = -b_z\hbar \end{cases} \quad \cdots⑦$$

したがって，③は $2S(\boldsymbol{a},\boldsymbol{b}) = -2a_xb_x\hbar^2 - 2a_zb_z\hbar^2$ となるので，(12.91) を得る．

第 13 章

[13.1]　(13.10) の両辺に，左側から $\phi_m^{(0)*}$ を掛けると

$$\sum_l C_l E_l^{(0)}\phi_m^{(0)*}\phi_l^{(0)} + \lambda\sum_l C_l\phi_m^{(0)*}\widehat{H}'\phi_l^{(0)} = E\sum_l C_l\phi_m^{(0)*}\phi_l^{(0)} \quad \cdots①$$

となるので，座標 x で両辺を積分すると次式を得る．

$$\sum_l C_l E_l^{(0)}\int\phi_m^{(0)*}\phi_l^{(0)}\,dx + \lambda\sum_l C_l\int\phi_m^{(0)*}\widehat{H}'\phi_l^{(0)}\,dx = E\sum_l C_l\int\phi_m^{(0)*}\phi_l^{(0)}\,dx \quad \cdots②$$

ここで，固有関数の規格直交性 (13.11) を使うと，②の左辺 1 項目と右辺はそれぞれ

$$\sum_l C_l E_l^{(0)}\delta_{ml} = E_m^{(0)}C_m, \qquad E\sum_l C_l\delta_{ml} = EC_m \quad \cdots③$$

となるので，(13.12) を得る．

[13.2]　1 次までの波動関数は (13.32) と $C_n^{(0)} = 0$ より $\phi_n^{(0)} + \lambda S_1$．これに 2 次までの波動関数 ϕ を加えると（(13.16) を参照）

$$\phi = \phi_n^{(0)} + \lambda S_1 + \lambda^2(C_n^{(2)}\phi_n^{(0)} + S_2), \qquad S_2 \equiv \sum_{m\neq n} C_m^{(2)}\phi_m^{(0)} \quad \cdots①$$

となる．①の ϕ を波動関数の規格化条件 (13.31) に代入すると，λ の 0 次の項は 1，λ の 1 次の項はゼロになる．したがって，(13.31) から次式を得る．

$$\int\lambda^2\{\phi_n^{(0)*}(C_n^{(2)}\phi_n^{(0)} + S_2) + S_1^*S_1 + (C_n^{(2)*}\phi_n^{(0)*} + S_2^*)\phi_n^{(0)}\}\,dx = 0 \quad \cdots②$$

②の積分のうち，S_2 を含む項は直交性のために

$$\int\phi_n^{(0)*}S_2\,dx = \int\phi_n^{(0)*}\Big(\sum_{m\neq n} C_m^{(2)}\phi_m^{(0)}\Big)dx = \sum_{m\neq n} C_m^{(2)}\delta_{nm} = 0 \quad \cdots③$$

のようにゼロになる．同様に，$\int S_2^*\phi_n^{(0)}\,dx = 0$ であるから，②の左辺は

$$②の左辺 = \int\{\phi_n^{(0)*}\phi_n^{(0)}C_n^{(2)} + S_1^*S_1 + C_n^{(2)*}\phi_n^{(0)*}\phi_n^{(0)}\}\,dx$$
$$= C_n^{(2)} + C_n^{(2)*} + \int\Big(\sum_{m\neq n} C_m^{(1)*}\phi_m^{(0)*}\Big)\Big(\sum_{l\neq n} C_l^{(1)}\phi_l^{(0)}\Big)dx$$

$$= C_n^{(2)} + C_n^{(2)*} + \sum_{m \neq n} \sum_{l \neq n} C_m^{(1)*} C_l^{(1)} \delta_{ml}$$

$$= C_n^{(2)} + C_n^{(2)*} + \sum_{m \neq n} |C_m^{(1)}|^2 = 0 \quad \cdots ④$$

のように表せる. ここで, ④の $C_n^{(2)}$ と $C_n^{(2)*}$ を

$$C_n^{(2)} = \alpha + i\beta, \qquad C_n^{(2)*} = \alpha - i\beta \quad \cdots ⑤$$

とおくと (α, β は実数), ④と⑤から

$$\alpha = -\frac{1}{2} \sum_{m \neq n} |C_m^{(1)}|^2 \quad \cdots ⑥$$

を得る. 以上の結果を使うと, 2次までの波動関数 ϕ は, ①より

$$\phi = \phi_n^{(0)} + \lambda S_1 + \lambda^2 \{(\alpha + i\beta)\phi_n^{(0)} + S_2\} = \phi_n^{(0)}(1 + i\beta\lambda^2) + \lambda S_1 + \lambda^2 (\alpha\phi_n^{(0)} + S_2) \quad \cdots ⑦$$

となる. ところで, β は $\phi_n^{(0)}(1 + i\lambda^2\beta) = \phi_n^{(0)} e^{i\lambda^2\beta}$ のように位相に吸収できるから, 例題 13.2 で説明したようにゼロとおける ($\beta = 0$). つまり, ⑤より $C_n^{(2)} = \alpha$ となる. したがって, ⑥より (13.41) が成り立つことがわかる.

[13.3] (1) スピン1の粒子の磁気量子数 m が $+1, 0, -1$ の固有関数をそれぞれ $|+1\rangle$, $|0\rangle$, $|-1\rangle$ とすると

$$\varepsilon \widehat{S}_z^2 |+1\rangle = (+1)^2 \hbar^2 \varepsilon |+1\rangle, \qquad \varepsilon \widehat{S}_z^2 |0\rangle = 0, \qquad \varepsilon \widehat{S}_z^2 |-1\rangle = (-1)^2 \hbar^2 \varepsilon |-1\rangle \quad \cdots ①$$

である. ①より, $|\pm 1\rangle$ が同じエネルギー状態であることがわかる. したがって, ハミルトニアン $\varepsilon \widehat{S}_z^2$ のもとでは, $|\pm 1\rangle$ の2重縮退状態と $|0\rangle$ のシングレット状態に分離する.

(2) ハミルトニアン $\widehat{H}'$ に $|\pm 1\rangle$ を作用させると

$$\widehat{H}' |\pm 1\rangle = g\mu_{\mathrm{B}} C \widehat{S}_z |\pm 1\rangle = \pm g\mu_{\mathrm{B}} C |\pm 1\rangle \quad \cdots ②$$

となるので, エネルギーが異なる. したがって, 2つの固有関数 (固有状態) $|\pm 1\rangle$ の2重縮退はとける.

[13.4] (13.91) の $\Psi(x, t)$ をシュレーディンガー方程式 (13.87) に代入する.

$$(13.87) の左辺 = i\hbar \sum_l \dot{C}_l \phi_l^{(0)} e^{-iE_l^{(0)}t/\hbar} + i\hbar \sum_l C_l \phi_l^{(0)} \left(-\frac{iE_l^{(0)}}{\hbar} \right) e^{-iE_l^{(0)}t/\hbar}$$

$$= i\hbar \sum_l \dot{C}_l \phi_l^{(0)} e^{-iE_l^{(0)}t/\hbar} + \sum_l C_l \phi_l^{(0)} E_l^{(0)} e^{-iE_l^{(0)}t/\hbar} \quad \cdots ①$$

$$(13.87) の右辺 = \sum_l C_l \widehat{H}_0 \phi_l^{(0)} e^{-iE_l^{(0)}t/\hbar} + \lambda \sum_l C_l \widehat{H}'(t) \phi_l^{(0)} e^{-iE_l^{(0)}t/\hbar}$$

$$= \sum_l C_l E_l^{(0)} \phi_l^{(0)} e^{-iE_l^{(0)}t/\hbar} + \lambda \sum_l C_l \widehat{H}'(t) \phi_l^{(0)} e^{-iE_l^{(0)}t/\hbar} \quad \cdots ②$$

ここで, ①の $\dot{C}_l$ は C_l の時間微分を表す. また, ②の $\widehat{H}_0$ を含む式は, (13.89) の $\widehat{H}_0 \Psi_l^{(0)} = E_l^{(0)} \Psi_l^{(0)}$ を用いて書き換えた. ① = ②から, (13.92) を得る.

[13.5] (13.127) の摂動 $\widehat{H}'$ が t を含んでいないので, (13.97) の行列要素 $H_{21}'(t)$ は球座標の3次元表示で

$$H_{21}' = \int \phi_{210}(r, \theta, \phi)^* \widehat{H}' \phi_{100}(r, \theta, \phi) \, dV \quad \cdots ①$$

のように表せる ($dV = r^2 \sin\theta \, dr \, d\theta \, d\phi$). 表 10.6 から, ϕ_{100} と ϕ_{210} は

$$\phi_{100} = \frac{1}{\sqrt{\pi}} \left(\frac{1}{a_{\mathrm{B}}} \right)^{3/2} e^{-r/a_{\mathrm{B}}}, \qquad \phi_{210} = \frac{1}{4\sqrt{2\pi}} \left(\frac{1}{a_{\mathrm{B}}} \right)^{3/2} \frac{r}{a_{\mathrm{B}}} e^{-r/2a_{\mathrm{B}}} \cos\theta \quad \cdots ②$$

であるから, ①は次のようになる.

$$H_{21}' = \frac{eC}{4\pi\sqrt{2} \, a_{\mathrm{B}}^4} \int_0^\infty e^{-3r/2a_{\mathrm{B}}} r^4 \, dr \int_0^\pi \cos^2\theta \sin\theta \, d\theta \int_0^{2\pi} d\phi$$

$$= \frac{eC}{2\sqrt{2}\, a_B^4} \int_0^\infty e^{-3r/2a_B} r^4 \, dr \int_0^\pi \cos^2\theta \sin\theta \, d\theta \quad \cdots ③$$

ここで，③の r についての積分はガンマ関数 $\Gamma(s)$ の公式

$$\Gamma(s) = \int_0^\infty e^{-z} z^{s-1} \, dz$$

より

$$\int_0^\infty e^{-3r/2a_B} r^4 \, dr = \frac{1}{(3/2a_B)^5} \int_0^\infty e^{-z} z^4 \, dz = \frac{1}{(3/2a_B)^5} \Gamma(5) = \left(\frac{2a_B}{3}\right)^5 4! \quad \cdots ④$$

である（$\Gamma(n+1) = n!$）．一方，③の θ についての積分は（$z = \cos\theta,\ dz = -\sin\theta\, d\theta$）

$$\int_0^\pi \cos^2\theta \sin\theta \, d\theta = \int_1^{-1} z^2(-dz) = \int_{-1}^1 z^2 \, dz = \frac{2}{3} \quad \cdots ⑤$$

である．したがって，③は次式になる．

$$H'_{21} = \frac{eC}{2\sqrt{2}\, a_B^4} \times \left(\frac{2a_B}{3}\right)^5 4! \times \frac{2}{3} = \frac{eC}{2\sqrt{2}\, a_B^4} \left(\frac{2a_B}{3}\right)^5 2^4 = \frac{2^7\sqrt{2}\, eCa_B}{3^5} \quad \cdots ⑥$$

⑥を (13.128) に代入すると

$$C_2^{(1)}(\tau) = -i \frac{2^7\sqrt{2}\, eCa_B}{3^5\hbar} \int_0^\tau e^{i\omega_{21}t'} \, dt' = -i \frac{2^7\sqrt{2}\, eCa_B}{3^5\hbar} \frac{e^{i\omega_{21}\tau} - 1}{i\omega_{21}} \quad \cdots ⑦$$

となるので，遷移確率 $|C_2^{(1)}(\tau)|^2$ は次式になる．

$$|C_2^{(1)}(\tau)|^2 = \left(\frac{2^7\sqrt{2}\, eCa_B}{3^5\hbar}\right)^2 \frac{(e^{-i\omega_{21}\tau} - 1)(e^{i\omega_{21}\tau} - 1)}{\omega_{21}^2}$$

$$= \left(\frac{2^7\sqrt{2}\, eCa_B}{3^5\hbar}\right)^2 \frac{4\sin^2(\omega_{21}\tau/2)}{\omega_{21}^2} \quad \cdots ⑧$$

ここで，$E_n^{(0)} = -mk_0^2/2\hbar^2 n^2 = -\hbar^2/2ma_B^2 n^2$ に注意すると，ω_{21} は次式となるから，⑨を⑧に代入すると (13.129) を得る．

$$\omega_{21} = \frac{1}{\hbar}\{E_2^{(0)} - E_1^{(0)}\} = \frac{1}{\hbar}\frac{\hbar^2}{2ma_B^2}\left(1 - \frac{1}{2^2}\right) = \frac{3\hbar}{8ma_B^2} \quad \cdots ⑨$$

[13.6] (13.119) の $|C_m^{(1)}(t)|^2$ を t で割った量の $t \to \infty$ での極限

$$\lim_{t\to\infty} \frac{|C_m^{(1)}(t)|^2}{t} = 4\frac{|Q_{mn}|^2}{\hbar^2} \lim_{t\to\infty} \frac{\sin^2(\Omega t/2)}{t\Omega^2} \quad \cdots ①$$

を計算すればよい（$\Omega = \omega_{mn} - \omega$）．デルタ関数 $\delta(a)$ の定義式 (13.130) より①の右辺は次式のように表せる．

$$①の右辺 = 4\frac{|Q_{mn}|^2}{\hbar^2}\left\{\lim_{t\to\infty}\frac{\sin^2(\Omega t/2)}{(\Omega/2)^2 t}\right\}\left(\frac{1}{2}\right)^2 = \frac{|Q_{mn}|^2}{\hbar^2}\left[\pi\delta\left(\frac{\Omega}{2}\right)\right] = \frac{2\pi|Q_{mn}|^2}{\hbar^2}\delta(\Omega)$$

$$= \frac{2\pi|Q_{mn}|^2}{\hbar^2}\delta(\omega_{mn} - \omega) \quad \cdots ②$$

ここで，②のデルタ関数は (13.131) より

$$\delta(\omega_{mn} - \omega) = \delta\left(\frac{E_m^{(0)} - E_n^{(0)}}{\hbar} - \omega\right) = \hbar\delta(E_m^{(0)} - E_n^{(0)} - \hbar\omega)$$

と表せるので，①の $t \to \infty$ での極限は (13.120) になることがわかる．

索　引

著者略歴

かわ べ てつ じ
河辺哲次

　1949 年　福岡県出身
　1972 年　東北大学工学部原子核工学科卒
　1977 年　九州大学大学院理学研究科(物理学)博士課程修了(理学博士)
　その後, 高エネルギー物理学研究所(現: 高エネルギー加速器研究機構 KEK)助手, 九州芸術工科大学助教授, 同教授, 九州大学大学院教授を経て, 現在, 九州大学名誉教授.
　その間, 文部省在外研究員としてコペンハーゲン大学のニールス・ボーア研究所(デンマーク国)に留学. 専門は素粒子論, 場の理論におけるカオス現象. 非線形振動・波動現象, 音響現象.
著書:「スタンダード 力学」,「ベーシック 電磁気学」,「工科系のための
　　　解析力学」,「ファーストステップ 力学」,「大学初年級でマスター
　　　したい 物理と工学の ベーシック数学」(以上, 裳華房)
訳書:「マクスウェル方程式」,「物理のためのベクトルとテンソル」,
　　　「算数でわかる天文学」,「波動」,「ファインマン物理学 問題集
　　　1, 2」(以上, 岩波書店)
　　　「量子論の果てなき境界」,「シンプルな物理学」(以上, 共立出版)

物理学を志す人の　量子力学

2020 年 11 月 15 日　　第 1 版 1 刷発行

検 印
省 略

定価はカバーに表
示してあります.

著　　者　　河 辺 哲 次
発 行 者　　吉 野 和 浩
発 行 所　　〒102-0081東京都千代田区四番町8-1
　　　　　　電　話　　(03) 3262 - 9166 (代)
　　　　　　株式会社　裳 華 房
印 刷 所　　中 央 印 刷 株 式 会 社
製 本 所　　株式会社 松 岳 社

一般社団法人
自然科学書協会会員

JCOPY 〈出版者著作権管理機構 委託出版物〉
本書の無断複製は著作権法上での例外を除き禁じ
られています. 複製される場合は, そのつど事前
に, 出版者著作権管理機構 (電話03-5244-5088,
FAX 03-5244-5089, e-mail: info@jcopy.or.jp)の許諾
を得てください.

ISBN 978-4-7853-2271-7

演習で学ぶ 量子力学 【裳華房フィジックスライブラリー】

小野寺嘉孝 著　Ａ５判／198頁／定価（本体2300円＋税）

　取り上げる内容を基礎的な部分に絞り，その範囲内で丁寧なわかりやすい説明を心がけて執筆した．また，演習に力点を置く構成とし，学んだことをすぐにその場で「演習」により確認するというスタイルを取り入れた．
【主要目次】1. 光と物質の波動性と粒子性　2. 解析力学の復習　3. 不確定性関係　4. シュレーディンガー方程式　5. 波束と群速度　6. １次元ポテンシャル散乱，トンネル効果　7. １次元ポテンシャルの束縛状態　8. 調和振動子　9. 量子力学の一般論

物理学講義 量子力学入門 −その誕生と発展に沿って−

松下　貢 著　Ａ５判／292頁／定価（本体2900円＋税）

　初学者にはわかりにくい量子力学の世界を，おおむね科学の歴史を辿りながら解きほぐし，量子力学の誕生から現代科学への応用までの発展に沿って丁寧に紹介した．量子力学がどうして必要とされるようになったのかをスモールステップで解説することで，量子力学と古典物理学との違いをはっきりと浮き上がらせ，初学者が量子力学を学習する上での"早道"となることを目標にした．
【主要目次】1. 原子・分子の実在　2. 電子の発見　3. 原子の構造　4. 原子の世界の不思議な現象　5. 量子という考え方の誕生　6. ボーアの古典量子論　7. 粒子・波動の2重性　8. 量子力学の誕生　9. 量子力学の基本原理と法則　10. 量子力学の応用

量子力学 現代的アプローチ 【裳華房フィジックスライブラリー】

牟田泰三・山本一博 共著　Ａ５判／316頁／定価（本体3300円＋税）

　解説にあたっては，できるだけ単一の原理原則から出発して量子力学の定式化を行い，常に論理構成を重視して，量子論的な物理現象の明確な説明に努めた．また，応用に十分配慮しながら，できるだけ実験事実との関わりを示すようにした．「量子基礎論概説」の章では，量子測定などの現代物理学における重要なテーマについても記し，さらに「場の量子論」への導入の章を設けて次のステップに繋がるように配慮するなど，"現代的なアプローチ"で量子力学の本質に迫った．
【主要目次】1. 前期量子論　2. 量子力学の考え方　3. 量子力学の定式化　4. 量子力学の基本概念　5. 束縛状態　6. 角運動量と回転群　7. 散乱状態　8. 近似法　9. 多体系の量子力学　10. 量子基礎論概説　11. 場の量子論への道

本質から理解する 数学的手法

荒木　修・齋藤智彦 共著　Ａ５判／210頁／定価（本体2300円＋税）

　大学理工系の初学年で学ぶ基礎数学について，「学ぶことにどんな意味があるのか」「何が重要か」「本質は何か」「何の役に立つのか」という問題意識を常に持って考えるためのヒントや解答を記した．話の流れを重視した「読み物」風のスタイルで，直感に訴えるような図や絵を多用した．
【主要目次】1. 基本の「き」　2. テイラー展開　3. 多変数・ベクトル関数の微分　4. 線積分・面積分・体積積分　5. ベクトル場の発散と回転　6. フーリエ級数・変換とラプラス変換　7. 微分方程式　8. 行列と線形代数　9. 群論の初歩

裳華房ホームページ　https://www.shokabo.co.jp/